Dipl.-Ing. Wolf Siebel

KW-Spezial-Frequenzliste

AM · SSB · CW · RTTY
9 kHz–30 MHz

Ausgabe 1987/88

See- und Flugfunk, Wetterfunk,
Presseagenturen, Zeitzeichen
und „spezielle“ Funkdienste, …

Siebel Verlag

CIP-Kurztitelaufnahme der Deutschen Bibliothek:

Siebel, Wolf:

KW-Spezial-Frequenzliste : AM - SSB - CW - RTTY, 9 kHz - 30 MHz ;

See- u. Flugfunk, Wetterfunk, Presseagenturen, Zeitzeichen u.

"spezielle" Funkdienste, ... / Wolf Siebel - Meckenheim :

Siebel, 1987

ISBN 3-922221-25-4

ISBN 3 - 922221 - 25 - 4

5. Auflage 1987, Ausgabe 1987/88

Herstellung: betz-druck gmbh, Darmstadt-Arheilgen

Inhalt

Warnung

Dieses Buch enthält ausschließlich allgemein zugängliche Informationen, wie man sie auch in den einschlägigen nationalen und internationalen Publikationen finden kann.

Allerdings muß ausdrücklich darauf hingewiesen werden, daß die "Allgemeine Genehmigung für den Ton- und Fernseh-Rundfunkempfang" in der Bundesrepublik Deutschland nur zum Rundfunkempfang berechtigt.

Der Empfang anderer Funkdienste ist ausschließlich den dazu besonders befugten Personen gestattet.

Der vorsätzliche Empfang anderer Funkdienste ist verboten.

Wer unbeabsichtigt solche Aussendungen empfängt, darf Informationen über Inhalt und Umstände der Sendungen nicht an Dritte weitergeben.

Wer gegen diese Bestimmungen des Fernmeldeanlagengesetzes (FAG) verstößt, macht sich strafbar.

Außerdem dürfen in der Bundesrepublik Deutschland zum Funkempfang nur solche Geräte bereitgehalten werden, die den technischen Vorschriften der Deutschen Bundespost entsprechen (FTZ- bzw. ZZF-Nummer).

Bitte beachten Sie die gesetzlichen Bestimmungen, inbesondere das Fernmeldeanlagengesetz.

Einführung

Dieses Handbuch gibt einen Überblick über die Funkfrequenzzuteilung und Nutzung des Bereiches unterhalb 30 MHz. Damit ist der interessanteste und vielfältigste Bereich des Funkfrequenzspektrums erfaßt, das ja wie folgt unterteilt wird:

Frequenzbereich	entsprechende metrische Unterteilung		Abkürzung	
3... 30 kHz	Myiameterwellen	(Längstwellen)	VLF	(LW)
30... 300 kHz	Kilometerwellen	(Langwellen)	LF	(LW)
300...3000 kHz	Hektometerwellen	(Mittel-/Grenzwellen*)	MF	(MW/GW)
3... 30 MHz	Dekameterwellen	(Kurzwellen)	HF	(KW)
30... 300 MHz	Meterwellen	(Ultrakurzwellen)	VHF	(UKW)
300...3000 MHz	Dezimeterwellen		UHF	
3... 30 GHz	Zentimeterwellen		SHF	
30... 300 GHz	Millimeterwellen		EHF	
300...3000 GHz	Dezimillimeterwellen		-	

*) In der B.R.Deutschland wird der Frequenzbereich 300...1606,5 kHz als Mittelwellenbereich und der Frequenzbereich 1606,5...3800 kHz als Grenzwellenbereich bezeichnet.

Die Maßeinheit für die Frequenz ist Hz (Hertz). 1 Hz ist definiert als eine Schwingung pro Sekunde. 1 kHz = 1000 Hz, 1 MHz = 1000 kHz, 1 GHz = 1000 MHz.

Für die Zuweisung von Frequenzbereichen ist die Erde in 3 Regionen eingeteilt: Region 1 umfaßt Europa, Afrika, den asiatischen Teil der UdSSR, die Mongolei, sowie den Nahen Osten. Region 2 umfaßt den amerikanischen Kontinent und Grönland, Region 3 Südostasien einschl. Iran, Australien, Neuseeland u. Südpazifik.

Den verschiedenen Funkdiensten sind weltweit entsprechende Frequenzbereiche zugewiesen. Der international gültige Zuweisungsplan ist in der Vollzugsordnung für den Funkdienst (VO-Funk, Anlage zum Int. Fernmeldevertrag) festgelegt.

Ein Frequenzbereich kann mehreren Funkdiensten zugewiesen sein, die dann Rechte als primäre, zugelassene oder sekundäre Funkdienste haben können. Zugelassene und primäre Funkdienste haben gleiche Rechte, außer bei der Aufstellung von Frequenzplänen, bei der dem primären Funkdienst gegenüber dem zugelassenen Funkdienst das Vorrecht bei der Wahl der Frequenzen zusteht.

Funkstellen eines sekundären Funkdienstes dürfen keine schädlichen Störungen bei den Funkstellen der primären oder zugelassenen Funkdienste verursachen und können keinen Schutz gegen schädliche Störungen durch Funkstellen der primären oder zugelassenen Funkdienste verlangen.

Die wichtigsten Zuweisungen sind in der Frequenzliste dieses Buches angegeben. Dabei sind die Primärfunkdienste in Großbuchstaben und die Sekundärfunkdienste in Kleinbuchstaben aufgeführt.

Mit Ausnahme des Rundfunk- und des Amateurfunkdienstes werden im folgenden die verschiedenen "sonstigen" Funkdienste und ihre Einsatzmerkmale kurz beschrieben. Je nach Aufgabenbereich können einzelne Stationen verschiedenen Funkdiensten zugeordnet werden.

Fester Funkdienst

Unter festem Funkdienst versteht man generell einen Funkdienst zwischen bestimmten festen Punkten (point-to-point).

Klassisches Beispiel hierfür ist der öffentliche Telex- und Telefonverkehr der Fernmeldebehörden (PTT), der jeweils zwischen den beiden an den Endpunkten eines Funkweges befindlichen Funkstellen abgewickelt wird.

Mit der Verfügbarkeit einer immer vielfältigeren, billigeren und damit leicht zugänglichen Satellitenübertragungstechnik ist das Aufkommen des öffentlichen Fernmeldeverkehrs drastisch zurückgegangen und wird fast nur noch in/nach solchen Ländern benutzt, die (noch) nicht über Satellit erreichbar sind.

Verkehrsbeziehungen zwischen festen militärischen Funkstellen, diplomatische Funkdienste zwischen Außenministerien und ihren jeweiligen Botschaften im Ausland, Funkdienste zwischen Polizeidienststellen (z.B. das weltweite INTERPOL-Funknetz), Nachrichtenagenturen und sonstige Pressedienste, Wetterfunkdienste (METEO), Funkdienste des Roten Kreuzes etc. fallen alle unter den Sammelbegriff FESTER FUNKDIENST.

Mit dieser allgemeinen Zuordnung ist noch nichts über die nähere Ausprägung dieser einzelnen festen Dienste ausgesagt (Simplex- oder Duplex-Verkehr, verwendete Modulationsart, verwendetes Übertragungsprotokoll, vereinbarte Meldungsformate, Codes etc.).

Es versteht sich von selbst, daß viele militärische und diplomatische Funkstellen zumindest die wichtigsten Meldungen ihres Funkverkehrs verschlüsseln, um unberechtigtes Mitlesen Dritter zu verhindern oder zumindest zu erschweren. Aus dieser Tatsache läßt sich jedoch nicht zwingend folgern, daß jeglicher Funkverkehr, der momentan auf einer Empfangsanlage nicht sinnvoll aufgenommen werden kann, verschlüsselt sein muß; wahrscheinlicher ist, daß von der sendenden Station ein Übertragungsverfahren benutzt wird, welches technisch auf der Seite des dritten Empfängers (noch) nicht verfügbar ist.

Überdies arbeiten viele der militärischen und diplomatischen Funkstellen unter Code-Namen oder benutzen willkürlich gewählte Buchstabenkombinationen als Rufzeichen, die nicht den ITU-Rufzeichenblöcken entsprechen, wodurch deren Identifizierung mitunter erheblich erschwert wird.

Wetterfunk (Meteo)

Auch fast das gesamte Meldungsaufkommen der Wetterfunkdienste ist verschlüsselt, jedoch nicht, um möglicherweise unberechtigtes Mitlesen Dritter zu verhindern, sondern um rasche, eindeutige und sprachunabhängige standardisierte Übermittlung der einzelnen gemessenen Wetterdaten und ihre anschließende Verarbeitung in Großrechenanlagen zu Vorhersagezwecken zu gewährleisten.

Einführende Grundlagen zum Verständnis von Wetterfunksendungen finden Sie im hinteren Teil dieses Buches.

Fester Flugfunkdienst (AFTN)

Ein weiterer Fester Funkdienst ist der FESTE FLUGFUNKDIENST, in dessen Rahmen der Fernmeldeverkehr zwischen Flugplätzen bzw. Stellen, die mit der Abwicklung des Flugverkehrs befaßt sind, über Stationen der Fernmeldezentren im Festen Flugfernmeldedienst übermittelt wird (AFTN - Aeronautical Fixed Telecommunications Network).

Bei Telegrafie- oder Telefonieverbindungen im Festen Flugfunkdienst wird im Simplexverfahren (beide oder mehrere Funkstellen arbeiten und antworten einander auf der gleichen Frequenz) oder im Duplexverfahren gearbeitet.

Bei Funkfernschreibverbindungen wird grundsätzlich im Duplexbetrieb gearbeitet: beide beteiligten Funkstellen einer Point-to-Point-Verbindung senden und empfangen gleichzeitig und unabhängig auf getrennten Frequenzen.
Beispiel: Cairo (SUC) sendet nach Karachi auf 14631 kHz und empfängt gleichzeitig von Karachi (ARA) auf 14458 kHz.

Der Hauptanteil des Fernmeldeverkehrs besteht aus standardisierten Fernschreibmeldungen. Ein einfaches Beispiel für die äußere Form solcher Meldungen:

```
ZCZC ESA123 231005          ...Anfang
GG HSSSYN HKNAYN            ...Adressat(en)
230955 LGATYN               ...Absender
... (text) ...              ...Text
NNNN                        ...Ende
```

Erklärung: Anfangszeichen ZCZC, Kanalkennung ESA (Kanal A von E Cairo nach S Khartoum), laufende Nummer 123 auf diesem Kanal, Übermittlungszeit 1005 UTC am 23. des Monats, Vorrangstufe GG, an das NOTAM-Office (YN) in HSSS Khartoum und HKNA Nairobi, aufgegeben um 0955 UTC am 23. des Monats durch den Absender LGAT Athen NOTAM-Office. Es folgt der Text. NNNN Ende der Meldung.

Adressaten und absendende Stellen werden durch für diesen Zweck geschaffene Kurzadressen bezeichnet, die aus der vierbuchstabigen Ortskennung des Flugplatzes bestehen (ICAO-Locator), der die zweibuchstabige Abkürzung für die Dienststelle oder Fluggesellschaft angehängt ist.
Beispiel: EDDF = Frankfurt, EDDFLH = Lufthansa in Frankfurt.

Die weltweit gültigen Ortskennungen werden nach Richtlinien der ICAO (Internationale Zivilluftfahrtbehörde) von den einzelnen Staaten für ihre flugtechnischen Einrichtungen vergeben.

Der erste Buchstabe bezeichnet einen geographischen Großraum:
E Nordeuropa, L Südeuropa, U UdSSR, D und G Westafrika, H Nord- und Ostafrika, F Zentral- und Südafrika, O Mittlerer Osten, V Südasien, Z China, R Japan und Philippinen, W Indonesien, A Australien, N Neuseeland und Südpazifik, P Nordpazifik, C Kanada, K USA, M Mittelamerika, S Südamerika, B Grönland.
Aus den ersten beiden Buchstaben zusammen läßt sich das Land ablesen:
EB Belgien, ED Deutschland, EG England, EF Finnland, LF Frankreich, LI Italien, LG Griechenland, DA Algerien, GM Marokko,HL Libyern, FC Congo, SB Brasilien ...

Im Festen Flugfunkdienst werden auch Wettermeldungen verbreitet, nämlich Flugwettermeldungen. Die gängigsten Meldungsformate METAR und TAF werden im Anhang näher besprochen. Die Kurzadressbezeichnung für das METEO-Office eines Flugplatzes ist YM (Beispiel: EDDSYM Met-Office in Stuttgart).

Beweglicher Flugfunkdienst (Aero)

Der bewegliche Flugfunkdienst ist ein Funkdienst zwischen Bodenfunkstellen und Luftfunkstellen oder zwischen Luftfunkstellen untereinander.

Es wird unterschieden zwischen dem beweglichen Flugfunkdienst (R) und dem beweglichen Flugfunkdienst (OR). Dabei steht (R) für "Route" und (OR) für "Off-Route"

Beiden Teildiensten sind jeweils getrennte Frequenzbereiche zugewiesen:

2850... 3025 kHz (R)	8815... 8965 kHz (R)
3025... 3155 kHz (OR)	8965... 9040 kHz (OR)
3400... 3500 kHz (R)	10005...10100 kHz (R)
3800... 3900 kHz (OR)	11175...11275 kHz (OR)
3900... 3950 kHz (OR)	11275...11400 kHz (R)
4650... 4700 kHz (R)	13200...13260 kHz (OR)
4700... 4750 kHz (OR)	13260...13360 kHz (R)
5450... 5480 kHz (R)(OR)	15010...15100 kHz (OR)
5480... 5680 kHz (R)	17900...17970 kHz (R)
5680... 5730 kHz (OR)	17970...18030 kHz (OR)
6525... 6685 kHz (R)	21924...22000 kHz (R)
6685... 6765 kHz (OR)	23200...23350 kHz (OR)

Die Frequenzen 3023 und 5680 kHz sind für die gemeinsame weltweite Benutzung durch die beweglichen Flugfunkdienste (R) und (OR) vorgesehen und dienen unter anderem als allgemeine Notfrequenzen für Such- und Rettungsoperationen (SAR). Notfrequenzen auf VHF und UHF sind 121,5 MHz und 243,0 MHz A3E.

Die Frequenzen der Bereiche des beweglichen Flugfunkdienstes (R) sind dem Verkehr zwischen Flugzeugen und denjenigen Bodenfunkstellen vorbehalten, die vor allem für die Sicherheit und Regelmäßigkeit der Flüge auf den nationalen und internationalen Flugverkehrsstrecken der Zivilluftfahrt zu sorgen haben. Zum beweglichen Flugfunkdienst (R) zählen auch die VOLMET-Stationen.

Die Frequenzen des beweglichen Flugfunkdienstes (OR) sind dem Verkehr zwischen allen Luftfunkstellen und denjenigen Bodenfunkstellen vorbehalten, die nicht zu denen zählen, die vor allem Flüge auf den nationalen und internationalen Strecken der Zivilluftfahrt betreuen. Beispiel: Militär.

Die Kommunikation zwischen Luftfunkstellen und Bodenfunkstellen findet im Simplexverfahren statt, d.h. Flugzeug und Bodenstation arbeiten und antworten einander im Wechselsprechverfahren auf derselben Frequenz.

Beweglicher Flugfunkdienst (R):

Weltweit sind den verschiedenen existierenden Flugverkehrsgebieten und VOLMET-Gebieten jeweils entsprechende Frequenzen zugewiesen, sowie einzelne Kanäle für den weltweiten Betriebsfunk der Luftverkehrsgesellschaften für die Sicherheit und Regelmäßigkeit ihrer Flüge festgelegt.

Bei den Flugverkehrsgebieten wird unterschieden zwischen MWARAs und RDARAs:
MWARA steht für Major World Air Route Area = Hauptweltflugstrecken für internationale Flüge.
RDARA bedeutet Regional and Domestic Air Route Area = Regionalflugstrecken für regionalen oder nationalen Flugverkehr.

Für die einzelnen Flugverkehrsgebiete gibt es folgende Kursbezeichnungen, die auch in der Frequenzliste Verwendung finden:

MWARA -

AFI - Afrika	NAT - Nord-Atlantik
CAR - Karibik	NCA - nördliches Zentralasien (UdSSR)
CEP - mittlerer Ost-Pazifik	NP - Nord-Pazifik
CWP - mittlerer West-Pazifik	SAM - Süd-Amerika
EA - Ost-Asien	SAT - Süd-Atlantik
EUR - Europa	SEA - Südost-Asien
INO - Indischer Ozean	SP - Süd-Pazifik
MID - Naher Osten	

Die aufgeführten MWARAs überdecken die genannten Großräume und überlappen sich gegenseitig.

RDARA -

1 - Europa	8 - Indischer Ozean
2 - UdSSR (West)	9 - Süd-Pazifik
3 - UdSSR (Ost), Mongolei	10 - Alaska, Kanada, Grönland
4 - Nordwest-Afrika	11 - USA, Nord-Pazifik
5 - Nordost-Afrika bis Afghanistan/Pakistan	12 - Hawaii, Karibik, nördliches Süd-Amerika
6 - Asien	13 - Süd-Amerika
7 - Süd-Afrika	14 - Australien

Die aufgeführten RDARAs sind durch angehängte Indexbuchstaben in Kleingebiete weiter untergliedert (z.B.: 1A, 1B, 1C, ... etc.).

VOLMET -

VAFI - Afrika	VNCA - nördliches Zentralasien
VCAR - Karibik	VPAC - Pazifik
VEUR - Europa	VSAM - Süd-Amerika
VMID - Naher Osten	VSEA - Südost-Asien
VNAT - Nord-Atlantik	

Die Grenzen der VOLMET-Gebiete sind nicht identisch mit denen der MWARAs. Sie sind ausgedehnter und überlappen sich in größerem Maße.

Weltweiter Betriebsfunk der Luftverkehrsgesellschaften: Verbindungen zwischen Luftfahrzeugen überall in der Welt mit Bodenfunkstellen in den Gebieten:

W 1 - Europa und UdSSR	W 4 - Süd-Amerika
W 2 - Nord-Amerika, Karibik	W 5 - Afrika, Naher Osten
W 3 - Asien, Australien	

Der Kanalabstand in den Bereichen des beweglichen Flugfunkdienstes (R) beträgt einheitlich 3 kHz. Die Trägerfrequenzen sind ganzzahlige Vielfache von 1 kHz. Verwendete Modulationsart ist grundsätzlich J3E (Einseitenbandmodulation mit unterdrücktem Träger), oberes Seitenband (USB).

Der Bereich (R) ist über den derzeitigen Bedarf hinaus verplant. Einige MWARA-, VOLMET- und viele RDARA-Zuteilungen werden zur Zeit (noch) nicht genutzt, sondern stellen eine Reserve für zukünftige expansive Entwicklungen im Flugfunkdienst dar.

Was das Verkehrsaufkommen in den einzelnen Gebieten angeht, so ist festzustellen daß in dichter besiedelten Gebieten (z.B. Europa) der Flugfunk auf Kurzwelle fast keine Bedeutung mehr hat und vorzugsweise auf höherfrequenten Bändern (VHF, UHF) abgewickelt wird.

Verkehrsabwicklung:

Grundsätzlich werden im beweglichen Flugfunkdienst (R) folgende Arten von Meldungen verschiedener Priorität übermittelt:

1. Notrufe und Notverkehr (MAYDAY)
2. Dringlichkeitsmeldungen (PAN, PAN MEDICAL)
3. Peilmeldungen
4. Flugsicherheitsmeldungen (Bewegungslenkung und Kontrolle)
5. Wettermeldungen
6. Meldungen betreffend die Regelmäßigkeit der Flüge.

Die im praktischen Verkehr häufigsten Meldungen sind die Flugsicherheitsmeldungen. Die Flugzeuge, die sich gemäß ihres Flugplans auf den Luftstraßen (Air Routes) im oberen kontrollierten Raum bewegen, benötigen im Laufe ihres Fluges zahlreiche Freigaben für den Weiterflug, die ihnen von der jeweils zuständigen Bodenkontrollstelle erteilt werden.

Die Anflugprozeduren auf einen Flughafen werden in der Regel auf UKW (VHF) mit dem Flugplatzkontrolldienst abgewickelt.

Bodenfunkstellen identifizieren sich mit ihrer Standortbezeichnung oder sonst einer geeigneten Bezeichnung; eventuell vorhandene Rufzeichen werden nicht benutzt.

Dem Stationsnamen kann einer der nachstehenden Zusätze zur genaueren Kennzeichnung der Art des Dienstes folgen:

... RADIO	- Bodenfunkstelle generell (die früher übliche Bezeichnung AERADIO ist abgeschafft)
... CONTROL	- Bezirkskontrolldienst (ACC)
... APPROACH	- Anflugkontrolldienst (APPCON)
... TOWER	- Flugplatzkontrolldienst
... RADAR	- Flugverkehrskontrolldienst mit Radar
... INFORMATION	- Fluginformationsdienst (FIC)
... VOLMET	- Flugwetteransagedienst

Die Luftfahrzeuge identifizieren sich mit ihrem aus fünf Buchstaben bestehenden Rufzeichen, z.B. BABCD, 5AXYZ; Ausnahme USA: N12345, N987A, N543A. Nach dem Erstanruf können die Rufzeichen abgekürzt werden, indem nur der erste und die beiden letzten Buchstaben genannt werden, z.B. DABCD wird zu DCD, 5AXYZ zu 5YZ.

Eine weitere zulässige Art der Identifikation ist die Angabe der Flugnummer, z.B. LUFTHANSA-123, SPEEDBIRD-89, LM-567.

R-5000.
Der neue Communications-Receiver von Kenwood.

Neu!

Der R-5000 ist ein nach modernsten Gesichtspunkten konzipierter Funknachrichten-Empfänger, der jeden erdenklichen Bedienungskomfort bietet. Ausgelegt für den Empfang aller gebräuchlichen Modulationsarten (SSB, CW, AM, FM) überstreicht er den Frequenzbereich von 150 kHz bis 26,2 MHz (DBP-Nr. A637 103). Mit einem als Zubehör erhältlichen VHF-Konverter wird zusätzlich das 2-m-Amateurfunkband (144 bis 146 MHz) erfaßt.

Zu der hohen Leistungsfähigkeit des R-5000 trägt u. a. sein ausgezeichneter Regelumfang verbunden mit sorgfältig ausgewählten Bedienungsmöglichkeiten zur Bewältigung aller heutzutage anzutreffenden Empfangsbedingungen bei. Mikroprozessor-Steuerung kommt zum Einsatz für die Hauptfunktionen, wie z. B. die digitale Frequenzaufbereitung mit zwei Abstimmspeichern, die Verwaltung der 100 Speicherplätze, Speicher-Schnelldurchlauf sowie Kanal- und programmierbaren Band-Suchlauf und vieles andere mehr.
Besondere Eigenschaften:
Frequenzbereich 100 kHz bis 26,2 MHz in 1 MHz breiten Bandabschnitten
Das je nach Betriebsart automatisch umgeschaltete Abstimmraster beträgt bei SSB/CW 10 Hz, wodurch der Eindruck einer kontinuierlichen Abstimmung, ohne den berüchtigten Tonleitereffekt entsteht. Bei AM wird die Schrittweite auf 1 kHz und bei FM auf 5 kHz erhöht. Zwei unabhängige Abstimm-Zwischenspeicher gestatten auch in unterschiedlichen Modulationsarten Semi-Duplex-Betrieb. Alternativ können Frequenzen direkt über das Tastenfeld eingegeben werden.
Zur Speicherung und späterem Abruf der Frequenz eines Senders, seiner Modulationsart und der jeweils benutzten Antenne sind reichliche 100 Memories vorgesehen, die man zur Überprüfung ihres Inhalts im Display durchlaufen lassen kann. Natürlich fehlt weder der Kanal-Suchlauf mit programmierbarer Aussparung unerwünschter Kanäle noch der programmierbare Bandsuchlauf, der als Besonderheit eine präzise automatische Abstimmung auf Kanal-Mitte zu bieten hat. Für den Erhalt aller Daten bei ausgeschaltetem Gerät sorgt eine Lithium-Batterie.
Für ausgezeichnete Frequenzstabilität und hohe Treffsicherheit bürgt ein präziser Referenzoszillator mit einer Genauigkeit von ± 10 ppm bei einer Umgebungstemperatur von – 10 bis + 50 °C.
Die HF-Stufen des R-5000 wurden speziell im Hinblick auf großen intermodulationsfreien Dynamikbereich entwickelt und bieten bei einem Grundrauschen von – 138 dBm und einem Interceptpunkt 3. Ordnung von + 14 dBm beachtliche 102 dB (gemessen mit dem als Zusatz erhältlichen 500-Hz-CW-Filter YK-88C). Anschlußmöglichkeiten für hoch- und niederohmige Antennen sind vorgesehen. Bei sehr starken Signalen kann das Eingangssignal in drei Stufen (10, 20 und 30 dB) bedämpft werden.
Zwei Quarzfilter bewirken bei SSB-Empfang eine hervorragende Trennschärfe – z. B. 2,4/4,4 kHz bei – 6/– 60 dB, – während man zusätzlich mit ZF-Shift und Notch-Filter selbst hartnäckigem QRM zu Leibe rücken kann. Die Umschaltung der ZF-Filter ist dabei, wie beim populären TS-440S, wahlweise je nach Betriebsart automatisch oder aber manuell möglich, ganz nach den Erfordernissen der jeweiligen Empfangssituation.
Zur Störbefreiung tragen auch die beiden eingebauten Noise-Blanker bei, die selbst mit den impulsartigen Störungen des Über-Horizont-Radars („Woodpecker") fertig werden.
Last not least sorgt der qualitativ hochwertige eingebaute Lautsprecher dafür, daß das empfangene Signal schließlich auch in guter Qualität hörbar gemacht wird, selbst bei Musiksendungen.
Für zusätzlichen Komfort bei der Aufnahme von Rundfunksendungen ist eine 24-Stunden-Schaltuhr mit zwei Zeitzonen zur Erleichterung der Umrechnung in UTC vorgesehen.

Besuchen Sie einmal Ihren Kenwood-Fachhändler und lassen sich den R-5000 vorführen.

KENWOOD

Qualität verschafft sich Gehör

KENWOOD COMMUNICATIONS
DIVISION OF KENWOOD ELECTRONICS DEUTSCHLAND GMBH
REMBRÜCKER STRASSE 15 · D-6056 HEUSENSTAMM
TELEFON (0 61 04) 69 01 88 · TELEX 4 185 264 TRIO D
TELEFAX (0 61 04) 6 13 87

Flugwetterfunk (Volmet)

Auf den VOLMET-Frequenzen in den Frequenzbereichen des beweglichen Flugfunkdienstes werden ständig nach einem festen Zeitschema Wetterinformationen für Luftfahrzeuge im Fluge ausgestrahlt.

Die Informationen enthalten das Wetter für ausgesuchte Flughäfen im Zuständigkeitsbereich einer VOLMET-Station, und zwar sowohl aktuelle Situationsmeldungen als auch Landewettervorhersagen.

Den einzelnen VOLMET-Gebieten sind nachstehende Frequenzen zugeordnet. Nähere Einzelheiten über die Frequenzbelegung, die einzelnen Stationen und ihre Sendezeiten finden Sie in der Frequenzliste unter der jeweiligen Frequenz.

VAFI - 2860 3404 5499 6538 8852 10057 13261 kHz
VCAR - 2950 5580 11315 kHz
VEUR - 2998 3413 5640 6580 8957 11378 13264 kHz
VMID - 2956 5589 8945 11393 kHz
VNAT - 2905 3485 5592 6604 8870 10051 13270 13276 kHz
VNCA - 3461 4663 5676 10090 13279 kHz
VPAC - 2863 6679 8828 13282 kHz
VSAM - 2881 5601 10087 13279 kHz
VSEA - 2965 3458 5673 6676 8849 11387 13285 kHz

Die regelmäßigen stündlichen Sendezeiten werden in Minuten nach der vollen Stunde angegeben. Z.B. h+20/h+50: Sendungen beginnen jeweils 20 und 50 Minuten nach der vollen Stunde.

Beweglicher Seefunkdienst (Maritime)

Der bewegliche Seefunkdienst ist ein Funkdienst zwischen Küstenfunkstellen und Seefunkstellen oder zwischen Seefunkstellen untereinander.
Schiffe können über die Küstenfunkstellen mit dem Festland kommunizieren: Küstenfunkstellen sind die Schnittstellen zwischen dem internationalen Fernmeldenetz des Festlandes und den Schiffen auf hoher See.

Die funktechnischen Einrichtungen an Bord variieren je nach Größe und Bedarf des Schiffes entsprechend der Ausrüstungspflicht. Die am fortschrittlichsten ausgerüsteten Schiffe wickeln den Hauptteil ihres Fernmeldeverkehrs nicht mehr auf Kurz- oder Mittelwelle, sondern über Satelliten ab, über die automatisch ins Landnetz verbunden werden kann.

Weltweit sind dem beweglichen Seefunkdienst folgende Bereiche zugewiesen:

Mittelwelle: 415.....526,5 kHz

Grenzwelle: 1606,5..3800 kHz in mehreren Teilbereichen (s. Frequenzliste)

Kurzwelle:	4000....4438 kHz	(4-MHz-Bereich)
	6200....6525 kHz	(6-MHz-Bereich)
	8100....8815 kHz	(8-MHz-Bereich)
	12230...13200 kHz	(12-MHz-Bereich)
	16360...17410 kHz	(16-MHz-Bereich)
	18780...18900 kHz	(18-MHz-Bereich)
	19680...19800 kHz	(19-MHz-Bereich)
	22000...22855 kHz	(22-MHz-Bereich)
	25070...25550 kHz	(25-MHz-Bereich)

Folgende (Teil-)Bereiche sind neu zugeteilt, werden aber noch von Stationen des Festen Funkdienstes benutzt und werden dem beweglichen Seefunkdienst erst zur Verfügung stehen, nachdem die derzeitigen festen Benutzer auf andere Frequenzen umgesetzt worden sind:

4000....4063 kHz	17360...17410 kHz
8100....8195 kHz	18780...18900 kHz
12230...12330 kHz	19680...19800 kHz
16360...16460 kHz	22720...22855 kHz

UKW: 156.....174 MHz

Internationale Not- und Anruffrequenzen:	500 kHz	A1A A2A
	2182 kHz	H3E
	8364 kHz	A1A
	156,8 MHz	F3E

Mit Ausnahme der allgemeinen Not- und Anruffrequenzen sowie einigen wenigen weiteren, in der Frequenzliste besonders aufgeführten Sprechfunkkanälen wird zwischen Küstenfunkstellen und Schiffen grundsätzlich duplex gearbeitet.
Dafür sind die KW-Bänder in Arbeitsbereiche für Schiffsfunkstellen und für Küstenfunkstellen aufgeteilt und innerhalb dieser Bereiche weiter nach verwendeter Betriebsart gegliedert. Diese Betriebsartenuntergliederung geht aus der Frequenzliste hervor.

Im Telefoniebetrieb wird Einseitenbandmodulation (SSB) mit unterdrücktem oder vermindertem Träger verwendet (J3E bzw. R3E). Es wird grundsätzlich das obere Seitenband (USB) benutzt.
Den Frequenzen der Küstenfunkstellen entsprechen jeweils bestimmte fest zugeordnete Schiffsarbeitsfrequenzen, auf denen die Küstenfunkstellen hören. Diese jeweils zueinander gehörenden Frequenzpaare ergeben sich aus der QSX ...-Angabe in der letzten Spalte der Frequenzangaben für die Küstenfunkstellen in der Frequenzliste. QSX bedeutet "ich höre auf ... kHz (oder MHz)".

Der Funkfernschreibverkehr wird in der Regel in den Fehlerkorrigierenden Fernschreibbetriebsarten SITOR-A (SITOR) und SITOR-B (FEC) ausgeführt. Die Angabe F1B-ST in der Frequenzliste steht für diese beiden SITOR-Arten. Die Frequenzshift ist grundsätzlich 170 Hz.
Den Frequenzen der Küstenfunkstellen entsprechen jeweils bestimmte fest zugeordnete Schiffsarbeitsfrequenzen (gepaarte Frequenzen). Darüber hinaus gibt es für Schiffe weitere nicht gepaarte Fernschreibfrequenzen. Einige Küstenfunkstellen bieten inzwischen eine automatische Überleitung ins internationale Telexnetz, im Gegensatz zum handvermittelten Telegrammverkehr.

Im Telegrafiebetrieb besteht keine feste paarweise Zuordnung der Arbeitsfrequenzen für Schiffe und Küstenfunkstellen. Ein Schiff ruft eine Küstenfunkstelle auf einer der allgemeinen Telegrafie-Anruffrequenzen und wickelt dann den weiteren Funkverkehr auf einer der Arbeitsfrequenzen ab. Je nach Größe des Schiffes sind der Schiffsfunkstelle pro Band bestimmte Arbeitskanäle fest zugeteilt.
Pro Anruffrequenzbereich gibt es zwei allgemeine Kanäle (common channels), sowie 16 weitere Kanäle in den Bereichen 4...16 MHz, bzw. 8 weitere Kanäle auf 22 MHz. Die meisten Küstenfunkstellen sind normalerweise auf den allgemeinen Kanälen hörbereit sowie auf einem oder mehreren der anderen Kanäle.

Ein Beispiel: Das Schiff LABC möchte die Küstenfunkstelle JCX auf 12 MHz rufen, weil es über diese Küstenfunkstelle ein Telegramm nach Japan übermitteln möchte. Der Empfänger an Bord des Schiffes wird auf die Frequenz von JCX eingestellt (12667,5 kHz) und bleibt auf dieser Frequenz stehen. Ist JCX dort mit einer CQ-Schleife hörbar, kann die Küstenfunkstelle auf einer der Anruffrequenzen gerufen werden, beispielsweise auf dem Common Channel 5 (12545,4 kHz): "JCX de LABC", mit der Angabe "QSS 615". Dieser Anruf wird solange wiederholt, bis der Operateur bei JCX, der die Anrufkanäle überwacht, ihn hört und auf 12667,5 kHz dem rufenden Schiff antwortet "LABC de JCX ...".
QSS ... bedeutet "ich werde die Arbeitsfrequenz ... kHz benutzen". Da im Augenblick auf 12 MHz gearbeitet wird, kann mit QSS 615 also eindeutig nur die Arbeitsfrequenz 12615 kHz gemeint sein. Auf diese Arbeitsfrequenz wechselt dann das Schiff und übermittelt das vorliegende Telegramm an die Küstenfunkstelle. Die Küstenfunkstelle bestätigt den Empfang auf ihrer unverändert gebliebenen Sendefrequenz 12667,5 kHz und leitet das empfangene Telegramm alsbald über Telex an die Empfängeradresse weiter.

Rufzeichen der Küstenfunkstellen und Schiffsfunkstellen:

Die Rufzeichen der Küstenfunkstellen bestehen normalerweise aus drei Zeichen, denen bis zu zwei Ziffern folgen können, wobei die erste Ziffer ungleich null oder eins ist; z.B. WCC, Y5M, 9HD, GKA2, 3AC4, PCH61.

Die Rufzeichen der Seefunkstellen bestehen aus vier Buchstaben oder vier Buchstaben gefolgt von einer Ziffer ungleich null oder eins; z.B. DEFG, ELXY2. Schiffe ohne Telegrafiefunkanlage können ein Rufzeichen bestehend aus zwei Buchstaben gefolgt von vier Ziffern führen, wobei die erste Ziffer ungleich null oder eins ist; z.B. DB9876, 5B2345.

Zeitzeichen- und Normalfrequenzdienst

Normalfrequenzfunkdienst ist ein Funkdienst, bei dem zu wissenschaftlichen, technischen und anderen Zwecken auf bestimmten Frequenzen von festgelegter hoher Genauigkeit gesendet wird und bei dem die Aussendungen für den allgemeinen Empfang bestimmt sind. Er wird mitunter auch als Eichfrequenzdienst bezeichnet.

Beim Zeitzeichenfunkdienst werden Zeitzeichen von festgelegter hoher Genauigkeit gesendet, die für den allgemeinen Empfang bestimmt sind.

Zeitzeichen werden sowohl auf den Normalfrequenzen 2500, 5000, 10000, 15000, 20000 und 25000 kHz gesendet als auch auf einigen anderen Frequenzen.

Neben den nachfolgenden eigentlichen Zeitzeichensendern gibt es noch eine Reihe von Küstenfunkstellen und Marine-Stationen, die für wenige Minuten pro Tag auf einigen ihrer Arbeitsfrequenzen ein Zeitzeichen für die Schiffahrt ausstrahlen.

2500 kHz	ZUO	Pretoria, AFS
	BPM	Xian/Lintong, CHN
	FFH	Issy, F
	MSF	Teddington, G
	WWVH	Kekaha, HWA
	JJY	Sanwa, J
	OMA	Praha, TCH
	RCH	Tashkent, URS
	WWV	Ft.Collins, USA
3170 kHz	OLB5	Praha, TCH
3330 kHz	CHU	Ottawa, CAN
3810 kHz	HD210A	Guayaquil, EQA
4500 kHz	VNG	Lyndhurst, AUS
4525 kHz	Y3S	Nauen, DDR
4996 kHz	RWM	Moskva, URS
5000 kHz	ZUO	Pretoria, AFS
	LOL	Buenos Aires, ARG
	BPM	Xian/Lintong, CHN
	HD210A	Guayaquil, EQA
	MSF	Teddington, G
	WWVH	Kekaha, HWA
	IAM	Roma, I
	IBF	Torino, I
	ATA	New Delhi, IND
	JJY	Sanwa, J
	BSF	Taipei, TWN
	RCH	Tashkent, URS
	WWV	Ft.Collins, USA
5004 kHz	RID	Irkutsk, URS
6100 kHz	YVTO	Caracas, VEN
6840 kHz	EBC	Cadiz, E
7335 kHz	CHU	Ottawa, CAN
7428 kHz	FTH42	Paris, F
7500 kHz	VNG	Lyndhurst, AUS
7600 kHz	HD210A	Guayaquil, EQA
8167,5 kHz	LQB9	Buenos Aires, ARG
8721 kHz	PPE	Rio de Janeiro, B
9996 kHz	RWM	Moskva, URS
10000 kHz	LOL	Buenos Aires, ARG
	BPM	Xian/Lintong, CHN
	MSF	Teddington, G
	WWVH	Kekaha, HWA
	ATA	New Delhi, IND
	JJY	Sanwa, J
	RCH	Tashkent, URS
	RTA	Novosibirsk, URS
	WWV	Ft.Collins, USA
10004 kHz	RID	Irkutsk, URS
10775 kHz	FTK77	Paris, F
11440 kHz	PLC	Jakarta, INS
12000 kHz	VNG	Lyndhurst, AUS
12008 kHz	EBC	Cadiz, E
13873 kHz	FTN87	Paris, F
14670 kHz	CHU	Ottawa, CAN
14996 kHz	RWM	Moskwa, URS
15000 kHz	LOL	Buenos Aires, ARG
	BPM	Xian/Lintong, CHN
	WWVH	Kekaha, HWA
	JJY	Sanwa, J
	BSF	Taipei, TWN
	RTA	Novosibirsk, URS
	WWV	Ft.Collins, USA
15004 kHz	RID	Irkutsk, URS
17550 kHz	LQC20	Buenos Aires, ARG
20000 kHz	WWVH	Kekaha, HWA
	WWV	Ft.Collins, USA
25000 kHz	WWV	Ft.Collins, USA

Frequenzliste 9 kHz–30 MHz

Die folgende nach Frequenzen geordnete Liste gibt einen Überblick über den gesamten Lang-, Mittel- und Kurzwellenbereich, allerdings ohne Rundfunksender.

Die Frequenzliste wurde mit größter Sorgfalt zusammengestellt, um eine möglichst hohe Zuverlässigkeit der Angaben zu gewährleisten. Dennoch kann eine solche Liste weder vollständig, noch wegen ständig stattfindender Veränderungen in allen Einzelheiten richtig sein. Dies liegt in der Natur des so vielseitigen Funkverkehrs auf Kurzwelle.

Erklärungen zur nachfolgenden Liste:

Sie lesen in

Spalte 1 - Frequenz f in Kilohertz (kHz). Bei Einseitenbandaussendungen ist die (virtuelle) Trägerfrequenz angegeben, bei Funkfernschreibsendungen die Mittenfrequenz, bei komplexen Systemen wie B9W die veröffentlichte Mittenfrequenz.

Spalte 2 - Rufzeichen, soweit bekannt oder im Verkehr verwendet. Manche Stationen verwenden eine Kennung, die nicht einem Rufzeichen nach ITU-Regeln entspricht.

Spalte 3 - Sender: Senderstandort, Betriebsgesellschaft.
Die Abkürzungen der Betriebsgesellschaften sind im hinteren Teil des Buches dargestellt.
In den Bereichen des beweglichen Flugfunkdienstes (R) sind hier die Flugverkehrsgebiete aufgeführt, denen diese Frequenz zugewiesen ist, und zwar in der Reihenfolge MWARAs, RDARAs, VOLMET.

Spalte 4 - Landesabkürzungen gemäß ITU. Eine alphabetische Liste dieser Landesabkürzungen findet sich im Anschluß an die Frequenzliste.

Spalte 5 - Art des Dienstes, gemäß ITU.
Folgende Bezeichnungen finden Verwendung:
AX - Station des festen Flugfunkdienstes
FD - Bodenstation des beweglichen Flugfunkdienstes (R)
FG - Bodenstation des beweglichen Flugfunkdienstes (OR)
FX - Station des Festen Funkdienstes
LR - Funkortungsstation
MA - Luftfahrzeug
ML - Landfahrzeug
MS - Schiff
MX - METEO-Station
OD/OE - Ozeanografische-Daten-Station
PX - Nachrichtenagentur (Presse)
SS - Normalfrequenz- und Zeitzeichenstation

Spalte 6 - verwendete Modulation. Bezeichnungen nach ITU.
A1A - Morsetelegrafie, getasteter Träger
A2A - Morsetelegrafie, getastete Tonfrequenz
F1A - Morsetelegrafie, Frequenzumtastung
F1B - Funkfernschreiben, Frequenzumtastung
F7B - Mehrkanalfunkfernschreiben

F1C - Facsimile (FAX), hier als Sammelbezeichnung für F1C, F3C, J3C
J2D - Fernwirken, digitaler Selektivruf
J3E - Einseitenbandmodulation, unterdrückte Trägerfrequenz
R3E - Einseitenbandmodulation, verminderter Träger
H3E - Einseitenbandmodulation, voller Träger
A3E - Amplitudenmodulation, 2 Seitenbänder und voller Träger
B8E - Telefonie, 2 unabhängige Seitenbänder, unterdrückter Träger
J7B - Mehrkanal-Funkfernschreiben: mehrere Fernschreibkanäle innerhalb der Bandbreite eines Telefoniekanals (3 kHz), unterdrückter Träger. Die verschiedenen Fernschreibkanäle können in unterschiedlichen Fernschreibverfahren mit unterschiedlicher Geschwindigkeit getastet sein, z.B. mehrere ARQ-Kanäle für den eigentlichen Verkehr und beispielsweise ein zusätzlicher 50-Baud-Kanal für Service-Zwecke.
B7B - Mehrkanal-Funkfernschreiben, wie J7B, mindestens 2 unabhängige Seitenbänder
B9W - aus unterschiedlichen Modulationsarten zusammengesetztes System mit mindestens 2 unabhängigen Seitenbändern, davon mindestens je ein Seitenband mit Funkfernschreiben (meist Mehrkanalfunkfernschreiben (J7B)) und eines mit Telefonie belegt, unterdrückter Träger. Solche Systeme können bis zu 12 kHz breit sein und damit bis zu vier voneinander unabhängige Kanäle mit je 3 kHz Breite enthalten.

Zusätzliche Informationen:
Telefonie:
-U : oberes Seitenband (USB)
-L : unteres Seitenband (LSB)

Funkfernschreiben:
nach der Angabe F1B sind aufgeführt:
Art der Aussendung und gegebenenfalls weitere Parameter:
- bei Aussendungen im Standard-Baudot-Code (CCITT 2) die Geschwindigkeit (Baud), Shift (Hz) und Shiftlage.
Beispiel: F1B-50-850H: 50 Baud, 850 Hz Shift, Mark high.
- 50 : 50 Baud
- 75 : 75 Baud
-100 : 100 Baud

Shift ist die Differenz der beiden Frequenzen, zwischen denen umgetastet wird.
Unter Shiftlage versteht man die frequenzmäßige Zuordnung der beiden Fernschreibzustände MARK (Stoppolarität) und SPACE (Startpolarität). Liegt der MARK-Zustand vor, so fließt durch eine TELEX-Maschine Linienstrom und hält den Empfangsmagneten in Ruhestellung.
Die in dieser Liste vorkommenden Bezeichnungen H und L geben an, ob der MARK-Zustand der höheren Frequenz (H) oder der tieferen Frequenz (L) zugeordnet ist.
Bei vielen Fernschreibkonvertoren wird dies als NORMAL und REVERSE bezeichnet. Da es diesbezüglich aber keine allgemeinverbindlichen Normen gibt und die Konvertstellung sich z.B. bei Seitenbandwechsel am Empfänger ändert, sollten Sie anhand einer bekannten Station die entsprechende für Ihren Konverter geltende Zuordnung feststellen:
z.B.: TASS Moskau bei Verwendung des oberen Seitenbandes in Stellung .... (Konverterbezeichnung NORMAL oder REVERSE) empfangen, entspricht der Bezeichnung L dieser Liste.

- bei anderen Übertragungsverfahren
  - -ASC : ASCII (CCITT 5)
  - -ST/FEC:SITOR (CCIR 476-3) in 2 Arten:
    (SI)TOR ist ein fehlerkorrigierendes bzw. fehlertolerantes Fernschreibverfahren, das ursprünglich für den beweglichen Seefunkdienst entwickelt worden ist, aber auch von festen Funkstellen und neuerdings auch von Amateurfunkstellen (von Funkamateuren seltsamerweise "AMTOR" genannt) verwendet wird.
    Im SITOR-A Modus können beide beteiligten Stationen einer Zweiwegverbindung simplex auf derselben Frequenz arbeiten. SITOR-B (FEC = Forward Error Correction) ist ein vorwärts fehlerkorrigierendes Verfahren für Einwegsendungen.
    In der Frequenzliste sind Stationen, die beide Verfahren verwenden, mit -ST und Stationen, die nur SITOR-B verwenden, mit -FEC gekennzeichnet.
  - -ARQ : ARQ (CCIR 342-2), gefolgt von der TDM (Time-Division-Multiplex) Baudrate: ARQ96 für ein Zweikanal-TDM-System mit 96 Baud, ARQ192 für ein Vierkanalsystem. ARQ ist ein im Festen Funkdienst verwendetes fehlerkorrigierendes Duplex-Fernschreibverfahren.
  - -FEC...: im Festen Funkdienst übliches FEC-Verfahren, mit Angabe der Geschwindigkeit, z.B. FEC96. Nicht zu verwechseln mit dem SITOR-B FEC.

Spalte 7 - Zielgebiet (Landesabkürzung oder Rufzeichen) bei festen Funkstellen,
QSX ..... Frequenz bei Küstenfunkstellen,
Schiffssammelrufzeichen bei Küsten- und Marinefunkstellen,
stündliche regelmäßige Sendezeiten in Minuten nach der vollen Stunde h+... bei VOLMET-Stationen,
das von einer Bodenfunkstelle des beweglichen Flugfunkdienstes (R) betreute Flugverkehrsgebiet (MWARA oder RDARA).

f (kHz)	Rufz.	Station	Land	FD	Modulation	Bemerkungen
9...148.5 kHz		VERSCHIEDENE FUNKDIENSTE				
9...14 kHz		OMEGA Navigation	AAA	NL	A1D	
16	GBR	RGO Rugby	G	SS	A1A	
17.2	SAQ	STA Stockholm	S	FX	A1A F1B	USA/NY
50	OMA	AI Praha/Liblice	TCH	SS	A1A	
55.3	DCF55	VWD Frankfurt	D	PX	F1B-75	
60	MSF	NPL Teddington	G	SS	A1A	
75	HBG	OBSERV Neuchatel	SUI	SS	A1A	
77.5	DCF77	PTB Braunschweig	D	SS	H2D	
80.3	GLO20	RN London	G	FC	A1A	NAWS B13A
83.1	OFA83	METEO Helsinki	FNL	MX	F1C-120	
91.15	FTA91	BIH Paris	F	SS	A1A	
100		LORAN C Navigation	AAA	NL		
110.6	DCF30	DPA Frankfurt	D	PX	F1B-200-ASC	
111.8	OLT21	METEO Praha	TCH	MX	F1C-90/120	
117.4	DCF37	METEO Offenbach	D	MX	F1C-120	
119	IDQ	ItNY Roma	I	FC	A1A	
119.85	SAY2	METEO Norrkoeping	S	MX	F1C-120	
122.3	OUA	RDNY Stevns/Sovaern	DNK	FC	A1A	NAWS D23
125.2	SLZ	SAF Kristinehamn	S	MX	F1C-120	
131.8	FYA31	METEO Paris	F	MX	F1C-120	
134.2	DCF54	METEO Offenbach	D	MX	F3C-120	
139	DCF39	DPA Frankfurt	D	PX	F3C-120	
140	UGE	Arkhangelsk R.	URS	FC	A1A F1B-50	
140.3	DCF60	EPD Frankfurt	D	PX	F1B-200-ASC	
	DCF60	KNA Frankfurt	D	PX	F1B-200-ASC	
	DCF60	SID Frankfurt	D	PX	F1B-200-ASC	
146	Y7A20	MFA Berlin	DDR	FX	F1B-100	
147.3	DDH47	METEO Quickborn	D	MX	A1A	
148.5..255 kHz		RUNDFUNKDIENST				
255...283.5 kHz		RUNDFUNKDIENST, Flugnavigationsfunkdienst				
275	UPV	Dikson R.	URS	FC	A1A	
276	TFA	Reykjavik R.	ISL	FC	A1A	
283.5...415 kHz		NAVIGATIONSFUNKDIENST				
322.6	UPV	Dikson R.	URS	FC	A1A	
344.8	UPM	Amderma R.	URS	FC	A1A	
410		Schiffe	AAA	MS	A1A	Peilfunk
	FFB	Boulogne-sur-Mer R.	F	FC	A1A	
	FFC	Bordeaux-Arcachon R.	F	FC	A1A	
	FFM	Marseille R.	F	FC	A1A	
	FFU	Brest-le-Conquet R.	F	FC	A1A	
	GCC	Cullercoats R.	G	FC	A1A	

410	GKR	Wick R.	G	FC	A1A	
	GKZ	Humber R.	G	FC	A1A	
	GLD	Landsend R.	G	FC	A1A	
	GND	Stonehaven R.	G	FC	A1A	
	GNF	Northforeland R.	G	FC	A1A	
	GNI	Niton R.	G	FC	A1A	
	GPK	Portpatrick R.	G	FC	A1A	

415...526.5 kHz BEWEGLICHER SEEFUNKDIENST, Navigationsfunkdienst

416	FFU	Brest-le-Conquet R.	F	FC	A1A	
	LGN	Bergen R.	NOR	FC	A1A	
	SDJ	Stockholm R.	S	FC	A1A	
	TAN6	Samsun R.	TUR	FC	A1A	
	UGE	Arkhangelsk R.	URS	FC	A1A	QSX 480 kHz
417	9HD	Malta R.	MLT	FC	A1A	
418	FUG3	FNY La Regine	F	FC	A1A	
	GNF	Northforeland R.	G	FC	A1A	
	SVA	Athinai R.	GRC	FC	A1A	
	SAE	Tingstaede R.	S	FC	A1A	
420	OXF	Qaqortoq R.	GRL	FC	A1A	
	OYR	Aasiaat R.	GRL	FC	A1A	
421	LZL	Bourgas R.	BUL	FC	A1A	
	FFC	Bordeaux-Arcachon R.	F	FC	A1A	
	SVK	Kerkyra R.	GRC	FC	A1A	
	PCH	Scheveningen R.	HOL	FC	A1A	
	PCI	Ijmuiden R.	HOL	FC	A1A	
	EJM	Malin Head R.	IRL	FC	A1A	
424	OYR	Aasiaat R.	GRL	FC	A1A	
425		Schiffe	AAA	MS	A1A	
428	SVL	Limnos R.	GRC	FC	A1A	
429	OXB	Blavand R.	DNK	FC	A1A	
	EBC	SNY Cadiz	E	FC	A1A	
	EBD	SNY Cartagena	E	FC	A1A	
	IDC	Cagliari R.	I	FC	A1A	
	EJK	Valentia R.	IRL	FC	A1A	
	UDN	Novorossijsk R.	URS	FC	A1A	
	UNI	Ventspils R.	URS	FC	A1A	QSX 425 kHz
430	UVW	Tuapse R.	URS	FC	A1A	
431	GKR	Wick R.	G	FC	A1A	
432	Y5M	Ruegen R.	DDR	FC	A1A	QSX 425 512 kHz
	FFM	Marseille R.	F	FC	A1A	QSX 425 kHz
	SVH	Iraklion R.	GRC	FC	A1A	
	IPB	Bari R.	I	FC	A1A	
	UDE	Odessa R.	URS	FC	A1A	
	UOY	Narian-Mar R.	URS	FC	A1A	
433	OHM	Mariehamn R.	FNL	FC	A1A	
435	OST	Oostende R.	BEL	FC	A1A	QSX 468 kHz
	IQH	Napoli R.	I	FC	A1A	QSX 454 kHz
	LMJ	Jan Mayen R.	NOR	FC	A1A	
	SPE	Szczecin R.	POL	FC	A1A	
	CUL	Lisboa R.	POR	FC	A1A	
438	OHC	Helsinki R.	FNL	FC	A1A	QSX 468 kHz
	GLD	Landsend R.	G	FC	A1A	
	LGI	Hammerfest R.	NOR	FC	A1A	
	LGS	Svalbard R.	NOR	FC	A1A	
	LGT	Tjoeme R.	NOR	FC	A1A	

438	YUR	Rijeka R.	YUG	FC	A1A	
441	EAB	Bagur R.	E	FC	A1A	
	EAS	Cabo Penas R.	E	FC	A1A	
	GCC	Cullercoats R.	G	FC	A1A	
	LGD	Roervik R.	NOR	FC	A1A	
	LJB	Bjoernoeya R.	NOR	FC	A1A	
	TAH	Istanbul R.	TUR	FC	A1A	
	TAM4	Iskenderun R.	TUR	FC	A1A	
	UKB	Riga R.	URS	FC	A1A	
	UWT	Taganrog R.	URS	FC	A1A	
	UZS	Onega R.	URS	FC	A1A	
443	SVH	Iraklion R.	GRC	FC	A1A	
444	DAN	Norddeich R.	D	FC	A1A	QSX 500 512 kHz
	LGE	Harstad R.	NOR	FC	A1A	
	SPN	Witowo R.	POL	FC	A1A	
	UNN	Vyborg R.	URS	FC	A1A	
447	OXJ	Torshavn R. FI	DNK	FC	A1A	
	SPH	Gdynia R.	POL	FC	A1A	
	UDE	Odessa R.	URS	FC	A1A	
	UZI	Kandalakcha R.	URS	FC	A1A	QSX 454 kHz
	YUX	Dubrovnik R.	YUG	FC	A1A	
450	5BA	Cyprus R. Nicosia	CYP	FC	A1A	QSX 454 kHz
	EAB	Bagur R.	E	FC	A1A	QSX 454 kHz
	EAC	Tarifa R.	E	FC	A1A	
	FFB	Boulogne-sur-Mer R.	F	FC	A1A	
	CTS	PNY Sagres	POR	FC	A1A	
	SAG	Goeteborg R.	S	FC	A1A	
	UDN	Novorossijsk R.	URS	FC	A1A	
	UFF	Sukhumi R.	URS	FC	A1A	
	UNS	Tallin R.	URS	FC	A1A	
452	LZW	Varna R.	BUL	FC	A1A	
454		Schiffe	AAA	MS	A1A	
455	SVK	Kerkyra R.	GRC	FC	A1A	
	UNM2	Klaipeda R.	URS	FC	A1A	QSX 454 kHz
458	GND	Stonehaven R.	G	FC	A1A	
	SPE	Szczecin R.	POL	FC	A1A	
	TAM7	Canakkale R.	TUR	FC	A1A	
	TAN2	Izmir R.	TUR	FC	A1A	
	UCD9	Ialta R.	URS	FC	A1A	QSX 468 kHz
	UMN	Murmanšk R.	URS	FC	A1A	
460	ZAD	Durres R.	ALB	FC	A1A	
	ZAV	Vlore R.	ALB	FC	A1A	
461	LZL	Bourgas R.	BUL	FC	A1A	
	PCH	Scheveningen R.	HOL	FC	A1A	QSX 454 kHz
	PCI	Ijmuiden R.	HOL	FC	A1A	
	9HD	Malta R.	MLT	FC	A1A	
	YQI	Constantzà R.	ROU	FC	A1A	
464	OXP	Skagen R.	DNK	FC	A1A	
	GNI	Niton R.	G	FC	A1A	
	ZDK	Gibraltar R.	GIB	FC	A1A	
	SVA	Athinai R.	GRC	FC	A1A	
	OXF	Qaqortoq R.	GRL	FC	A1A	
	OYR	Aasiaat R.	GRL	FC	A1A	
	SAH	Haernoesand R.	S	FC	A1A	
468		Schiffe	AAA	MS	A1A	
470	DAO	Kiel R.	D	FC	A1A	QSX 480 512 kHz
	UFR	Igarka R.	URS	FC	A1A	
472	EAF	Cabo Finisterre R.	E	FC	A1A	

472	GPK	Portpatrick R.	G	FC	A1A	
	TFA	Reykjavik R.	ISL	FC	A1A	QSX 480 kHz
	UGK2	Kaliningrad R.	URS	FC	A1A	
	UJO3	Izmail R.	URS	FC	A1A	QSX 468 kHz
	UMN	Murmansk R.	URS	FC	A1A	
	YUW	Bar R.	YUG	FC	A1A	
473	UDC	Jdanov R.	URS	FC	A1A	QSX 480 kHz
474	DAN	Norddeich R.	D	FC	A1A	QSS 425 kHz
	OHX	Vaasa R.	FNL	FC	A1A	
475	LZW	Varna R.	BUL	FC	A1A	
476	EAV	Cabo de la Nao R.	E	FC	A1A	
	IQX	Trieste R.	I	FC	A1A	
	5AT	Tripoli R.	LBY	FC	A1A	
	LGZ	Farsund R.	NOR	FC	A1A	
	UGE	Arkhangelsk R.	URS	FC	A1A	QSX 480 kHz
	UJY	Kaliningrad R.	URS	FC	A1A	
	UKW	Kertch R.	URS	FC	A1A	
	URL8	Sevastopol R.	URS	FC	A1A	
478	OXI	Nuuk R.	GRL	FC	A1A	
	YMH4	METEO Bandirma	TUR	MX	A1A	
	YMY2	METEO Samsun	TUR	MX	A1A	
480		Schiffe	AAA	MS	A1A	
483	SAA	Karlskrona R.	S	FC	A1A	
484	EAC	Tarifa R.	E	FC	A1A	
	GKZ	Humber R.	G	FC	A1A	
	TFA	Reykjavik R.	ISL	FC	A1A	QSX 480 kHz
	SPE	Szczecin R.	POL	FC	A1A	
	UDB	Leningrad R.	URS	FC	A1A	
	UFA	Batumi R.	URS	FC	A1A	
	YUS	Split R.	YUG	FC	A1A	
487	OXZ	Lyngby R.	DNK	FC	A1A	
	FFU	Brest-le-Conquet R.	F	FC	A1A	
	ICB	Genova R.	I	FC	A1A	QSX 480 kHz
	LGA	Alesund R.	NOR	FC	A1A	
	LGP	Bodoe R.	NOR	FC	A1A	
	LJN	Ny Aalesund R.	NOR	FC	A1A	
	CTN	PNY Apulia	POR	FC	A1A	
	UHZ	Kherson R.	URS	FC	A1A	
	UZT	Mezen R.	URS	FC	A1A	
488	IDC	Cagliari R.	I	FC	A1A	QSX 480 kHz
489	OSA	Antwerpen R.	BEL	FC	A1A	
	LZW	Varna R.	BUL	FC	A1A	
	IPA	Ancona R.	I	FC	A1A	
	UKB	Riga R.	URS	FC	A1A	
490		NOT und DRINGLICHKEIT	AAA	FC	H2B	Selektivruf
500		NOT- u. ANRUFFREQUENZ	AAA	FC/MS	A1A A2A H2A	
512		ANRUFFREQUENZ	AAA	FC/MS	A1A	
516	CTH	PNY Horta	AZR	FC	A1A	
	SVL	Limnos R.	GRC	FC	A1A	
	IAR5	Roma R.	I	FC	A1A	
	LGH	Harstad R.	NOR	FC	A1A	
	LGQ	Rogaland R.	NOR	FC	A1A	
	TAM4	Iskenderun R.	TUR	FC	A1A	
	TAM5	Mersin R.	TUR	FC	A1A	
	TAM6	Antalya R.	TUR	FC	A1A	
	TAN2	Izmir R.	TUR	FC	A1A	
	TAN6	Samsun R.	TUR	FC	A1A	
	UZB	Sotchi R.	URS	FC	A1A	

518	ZAD	Durres R.	ALB	FC	A1A	
	ZAV	Vlore R.	ALB	FC	A1A	
	OST	Oostende R.	BEL	FC	F1B-FEC	NAVTEX T
	LZW	Varna R.	BUL	FC	F1B-FEC	NAVTEX J
	FFU	Brest-le-Conquet R.	F	FC	F1B-FEC	NAVTEX F
	GCC	Cullercoats R.	G	FC	F1B-FEC	NAVTEX G
	GNI	Niton R.	G	FC	F1B-FEC	NAVTEX S
	GPK	Portpatrick R.	G	FC	F1B-FEC	NAVTEX O
	SVL	Limnos R.	GRC	FC	F1B-FEC	NAVTEX L
	PCH	Scheveningen R.	HOL	FC	F1B-FEC	NAVTEX P
	TFA	Reykjavik R.	ISL	FC	F1B-FEC	NAVTEX R
	LGP	Bodoe R.	NOR	FC	F1B-FEC	NAVTEX B
	LGQ	Rogaland R.	NOR	FC	F1B-FEC	NAVTEX L
	LGV	Vardoe R.	NOR	FC	F1B-FEC	NAVTEX V
	SAH	Haernoesand R.	S	FC	F1B-FEC	NAVTEX H
	SDJ	Stockholm R.	S	FC	F1B-FEC	NAVTEX J
	TAN2	Izmir R.	TUR	FC	F1B-FEC	NAVTEX
	UDC	Jdanov R.	URS	FC	F1B-FEC	NAVTEX B
	UDE	Odessa R.	URS	FC	F1B-FEC	NAVTEX C
	UFA	Batumi R.	URS	FC	F1B-FEC	NATVEX A
	UGE	Arkhangelsk R.	URS	FC	F1B-FEC	NAVTEX F
	UMN	Murmansk R.	URS	FC	F1B-FEC	NAVTEX C
	UNS	Tallin R.	URS	FC	F1B-FEC	NAVTEX
	YUS	Split R.	YUG	FC	F1B-FEC	NAVTEX Y
519	OHC	Helsinki R.	FNL	FC	A1A	
	IAR25	Roma R.	I	FC	A1A	
	UDE	Odessa R.	URS	FC	A1A	
522	Y5M	Ruegen R.	DDR	FC	A1A	
	GLD	Landsend R.	G	FC	A1A	
	LGV	Vardoe R.	NOR	FC	A1A	
	CTV	PNY Monsanto	POR	FC	A1A	
	RWWM	Klaipeda R.	URS	FC	A1A	
524	IQH	Napoli R.	I	FC	A1A	
	TAM5	Mersin R.	TUR	FC	A1A	
	TAM7	Canakkale R.	TUR	FC	A1A	
	TAN5	Zonguldak R.	TUR	FC	A1A	
	TAO2	Trabzon R.	TUR	FC	A1A	

526.5...1606.5 RUNDFUNKDIENST

1606.5...1810 kHz BEWEGLICHE FUNKDIENSTE, Fester Funkdienst

1609		Schiffe	D	MS	A1A	
1618	EJM	Malin Head R.	IRL	FC	A1A	
1621		Schiffe	D	MS	A1A	
1637	3VW1	Bizerte Harbour	TUN	FC	J3E	
1640	TFM	Neskaupstadur R.	ISL	FC	J3E	
1642		Alderney R.	G	FC	J3E	
1643	IQA	Augusta R.	I	FC	J3E	
1644	LGF3	Rogaland R.	NOR	FC	F1B-ST	QSX 3149 kHz
1645	LGF	Rogaland R.	NOR	FC	A1A F1B-ST	QSX 2045.5 3148
1646	LGF2	Rogaland R.	NOR	FC	F1B-ST	QSX 3147 kHz
1649.5	OSA	Antwerpen R.	BEL	FC	J3E	
1650	LZL	Bourgas R.	BUL	FC	J3E	
	TFA	Reykjavik R.	ISL	FC	J3E	
	SAH	Haernoesand R.	S	FC	J3E	QSX 2216 kHz

1652.5	OSA	Antwerpen R.	BEL	FC	J3E	
1657.5		Fischerei-Schiffe	D	MS	A1A J3E	
1662.5		St.Peter PORT R. Gu.	G	FC	J3E	
1663.5	CUG	S.Miguel R.	AZR	FC	J3E	
	CUB	Madeira R. Funchal	MDR	FC	J3E	
1667	ICB	Genova R.	I	FC	J3E	
1672	GKR1	Wick R.	G	FC	F1B-ST	QSX 2496.8 kHz
1673	FFU	Brest-le-Conquet R.	F	FC	J3E	
	TFA	Reykjavik R.	ISL	FC	J3E	
	TFT	Hornafjoerdur R.	ISL	FC	J3E	
1678	EAC	Tarifa R.	E	FC	J3E	QSX 2083 kHz
1680	SUK	Kosseir R.	EGY	FC	J3E	
	SVN	Athinai R.	GRC	FC	J3E	
		Venezia R.	I	FC	J3E	
1687	OXZ	Lyngby R.	DNK	FC	J3E	QSX 2049 2056
	FFO	St.Nazaire R.	F	FC	J3E	
1690	EAV	Cabo de la Nao R.	E	FC	J3E	QSX 2013 kHz
1694	FFB	Boulogne-sur-Mer R.	F	FC	J3E	
	LGA	Alesund R.	NOR	FC	J3E	QSX 2541 kHz
	LGS	Svalbard R.	NOR	FC	J3E	
1696	SVK	Kerkyra R.	GRC	FC	J3E	
1698	EAF	Cabo Finisterre R.	E	FC	J3E	QSX 2083 kHz
1700		Chipiona R.	E	FC	J3E	QSX 2013 kHz
1701	OXP	Skagen R.	DNK	FC	J3E	QSX 2049 2056
1704		Cabo Machichaco R.	E	FC	J3E	QSX 2083 kHz
1705	OSA	Antwerpen R.	BEL	FC	J3E	
	IPP	Palermo R.	I	FC	J3E	
1706	GKR	Wick R.	G	FC	J3E	
	GLD	Landsend R.	G	FC	J3E	
1708	OSA	Antwerpen R.	BEL	FC	J3E	
	OXJ	Torshavn R. FI	DNK	FC	J3E	
	OHG	Helsinki R.	FNL	FC	J3E	QSX 2484 kHz
1713	OXB	Blavand R.	DNK	FC	J3E	QSX 2049 2056
1715		Crotone R.	I	FC	J3E	
	TFV	Vestmannaeyjar R.	ISL	FC	J3E	
1719	Y5D	Ruegen R.	DDR	FC	J3E	QSX 2550 2191
1720	EAT	Tenerife R.	CNR	FC	J3E	QSX 2083 kHz
1722	FFO	St.Nazaire R.	F	FC	J3E	
	IDC	Cagliari R.	I	FC	J3E	
	LGA	Alesund R.	NOR	FC	J3E	QSX 2442 kHz
	LGI	Hammerfest R.	NOR	FC	J3E	QSX 2442 kHz
	LMJ	Jan Mayen R.	NOR	FC	J3E	
1726	GUD	Jersey R.	G	FC	J3E	
1729	LGQ	Rogaland R.	NOR	FC	J3E	QSX 2449 kHz
	LGV	Vardoe R.	NOR	FC	J3E	QSX 2449 kHz
	LJN	Ny Aalesund R.	NOR	FC	J3E	
1730		Arrecife R.	CNR	FC	J3E	QSX 2013 kHz
		Barcelona R.	E	FC	J3E	QSX 2083 kHz
1735	7TO	Oran R.	ALG	FC	J3E	
	ICP	Trapani R.	I	FC	J3E	
1736	LGH	Harstad R.	NOR	FC	J3E	QSX 2456 kHz
	LGS	Svalbard R.	NOR	FC	J3E	
	LGT	Tjoeme R.	NOR	FC	J3E	QSX 2456 kHz
1740	EAB	Bagur R.	E	FC	J3E	QSX 2122 kHz
1742	SVH	Iraklion R.	GRC	FC	J3E	
1743	7TB	Annaba R.	ALG	FC	J3E	
		PILOT La Rochelle	F	FC	J3E	
	CND3	Safi R.	MRC	FC	J3E	

1743	LFO	Oerlandet R.	NOR	FC	J3E	QSX 2463 kHz
	LGN	Bergen R.	NOR	FC	J3E	QSX 2463 kHz
		Hammerfest R.	NOR	FC	J3E	QSX 2463 kHz
	3VW	La Goulette Harbour	TUN	FC	J3E	
	3VW1	Bizerte Harbour	TUN	FC	J3E	
	3VW2	Sfax Harbour	TUN	FC	J3E	
	3VW3	Sousse Harbour	TUN	FC	J3E	
	3VW4	Ghannouche Harbour	TUN	FC	J3E	
1745	DHJ58	GNY Flensburg	D	FC	A1A	
1747	DHM72	METEO Grengel	D	MX	F1B-50-425L F1C-120	
1748	EAR	La Coruna R.	E	FC	J3E	QSX 2122 kHz
1750	LZW	Varna R.	BUL	FC	J3E	
	EAL	Las Palmas R.	CNR	FC	J3E	QSX 2122 kHz
	LGE	Harstad R.	NOR	FC	J3E	QSX 2470 kHz
	LGZ	Farsund R.	NOR	FC	J3E	QSX 2470 kHz
1757	LGD	Roervik R.	NOR	FC	J3E	QSX 2576 kHz
	LGL	Floroe R.	NOR	FC	J3E	QSX 2576 kHz
	LJB	Bjoernoeya R.	NOR	FC	J3E	
	SPO	Szczecin R.	POL	FC	J3E	
1757.5	EAS	Cabo Penas R.	E	FC	J3E	QSX 2013 kHz
1760	TAN6	Samsun R.	TUR	FC	J3E	
1764	PCH	Scheveningen R.	HOL	FC	J3E	QSX 2030 kHz
1771	FFB	Boulogne-sur-Mer R.	F	FC	J3E	
	IPB	Bari R.	I	FC	J3E	
	SDJ	Stockholm R.	S	FC	J3E	QSX 2477 kHz
	3VM	Mahdia R.	TUN	FC	J3E	
1778	OXJ	Torshavn R. FI	DNK	FC	J3E	
	SDJ	Stockholm R.	S	FC	J3E	QSX 1974 kHz
1785	SAG	Goeteborg R.	S	FC	J3E	QSX 2037 kHz
1792	7TA	Alger R.	ALG	FC	J3E	
		St.Peter PORT R. Gu.	G	FC	J3E	QSX 2381 kHz
1799	DAN	Norddeich R.	D	FC	J3E	QSX 2491 kHz
1803		Hammerfest R.	NOR	FC	J3E	QSX 2046 kHz
1806	FFU	Brest-le-Conquet R.	F	FC	J3E	
	IZN	Portotorres R.	I	FC	J3E	

1810...1850 kHz AMATEURFUNKDIENST, BEWEGLICHER FUNKDIENST, FESTER FUNKDIENST

1810		St.Peter PORT R. Gu.	G	FC	J3E	
1813	OXB	Blavand R.	DNK	FC	J3E	QSX 2049 2056
1817	OSU	Oostende R.	BEL	FC	J3E	
1818	SPC	Gdynia R.	POL	FC	J3E	
1820	OSU	Oostende R.	BEL	FC	J3E	
	FFC	Bordeaux-Arcachon R.	F	FC	J3E	
	SVX	Chios R.	GRC	FC	J3E	
	3VT	Tunis R.	TUN	FC	J3E	
1824	SVR	Rhodos R.	GRC	FC	J3E	
1827	GKR	Wick R.	G	FC	J3E	
	EJK	Valentia R.	IRL	FC	J3E	
1830.5	DHJ59	GNY Wilhelmshaven	D	FC	A1A	NAWS G23B
1831	OSN41	BNY Oostende	BEL	FC	A1A	
1834	TKM	Grasse R.	F	FC	J3E	
	GNI	Niton R.	G	FC	J3E	
1838	GCC	Cullercoats R.	G	FC	J3E	
1841	GLD	Landsend R.	G	FC	J3E	
	EJM	Malin Head R.	IRL	FC	J3E	
1848	GNF	Northforeland R.	G	FC	J3E	

1848	ICP	Trapani R.	I	FC	J3E		
1849	SUK	Kosseir R.	EGY	FC	H3E		

<u>1850...2498 kHz</u> <u>BEWEGLICHE FUNKDIENSTE (ausser Bewegl. Flugfunkdienst), FESTER FUNKDIENST</u>

1850		LORAN A Navigation	AAA	NL			
	TAM7	Canakkale R.	TUR	FC	J3E		
	TAN2	Izmir R.	TUR	FC	J3E		
1852	OFH	Mariehamn R.	FNL	FC	J3E		
1855		S.Benedetto/Tronto R.	I	FC	J3E		
1856	GND	Stonehaven R.	G	FC	J3E		
1862	FFC	Bordeaux-Arcachon R.	F	FC	J3E		
	OFU	Kotka R.	FNL	FC	J3E		QSX 1967 kHz
	OFW	Vaasa R.	FNL	FC	J3E	F1C-120	QSX 2002 kHz
	PCH	Scheveningen R.	HOL	FC	J3E		QSX 2160 kHz
	TFA	Reykjavik R.	ISL	FC	J3E		
	TFT	Hornafjoerdur R.	ISL	FC	J3E		
	TFX	Siglufjoerdur R.	ISL	FC	J3E		
	TFZ	Isafjoerdur R.	ISL	FC	J3E		
1863		Lisboa-Pedrucos R.	POR	FC	J3E		QSX 2037 kHz
1866		Cabo Gata R.	E	FC	J3E		QSX 2122 kHz
	GHD	Hebrides R.	G	FC	J3E		
1869	GKZ	Humber R.	G	FC	J3E		
1876	FFU	Brest-le-Conquet R.	F	FC	J3E		
	OFH	Mariehamn R.	FNL	FC	F1C-120		
		Lampedusa R.	I	FC	J3E		
	TFA	Reykjavik R.	ISL	FC	J3E		
1879	SVN	Athinai R.	GRC	FC	J3E		
1883	DAO	Kiel R.	D	FC	J3E		QSX 2569 kHz
	GPK	Portpatrick R.	G	FC	J3E		
		Mazara Vallo R.	I	FC	J3E		
	TFX	Siglufjoerdur R.	ISL	FC	J3E		
1888	IPD	Civitavecchia R.	I	FC	J3E		
1890	PCH	Scheveningen R.	HOL	FC	J3E		QSX 2049 2053
	TFA	Reykjavik R.	ISL	FC	J3E		
1901	OSA	Antwerpen R.	BEL	FC	J3E		
1904	OSA	Antwerpen R.	BEL	FC	J3E		
	SAG	Goeteborg R.	S	FC	J3E		QSX 2221 kHz
1905	OSU	Oostende R.	BEL	FC	J3E		
1906	FFM	Marseille R.	F	FC	J3E		
1908	OSU	Oostende R.	BEL	FC	J3E		
1911	7TB	Annaba R.	ALG	FC	J3E		
	DAN	Norddeich R.	D	FC	J3E		QSX 2541 kHz
	CND	Agadir R.	MRC	FC	J3E		
	CNW	Tanger R.	MRC	FC	J3E		
1918	DAO	Kiel R.	D	FC	J3E		QSX 1627.5 3161
1919.5	PCH85	Scheveningen R.	HOL	FC	F1B-ST		QSX 1972.5 kHz
1925	IPL	Livorno R.	I	FC	J3E		
1939	FFM	Marseille R.	F	FC	J3E		
	PCH	Scheveningen R.	HOL	FC	J3E		QSX 2513 kHz
1946	GND	Stonehaven R.	G	FC	J3E		
1950		LORAN A Navigation	AAA	NL			
1953		Schiffe	AAA	MS	J3E		
1960		Schiffe	AAA	MS	J3E		
1967		Schiffe	AAA	MS	J3E		
1974		Schiffe	AAA	MS	J3E		

1981		Schiffe	AAA	MS	J3E		
1987	RDK	Copyright	AAA	FX	A1A		
1988		Schiffe	AAA	MS	J3E		
1995		Schiffe	AAA	MS	J3E		
2002		Schiffe	AAA	MS	J3E		
2009		Schiffe	AAA	MS	J3E		
2016		Schiffe	AAA	MS	J3E		
2023		Schiffe	AAA	MS	J3E		
2025	XRJ	ICEBREAKER Njord	S	MS	A1A	F1B-50-170L	
2030		Schiffe	AAA	MS	J3E		
2036	WCC	RCA Chatham R.	USA	FC	A1A		
2037		Schiffe	AAA	MS	J3E		
2042		Schiffe	AAA	MS	J3E		
2046		Schiffe	AAA	MS	J3E		
2049		Schiffe	AAA	MS	J3E		
2053		Schiffe	AAA	MS	J3E		
2056		Schiffe	AAA	MS	J3E		
2057	OXI	Nuuk R.	GRL	FC	J3E		
2063	FUB	FNY Paris	F	FC	F1B-50-800L		FAAA
	HWU	FNY Le Blanc	F	FC	F1B-50-800L		FAAZ
2069		Schiffe	AAA	MS	J3E		
2072	VTG3	IN Bombay	IND	FC	A1A		
2083		Schiffe	AAA	MS	J3E		
2087	OSU	Oostende R.	BEL	FC	J3E		
2090		Schiffe	AAA	MS	J3E		
	OSU	Oostende R.	BEL	FC	J3E		
2097		Schiffe	AAA	MS	J3E		
2104		Schiffe	AAA	MS	J3E		
2111		Schiffe	AAA	MS	J3E		
2116	OXI	Nuuk R.	GRL	FC	J3E		
2118		Schiffe	AAA	MS	J3E		
2122		SwAF Stockholm	S	MX	F1B-50-170H		
2125		Schiffe	AAA	MS	J3E		
2129	OXF	Qaqortoq R.	GRL	FC	J3E		
2132		Schiffe	AAA	MS	J3E		
2139		Schiffe	AAA	MS	J3E		
2146		Schiffe	AAA	MS	J3E		
2153		Schiffe	AAA	MS	J3E		
2155	IGJ	ItNY Augusta	I	FC	J3E		
2160		Schiffe	AAA	MS	J3E		
2167		Schiffe	AAA	MS	J3E		
2170.5		Anruffrequenz	AAA	FC	J3E		
2174.5		NOT und DRINGLICHKEIT	AAA	FC/MS	F1B		
2182		NOT- u. ANRUFFREQUENZ	AAA	FC/MS	J3E/H3E		
2191		Anruffrequenz	AAA	FC/MS	J3E		
2197	5AT	Tripoli R.	LBY	FC	J3E		
2200	3VB	Bizerte R.	TUN	FC	J3E		
	3VS	Sfax R.	TUN	FC	J3E		
2201	EHD	GC Madrid	E	FX	F1B-50-425L		
2205	LBA2	RNoN Stavanger	NOR	FC	A1A		
2208	LBA2	RNoN Stavanger	NOR	FC	F1B		NAWS Y21
2210	OYR	Aasiaat R.	GRL	FC	J3E		
	3VB	Bizerte R.	TUN	FC	J3E		
2211		Mazara Vallo R.	I	FC	J3E		
	EJK	Valentia R.	IRL	FC	J3E		
2221	YUS	Split R.	YUG	FC	J3E		

2221	YUX	Dubrovnik R.	YUG	FC	J3E	
2225	OXI	Nuuk R.	GRL	FC	J3E	
		Ittoqqortoormiit R.	GRL	FC	J3E	
2226.5	PAC27	NATO Katwijk	HOL	FX	F1B-50-850	I
2230	YKI	Tartous R.	SYR	FC	J3E	
2241	58JDQ	SNY Madrid	E	FC	A1A F1B-75L8	13RG 32RG
	ICS	ItNY La Spezia	I	FC	J3E	
2246.5	EHM8	GC Almeria	E	FX	A1A F1B-50-425	
2248	TIR	ICEBREAKER Oden	S	MS	A1A F1B-50-170L	
2250	OZL	Anmassalik R.	GRL	FC	J3E	
2251	52FHI	SNY Cartagena	E	FC	A1A F1B-75-850H 22RE	
2253	OSU	Oostende R.	BEL	FC	J3E	
2256	OSU	Oostende R.	BEL	FC	J3E	
2265	OXF	Qaqortoq R.	GRL	FC	J3E	
	OYG	Mesters Vig R.	GRL	FC	J3E	
	OYR	Aasiaat R.	GRL	FC	J3E	
2272	EBC	SNY Cadiz	E	FC	J3E	
2282	ZAC	Shengjin R.	ALB	FC	J3E	
	ZAD	Durres R.	ALB	FC	J3E	
	ZAS	Sarande R.	ALB	FC	J3E	
	ZAV	Vlore R.	ALB	FC	J3E	
2291	IDQ	ItNY Roma	I	FC	A1A	
2292	MTO	RN Rosyth	G	FC	A1A	
2295	VTP3	IN Vizagapatam	IND	FC	A1A	
2298.5		Schiffe	D	MS	J3E	
2301		Fischerei-Schiffe	D	MS	J3E	
2304	OYR	Aasiaat R.	GRL	FC	J3E	
2320	5AT	Tripoli R.	LBY	FC	J3E	
2321	3VP	TRAPSA La Skhirra R.	TUN	FC	J3E	
	3VW3	Sousse Harbour	TUN	FC	J3E	
2323	EHL	GC Leon	E	FX	F1B-50-425L	
2323.5		Schiffe	D	MS	J3E	
2325	58JDQ	SNY Madrid	E	FC	A1A	13RG
2326		Schiffe	D	MS	J3E	
2342	DHJ85	METEO Grengel	D	MX	F1C-120	
2357.5	OUA23	RDNY Stevns/Sovaern	DNK	FC	A1A	NAWS D23
2358.5		Schiffe	D	MS	J3E	
2361		Schiffe	D	MS	J3E	
2364	EHM	GC Logrono	E	FX	A1A F1B-50-425L	
		Hafendienste	GRC	FC	J3E	
2365	DHJ58	GNY Flensburg	D	FC	A1A	
2370	A7S	Doha R.	QAT	FC	J3E	
2373	OSU	Oostende R.	BEL	FC	J3E	
2376	OSU	Oostende R.	BEL	FC	J3E	
2381	IUU21	POL Roma	I	FX	A1A	IHA71
2393.5		Schiffe	D	MS	J3E	
2394	7TB	Annaba R.	ALG	FC	J3E	
2396		Fischerei-Schiffe	D	MS	J3E	
2397	EHK	GC Madrid	E	FX	F1B-50-425L	
2400	ZAC	Shengjin R.	ALB	FC	J3E	
	ZAS	Sarande R.	ALB	FC	J3E	
	ZAV	Vlore R.	ALB	FC	J3E	
	OXI	Nuuk R.	GRL	FC	J3E	
2413.5		Schiffe	D	MS	J3E	
2416		Schiffe	D	MS	J3E	
2418	OH..	Eisbrecher	FNL	MS	J3E	
2418.5		Schiffe	D	MS	J3E	
2419	58JDQ	SNY Madrid	E	FC	F1B-75-850L	12RG

2421		Schiffe	D	MS	J3E	
2433.5		Schiffe	D	MS	J3E	
2436		Fischerei-Schiffe	D	MS	J3E	
	IDQ	ItNY Roma	I	FC	F1B-75-850L	NAWS I11C
2439.5	PBC32	RNN Goeree	HOL	FC	F1B-75-850L	
2442		Schiffe	AAA	MS	J3E	
2449		Schiffe	AAA	MS	J3E	
2456		Schiffe	AAA	MS	J3E	
2457.5	AQP2	PN Karachi	PAK	FC	A1A	
2463		Schiffe	AAA	MS	J3E	
2464	UFF	Sukhumi R.	URS	FC	J3E	
2470		Schiffe	AAA	MS	J3E	
2477		Schiffe	AAA	MS	J3E	
2481	OSU	Oostende R.	BEL	FC	J3E	
2484		Schiffe	AAA	FC	J3E	
	OSU	Oostende R.	BEL	FC	J3E	
	CTC	PNY Cascais	POR	FC	J3E	
	CTS	PNY Sagres	POR	FC	J3E	
2488		Schiffe	D	MS	J3E	
2490	5AH	AIR Benina	LBY	AX	J3E	MLT
2491		Schiffe	AAA	MS	J3E	

<u>2498...2502 kHz</u> <u>NORMALFREQUENZDIENST</u>

2500	FFH	CNET Issy	F	SS	A2A
	MSF	NPL Teddington	G	SS	A2A
	OMA	AI Praha	TCH	SS	A1A
	RCH	TS Tashkent	URS	SS	A1A

<u>2502...2850 kHz</u> <u>FESTER FUNKDIENST, BEWEGLICHER FUNKDIENST</u>

2506		Schiffe	AAA	MS	J3E	
	3VP	TRAPSA La Skhirra R.	TUN	FC	J3E	
2510	IUU21	POL Roma	I	FX	A1A	IHA71
2513		Schiffe	AAA	MS	J3E	
	5AB	Benghazi R.	LBY	FC	J3E	QSX 2716 kHz
2520		Schiffe	AAA	MS	J3E	
2525	ZAD/2	Durres R.	ALB	FC	A1A H3E	
2527		Schiffe	AAA	MS	J3E	
2534		Schiffe	AAA	MS	J3E	
2541		Schiffe	AAA	MS	J3E	
2548		Schiffe	AAA	MS	J3E	
2557.5	UDK2	Murmansk R.	URS	FC	A1A	
2562		Schiffe	AAA	MS	J3E	
2569		Schiffe	AAA	MS	J3E	
2572.5	CTU5	PNY Monsanto	POR	FC	F1B-75-850L	NAWS P12A
2576	SUH	Alexandria R.	EGY	FC	J3E	
2579	IPB	Bari R.	I	FC	J3E	
2580	UJY	Kaliningrad R.	URS	FC	A1A J3E	
2581	CUL	Lisboa R.	POR	FC	J3E	
2581.5	PBC92	RNN Goeree	HOL	FC	A1A F1B	NAWS N13A
2583	RANGER	RAF Mt.Olympus	CYP	FX	J3E	G/MKA
	MKA	RAF London	G	FX	J3E	CYP/RANGER
2585	YUR	Rijeka R.	YUG	FC	J3E	
2586	7TO	Oran R.	ALG	FC	J3E	
	OYE	Roenne R.	DNK	FC	J3E	QSX 1995 kHz

2586		Cabo Machichaco R.	E	FC	J3E	QSX 3283 kHz
	CNP	Casablanca R.	MRC	FC	J3E	
2590	SVN	Athinai R.	GRC	FC	J3E	
	EJK	Valentia R.	IRL	FC	J3E	
	UFM3	Nevelsk R.	URS	FC	A1A	
2591	IPL	Livorno R.	I	FC	J3E	
2593	OXB	Blavand R.	DNK	FC	J3E	QSX 2049 2056
	EJM	Malin Head R.	IRL	FC	J3E	
	CND	Agadir R.	MRC	FC	J3E	
	CNP6	Kenitra Harbour	MRC	FC	J3E	
2595	UGE	Arkhangelsk R.	URS	FC	J3E	
2596	EAR	La Coruna R.	E	FC	J3E	QSX 3290 kHz
2598	VAU	Yarmouth R.	CAN	FC	J3E	
	VCO	Sydney R.	CAN	FC	J3E	
	VCP	St.Lawrence R.	CAN	FC	J3E	
	VON	St.Johns R.	CAN	FC	J3E	
	ZDK	Gibraltar R.	GIB	FC	J3E	
2600	PCH	Scheveningen R.	HOL	FC	J3E	QSX 1995 kHz
		Mazara Vallo R.	I	FC	J3E	
	TFX	Siglufjoerdur R.	ISL	FC	J3E	
2604	GKR	Wick R.	G	FC	J3E	
2605	OUJ22	NATO Aarhus	DNK	FX	F1B-50-850	NOR
2606	EAT	Tenerife R.	CNR	FC	J3E	QSX 3283 kHz
		St.Malo PILOT	F	FC	J3E	
2607	FUO	FNY Toulon	F	FC	A1A	
	GPK	Portpatrick R.	G	FC	J3E	
	SVK	Kerkyra R.	GRC	FC	J3E	
2610	EAC	Tarifa R.	E	FC	J3E	QSX 3290 kHz
2614	DAN	Norddeich R.	D	FC	A1A J3E X USB.	QSX 2023 2049
	EJK	Valentia R.	IRL	FC	J3E	
2615	YUW	Bar R.	YUG	FC	J3E	
	YUX	Dubrovnik R.	YUG	FC	J3E	
2616.3	HZG	Dammam R.	ARS	FC	F1B-ST	QSX 2107.3 kHz
2618.5	GFE25	METEO Bracknell	G	MX	F1C-120	
2620	CNP6	Kenitra Harbour	MRC	FC	J3E	
2624	SVR	Rhodos R.	GRC	FC	J3E	
	IQX	Trieste R.	I	FC	J3E	
2625	GKR	Wick R.	G	FC	J3E	
	9HD	Malta R.	MLT	FC	J3E	
2627	9KA/2	NAVY Safat	KWT	FC	A1A	
2628	FFM	Marseille R.	F	FC	J3E	
	GNI	Niton R.	G	FC	J3E	
	IQA	Augusta R.	I	FC	J3E	
	TFV	Vestmannaeyjar R.	ISL	FC	J3E	
2629	TAM4	Iskenderun R.	TUR	FC	J3E	
2635	IQH	Napoli R.	I	FC	J3E	
	CND3	Safi R.	MRC	FC	J3E	
	CNW	Tanger R.	MRC	FC	J3E	
	LFO	Oerlandet R.	NOR	FC	J3E	QSX 2118 kHz
	LGH	Harstad R.	NOR	FC	J3E	
	LGZ	Farsund R.	NOR	FC	J3E	QSX 2118 kHz
2638	LZL	Bourgas R.	BUL	FC	J3E	
	A7S	Doha R.	QAT	FC	J3E	
2639	SPS	Witowo R.	POL	FC	J3E	
2642	ICB	Genova R.	I	FC	J3E	
	LGP	Bodoe R.	NOR	FC	J3E	QSX 2125 kHz
	LGV	Vardoe R.	NOR	FC	J3E	QSX 2125 kHz
	LGZ	Farsund R.	NOR	FC	J3E	QSX 2125 kHz

2644	YKI	Tartous R.	SYR	FC	J3E	
2646	OFI	Hanko R.	FNL	FC	J3E	QSX 2016 kHz
2649	EAS	Cabo Penas R.	E	FC	J3E	QSX 3231 kHz
	TKM	Grasse R.	F	FC	J3E	
	4XO	Haifa R.	ISR	FC	J3E	
	OFI	Hanko R.	FNL	FC	J3E	QSX 1967 kHz
	LGH	Harstad R.	NOR	FC	J3E	
	LGL	Floroe R.	NOR	FC	J3E	QSX 2132 kHz
	LGT	Tjoeme/Oslo R.	NOR	FC	J3E	QSX 2132 kHz
2653		Rogaland R.	NOR	FC	J3E	QSX 2136 kHz
2656	IPA	Ancona R.	I	FC	J3E	
	LGP	Bodoe R.	NOR	FC	J3E	QSX 2139 kHz
		Rogaland R.	NOR	FC	J3E	QSX 2139 kHz
	LGV	Vardoe R.	NOR	FC	J3E	QSX 2139 kHz
2657	CTH	PNY Horta	AZR	FC	J3E	
	CTQ	PNY Pto.Santo	MDR	FC	J3E	
	CTC	PNY Cascais	POR	FC	J3E	QSX 2484 kHz
		PNY Leixoes	POR	FC	J3E	
	CTS	PNY Sagres	POR	FC	J3E	
2662	YKO	Tartous R.	SYR	FC	J3E	
2663		Crotone R.	I	FC	J3E	QSX 2049 kHz
	CNP	Casablanca R.	MRC	FC	J3E	
	LGA	Alesund R.	NOR	FC	J3E	QSX 1632.5 kHz
	LGE	Harstad R.	NOR	FC	J3E	
	LGT	Tjoeme R.	NOR	FC	J3E	QSX 1632.5 kHz
2665	Y5D	Ruegen R.	DDR	FC	J3E	QSX 1960 kHz
2666	UMV	Murmansk R.	URS	FC	J3E	
2667	GHD	Hebrides R.	G	FC	J3E	
2670	5BA	Cyprus R. Nicosia	CYP	FC	J3E	
	LGD	Roervik R.	NOR	FC	J3E	QSX 2090 kHz
	LGN	Bergen R.	NOR	FC	J3E	QSX 2090 kHz
	LGV	Vardoe R.	NOR	FC	J3E	QSX 2090 kHz
	3VT	Tunis R.	TUN	FC	J3E	
	TAN	Istanbul R.	TUR	FC	J3E	
	TAN5	Zonguldak R.	TUR	FC	J3E	
	UNI	Ventspils R.	URS	FC	H3E	
	NMF	USCG Boston MA	USA	FC	J3E	
2677		CROSS	F	FC	J3E	
2679		Cabo Gata R.	E	FC	J3E	QSX 3183 kHz
2680	4XZ	IsNY Haifa	ISR	FC	A1A	
2680.5	DHJ59	GNY Wilhelmshaven	D	FC	A1A	NAWS G23B
2683	IDC	Cagliari R.	I	FC	J3E	
2684	GKZ	Humber R.	G	FC	J3E	
2685	YUS	Split R.	YUG	FC	J3E	
2691	7TA	Alger R.	ALG	FC	J3E	
	DHJ51	METEO Grengel	D	MX	F1B-50-425H	
	FFU	Brest-le-Conquet R.	F	FC	J3E	
	GND	Stonehaven R.	G	FC	J3E	
2693	TAM6	Antalya R.	TUR	FC	J3E	
2694	CUL	Lisboa R.	POR	FC	J3E	
2695	LGA	Alesund R.	NOR	FC	J3E	QSX 1657.5 kHz
	LGI	Hammerfest R.	NOR	FC	J3E	QSX 1657.5 kHz
	LGP	Bodoe R.	NOR	FC	J3E	QSX 1657.5 kHz
	LGQ	Rogaland R.	NOR	FC	J3E	QSX 1657.5 kHz
	URL	Sevastopol R.	URS	FC	H3E	
2696.7	GLD3	Landsend R.	G	FC	F1B-ST	QSX 2497.8 kHz
2698	GNF	Northforeland R.	G	FC	J3E	
		Venezia R.	I	FC	J3E	

2700	5BA	Cyprus R. Nicosia	CYP	FC	J3E	
	TFM	Neskaupstadur R.	ISL	FC	J3E	
2703.5	YRB	AIR Bucuresti/Baneasa	ROU	AX	A1A	
2705	OFH	Mariehamn R.	FNL	FC	J3E	QSX 2009 kHz
	GKR	Wick R.	G	FC	J3E	
2707		Barcelona R.	E	FC	J3E	QSX 3290 kHz
2710	GYA	RN London	G	FX	F1B-50	
2714	EAB	Bagur R.	E	FC	J3E	QSX 3283 kHz
2716	AOS9	USN Rota	E	FC	J3E	
2719	7TO	Oran R.	ALG	FC	J3E	
	GCC	Cullercoats R.	G	FC	J3E	
	GLD	Landsend R.	G	FC	J3E	
	SPS	Witowo R.	POL	FC	J3E	
	3VS	Sfax R.	TUN	FC	J3E	
2722	ICB	Genova R.	I	FC	J3E	
	IDR8	ItNY Roma	I	FC	A1A	
2724	TFZ	Isafjoerdur R.	ISL	FC	J3E	
2726	FFU	Brest-le-Conquet R.	F	FC	J3E	
	SPC	Gdynia R.	POL	FC	J3E	QSX 2090 kHz
2727	EBD	SNY Cartagena	E	FC	A1A	
	DAN	Norddeich R.	D	FC	F1B-ST	QSX 2538 kHz
2730	ZAD	Durres R.	ALB	FC	J3E	
	SVL	Limnos R.	GRC	FC	J3E	
2733	GNF	Northforeland R.	G	FC	J3E	
	SAH	Haernoesand R.	S	FC	J3E	QSX 2216 kHz
2740	OXP	Skagen R.	DNK	FC	J3E	QSX 2049 2056
	FFO	St.Nazaire R.	F	FC	J3E	
2742	CUG	S.Miguel R.	AZR	FC	J3E	
2745	DHJ58	GNY Flensburg	D	FC	A1A	
2747	FFB	Boulogne-sur-Mer R.	F	FC	J3E	
	OH..	Icebreakers	FNL	FC	J3E	
		PILOT Sce	FNL	FC	J3E	
	IER20	GUARFI Roma	I	FX	F1B-50-850	IER50
2748	YQI	Constantza R.	ROU	FC	J3E	
2749.5		DyN Buenos Aires	ARG	PX	F1B-75-850L	
2750	LZL	Bourgas R.	BUL	FC	J3E	
2752	YUW	Bar R.	YUG	FC	J3E	
2754	SDJ	Stockholm R.	S	FC	J3E	QSX 2206 kHz
2758	OSU	Oostende R.	BEL	FC	J3E	
2760	TAN2	Izmir R.	TUR	FC	J3E	
	TAN6	Samsun R.	TUR	FC	J3E	
	TAO2	Trabzon R.	TUR	FC	J3E	
2761	OSU	Oostende R.	BEL	FC	J3E	
2767	MGJ	RN Faslane	G	FC	A1A	
2768	SVN	Athinai R.	GRC	FC	J3E	
	SAE	Tingstaede R.	S	FC	J3E	QSX 3289 kHz
	LZW	Varna R.	BUL	FC	J3E	
2771	YUR	Rijeka R.	YUG	FC	J3E	
2775	7TA	Alger R.	ALG	FC	J3E	
	DAO	Kiel R.	D	FC	A1A J3E	QSX 2146 2049
	FFC	Bordeaux-Arcachon R.	F	FC	J3E	
2779	FDG6	FAF Cazaux	F	FX	A1A	
	GND	Stonehaven R.	G	FC	J3E	
2781	CUL	Lisboa R.	POR	FC	J3E	
2782	GLD	Landsend R.	G	FC	J3E	
2787	OUJ22	NATO Aarhus	DNK	FX	F1B-50-850H	NOR
2787.5	58JDQ	SNY Madrid	E	FC	F1B-75-850L	12RG
	FUE	FNY Brest	F	FC	A1A	

2789	IDF	Messina R.	I	FC	J3E	
	SAA	Karlskrona R.	S	FC	J3E	QSX 3185 kHz
2792	ZDK	Gibraltar R.	GIB	FC	J3E	
2795	52FHI	SNY Cartagena	E	FX	F1B-75-850	58JDQ
2798	SUL20	AIR Luxor	EGY	AX	F1B-50	SUC
2799	DAN	Norddeich R.	D	FC	J3E	QSX 2153 kHz
	EAV	Cabo de la Nao R.	E	FC	J3E	QSX 3231 kHz
	SVH	Iraklion R.	GRC	FC	J3E	
2800	4XZ	IsNY Haifa	ISR	FC	A1A	
2803	FDY	FAF Orleans	F	FX	A1A	
	OFW	Vaasa R.	FNL	FC	J3E F1C-120	QSX 2002 kHz
2805	CCS	CN Santiago	CHL	FC	F1B-50	
	UBN	Jdanov R.	URS	FC	J3E	
2806	EAF	Cabo Finisterre R.	E	FC	J3E	QSX 3283 kHz
2808	EBA	SNY Madrid	E	FX	F1B-50-850	POR
2810	OHG	Helsinki R.	FNL	FC	J3E F1C-120	QSX 2002 kHz
	GNI	Niton R.	G	FC	J3E	
2812	EBA	SNY Madrid	E	FX	F1B-75-850L	F
2812.2	GYA	RN London	G	FC	A1A	
2813.8	GYA	RN London	G	FC	F1B F1C-120	
2814	OSU	Oostende R.	BEL	FC	J3E	
	EBA	SNY Madrid	E	FC	A1A	
2815	RVO76	METEO Moskva	URS	MX	F1C	
2815.5	OST	Oostende R.	BEL	FC	F1B-ST	QSX 1971.5 kHz
2816	5AB	Benghazi R.	LBY	FC	J3E	
2817	OSU	Oostende R.	BEL	FC	J3E	
	SUH	Alexandria R.	EGY	FC	J3E	
2820	EAL	Las Palmas R.	CNR	FC	J3E	QSX 3290 kHz
	TAM5	Mersin R.	TUR	FC	J3E	
	TAM6	Antalya R.	TUR	FC	J3E	
2821.5	5AF	AIR Tripoli	LBY	AX	F1B-50-425	MLT
2822	DHN37	METEO Grengel	D	MX	F1B-50-850H	
2824	PCH	Scheveningen R.	HOL	FC	J3E	QSX 2520 kHz
2825	ONY27	NATO Rouveroy	BEL	FX	A1A	
2825.2	GYU	RN Gibraltar	GIB	FC	A1A	
2826.8	GYU	RN Gibraltar	GIB	FC	F1B	
2828	FLR20	MOD Paris	F	FX	A1A	FLR10
	GCC	Cullercoats R.	G	FC	J3E	
2830	SVK	Kerkyra R.	GRC	FC	J3E	
2831	SPO	Szczecin R.	POL	FC	J3E	QSX 2090 kHz
2832.7	GNK1	Shetland R.	G	FC	F1B-ST	QSX 2494.7 kHz
2836	AOS9	USN Rota	E	FC	A1A	
2840	FSB51	IP Paris	F	FX	F1B-ST	
	GMP	IP We.Wickham	G	FX	F1B-ST	
2842		Chipiona R.	E	FC	J3E	QSX 3231 kHz
2843	CUB	Madeira R. Funchal	MDR	FC	J3E	
2845	FVA80	GEND Rosny-s-Bois	F	FX	A1A	
2848	DAN	Norddeich R.	D	FC	A1A J3E	QSX 3161 kHz
	58JDQ	SNY Madrid	E	FX	F1B-75-850	52FHI

2850...3025 kHz BEWEGLICHER FLUGFUNKDIENST (R)

2851	AFI 2A 3B 3C 9C 11B 13E 13F 14			J3E	
2854	SAT 3A 3B 6E 10B			J3E	
	Canarias	CNR	FD	J3E	SAT
2857	2B 2C 6B 13J			J3E	
2860	1B 3A 3C 9B 10B 12E 12J 13I VAFI				

2863		2A 2C 7B 13C 13J 13K VPAC			J3E	
		VOLMET Honolulu, Hong Kong, Tokyo, Auckland				
2866		2C 3C 4B 6D 10A			J3E	
2869		CEP 2A 2B 3A 6G 10E 13C 14G			J3E	
		Honolulu	HWA	FD	J3E	CEP
		S.Francisco CA	USA	FD	J3E	CEP
2872		NAT 3B 6A 6E 13G			J3E	
2875		2A 2B 3A 6G 10A 12G			J3E	
2878		AFI 3B 3C 11B 13I 13J 14			J3E	
		Luanda	AGL	FD	J3E	AFI
		Kano	NIG	FD	J3E	AFI
		Kinshasa	ZAI	FD	J3E	AFI
		Lusaka	ZMB	FD	J3E	AFI
2879.5	LGB	Rogaland R.	NOR	FC	A1A F1B-ST	QSX 2066.5 kHz
2881		1B 2A 2B 3A 6C VSAM			J3E	
2884		2C 3B 6D			J3E	
2887		CAR 2A 2B 3A 7E 13I 14C			J3E	
		Nassau	BAH	FD	J3E	CAR
		Bogota	CLM	FD	J3E	CAR
		Habana	CUB	FD	J3E	CAR
		Georgetown	GUY	FD	J3E	CAR
		Tegucigalpa	HND	FD	J3E	CAR
		Piarco	TRD	FD	J3E	CAR
		Miami FL	USA	FD	J3E	CAR
		Caracas/Maiquetia	VEN	FD	J3E	CAR
2890		1B 6G 13J			J3E	
2893		2C 3 4B 10D 12F			J3E	
2896		2A 2B 3A 6G			J3E	
2899		NAT 5D 6G 13H			J3E	
		Sta.Maria	AZR	FD	J3E	NAT-B
		Gander	CAN	FD	J3E	NAT-B
		Shanwick	IRL	FD	J3E	NAT-B
		Iceland ACC Reykjavik	ISL	FD	J3E	NAT-B
		New York NY	USA	FD	J3E	NAT-B
2902		2B 2C 3B 6G 12J			J3E	
2905		3A 3C 5C 9B VNAT			J3E	
2908		2B 2C 3B 13M			J3E	
2911		3A 5B 6G 10A			J3E	
2914		2B 2C 3B 13D			J3E	
2917		2A 6E 6G			J3E	
2920		2B 2C 6B 12C 13J			J3E	
2923		3A 6A			J3E	
2926		2A 2C 4A 6F 10C 12J			J3E	
2929		2B 9B			J3E	
2932		NP 2A 2C 13K			J3E	
		Anchorage	ALS	FD	J3E	NP
		Tokyo	J	FD	J3E	NP
2935		SAT 3 10D			J3E	
2938		2 6G			J3E	
2941		2A 6F			J3E	
		Kiev VOLMET	URS	FD	J3E	h+20 h+50
		Leningrad VOLMET	URS	FD	J3E	h+05 h+35
		Moskva VOLMET	URS	FD	J3E	h+10 h+40
		Riga VOLMET	URS	FD	J3E	h+00 h+30
		Rostov VOLMET	URS	FD	J3E	h+25 h+55
2944		MID SAM 10A 10E 14G			J3E	
		Adelaide FIC	AUS	FD	J3E	14
		Melbourne FIC	AUS	FD	J3E	14

2944	Sydney FIC	AUS	FD	J3E	14
	Quito	EQA	FD	J3E	SAM
	Panama	PNR	FD	J3E	SAM
	Lima	PRU	FD	J3E	SAM
2947	6A			J3E	
2950	2 3C 7C 10F 12A 14A 14D VCAR			J3E	
2953	4A 6G			J3E	
2956	6C 7F 10A 12E 12F 12G 12H 13F VMID				
2959	3A			J3E	
2962	NAT 6G			J3E	
	Gander	CAN	FD	J3E	NAT-C
	Shanwick	IRL	FD	J3E	NAT-C
	Iceland ACC Reykjavik	ISL	FD	J3E	NAT-C
	SwAF Stockholm	S	MX	F1B-50-170H	
2965	1E 7B 10C 12F 12J 13H VSEA			J3E	
	Sydney VOLMET	AUS	FD	J3E	h+00 h+30
	Bombay VOLMET	IND	FD	J3E	h+25 h+55
	Bangkok VOLMET	THA	FD	J3E	h+10 h+40
2968	3B 5B 6G			J3E	
2971	NAT 5D 6G 13G			J3E	
	Churchill	CAN	FD	J3E	NAT-D
	Cambridge Bay	CAN	FD	J3E	NAT-D
	Frobisher	CAN	FD	J3E	NAT-D
	Gander	CAN	FD	J3E	NAT-D
	Sondre Stromfjoerd	GRL	FD	J3E	NAT-D
	Shanwick	IRL	FD	J3E	NAT-D
	Iceland ACC Reykjavik	ISL	FD	J3E	NAT-D
	Bodoe	NOR	FD	J3E	NAT-D
2974	1D 3C			J3E	
2977	1C 6G 13M			J3E	
2980	1D 3C 12C			J3E	
2983	1C 6G 13D			J3E	
	Bodoe ACC	NOR	FD	J3E	1C
2986	3C 5A 13N			J3E	
2989	1D 6G			J3E	
2992	MID 10A 10E 13C			J3E	
	Bahrain ACC	BHR	FD	J3E	MID
	Baghdad ACC	IRQ	FD	J3E	MID
	Basrah ACC	IRQ	FD	J3E	MID
	Amman ACC	JOR	FD	J3E	MID
	Kuwait ACC	KWT	FD	J3E	MID
	Beirut ACC	LBN	FD	J3E	MID
	Damascus ACC	SYR	FD	J3E	MID
	Ankara ACC	TUR	FD	J3E	MID
2995	6G			J3E	
2998	CWP 7D 12E 12F 12G 12H 13F VEUR				
	Honolulu	HWA	FD	J3E	CWP
	Tokyo	J	FD	J3E	CWP
	Manila	PHL	FD	J3E	CWP
3001	6A 6E			J3E	
3004	NCA 11B 13K			J3E	
3007	W 2/3			J3E	
3010	W 1/4			J3E	
3013	W 2/5			J3E	
3016	EA NAT 9D 13G			J3E	
	Sta.Maria	AZR	FD	J3E	NAT-A
	Gander	CAN	FD	J3E	NAT-A
	Canarias	CNR	FD	J3E	NAT-A

3016		Shanwick	IRL	FD	J3E		NAT-A
		Lisboa	POR	FD	J3E		NAT-A
		New York NY	USA	FD	J3E		NAT-A
3019		NCA 11B 13K			J3E		
3023		Not- u. Anruffrequenz	(R/OR)	FD/FG/MA			SAR
		Edinburg RESCUE	G	FG	J3E		
		Plymouth RESCUE	G	FG	J3E		

3025...3155 kHz BEWEGLICHER FLUGFUNKDIENST (OR)

3030	DHJ51	METEO Grengel	D	MX	F1B-50-425H		
3035.5	DHJ51	METEO Grengel	D	MX	F1B-50-425H		
3039	IDR8	ItNY Roma	I	FC	A1A		
3043.5	DHJ85	METEO Grengel	D	MX	F1B-50-850L	F1C	
3067	AJE	USAF Croughton	G	FG	J3E		
3073.5	DHN37	METEO Grengel	D	MX	F1B-50-850H		
3078	DHJ85	METEO Grengel	D	MX	F1B-50-850L	F1C	
3081	CUW2	USAF Lajes	AZR	FG	J3E		
3095	4RM	AIR Ratmalana	SLK	AX	F1B-50		MLD
3109		USAF Alconbury	G	FG	J3E		
3116		RAF Buchan	G	FG	J3E		
3117	DHJ59	GNY Wilhelmshaven	D	FX	J3E		
	MKL	RN Pitreavie	G	FX	J3E		
	JWT	RNoN Stavanger	NOR	FX	A1A	J3E	
3137		Canarias RESCUE	CNR	FG	J3E		
3144	DHM91	GAF Muenster	D	FG	J3E		

3155...3400 kHz FESTER FUNKDIENST, BEWEGLICHER FUNKDIENST

3156	FUO	FNY Toulon	F	FC	F1B-75-850L		
3158		Schiffe	AAA	MS	J3E		
3158.5	FDX	FAF Paris	F	FX	F1B-50-425		FDC
3160	MKK	RAF London	G	FX	J7B		D
3161		Schiffe	AAA	MS	A1A	J3E	
3162	FAB20	FAR Bordeaux	F	FX	A1A		
3164	YPI	Turnu Severin R.	ROU	FC	A1A		
	YPO	Giurgiu R.	ROU	FC	A1A		
3165	DHJ51	METEO Grengel	D	MX	F1B-50-425L		
	9YL	North Post R.	TRD	FC	J3E		
3168		Schiffe	AAA	MS	J3E		
3170	OLB5	AI Praha	TCH	SS	A1A		
3171	ONY27	NATO Rouveroy	BEL	FX	F1B-75-850		
	OFB43	METEO Helsinki	FNL	MX	A1A		
3172.5	IMB31	METEO Roma	I	MX	F1B-50-850H		
3175	CSY39	AIR Sta.Maria	AZR	AX	F1B-50-850L		
		Qaanaaq R.	GRL	FC	J3E		
3177.5	AWC	AIR Calcutta	IND	AX	F1B-50		
3181	FDE	FAF Villacoublay	F	FX	A1A		
3182	IDP	ItNY Cagliari	I	FX	J3E		
	IDR	ItNY Roma	I	FX	J3E		
3182.5	J5G	AIR Bissau	GNB	AX	F1B-50		SEN
3186	FDC	FAF Metz	F	FX	A1A		
3186	KWS78	USE Athinai	GRC	FX	A1A		
3188	3BT2	METEO Bigara	MAU	MX	F1B-50-850L		
3188.61	GXW	RN Portland	G	FC	A1A		
3190	UBN	Jdanov R.	URS	FC	A1A		

3194	ONY27	NATO Rouveroy	BEL	FX	F1B-50-850	
		Schiffe	D	MS	J3E	
3196		METEO Praha	TCH	MX	F1B-50-425H	
3197		Schiffe	D	MS	A1A J3E	
3202	EQM	Bushehr R.	IRN	FC	J3E	
	EQQ	Khark I R.	IRN	FC	J3E	
3203		Schiffe	AAA	MS	J3E	
3205	FAD20	FAR Paris-l-Loges	F	FX	A1A	
3210		Schiffe	AAA	MS	J3E	
	UBN	Jdanov R.	URS	FC	A1A	
	UNM2	Klaipeda R.	URS	FC	A1A F1B-50-170	
3211	Y3K3	METEO Potsdam	DDR	MX	F1B-100-850	
3215	UNM2	Klaipeda R.	URS	FC	J3E	
3217		Schiffe	AAA	MS	J3E	
3218	JMB	METEO Tokyo	J	MX	A1A	
3220	SUC	AIR Cairo	EGY	AX	F1B-50	SUL
3223	FIT75	MOI Paris	F	FX	F1B-ST	
3225	GYU	RN Gibraltar	GIB	FC	A1A	
3230		METEO MysChelyuskina	URS	MX	F1C-90	
3231		Schiffe	AAA	MS	J3E	
3234	DJR	AIR Djibouti	DJI	AX	F1B-50-425	ETH
3235	FDY	FAF Orleans	F	FX	A1A	
	RSR71	METEO Minsk	URS	MX	F1B-50-1000 F1C-90	
	WBR70	METEO Miami FL	USA	MX	F1B-75-850	
3237	JXZ	NATO Oslo	NOR	FX	F1B-50	
3242	NMF	USCG Boston MA	USA	MX	F1C-120	
3247	EQA	Abadan R.	IRN	FC	J3E	
3250		Qaanaaq R.	GRL	FC	J3E	
3253	LZF5	METEO Sofia	BUL	MX	F1B-50-425L	
	VFF	METEO Frobisher	CAN	MX	F1C-120	
	VFR	METEO Resolute	CAN	MX	F1C-120	
3259	CTW39	PNY Monsanto	POR	FX	F1B-75-850	E
3268	NPG	USN S.Francisco CA	USA	FC	A1A	
3276	OYR	Aasiaat R.	GRL	FC	J3E	
3277	LGC2	Rogaland R.	NOR	FC	F1B-ST	QSX 3149 kHz
3279		Schiffe	D	MS	J3E	
3280	OYR	Aasiaat R.	GRL	FC	J3E	
3282	HKC	Buenaventura R.	CLM	FC	J3E	
		Fischerei-Schiffe	D	MS	A1A J3E	
3283	ONY27	NATO Rouveroy	BEL	FX	F1B-50/75-850H	
3287	CKN	CF Vancouver	CAN	FC	A1A	
3289		Schiffe	AAA	MS	J3E	
3289.5	GFA21	METEO Bracknell	G	MX	F1C-120	
3290	XZW	AIR Rangoon	BRM	AX	F1B-50	THA
	RGC70	METEO Kiev	URS	MX	F1B-50-1000L	
3293	FAL20	FAR Lille	F	FX	A1A	
3296.5	FDX	FAF Paris	F	FX	F1B-50-425	FDG
3297	EQA	Abadan R.	IRN	FC	J3E	
3300	RUU76	METEO Leningrad	URS	MX	F1C-90	
3306	MKK	RAF London	G	FX	J7B	
3310	FVR20	GEND Strasbourg	F	FX	J3E F1B-50-425	
	UAH	Tallin R.	URS	FC	J3E	
	UFB	Odessa R.	URS	FC	J3E	
3320	MGJ	RN Faslane	G	FC	A1A	
3324	FIS257	CRS Metz	F	FX	A1A	
3329	PAC27	NATO Katwijk	HOL	FX	F1B-50-850H	
3330	CHU	NRCC Ottawa	CAN	SS	H3E	
	FUN	FNY Lorient	F	FC	A1A	

3330	RWZ72	METEO Moskva	URS	MX	F1B-50-1000L	
3337.5	FDG	FAF Bordeaux	F	FX	A1A	
3350	UKJ	Astrakhan R.	URS	FC	A1A	
3354	TBH3	TuNY Golcuk	TUR	FC	A1A	
3355	OUJ22	NATO Aarhus	DNK	FX	F1B-50-850	
	FVL20	GEND Limoges	F	FX	A1A	
3357	NAM	USN Norfolk VA	USA	MX	F1C-120	
3360	RPN71	METEO Kiev	URS	MX	F1C-60/90	
3360.5		Schiffe	D	MS	J3E	
3362	54HDZ	SNY Huelva	E	FX	F1B-75-850	
3363		Schiffe	D	MS	A1A J3E	
3365	FDY	FAF Orleans	F	FX	A1A	
	IER20	GUARFI Roma	I	FX	F1B-50-850H	IER50
	JMJ	METEO Tokyo	J	MX	F1C-120	
3370	DFC37	DBP Frankfurt	D	FX	R3E	
	HLK	Gangreung R.	KOR	FC	A1A	
3377	YMA5	METEO Ankara	TUR	MX	F1C-90	
3377.5	NPO	USN S.Miguel	PHL	MX	F1C-120	
3380	FVE20	GEND Lille	F	FX	A1A	
		AIR Vientiane	LAO	AX	F1B-50	THA
3381	9GC	AIR Accra	GHA	AX	F1B-50	
3391.5		Schiffe	D	MS	J3E	
3392	LBA4	RNoN Stavanger	NOR	FC	A1A	
3394		Schiffe	D	MS	J3E	
3397.5	ONY27	NATO Rouveroy	BEL	FX	F1B-50-850H	
	DHJ48	NATO Kindsbach	D	FX	F1B-50-850	NOR
3399	DHJ49	MOD Bonn	D	FX	F1B-50-425L	

3400...3500 kHz BEWEGLICHER FLUGFUNKDIENST (R)

3401		2B 2C 3B 9B 12C 13K			J3E	
3404		3A 3C 9C 9D 10B VAFI			J3E	
3407		2B 2C 3B 7C 12D 14D			J3E	
		Aktyubinsk VOLMET	URS	FD	J3E	h+05 h+35
		Alma Ata VOLMET	URS	FD	J3E	h+15 h+45
		Baku VOLMET	URS	FD	J3E	h+25 h+55
		Krasnodar VOLMET	URS	FD	J3E	h+10 h+40
		Tashkent VOLMET	URS	FD	J3E	h+20 h+50
		Tbilisi VOLMET	URS	FD	J3E	h+00 h+30
3410		1D 3C 11B 13J			J3E	
3413		CEP 3B 6G 13C 14A 14E VEUR			J3E	
		Shannon VOLMET	IRL	FD	J3E	h+00 h+30
3416		1D 2A 2B 3A 6D			J3E	
3419		AFI 3B 3C 9B 10D 12J 13I			J3E	
		Alger	ALG	FD	J3E	AFI
		Tripoli	LBY	FD	J3E	AFI
		Kano	NIG	FD	J3E	AFI
3422		2A 2B 3A 6G			J3E	
3425		AFI 3B 3C 9B 10D 13D			J3E	
3428		2B 2C 11B 13J			J3E	
3431		3A 3B 5B 6G			J3E	
3434		2A 2C 6F 11B 13G			J3E	
3435.2	GYA	RN London	G	FC	A1A	
3436.8	GZZ6	RN London	G	FC	F1B F1C-120	
3437		3B 4A 6G 13M			J3E	
3440		2A 2C 6F 12			J3E	
3443		3A 3B 4B 6E 11B 13N			J3E	

3446	1D 6G 10E 13F 14			J3E	
3449	2B 2C 6G 10A 13M			J3E	
3452	SAT 3A 3C 5A 5C 14C			J3E	
	Canarias FIC	CNR	FD	J3E	SAT
	Sal	CPV	FD	J3E	SAT
	Dakar	SEN	FD	J3E	SAT
3455	CAR CWP 2A 2C 7B 13H			J3E	
	San Andres	CLM	FD	J3E	CAR
	Habana	CUB	FD	J3E	CAR
	Tegucigalpa	HND	FD	J3E	CAR
	Kingston	JMC	FD	J3E	CAR
	Merida	MEX	FD	J3E	CAR
	Miami FL	USA	FD	J3E	CAR
	New Orleans LA	USA	FD	J3E	CAR
3458	1B 10D 13C 13J 13K VSEA			J3E	
3461	7F 9C 12E 12F 12G 12H 14 VNCA			J3E	
	Adelaide	AUS	FD	J3E	14
	Darwin	AUS	FD	J3E	14
	Perth	AUS	FD	J3E	14
3464	1C 6G 12C 13K			J3E	
3467	AFI MID SP 10B 13D			J3E	
	Sydney	AUS	FD	J3E	SP
	Cairo	EGY	FD	J3E	AFI MID
	Addis Ababa	ETH	FD	J3E	AFI
	Honolulu	HWA	FD	J3E	SP
	Bombay	IND	FD	J3E	MID
	Delhi	IND	FD	J3E	MID
	Benghazi	LBY	FD	J3E	AFI
	Auckland	NZL	FD	J3E	SP
	Karachi	PAK	FD	J3E	MID
	Khartoum	SDN	FD	J3E	AFI
	Mogadishu	SOM	FD	J3E	AFI
	Aden	YMS	FD	J3E	AFI MID
3470	SEA 1C 10A 13G			J3E	
	Darwin	AUS	FD	J3E	SEA
	Perth	AUS	FD	J3E	SEA
	Rangoon	BRM	FD	J3E	SEA
	Colombo	SLK	FD	J3E	SEA
	Cocos I	ICO	FD	J3E	SEA
	Calcutta	IND	FD	J3E	SEA
	Madras	IND	FD	J3E	SEA
	Jakarta	INS	FD	J3E	SEA
3473	MID 1B 6C 10E 13C				
3476	INO NAT 9B 13F				
	Johannesburg/JS	AFS	FD	J3E	INO
	Perth	AUS	FD	J3E	INO
	Cocos I	ICO	FD	J3E	INO
	Mauritius	MAU	FD	J3E	INO
	Antananarivo	MDG	FD	J3E	INO
	Beira FIC	MOZ	FD	J3E	INO
3479	EUR SAM 6A 6B 14			J3E	
	Ezeiza	ARG	FD	J3E	SAM
	Brisbane	AUS	FD	J3E	14
	Darwin	AUS	FD	J3E	14
	Townsville	AUS	FD	J3E	14
	Belem	B	FD	J3E	SAM
	Porto Allegre	B	FD	J3E	SAM
	USBER Berlin	D	FD	J3E	EUR

3479		Asuncion	PRG	FD	J3E	SAM
		Montevideo	URG	FD	J3E	SAM
3480	IEA78	CC Vicenza	I	FX	J3E F1B-50-170	
3482		5D 6G			J3E	
3485		EA SEA 7H 13H VNAT			J3E	
		Gander VOLMET	CAN	FD	J3E	h+20 h+50
		Hong Kong	HKG	FD	J3E	EA SEA
		Manila	PHL	FD	J3E	EA SEA
		Bangkok	THA	FD	J3E	EA SEA
		New York NY VOLMET	USA	FD	J3E	h+00 h+30
3488		1B 5B 6B 10B 12E 12F 12G 12H 14B 14F				
3490	IEA77	CC Verona	I	FX	J3E-L F1B-50-170	
3491		EA 1E 4A 10C 13E			J3E	
3494		W 2			J3E	
3497		W 2			J3E	

<u>3500...3800 kHz</u> <u>FESTER FUNKDIENST, BEWEGL. FUNKDIENST, AMATEURFUNKDIENST</u>

3509.5		Schiffe	D	MS	J3E	
3512		Fischerei-Schiffe	D	MS	J3E	
3515	FIS259	CRS Lille	F	FX	A1A	FIS
	FUE	FNY Brest	F	FX	F1B-75-850L	
3518	OUJ22	NATO Aarhus	DNK	FX	F1B-50	NOR
3520	FDY	FAF Orleans	F	FX	F1B-50-425L	
	FIS369	CRS Lyon	F	FX	A1A	
	YZZ2	METEO Beograd	YUG	MX	F1C-90/120	
3523.5		Schiffe	D	MS	J3E	
3526		Fischerei-Schiffe	D	MS	J3E	
3535	6YI	Kingston R.	JMC	FC	A1A J3E	
3540	URD	Leningrad R.	URS	FC	A1A	
3550	YMA7	METEO Ankara	TUR	MX	F1B-50-850H	
3557	DEL..	BGS	D	FX	F1B-FEC	
3560	CLX	METEO Casa Blanca	CUB	MX	A1A	
	FVU20	GEND Besancon	F	FX	A1A	
	YKW1	SANA Damascus	SYR	PX	F1B-50-425L	
3564	58JDQ	SNY Madrid	E	FX	F1B-75-850	
3571	SUA40	MENA Cairo	EGY	PX	F1B-50-425L	
3580	FVQ20	GEND Metz	F	FX	A1A J3E	
	IEA20	CC Roma	I	FX	J3E-L F1B-50-170	IEA88
	IEU45	CC Chieti	I	FX	J3E-U F1B-50-170H	
3590	REJ60	METEO Novosibirsk	URS	MX	F1B-50-1000H	
	FSB52	IP Paris	F	FX	A1A F1B-ST	
3595	9HA	AIR Luqa	MLT	AX	F1B-50-700H	LBY
3602.5	STK	AIR Khartoum	SDN	AX	F1B-50-425	ETH
3604	ONY27	NATO Rouveroy	BEL	FX	F1B-50-850H	
3605	CUL	Lisboa R.	POR	FC	J3E	
	UQB	Kholmsk R.	URS	FC	A1A	
3607.3	GNF1	Northforeland R.	G	FC	F1B-ST	QSX 2496.3 kHz
3607.8	GHD2	Hebrides R.	G	FC	F1B-ST	QSX 2144.4 kHz
3608.3	GCC1	Cullercoats R.	G	FC	F1B-ST	QSX 2497.3 kHz
3610	GKR	Wick R.	G	FC	J3E	
	GPK	Portpatrick R.	G	FC	J3E	
3613	SVK	Kerkyra R.	GRC	FC	J3E	
3615.7	GND1	Stonehaven R.	G	FC	F1B-ST	QSX 2000.7 kHz
3617	GND	Stonehaven R.	G	FC	J3E/R3E	
3618.5	CTH21	PNY Horta	AZR	FC	A1A	P13C
3620	FIS369	CRS Lyon	F	FX	A1A	FIS

3621.5	CTH21	PNY Horta	AZR	FX	F1B-75-850L	P12C
3622.5	JMH	METEO Tokyo	J	MX	F1C-120	
3624	FVP20	GEND Clermont-Ferrand	F	FX	A1A	
	YKM7	Lattaquia R.	SYR	FC	J3E	
3624.4	SVN	Athinai R.	GRC	FC	J3E	
3628	70A	Aden R.	YMS	FC	J3E	
3629	OSU	Oostende R.	BEL	FC	J3E	
3630	SVR	Rhodos R.	GRC	FC	J3E	
	UFA	Batumi R.	URS	FC	J3E	
3631	LFO	Oerlandet R.	NOR	FC	J3E	QSX 3203 kHz
	LGD	Roervik R.	NOR	FC	J3E	QSX 3203 kHz
	LGN	Bergen R.	NOR	FC	J3E	QSX 3203 kHz
	LGT	Tjoeme R.	NOR	FC	J3E	QSX 3203 kHz
	LGV	Vardoe R.	NOR	FC	J3E	QSX 3203 kHz
3632	OSU	Oostende R.	BEL	FC	J3E	
3634	FDC	FAF Metz	F	FX	A1A	
3636	YMH2	METEO Bandirma	TUR	MX	A1A	
	YMY2	METEO Samsun	TUR	MX	A1A A3E	
	LGQ	Rogaland R.	NOR	FC	J3E	QSX 3210 kHz
3640	SVH	Iraklion R.	GRC	FC	J3E	
3641	BMB	METEO Taipei	TWN	MX	A1A	
3645	IGJ	ItNY Augusta	I	FX	J3E	
	LGL	Floroe R.	NOR	FC	J3E	QSX 3217 kHz
	LGP	Bodoe R.	NOR	FC	J3E	QSX 3217 kHz
	LGS	Svalbard R.	NOR	FC	J3E	
3648	TAM4	Iskenderun R.	TUR	FC	J3E	
3650		METEO Madrid	E	MX	F1C-60/120	
	FVB90	GEND Paris	F	FX	A1A	FVB99
3652	OSA	Antwerpen R.	BEL	FC	J3E	
	SXA32	HNY Spata Attikis	GRC	FC	A1A	
	LGA	Alesund R.	NOR	FC	J3E	QSX 3168 kHz
	LGI	Hammerfest R.	NOR	FC	J3E	QSX 3168 kHz
3655	OSA	Antwerpen R.	BEL	FC	J3E	
	RVZ73	METEO Arkhangelsk	URS	MX	F1B-50-1000	
3656	4XO	Haifa R.	ISR	FC	J3E	
3656.5	OST	Oostende R.	BEL	FC	F1B-ST	QSX 3396 kHz
3658	FDC	FAF Metz	F	FX	A1A	
3660.9	SVN	Athinai R.	GRC	FC	J3E	
3662	FIT559	PFT Lille	F	FX	A1A	
3664	FDC	FAF Metz	F	FX	A1A	
3666	GND	Stonehaven R.	G	FC	J3E	
3670	JMG	METEO Tokyo	J	MX	F1B-50-850	
3672	IDQ	ItNY Roma	I	FC	F1B-75-850L	NAWS I11C
3673	PCH	Scheveningen R.	HOL	FC	J3E	QSX 3191 kHz
	A7D	Doha R.	QAT	FC	J3E	
3674	FDE	FAF Villacoublay	F	FX	A1A	
3675	CSU2	AIR Pto.Santo	MDR	AX	F1B-50	POR
3681	OSU	Oostende R.	BEL	FC	J3E	
3684	OSU	Oostende R.	BEL	FC	J3E	
3685	RIFAG	CC Palermo	I	FX	J3E F1B-50-170	
	UBF2	Leningrad R.	URS	FC	A1A	
3690	5BA	Cyprus R. Nicosia	CYP	FC	J3E	
	YKQ10	METEO Damascus	SYR	MX	F1B-50-850H	
	RBV70	METEO Tashkent	URS	MX	F1C-60/90/120	
3694	RPTIH	PNY Horta	AZR	FX	F1B-50-850H	
	CTS23	PNY Sagres	POR	FX	F1B-50-850H	
3700	HGX21	MFA Budapest	HNG	FX	F1B-50	
3707	CSZ	AIR Lisboa	POR	AX	F1B-50 F1C-120	

3710	RGJ61	METEO Kuibyshev	URS	MX	F1B-50 F1C-60/90		
3712.5	SXA33	HNY Spata Attikis	GRC	FC	A1A		
3714	FSB	IP Paris	F	FX	F1B-ST		
	PDB2	IP Utrecht	HOL	FX	F1B-ST		
3717	DEB	IP Wiesbaden	D	FX	F1B-ST		
	FSB	IP Paris	F	FX	F1B-ST		
	HEP72	IP Zuerich	SUI	FX	F1B-ST		
3720	FVT20	GEND Dijon	F	FX	A1A		
3722	FFC	Bordeaux-Arcachon R.	F	FC	J3E		
	FFU	Brest-le-Conquet R.	F	FC	J3E		
	TKM	Grasse R.	F	FC	J3E		
3724	FVR20	GEND Strasbourg	F	FX	J3E-U F1B-50-425		
3730	RQP56	PTT Sverdlovsk	URS	FX	F1A F7B	RIC70	
	URB2	Klaipeda R.	URS	FC	A1A		
3732	SXH/2/3	HNY Kriti	GRC	FC	A1A	K13C/G	
3735	MEG	RAF Rheindahlen	D	FX	F1B-50-850L		
3737	UJY	Kaliningrad R.	URS	FC	A1A	4LC	
3738	GKZ	Humber R.	G	FC	J3E		
3740	LZW	Varna R.	BUL	FC	J3E		
3742	FVS20	GEND Chalons	F	FX	A1A		
	A4M	Muscat R.	OMA	FC	J3E		X L.S.B. Funker
3743	FIT535	PFT Rennes	F	FX	A1A		
	SVX	Chios R.	GRC	FC	J3E		
3745	ONY27	NATO Rouveroy	BEL	FX	A1A	ONY24	
	A9M	Bahrain R.	BHR	FC	J3E		
	A4M	Muscat R.	OMA	FC	J3E		
3750	GCC	Cullercoats R.	G	FC	J3E		
	C5G	Banjul R.	GMB	FC	J3E		
	RBV71	METEO Tashkent	URS	MX	F1B-50-1000L		
3753	C5G	Banjul R.	GMB	FC	J3E		
3755	FDC	FAF Metz	F	FX	A1A		
3762.5	JYN39	METEO Amman	JOR	MX	F1B-50 F1C		
3770	RHE76	PTT Riga	URS	FX	F1B-50-1000		
3771	OSB	BNY Bruges	BEL	FC	A1A		
3772.9	SVN	Athinai R.	GRC	FC	J3E		3775,1 L.S.B. Funker
3776	FVI20	GEND Caen	F	FX	A1A		
3778	GKZ	Humber R.	G	FC	J3E		
3780	BZC75	METEO Urumqi	CHN	MX	F1B-50-425L		
	FVJ20	GEND St.Herblain	F	FX	A1A		
	FVJ900	GEND Nantes	F	FX	A1A		
	RCG75	PTT Moskva	URS	FX	F1B-50-1000H	RBO75 RHE76	
3781	XTU	AIR Ouagadougou	BFA	AX	F1B	NIG	
3782	CTP	RN Palhais	POR	FC	A1A	NAWS	
3786	NRV	LORAN Guam	GUM	FX	J3E-U		
3790	EBA	SNY Madrid	E	MX	A1A		
3793	FVO20	GEND Lyon	F	FX	A1A		
	SVL	Limnos R.	GRC	FC	J3E		
3795	FFB	Boulogne-sur-Mer R.	F	FC	J3E		
	FFM	Marseille R.	F	FC	J3E		
	FFO	St.Nazaire R.	F	FC	J3E		
	FIS257	CRS Metz	F	FX	A1A		
3798	FDY	FAF Orleans	F	FX	A1A F1B-50-425		

3800...3900 kHz — Region 1 : FESTER FUNKDIENST, BEWEGL. FLUGFUNKDIENST (OR), BEWEGLICHER LANDFUNKDIENST
Reg. 2, 3: FESTER FUNKDIENST, BEWEGL. FUNKDIENST, AMATEURFUNKDIENST

3801.5	DEK23	DRK Berlin	D	FX	A1A F1B	
	DEK30	DRK Quickborn	D	FX	A1A F1B	
	DEK32	DRK Moers	D	FX	A1A F1B	
	DEK88	DRK Bonn	D	FX	A1A F1B	
	PGA88	NRK Heemstede	HOL	FX	A1A	
3807	FLR20	MOD Paris	F	FX	A1A	
3809	YRR5	METEO Bucuresti	ROU	MX	F1B-50-425H	
3810	HD2IOA	IOA Guayaquil	EQA	SS	A1A J3E	
	RST75	METEO Minsk	URS	MX	F1B-50-1000 F1C-60/90	
3814.5	FDC	FAF Metz	F	FX	F1B-50-425	FDX
3815	PGA88	NRK Heemstede	HOL	FX	A1A	
3822.5	ARA	AIR Karachi	PAK	AX	F1B-50-850H	ARB
3832	RETDKA	ARMY Valencia	E	FX	A1A F1B-75-425H	
	FDG2	FAF Mt.de Marsan	F	FX	A1A	
3835	FVC20	GEND Orleans	F	FX	A1A	
	4XM2	METEO Bet Dagan	ISR	MX	F1B-50-425	
3838	CTD26	PNY Pnt.Delgada	AZR	FX	F1B-50	
3840	LRO23	NA Buenos Aires	ARG	PX	F1B-50-850H	
	RPTIG	PNY Lajes	AZR	FX	F1B-50	
3848	FIT75	MOI Paris	F	FX	A1A	
3850	RDK87	Copyright	AAA	FX	A1A	
3851	FVK20	GEND Bordeaux	F	FX	A1A	
3853	FIT569	PFT Lyon	F	FX	A1A	
3855	DDH3	METEO Quickborn	D	MX	F3C-120	
3858	JWT	RNoN Stavanger	NOR	FC	A1A	
3859	FUG	FNY La Regine	F	FX	F1B-75-850L	E
3868	FIT521	PFT Dijon	F	FX	A1A	
	FIT557	PFT Metz	F	FX	A1A	
3870	DHJ58	GNY Flensburg	D	FC	A1A	
	YPI	Turnu Severin R.	ROU	FC	A1A	
	YPO	Giurgiu R.	ROU	FC	A1A	
3875	AGA7BI	USAF/MARS Bitburg	D	FX	J3E-U	
	AGA7HA	USAF/MARS Hahn	D	FX	J3E-U	
	AGA7KA	USAF/MARS Kalkar	D	FX	J3E-U	
	AGA7LI	USAF/MARS Wiesbaden	D	FX	J3E-U	
	AGA7RM	USAF/MARS Frankfurt	D	FX	J3E-U	
	AGA7ZW	USAF/MARS Zweibrueck.	D	FX	J3E-U	
	IET33	CC Parma	I	FX	J3E-L F1B-50-170	IET60
	Y7C24	DDR-Emb Praha	TCH	FX	A1A F1B-50	DDR
	RCI72	METEO Moskva	URS	MX	F1C-90/120	
3877	RANGER	RAF Mt.Olympus	CYP	FX	J3E-U	
	MKA	RAF London	G	FX	J3E-U	
3881	FAV22	FAR Paris	F	FX	A1A	Morse-Übungen
	FVF20	GEND Amiens	F	FX	A1A J3E-U	
3883	FVW24	GEND Nimes	F	FX	A1A	
3883.5	AEM1AC	USA/MARS Wuerzburg	D	FX	J3E-U	
	AEM1AGG	USA/MARS Ansbach	D	FX	J3E-U	
	AEM1BPM	USA/MARS Baumholder	D	FX	J3E-U	
	AEM1DR	USA/MARS Stuttgart	D	FX	J3E-U	
	AEM1IR	USA/MARS Neu-Ulm	D	FX	J3E-U	
	AEM1KFD	USA/MARS Darmstadt	D	FX	J3E-U	
	AEM1KO	USA/MARS Nellingen	D	FX	J3E-U	
	AEM1KP	USA/MARS Karlsruhe	D	FX	J3E-U	

3883.5	AEM1LLK	USA/MARS Stuttgart	D	FX	J3E-U	
	AEM1OV	USA/MARS Pirmasens	D	FX	J3E-U	
	AEM1QF	USA/MARS Berlin	D	FX	J3E-U	
	AEM1UF	USA/MARS Boeblingen	D	FX	J3E-U	
	AEM1UFB	USA/MARS Bamberg	D	FX	J3E-U	
	AEM1US	USA/MARS Heidelberg	D	FX	J3E-U	
	AEM1USA	USA/MARS Sembach	D	FX	J3E-U	
	EBC	SNY Cadiz	E	FC	J3E	
3885	ZAT	AIR Tirana	ALB	FX	A1A	HNG
	HAM	AIR Budapest	HNG	AX	A1A	ALB
3886		IAL Benghazi	LBY	FX	J3E-U	
3887	FIT513	PFT Marseille	F	FX	A1A	
3890	UQB	Kholmsk R.	URS	FC	A1A	
3898	TNL25	AIR Brazzaville	COG	AX	F1B-50	CME
3899.5	FDX	FAF Paris	F	FX	F1B-50-425L	FDI

3900...3950 kHz — Region 1 : BEWEGLICHER FLUGFUNKDIENST (OR)
Region 2 : AMATEURFUNKDIENST, FESTER FUNKDIENST, BEWEGLICHER FUNKDIENST
Region 3 : BEWEGL. FLUGFUNKDIENST, RUNDFUNKDIENST

3914.5	AEM1USA	USA/MARS Sembach	D	FX	J3E-U F1B-45-170	
3917.5	AEM1..	USA/MARS	D	FX	J3E-L	
3921		KLM Amsterdam	HOL	FD	J3E	
3935	MKL	RN Pitreavie	G	FX	J3E-U F1B	

3950...4000 kHz — Reg. 1,3 : FESTER FUNKDIENST, RUNDFUNKDIENST
Region 2 : AMATEURFUNKD., FESTER FUNKD., BEWEGL. FUNKD.

3951	FDI	FAF Aix-l-Milles	F	FX	A1A	
3955	SUU7	METEO Cairo	EGY	MX	F1B-50-425	
3963	FDY	FAF Orleans	F	FX	A1A F1B-50-425	
3965	FDC	FAF Metz	F	FX	A1A)	
3966	PAC27	NATO Katwijk	HOL	FX	F1B-50-850H	D NOR
3993	Y2N26	PTT Berlin	DDR	FX	F1B-50-425	URS
3995	RZT70	METEO Leningrad	URS	MX	F1B-50-1000	
3999	HZJ	AIR Jeddah	ARS	AX	F1B-50	ETH

3960 Sender ~~S.B.~~ Russisch Nachrichten oder Polnisch

4000...4063 kHz — FESTER FUNKDIENST, BEWEGLICHER SEEFUNKDIENST

4000	RWN79	PTT Moskva	URS	FX	F1B-50	
4001	GXH	USN Thurso	G	FC	A1A	NUKO LCMP
4002	YRR4	METEO Bucuresti	ROU	MX	F1B-50-425H	
4004.5	LRO2	TELAM Buenos Aires	ARG	PX	F1B-50-850L	
4005	9GC	AIR Accra	GHA	AX	F1B-50	
	RSR76	METEO Minsk	URS	MX	F1B-50-1000 F1C	
4006	OVK	RDNY Aarhus	DNK	FX	F1B-50	
4007	FUO	FNY Toulon	F	FX	A1A	
	IDR	ItNY Roma	I	FX	A1A	
4010	DFD21	DBP Frankfurt	D	FX	J3E	
4013.5	AEM1QF	USA/MARS Berlin	D	FX	J3E-U	
	AEM1US	USA/MARS Heidelberg	D	FX	J3E-U	
4014	ZRO5	METEO Pretoria	AFS	MX	F1C-120	
4018	ZRO5	METEO Pretoria	AFS	MX	F1B-75	
4020	OVG4	RDNY Frederikshavn	DNK	FC	A1A	

4030	TYE	AIR Cotonu	BEN	AX	F1B-50	
4032	ZSO	SAN Durban	AFS	FC	F1B-75	NAWS
	FAC20	FAR Metz	F	FX	J3E-U	
4034	HZJ	AIR Jeddah	ARS	AX	F1B-ST	YEM
4036		AIR Sanaa	YEM	AX	F1B-ST	ARS
4037.5	SMA4	METEO Norrkoeping	S	MX	F1C-120	
4042	A9M6	GNA Bahrain	BHR	PX	F1B-75-425L	
4043	FDY	FAF Orleans	F	FX	A1A F1B-50-425L	
4045	YRR4	METEO Bucuresti	ROU	MX	A1A	
4047.5	FTE4	METEO Paris	F	MX	F1C-120	
4051.5	EEQ	POL Madrid	E	FX	F1B-50-425	
4053.5	NGR	USN Nea Makri	GRC	MX	F1C-120	
4054	FUF	FNY Ft.de France	MRT	FC	A1A	
4055		METEO Murmansk	URS	MX	F1C-90	
4059.5	FYE5	MFA/DIPLO Paris	F	PX	F1B-50-425H	
4060	VVD54	METEO New Delhi	IND	MX	F1B-50-425L	
4061.5	WBR70	METEO Miami FL	USA	MX	F1B-75-850H	
4062	IUU41	POL Roma	I	FX	F1B-50-850L	
4062.5	FVA20	GEND Lille	F	FX	A1A	
	FVA80	GEND Rosny-s-Bois	F	FX	A1A	
	FVA90	GEND Paris	F	FX	A1A	

4063...4438 kHz BEWEGLICHER SEEFUNKDIENST

4063....4143.6		Schiffe	AAA	MS	J3E, 26 Kanäle	
4124	YRR6	METEO Bucuresti	ROU	MX	F1B-50-425H	
4143.6		Schiffe u. Küstenfkst.	AAA	FC/MS	J3E, simplex	
4146.6..4162.5		Schiffe	AAA	MS	Breitband-Telegrafie, ...	
4162.5..4166 kHz		Oceanographic Data	AAA	OD/OE		
4166....4170 kHz		Schiffe	AAA	MS	Breitband-Telegrafie, ...	
4170.5..4177.2		Schiffe	AAA	MS	F1B gepaart, 14 Kanäle	
4177.2..4179.7		Schiffe	AAA	MS	F1B ungepaart, 5 Kanäle	
4179.7..4187.2		Schiffe	AAA	MS	A1A Anrufkanäle	
4187.2..4188 kHz		Schiffe	AAA	MS	J2D Selektivruf	
4188....4219.4		Schiffe	AAA	MS	A1A Arbeitsfrequenzen	
4202.5	RAT21	METEO Moskva	URS	MX	F1C-60/120	
4219.4	5OW4	Lagos R.	NIG	FC	A1A	
4220	ZAD2	Durres R.	ALB	FC	A1A	
	LZW2	Varna R.	BUL	FC	A1A	
	YIR	Basrah R.	IRQ	FC	A1A	
4220.5	C6N	Nassau R.	BAH	FC	A1A	
	DAF	Norddeich R.	D	FC	A1A	
4221	ODR9	Beirut R.	LBN	FC	A1A	
4222	XSN	Ningbo R.	CHN	FC	A1A	
4222.2	ZRH	SAN Capetown	AFS	FC	A1A	
	GYU	RN Gibraltar	GIB	FC	A1A	
4223	SVD2	Athinai R.	GRC	FC	A1A	
	KLC	Galveston R. TX	USA	FC	A1A	
4223.5	9HD	Malta R.	MLT	FC	A1A	
4223.8	ZRQ	SAN Capetown	AFS	FC	A1A	
4225	LPC43	Ushuaia R.	ARG	FC	A1A	
	CLA3	Habana R.	CUB	FC	A1A	
	58JDQ	SNY Madrid	E	FC	A1A	13RG
	JCT	Choshi R.	J	FC	A1A	
	XFM	Manzanillo R.	MEX	FC	A1A	
	XFN	Progreso R.	MEX	FC	A1A	
4226.5	STP	Pt.Sudan R.	SDN	FC	A1A	

4226.8	SXA	HNY Spata Attikis	GRC	FC	A1A		K13G
4228	CBV	Valparaiso R.	CHL	FC	A1A	F1C-120	
	XSP	Shantou R.	CHN	FC	A1A		
	9MG6	Penang R.	MLA	FC	A1A		
	KFS	Palo Alto R. CA	USA	FC	A1A		
4228.5	VII	Thursday I R.	AUS	FC	A1A		
	VIM	Melbourne R.	AUS	FC	A1A		
4229	VIP7	Perth R.	AUS	FC	A1A		
	UNM2	Klaipeda R.	URS	FC	A1A		
4230	HZY	Ras Tanura R.	ARS	FC	A1A		
	58JDQ	SNY Madrid	E	FC	F1B-75-850L		12RG
	PBC94	RNN Goeree	HOL	FC	A1A	F1B	NAWS N13A
	UFB	Odessa R.	URS	FC	A1A		
	4WD3	Hodeidah R.	YEM	FC	A1A		
4230.5	VIB	Brisbane R.	AUS	FC	A1A		
	XFF2	PEMEX Pajaritos R.	MEX	FC	A1A		
4231	PPJ	Juncao R.	B	FC	A1A		
	A7D	Doha R.	QAT	FC	A1A		
4232	58JDQ	SNY Madrid	E	FC	F1B-75-850L		52RG
	HWN	FNY Paris	F	FC	A1A		
4232.5	VPS8	C.d'Aguilar R.	HKG	FC	A1A		
	5RS	Tamatave R.	MDG	FC	A1A		
	CTV4	PNY Monsanto	POR	FC	A1A		
4233	A4M	Muscat R.	OMA	FC	A1A		
4233.5	Y5M	Ruegen R.	DDR	FC	A1A		
4235	NKW	USN Diego Garcia	BIO	MX	F1C-120		
	VAI	Vancouver R.	CAN	FC	A1A		
	CLA2	Habana R.	CUB	FC	A1A		
	ICB	Genova R.	I	FC	A1A		
	HLP	Busan R.	KOR	FC	A1A		
4235.5	EDF	Aranjuez R.	E	FC	A1A		
	CTV4	PNY Monsanto	POR	FC	F1B-75		
4236	UDH	Riga R.	URS	FC	A1A		
4236.5	VFF	Frobisher R.	CAN	FC	A1A		
4236.9	CTV4	PNY Monsanto	POR	FC	R3C-120		
4238	VTP4	IN Vizagapatam	IND	FC	A1A		
	PKD	Surabaja R.	INS	FC	A1A		
	PKG	Banjarmasin R.	INS	FC	A1A		
	PKN	Balikpapan R.	INS	FC	A1A		
	PKR	Semarang R.	INS	FC	A1A		
	4XO	Haifa R.	ISR	FC	A1A		
4239	HAR	Budapest R.	HNG	FC	A1A		
	9MB2	NAVY Penang	MLA	FC	A1A		
4239.4	SVB2	Athinai R.	GRC	FC	A1A		
	L3V3	Recalada Rio Plata R.	ARG	FC	A1A		
4240	XSE	Qinhuangdao R.	CHN	FC	A1A		
	Y5M	Ruegen R.	DDR	FC	A1A		
	ELH	Harbel R.	LBR	FC	A1A		
	HPN60	Canal R.	PNR	FC	A1A		
4241	AOS9	USN Rota	E	FC	A1A		
	5AL	Tobruk R.	LBY	FC	A1A		
	LGW	Rogaland R.	NOR	FC	A1A		
	UKA	Vladivostok R.	URS	FC	A1A		
4241.4	4XZ	IsNY Haifa	ISR	FC	A1A		
4242.5	ZSD43	Durban R.	AFS	FC	A1A		
	Y5M	Ruegen R.	DDR	FC	A1A	F1B-50-170L	
4243	UVD	Magadan R.	URS	FC	A1A		
4244	PPR	Rio de Janeiro R.	B	FC	A1A		

4244	DAL	Norddeich R.	D	FC	A1A	
	3CA4	Mbini R.	GNE	FC	A1A	
	JGC	Yokohama R.	J	FC	A1A	
	WKM	West Haven R. CT	USA	FC	A1A	
4245	VIS53	Sydney R.	AUS	FC	A1A	
	UFN	Novorossijsk R.	URS	FC	A1A	
	NMA	USCG Miami FL	USA	FC	F1B-75-850	
4246.2	GYA	RN London	G	FC	A1A	
4247	CBO	Pta.Corona R.	CHL	FC	A1A	
	P2R	Rabaul R.	PNG	FC	A1A	
	OBC3	Callao R.	PRU	FC	A1A	
	KPH	S.Francisco R.	USA	FC	A1A	
4247.8	GZZ2	RN London	G	FC	F1B F1C-120	
4250	LZW22	Varna R.	BUL	FC	A1A	
	PCH20	Scheveningen R.	HOL	FC	A1A	
	TFA	Reykjavik R.	ISL	FC	F1C-120	
	XFL	Mazatlan R.	MEX	FC	A1A	
	ZLP2	RNZN Irirangi	NZL	FC	A1A	
4251	PPJ	Juncao R.	B	FC	A1A	
4251.5	GKC2	Portishead R.	G	FC	A1A	
4253	XSZ	Dalian R.	CHN	FC	A1A	
	TAH	Istanbul R.	TUR	FC	A1A	
4253.5	HZG	Dammam R.	ARS	FC	A1A	
4255	CFH	CF Halifax	CAN	FC	A1A	C13L
	SUZ3	Serapeum R.	EGY	FC	A1A	
	UBF2	Leningrad R.	URS	FC	A1A	
4255.3	PZN25	Paramaribo R.	SUR	FC	A1A	
4255.6	VIR	Rockhampton R.	AUS	FC	A1A	
	VIT	Townsville R.	AUS	FC	A1A	
4256	CCM	CN Magallanes	CHL	FC	A1A	
	GKD2	Portishead R.	G	FC	A1A	
	EQI	Abbas R.	IRN	FC	A1A	
	KLC	Galveston R. TX	USA	FC	A1A	
4257.5	WLO	Mobile R. AL	USA	FC	A1A	
4259	HEB	Bern R.	SUI	FC	A1A	
4260	Y5M	Ruegen R.	DDR	FC	A1A F1B-50	
	ZLO	RNZN Irirangi	NZL	FC	A1A	
	OBF4	Mollendo R.	PRU	FC	A1A	
	TBA2	TuNY Izmir	TUR	FC	A1A	T13A
	UDK2	Murmansk R.	URS	FC	A1A	
	UJO5	Izmail R.	URS	FC	A1A	
4261	ZSC45	Capetown R.	AFS	FC	A1A	
	EBA	SNY Madrid	E	FC	A1A	
4262	LPD62	Gen.Pacheco R.	ARG	FC	A1A	
	LZL2	Bourgas R.	BUL	FC	A1A	
	J2A4	Djibouti R.	DJI	FC	A1A	
	DZW	Manila R.	PHL	FC	A1A	
	SAG2	Goeteborg R.	S	FC	A1A	
4263	EQI2	Abbas R.	IRN	FC	A1A	
4263.5	YKI	Tartous R.	SYR	FC	A1A	
4265	PPL	Belem R.	B	FC	A1A	
	DAM	Norddeich R.	D	FC	A1A	
	Y5M	Ruegen R.	DDR	FC	A1A	
	UBN	Jdanov R.	URS	FC	A1A	
4266	XSR	Haikou R.	CHN	FC	A1A	
4267.9	GKG2	Portishead R.	G	FC	A1A	
4268	LPD68	Gen.Pacheco R.	ARG	FC	A1A	
	CKN	CF Vancouver	CAN	FC	A1A J3C-120	C13E

4268	VTG4	IN Bombay	IND	FC	A1A	
	XFC	Cozumel R.	MEX	FC	A1A	
	XFK	La Paz R.	MEX	FC	A1A	
	XFQ	Salina Cruz R.	MEX	FC	A1A	
	TCR	Tophane Kulesi R.	TUR	FC	A1A	
4268.6	SAB23	Goeteborg R.	S	FC	F1B-ST	QSX 4178.5 kHz
4269.5	EDZ	Aranjuez R.	E	FC	A1A	
4271	CFH	CF Halifax	CAN	FC	F1B-75-850L F1C-120	
	XSG	Shanghai R.	CHN	FC	A1A	
	XFY	Guaymas R.	MEX	FC	A1A	
	FUJ	FNY Noumea	NCL	FC	A1A	
	UBE2	Petropavlovsk/Kam R.	URS	FC	A1A	
4272	OFJ4	Helsinki R.	FNL	FC	A1A	
	SPH22	Gdynia R.	POL	FC	A1A	
4272.5	VIA	Adelaide R.	AUS	FC	A1A	
	VID	Darwin R.	AUS	FC	A1A	
4273	HLF	Seoul R.	KOR	FC	A1A	
4274	XSU	Yantai R.	CHN	FC	A1A	
	GKB2	Portishead R.	G	FC	A1A	
	DZF	Manila R.	PHL	FC	A1A	
	KFS	Palo Alto R. CA	USA	FC	A1A	
4275	HPP	Panama R.	PNR	FC	A1A	
	TBA5	TuNY Izmir	TUR	FC	A1A	
	UFN	Novorossijsk R.	URS	FC	A1A F1B-50-170H	
4275.5	HZY	Ras Tanura R.	ARS	FC	A1A	
4276	JNA	Tokyo R.	J	FC	A1A	
4277	VRT	Bermuda R.	BER	FC	A1A	
	HKB	Barranquilla R.	CLM	FC	A1A	
	ZLB2	Awarua R.	NZL	FC	A1A	
	UJO5	Izmail R.	URS	FC	A1A	4KI
4278	HZG	Dammam R.	ARS	FC	A1A	
	XSH	Basuo R.	CHN	FC	A1A	
	DZP	Manila/Novaliches R.	PHL	FC	A1A	
	CTP93	RN Palhais	POR	FC	A1A	
4279	58JDQ	SNY Madrid	E	FC	F1B-75-850L	56UAZ 12RG
4280	PBC34	RNN Goeree	HOL	FC	F1B-75-850L	
	IDQ2	ItNY Roma	I	FC	A1A	
4282	LZL2	Bourgas R.	BUL	FC	A1A	
	DZE	Mandaluyong R.	PHL	FC	A1A	
4283	ZSJ2	SAN Capetown	AFS	FC	A1A	
	XSV	Tianjin R.	CHN	FC	A1A	
	S9M	Sao Tome R.	STP	FC	A1A	
	UKW3	Korsakov R.	URS	FC	A1A	
	UQK	Riga R.	URS	FC	A1A	
4284	A9M	Bahrain R.	BHR	FC	A1A	
	DZR	Manila R.	PHL	FC	A1A	
4285	VCS	Halifax R.	CAN	FC	A1A	
	XFU	Veracruz R.	MEX	FC	A1A	
	UAH	Tallin R.	URS	FC	A1A	
	UFL	Vladivostok R.	URS	FC	A1A	
4286	VHP2	RAN Canberra	AUS	FC	A1A	A13B
	VIX2	RAN Canberra	AUS	FC	A1A	
	GKA2	Portishead R.	G	FC	A1A	
	VWC	Calcutta R.	IND	FC	A1A	
	DZD	Antipolo R.	PHL	FC	A1A	
4286.9	5RS	Tamatave R.	MDG	FC	A1A	
4287	FJY4	St.Paul R.	AMS	FC	A1A	
4288	7TA2	Alger R.	ALG	FC	A1A	

4288	XSQ5	Guangzhou R.	CHN	FC	A1A	
	DZZ	Manila R.	PHL	FC	A1A	
4289	PWZ33	BN Rio de Janeiro	B	FC	A1A	
	4XZ	IsNY Haifa	ISR	FC	A1A	
	C9L2	Maputo R.	MOZ	FC	A1A	
	C9L6	Mocambique R.	MOZ	FC	A1A	
4290	XSG22	Shanghai R.	CHN	FC	A1A	
	TIM	Limon R.	CTR	FC	A1A	
	DZO	Manila R.	PHL	FC	A1A	
4290.5	OST22	Oostende R.	BEL	FC	A1A	
4291	ZSC46	Capetown R.	AFS	FC	A1A	
	OBY2	Paita R.	PRU	FC	A1A	
4292	CUG32	S.Miguel R.	AZR	FC	A1A	
	XYR6	Rangoon R.	BRM	FC	A1A	
	D4D	Praia R.	CPV	FC	A1A	
	IAR24	Roma R.	I	FC	A1A	
	EQA	Abadan R.	IRN	FC	A1A	
	EQG	Ghosbeh R.	IRN	FC	A1A	
	EQK	Khoramshahr R.	IRN	FC	A1A	
	EQR	Lavan R.	IRN	FC	A1A	
	XFA	Acapulco R.	MEX	FC	A1A	
	XFP	Chetumal R.	MEX	FC	A1A	
	CUL4	Lisboa R.	POR	FC	A1A	
4292.5	OMP2	Praha R.	TCH	FC	A1A	
4293	XSO	Wenzhou R.	CHN	FC	A1A	
4294	SXA34	HNY Spata Attikis	GRC	FC	A1A	
	DZG	Manila/LP R.	PHL	FC	A1A	
	WNU31	Slidell R. LA	USA	FC	A1A	
4295	XSJ	Zhanjiang R.	CHN	FC	A1A	
	PKB	Belawan R.	INS	FC	A1A	
	PKC	Palembang R.	INS	FC	A1A	
	PKE	Amboina R.	INS	FC	A1A	
	PKF	Makassar R.	INS	FC	A1A	
	6VA3	Dakar R.	SEN	FC	A1A	
	UHK	Batumi R.	URS	FC	A1A	
4296	IQX	Trieste R.	I	FC	A1A	
	DZK	Manila R.	PHL	FC	A1A	
4297	TIM	Limon R.	CTR	FC	A1A	
4298	NOJ	USCG Kodiak	ALS	MX	F1C-120	
	PPO	Olinda R.	B	FC	A1A	
	OST2	Oostende R.	BEL	FC	A1A	
	JMC2	METEO Tokyo	J	MX	A1A	
	FJA41	Mahina R.	OCE	FC	A1A	
4299	9KK2	Kuwait R.	KWT	FC	A1A	
4300	RSGV	Petrozavodsk R.	URS	FC	A1A	
4300.2	GYC2	RN London	G	FC	A1A	NAWS B13A
4301	VWM	Madras R.	IND	FC	A1A	
4301.8	GYC2	RN London	G	FC	F1B	
4302	ZAC	Shengjin R.	ALB	FC	A1A	
	ZAD2	Durres R.	ALB	FC	A1A	
	ZAS	Sarande R.	ALB	FC	A1A	
	ZAV	Vlore R.	ALB	FC	A1A	
	A9M	Bahrain R.	BHR	FC	A1A	
4303	OXZ2	Lyngby R.	DNK	FC	A1A	
4304	L2C	Buenos Aires R.	ARG	FC	A1A	
	L2Q	Mar del Plata R.	ARG	FC	A1A	
	L2X	Com.Rivadavia R.	ARG	FC	A1A	
4305	XSZ	Dalian R.	CHN	FC	A1A	

4306	SPE21	Szczecin R.	POL	FC	A1A	
4307	C9C3	NAVY Maputo	MOZ	FC	A1A	
	UMV	Murmansk R.	URS	FC	A1A	
4307.5	XFB	Ciudad-Carmen R.	MEX	FC	A1A	
	XFE	Ensenada R.	MEX	FC	A1A	
4308	HLG	Seoul R.	KOR	FC	A1A	
	CTU4	PNY Monsanto	POR	FC	A1A	
4308.5	HZY	Ras Tanura R.	ARS	FC	A1A	
	DAN	Norddeich R.	D	FC	A1A	
4309	HZG	Dammam R.	ARS	FC	A1A	
4310	MTI	RN Plymouth	G	FC	A1A	
	DYP	Cebu R.	PHL	FC	A1A	
	WNU41	Slidell R. LA	USA	FC	A1A	
4311.2	58JDQ	SNY Madrid	E	FC	A1A	13RG
4313	Y5M	Ruegen R.	DDR	FC	A1A	
	FUG3	FNY La Regine	F	FC	A1A F1B	FAAA
	9VG33	Singapore R.	SNG	FC	A1A	
4314	LZW23	Varna R.	BUL	FC	A1A	
	XSM	Xiamen R.	CHN	FC	A1A	
4314.5	GKH2	Portishead R.	G	FC	A1A	
4314.7	DXR	Manila R.	PHL	FC	A1A	
4314.9	GKN2	Portishead R.	G	FC	A1A F1C	
4315	TBO/2	TuNY Izmir	TUR	FC	A1A	
	URD	Leningrad R.	URS	FC	A1A	
	XVG22	Haiphong R.	VTN	FC	A1A	
4316	GKM2	Portishead R.	G	FC	A1A	
	VWB	Bombay R.	IND	FC	A1A	
	JJC	Tokyo/Kemigawa R.	J	FC	F1C-60/120	
	DYV	Iloilo R.	PHL	FC	A1A	
	A7D	Doha R.	QAT	FC	A1A	
	WSC	Tuckerton R. NJ	USA	FC	A1A	
4316.9	GKO2	Portishead R.	G	FC	A1A	
4317	ZSC33	Capetown R.	AFS	FC	A1A	
4317.5	GKI2	Portishead R.	G	FC	A1A	
4318	DZU	Pasig R.	PHL	FC	A1A	
4319	XSG	Shanghai R.	CHN	FC	A1A	
	OXZ21	Lyngby R.	DNK	FC	A1A	
	SPH23	Gdynia R.	POL	FC	A1A	
4320	IAR4	Roma R.	I	FC	A1A	
4322	CBM	Magallanes R.	CHL	FC	A1A	
	9VG54	Singapore R.	SNG	FC	A1A	
4323	VIC	Carnarvon R.	AUS	FC	A1A	
4323.5	YQI2	Constantza R.	ROU	FC	A1A	
4323.6	VIE	Esperance R.	AUS	FC	A1A	
	VIO	Broome R.	AUS	FC	A1A	
	ELZ	Cape Palmas R.	LBR	FC	A1A	
4324	DZH	Manila R.	PHL	FC	A1A	
4325	HKC	Buenaventura R.	CLM	FC	A1A	
	SUP	Port Said R.	EGY	FC	A1A	
	FUE3	FNY Brest	F	FC	F1B-50-850L	FAAA
	LFW	Rogaland R.	NOR	FC	A1A	
	AQP3	PN Karachi	PAK	FC	A1A	
	OBQ5	Iquitos R.	PRU	FC	A1A	
4326	XSF	Lianyungang R.	CHN	FC	A1A	
4326.5	GKJ2	Portishead R.	G	FC	A1A	
	JYO	Aqaba R.	JOR	FC	A1A	
4327	SVF2	Athinai R.	GRC	FC	A1A	
4328	CLS	Habana R.	CUB	FC	A1A	

4328	FFL2	Saint Lys R.	F	FC	A1A	
	JOS	Nagasaki R.	J	FC	A1A	
	DZM	Manila/Bulacan R.	PHL	FC	A1A	
4330	DZJ	Manila R.	PHL	FC	A1A	
4331	SPE22	Szczecin R.	POL	FC	A1A	
	WCC	Chatham R. MA	USA	FC	A1A	
4332.5	JCK	Kobe R.	J	FC	A1A	
4334	LSA2	Boca R.	ARG	FC	A1A	
	PJC	Curacao R.	ATN	FC	A1A	
	VFR	Resolute R.	CAN	FC	A1A	
	XST	Qingdao R.	CHN	FC	A1A	
	FUE3	FNY Brest	F	FC	F1B-75-850L	FAAC
4336	GKK2	Portishead R.	G	FC	A1A	
	DZI	Manila/Bacoor R.	PHL	FC	A1A	
	OKLA	METEO Praha	TCH	MX	F1B-50-425H	
4337	3CA5	Banapa R.	GNE	FC	A1A	
	9MG6	Penang R.	MLA	FC	A1A	
	SPH21	Gdynia R.	POL	FC	A1A	
4338	DYM	Cebu R.	PHL	FC	A1A	
	XSW	Kaohsiung R.	TWN	FC	A1A	
4338.5	HPP	Panama R.	PNR	FC	A1A	
4340	XSQ	Guangzhou R.	CHN	FC	A1A	
4342	LZL	Bourgas R.	BUL	FC	A1A	
	XUK4	Kompong-Som-V. R.	CBG	FC	A1A	
	EBD	SNY Cartagena	E	FC	A1A	
4342.5	IRM2	CIRM Roma	I	FC	A1A	
4343	XSD	Yingkou R.	CHN	FC	A1A	
	XSL	Fuzhou R.	CHN	FC	A1A	
	TUA3	Abidjan R.	CTI	FC	A1A	
	SVA2	Athinai R.	GRC	FC	A1A	
	UNM2	Klaipeda R.	URS	FC	A1A	
	YJM4	Pt.Vila R.	VUT	FC	A1A	
4344.5	GKS2	Portishead R.	G	FC	F1B-ST	QSX 4177.5 kHz
	OMP	Praha R.	TCH	FC	A1A	
4345	UFM3	Nevelsk R.	URS	FC	A1A	
	RAT29	METEO Moskva	URS	MX	F1C-60/90	
4346	XFU2	PEMEX Veracruz R.	MEX	FC	A1A	
	CWA	Cerrito R.	URG	FC	A1A	
	NMC	USCG S.Francisco CA	USA	FC	A1A F1C-120	
	WMH	Baltimore R. MD	USA	FC	A1A	
	YUR2	Rijeka R.	YUG	FC	A1A	
4347.5	5BA	Cyprus R. Nicosia	CYP	FC	A1A	
4348.5	KLB	Seattle R. WA	USA	FC	A1A	
4349	CBV	Valparaiso R.	CHL	FC	A1A	
	EAD	Aranjuez R.	E	FC	A1A	
	EQM	Bushehr R.	IRN	FC	A1A	
	EQN	Khomeini R.	IRN	FC	A1A	
	EQQ	Khark I R.	IRN	FC	A1A	
	JCS	Choshi R.	J	FC	A1A	
	S7Q	Seychelles R.	SEY	FC	A1A	
	UXN	Arkhangelsk R.	URS	FC	A1A	
4350.0	A9M	Bahrain R.	BHR	FC	A1A F1B-ST	QSX 4170.5 kHz
	DCN	Norddeich R.	D	FC	F1B-ST	
	IAR	Roma R.	I	FC	A1A F1B-ST	
	9VG74	Singapore R.	SNG	FC	F1B-ST	
	S9M	Sao Tome R.	STP	FC	F1B	
	UAH	Tallin R.	URS	FC	F1B	
	KFS	Palo Alto R. CA	USA	FC	F1B-ST	

4350.5	OXZ	Lyngby R.	DNK	FC	F1B-ST	QSX 4171.0 kHz
	GKE2	Portishead R.	G	FC	A1A F1B-ST	
	ZLW	Wellington R.	NZL	FC	F1B-ST	
	CUL	Lisboa R.	POR	FC	F1B	
	WNU	Slidell R. LA	USA	FC	F1B-ST	
4351.0	ZUD72	Durban R.	AFS	FC	F1B-ST	QSX 4171.5 kHz
	OST26	Oostende R.	BEL	FC	F1B-ST	
	LGW2	Rogaland R.	NOR	FC	A1A F1B-ST	
	SPA25	Gdynia R.	POL	FC	F1B-ST	
	UBN	Jdanov R.	URS	FC	F1B	
	URD	Leningrad R.	URS	FC	F1B	
	KFS	Palo Alto R. CA	USA	FC	F1B-ST	
4351.5	PCH25	Scheveningen R.	HOL	FC	F1B-ST	QSX 4172.0 kHz
	ZLW	Wellington R.	NZL	FC	F1B-ST	
	UQB	Kholmsk R.	URS	FC	F1B	
	NMO	USCG Honolulu	HWA	FC	F1B-ST	
	NMN	USCG Portsmouth VA	USA	FC	F1B-ST	
4352.0	HZG	Dammam R.	ARS	FC	F1B	QSX 4172.5 kHz
	DCM	Norddeich R.	D	FC	F1B-ST	
	FFT21	Saint Lys R.	F	FC	A1A F1B-ST	
	UBE2	Petropavlovsk/Kam R.	URS	FC	F1B	
	UFB	Odessa R.	URS	FC	F1B	
	UMV	Murmansk R.	URS	FC	F1B-50	
	WLO	Mobile R. AL	USA	FC	A1A F1B-ST	
4352.5	VIP31	Perth R.	AUS	FC	F1B-ST	QSX 4173.0 kHz
	OFA	Helsinki R.	FNL	FC	F1B-ST	
	SVS2	Athinai R.	GRC	FC	F1B-ST	
	LGW3	Rogaland R.	NOR	FC	A1A F1B-ST	
	HEC14	Bern R.	SUI	FC	A1A F1B-ST	
	UPB	Providenia Bukhta R.	URS	FC	F1B	
4353.0	VCS	Halifax R.	CAN	FC	F1B-ST	QSX 4173.5 kHz
	DCL	Norddeich R.	D	FC	F1B-ST	
4353.5	ZSC61	Capetown R.	AFS	FC	F1B-ST	QSX 4174.0 kHz
	FFT22	Saint Lys R.	F	FC	F1B-ST	
	GKP2	Portishead R.	G	FC	A1A F1B-ST	
	HPP	Panama R.	PNR	FC	F1B	
	WPD	Tampa R. FL	USA	FC	F1B-ST	
4354.0	VAI	Vancouver R.	CAN	FC	F1B-ST	QSX 4174.5 kHz
	CBV	Valparaiso R.	CHL	FC	F1B	
	SAB209	Goeteborg R.	S	FC	F1B-ST	
	KLC	Galveston R. TX	USA	FC	F1B-ST	
4354.5	VIP37	Perth R.	AUS	FC	F1B-ST	QSX 4175.0 kHz
	OFA	Helsinki R.	FNL	FC	F1B-ST	
	WLO	Mobile R. AL	USA	FC	F1B-ST	
4355.0	CBV	Valparaiso R.	CHL	FC	F1B	QSX 4175.5 kHz
	PCH26	Scheveningen R.	HOL	FC	A1A F1B-ST	
4355.5	OST27	Oostende R.	BEL	FC	F1B-ST	QSX 4176.0 kHz
	OXZ	Lyngby R.	DNK	FC	A1A F1B-ST	
	NRV	USCG Guam	GUM	FC	F1B-ST	
	HPP	Panama R.	PNR	FC	F1B	
	HEC24	Bern R.	SUI	FC	F1B-ST	
	NMC	USCG S.Francisco CA	USA	FC	F1B-ST	
	NMF	USCG Boston MA	USA	FC	F1B-ST	
4356.0	DCF	Norddeich R.	D	FC	F1B-ST	QSX 4176.5 kHz
	GKY2	Portishead R.	G	FC	F1B-ST	
	SVU2	Athinai R.	GRC	FC	F1B-ST	
	3AC	Monaco R.	MCO	FC	F1B-ST	
	SPA26	Gdynia R.	POL	FC	F1B	

4356.0	A7D	Doha R.	QAT	FC	F1B-ST	
	KPH	S.Francisco R.	USA	FC	A1A F1B-ST	
4356.5	VIS61	Sydney R.	AUS	FC	F1B-ST	QSX 4177.0 kHz
	GKQ2	Portishead R.	G	FC	F1B-ST	
	IAR	Roma R.	I	FC	F1B-ST	
	JNA	JMSA Tokyo R.	J	FC	F1B-ST	
	SAB214	Goeteborg R.	S	FC	A1A F1B-ST	
	WCC	Chatham R. MA	USA	FC	F1B-ST	
4357.0		Küstenfunkstellen	AAA	FC	J2D	Selektivruf
4357.4	CBM	Magallanes R.	CHL	FC	J3E	QSX 4063.0 kHz
	CBV	Valparaiso R.	CHL	FC	J3E	
	CLA62	Habana R.	CUB	FC	J3E	
	DAP	Norddeich R.	D	FC	J3E	
	OXZ	Lyngby R.	DNK	FC	J3E	
	PKN	Balikpapan R.	INS	FC	J3E	
	PKP	Dumai R.	INS	FC	J3E	
	PNK	Jayapura R.	INS	FC	J3E	
	HLS	Seoul R.	KOR	FC	J3E	
	ZSV31	Walvis Bay R.	NMB	FC	J3E	
	LGN2	Rogaland R.	NOR	FC	J3E	
	HPP	Panama R.	PNR	FC	J3E	
	SAG	Goeteborg R.	S	FC	J3E	
	5WA	Apia R.	SMO	FC	J3E	
	HSA8	Bangkok R.	THA	FC	J3E	
	TAN2	Izmir R.	TUR	FC	J3E	
	CWF	Punta Carretas R.	URG	FC	J3E	
	UDH	Riga R.	URS	FC	J3E	
	UFL	Vladivostok R.	URS	FC	J3E	
	UPB	Providenia Bukhta R.	URS	FC	J3E	
	UXN	Arkhangelsk R.	URS	FC	J3E	
	KMI	Dixon R. CA	USA	FC	J3E	
	9PA	Banana R.	ZAI	FC	J3E	
4358	HIA	Sto.Domingo Pilot R.	DOM	FC	A1A	
	C9C4	NAVY Maputo	MOZ	FC	A1A	
4360.5	ZAD	Durres R.	ALB	FC	J3E	QSX 4066.1 kHz
	LPY44	Pto.San Julian R.	ARG	FC	J3E	
	S3D	Chittagong R.	BGD	FC	J3E	
	GKT22	Portishead R.	G	FC	J3E	
	IAR	Roma R.	I	FC	J3E	
	EQN	Khomeini R.	IRN	FC	J3E	
	5RK	Antalaha R.	MDG	FC	J3E	
	5RO	Majunga R.	MDG	FC	J3E	
	SPC23	Gdynia R.	POL	FC	J3E	
	UMV	Murmansk R.	URS	FC	J3E	
4363	52FHI	SNY Cartagena	E	FC	A1A F1B-75	22RE
4363.6	ZSQ22	Pt.Elizabeth R.	AFS	FC	J3E	QSX 4069.2 kHz
	A9M	Bahrain R.	BHR	FC	J3E	
	VFA	Inuvik R.	CAN	FC	J3E	
	VFC	Cambridge Bay R.	CAN	FC	J3E	
	VFU6	Coppermine R.	CAN	FC	J3E	
	OXZ	Lyngby R.	DNK	FC	J3E	
	ETC	Assab R.	ETH	FC	J3E	
	3AC4	Monaco R.	MCO	FC	J3E	
	XFC	Cozumel R.	MEX	FC	J3E	
	LGN3	Rogaland R.	NOR	FC	J3E	
	OBC3	Callao R.	PRU	FC	J3E	
	WOM	Miami High Seas R.	USA	FC	J3E	
	XVG4	Haiphong R.	VTN	FC	J3E	

4365	RPJ78	METEO Tashkent	URS	MX	F1C-60/120	
4366.7	VIB	Brisbane R.	AUS	FC	J3E x USB	QSX 4072.3 kHz
	VIH	Hobart R.	AUS	FC	J3E	
	VIM	Melbourne R.	AUS	FC	J3E	
	VIP	Perth R.	AUS	FC	J3E	
	VIT	Townsville R.	AUS	FC	J3E	
	PPA..PPV	Alle Küstenfkstellen	B	FC	J3E	
	CBM	Magallanes R.	CHL	FC	J3E	
		Abidjan-Peche R.	CTI	FC	J3E	
	FFL21	Saint Lys R.	F	FC	J3E	
	4XO	Haifa R.	ISR	FC	J3E	
	XFB..XFY	Viele Küstenfkstellen	MEX	FC	J3E	
	FJP4	Noumea R.	NCL	FC	J3E	
	A4M	Muscat R.	OMA	FC	J3E	
	SPO22	Szczecin R.	POL	FC	J3E	
	6VA	Dakar R.	SEN	FC	J3E	
4369.8	ZSC25	Capetown R.	AFS	FC	J3E	QSX 4075.4 kHz
	VIS	Sydney R.	AUS	FC	J3E	
	PPC	Itajai R.	B	FC	J3E	
	PPL	Belem R.	B	FC	J3E	
	PPO	Olinda R.	B	FC	J3E	
	PPR	Rio de Janeiro R.	B	FC	J3E	
	CBM	Magallanes R.	CHL	FC	J3E	
	Y5P	Ruegen R.	DDR	FC	J3E	
	FFL23	Saint Lys R.	F	FC	J3E	
	C5G	Banjul R.	GMB	FC	J3E	
	PCG21	Scheveningen R.	HOL	FC	J3E	
	EQM	Bushehr R.	IRN	FC	J3E	
	6YI	Kingston R.	JMC	FC	J3E	
	9VG60	Singapore R.	SNG	FC	J3E	
	UFN	Novorossijsk R.	URS	FC	J3E	
	UNM2	Klaipeda R.	URS	FC	J3E	
	WLC	Rogers Cy R. MI	USA	FC	J3E	
	WLO	Mobile R. AL	USA	FC	J3E	
4372.9	ZAV	Vlore R.	ALB	FC	J3E	QSX 4078.5 kHz
	LPW45	Bahia Blanca R.	ARG	FC	J3E	
	HZG	Dammam R.	ARS	FC	J3E	
	HKB	Barranquilla R.	CLM	FC	J3E	
	HKC	Buenaventura R.	CLM	FC	J3E	
	5BA22	Cyprus R. Nicosia	CYP	FC	J3E	
	EHY	Pozuelo-del-Rey R.	E	FC	J3E	
	3DP	Suva R.	FJI	FC	J3E	
	OHG2	Helsinki R.	FNL	FC	J3E	
	GKT26	Portishead R.	G	FC	J3E	
	TFA	Reykjavik R.	ISL	FC	J3E	
	TFT	Hornafjoerdur R.	ISL	FC	J3E	
	5RS	Tamatave R.	MDG	FC	J3E	
	SPC22	Gdynia R.	POL	FC	J3E	
4376.0	ZSD37	Durban R.	AFS	FC	J3E	QSX 4081.6 kHz
	LPX27	Com.Rivadavia R.	ARG	FC	J3E	
	8PO	Barbados R.	BRB	FC	J3E	
	VAP	Churchill R.	CAN	FC	J3E	
	VAW	Killinek R.	CAN	FC	J3E	
	VFF	Frobisher R.	CAN	FC	J3E	
	VFR	Resolute R.	CAN	FC	J3E	
	VFU	Coral Harbour R.	CAN	FC	J3E	
	VOK	Cartwright R.	CAN	FC	J3E	
	Y5P	Ruegen R.	DDR	FC	J3E	

4376.0	EHY	Pozuelo-del-Rey R.	E	FC	J3E	
	PCG24	Scheveningen R.	HOL	FC	J3E	
	EQA	Abadan R.	IRN	FC	J3E	
	JBO	Tokyo R.	J	FC	J3E	
	LGN4	Rogaland R.	NOR	FC	J3E	
	OBF4	Mollendo R.	PRU	FC	J3E	
	9VG61	Singapore R.	SNG	FC	J3E	
	TAM7	Canakkale R.	TUR	FC	J3E	
4379.1	LPO44	Pto.Deseado R.	ARG	FC	J3E	QSX 4084.7 kHz
	PJC	Curacao R.	ATN	FC	J3E	
	PVD7	Tebar Oil Terminal	B	FC	J3E	
	OSU24	Oostende R.	BEL	FC	J3E	
	VFZ	Goose Bay R.	CAN	FC	J3E	
	ICB	Genova R.	I	FC	J3E	
	PKD	Surabaja R.	INS	FC	J3E	
	PKE	Amboina R.	INS	FC	J3E	
	EQK	Khoramshahr R.	IRN	FC	J3E	
	XFC	Cozumel R.	MEX	FC	J3E	
	XFL	Mazatlan R.	MEX	FC	J3E	
	ZLW	Wellington R.	NZL	FC	J3E	
	SPO22	Szczecin R.	POL	FC	J3E	
	KUQ	Pago-Pago R.	SMA	FC	J3E	
	HEB14	Bern R.	SUI	FC	J3E	
	PZN	Paramaribo R.	SUR	FC	J3E	
	YUR	Rijeka R.	YUG	FC	J3E	
4382.2	HZG	Dammam R.	ARS	FC	J3E	QSX 4087.8 kHz
	PPA..PPV	Viele Küstenfkstellen	B	FC	J3E	
	OXZ	Lyngby R.	DNK	FC	J3E	
	ICB	Genova R.	I	FC	J3E	
	LGN5	Rogaland R.	NOR	FC	J3E	
	P2M	Pt.Moresby R.	PNG	FC	J3E	
	P2R	Rabaul R.	PNG	FC	J3E	
	A7D	Doha R.	QAT	FC	J3E	
	TAM6	Antalya R.	TUR	FC	J3E	
	BVA	Taipei R.	TWN	FC	J3E	
	WBL	Buffalo R. NY	USA	FC	J3E	
	WMI	Lorain R. OH	USA	FC	J3E	
	9PA	Banana R.	ZAI	FC	J3E	
4385.3	7TA13	Alger R.	ALG	FC	J3E	QSX 4090.9 kHz
	LPC27	Ushuaia R.	ARG	FC	J3E	
	LPZ27	Trelew R.	ARG	FC	J3E	
	VRT	Bermuda R.	BER	FC	J3E	
	VAI	Vancouver R.	CAN	FC	J3E	
	GKT20	Portishead R.	G	FC	J3E	
	PCG23	Scheveningen R.	HOL	FC	J3E	
	4XO	Haifa R.	ISR	FC	J3E	
	9HD	Malta R.	MLT	FC	J3E	
	ZLW	Wellington R.	NZL	FC	J3E	
	S7Q	Seychelles R.	SEY	FC	J3E	
	WOO	OceanGate R. NJ	USA	FC	J3E	
	YJM	Pt.Vila R.	VUT	FC	J3E	
4388.4	FJY4	St.Paul R.	AMS	FC	J3E	QSX 4094.0 kHz
	LPM51	Mar del Plata R.	ARG	FC	J3E	
	OSU21	Oostende R.	BEL	FC	J3E	
	EHY	Pozuelo-del-Rey R.	E	FC	J3E	
	VPS	C.d'Aguilar R.	HKG	FC	J3E	
	PKA	Sabang R.	INS	FC	J3E	
	PKG	Banjarmasin R.	INS	FC	J3E	

4388.4	T3K	Tarawa R.	KIR	FC	J3E	
	TAN5	Zonguldak R.	TUR	FC	J3E	
	ZJU	Funafuti R.	TUV	FC	J3E	
	WOO	OceanGate R. NJ	USA	FC	J3E	
4390	FUO	FNY Toulon	F	FC	A1A	
4391.5	DAK	Norddeich R.	D	FC	J3E	QSX 4097.1 kHz
	IAR	Roma R.	I	FC	J3E	
	WOM	Miami High Seas R.	USA	FC	J3E	
	7OA	Aden R.	YMS	FC	J3E	
4394.6	D3E	Luanda R.	AGL	FC	J3E	QSX 4100.2 kHz
	7TA14	Alger R.	ALG	FC	J3E	
	LPL33	Gen.Pacheco R.	ARG	FC	J3E	
	S3E	Khulna R.	BGD	FC	J3E	
	DAH	Norddeich R.	D	FC	J3E	
	OHG2	Helsinki R.	FNL	FC	J3E	
	J5M	Bissau R.	GNB	FC	J3E	
	SVN2	Athinai R.	GRC	FC	J3E	
	PKT	Dili R.	INS	FC	J3E	
	3AC5	Monaco R.	MCO	FC	J3E	
	XFE	Ensenada R.	MEX	FC	J3E	
	XFP	Chetumal R.	MEX	FC	J3E	
	XFU	Veracruz R.	MEX	FC	J3E	
	CUL	Lisboa R.	POR	FC	J3E	
	UBN	Jdanov R.	URS	FC	J3E	
	UJO	Izmail R.	URS	FC	J3E	
	XVR4	Vungtau R.	VTN	FC	J3E	
4397.7	5BA24	Cyprus R. Nicosia	CYP	FC	J3E	QSX 4103.3
	DAJ	Norddeich R.	D	FC	J3E	
	OHG2	Helsinki R.	FNL	FC	J3E	
	PKC	Palembang R.	INS	FC	J3E	
	PKF	Makassar R.	INS	FC	J3E	
	TFA	Reykjavik R.	ISL	FC	J3E	
	TFX	Siglufjoerdur R.	ISL	FC	J3E	
	5ZF	Mombasa R.	KEN	FC	J3E	
	OBC3	Callao R.	PRU	FC	J3E	
	OBF4	Mollendo R.	PRU	FC	J3E	
	ZHH	St.Helena R.	SHN	FC	J3E	
	URD	Leningrad R.	URS	FC	J3E	
	WLO	Mobile R. AL	USA	FC	J3E	
4400.8	LPG44	Rio Gallegos R.	ARG	FC	J3E	QSX 4106.4 kHz
	VIB	Brisbane R.	AUS	FC	J3E	
	VID	Darwin R.	AUS	FC	J3E	
	VIP	Perth R.	AUS	FC	J3E	
	OXZ	Lyngby R.	DNK	FC	J3E	
	SVN22	Athinai R.	GRC	FC	J3E	
	5RH	Mananjari R.	MDG	FC	J3E	
	5RL	Diego Suarez R.	MDG	FC	J3E	
	9MG8	Penang R.	MLA	FC	J3E	
	LGN6	Rogaland R.	NOR	FC	J3E	
4403.9	PPA	Salvador R.	B	FC	J3E	QSX 4109.5 kHz
	PPF	Fortaleza R.	B	FC	J3E	
	PPM	Manaus R.	B	FC	J3E	
	PPR	Rio de Janeiro R.	B	FC	J3E	
	PPS	Santos R.	B	FC	J3E	
	PPV	Vitoria R.	B	FC	J3E	
	S3D	Chittagong R.	BGD	FC	J3E	
	S3E	Khulna R.	BGD	FC	J3E	
	FFL22	Saint Lys R.	F	FC	J3E	

4403.9	EQI	Abbas R.	IRN	FC	J3E	
	TFA	Reykjavik R.	ISL	FC	J3E	
	TFX	Siglufjoerdur R.	ISL	FC	J3E	
	6YI	Kingston R.	JMC	FC	J3E	
	3BB	Pt.Louis HARBOUR	MAU	FC	J3E	
	FJA	Mahina R.	OCE	FC	J3E	
	S9M	Sao Tome R.	STP	FC	J3E	
	KMI	Dixon R. CA	USA	FC	J3E	
	WOO	OceanGate R. NJ	USA	FC	J3E	
4407.0	LPA44	Rio Grande R.	ARG	FC	J3E	QSX 4112.6 kHz
	VIM	Melbourne R.	AUS	FC	J3E	
	VIS	Sydney R.	AUS	FC	J3E	
	OSU27	Oostende R.	BEL	FC	J3E	
	OFI	Hanko R.	FNL	FC	J3E	
	OHG2	Helsinki R.	FNL	FC	J3E	
	VPS	C.d'Aguilar R.	HKG	FC	J3E	
	P2M	Pt.Moresby R.	PNG	FC	J3E	
	P2R	Rabaul R.	PNG	FC	J3E	
	TAH	Istanbul R.	TUR	FC	J3E	
	KMI	Dixon R. CA	USA	FC	J3E	
	WOM	Miami High Seas R.	USA	FC	J3E	
4410.1	LPM44	Mar del Plata R.	ARG	FC	J3E	QSX 4115.7 kHz
	VCS	Halifax R.	CAN	FC	J3E	
	D4A	S.Vicente R.	CPV	FC	J3E	
	D4D	Praia R.	CPV	FC	J3E	
	CLA60	Habana R.	CUB	FC	J3E	
	J2A	Djibouti R.	DJI	FC	J3E	
	OXZ	Lyngby R.	DNK	FC	J3E	
	SUH	Alexandria R.	EGY	FC	J3E	
	PKM	Bitung R.	INS	FC	J3E	
	4XO	Haifa R.	ISR	FC	J3E	
	JBO	Tokyo R.	J	FC	J3E	
	WBL	Buffalo R. NY	USA	FC	J3E	
	WGK	St.Louis R. MO	USA	FC	J3E	
	WMI	Lorain R. OH	USA	FC	J3E	
4413.2	VIA	Adelaide R.	AUS	FC	J3E	QSX 4118.8 kHz
	VID	Darwin R.	AUS	FC	J3E	
	VIT	Townsville R.	AUS	FC	J3E	
	PPJ	Juncao R.	B	FC	J3E	
	PPL	Belem R.	B	FC	J3E	
	PPO	Olinda R.	B	FC	J3E	
	PPR	Rio de Janeiro R.	B	FC	J3E	
	CBV	Valparaiso R.	CHL	FC	J3E	
	TUA	Abidjan R.	CTI	FC	J3E	
	FFL24	Saint Lys R.	F	FC	J3E	
	PCG22	Scheveningen R.	HOL	FC	J3E	
	TFA	Reykjavik R.	ISL	FC	J3E	
	HLS	Seoul R.	KOR	FC	J3E	
	9KK3	Kuwait R.	KWT	FC	J3E	
	5AT	Tripoli R.	LBY	FC	J3E	
	WLO	Mobile R. AL	USA	FC	J3E	
	YUR	Rijeka R.	YUG	FC	J3E	
4415	RHW27	METEO Tashkent	URS	MX	F1B-50	AFG
4416.3	LZW	Varna R.	BUL	FC	J3E	QSX 4121. kHz
	OXZ	Lyngby R.	DNK	FC	J3E	
	IAR	Roma R.	I	FC	J3E	
	EQR	Lavan R.	IRN	FC	J3E	
	SAG	Goeteborg R.	S	FC	J3E	

4416.3	SAH	Haernoesand R.	S	FC	J3E	
	TAM4	Iskenderun R.	TUR	FC	J3E	
	TAN6	Samsun R.	TUR	FC	J3E	
4419.4		ANRUFFREQUENZ	AAA	FC	J3E	QSX 4125.0 kHz
4422.5	OSU22	Oostende R.	BEL	FC	J3E	QSX 4128.1 kHz
	OFI	Hanko R.	FNL	FC	J3E	
	OHG2	Helsinki R.	FNL	FC	J3E	
	PKR	Semarang R.	INS	FC	J3E	
	PKY4	Sorong R.	INS	FC	J3E	
	5AB	Benghazi R.	LBY	FC	J3E	
	HEB34	Bern R.	SUI	FC	J3E	
	WOO	OceanGate R. NJ	USA	FC	J3E	
4425.6	PPF	Fortaleza R.	B	FC	J3E	QSX 4131.2 kHz
	DAI	Norddeich R.	D	FC	J3E	
	IAR	Roma R.	I	FC	J3E	
	PKI2	PERTAMINA Jakarta R.	INS	FC	J3E	
	4XO	Haifa R.	ISR	FC	J3E	
	SPC21	Gdynia R.	POL	FC	J3E	
	A7D	Doha R.	QAT	FC	J3E	
	WOM	Miami High Seas R.	USA	FC	J3E	
4428.7	7TA15	Alger R.	ALG	FC	J3E	QSX 4134.3 kHz
	NOJ	USCG Kodiak	ALS	FC	J3E	
	LPB5	Corrientes R.	ARG	FC	J3E	
	VIA..VIT	Alle Küstenfkstellen	AUS	FC	J3E	
	OXZ	Lyngby R.	DNK	FC	J3E	
	SVN24	Athinai R.	GRC	FC	J3E	
	NMO	USCG Honolulu	HWA	FC	J3E	
	LGN9	Rogaland R.	NOR	FC	J3E	
	HPP	Panama R.	PNR	FC	J3E	
	SAG	Goeteborg R.	S	FC	J3E	
	HEB24	Bern R.	SUI	FC	J3E	
	NMC	USCG S.Francisco CA	USA	FC	J3E	
	NMG	USCG New Orleans LA	USA	FC	J3E	
	NMN	USCG Portsmouth VA	USA	FC	J3E	
4431.8	OSU23	Oostende R.	BEL	FC	J3E	QSX 4137.4 kHz
	CBM	Magallanes R.	CHL	FC	J3E	
	CBV	Valparaiso R.	CHL	FC	J3E	
	OXZ	Lyngby R.	DNK	FC	J3E	
	JBO	Tokyo R.	J	FC	J3E	
	9KK32	Kuwait R.	KWT	FC	J3E	
	5AT	Tripoli R.	LBY	FC	J3E	
	9MG21	Penang R.	MLA	FC	J3E	
	ZLW	Wellington R.	NZL	FC	J3E	
	S9M	Sao Tome R.	STP	FC	J3E	
	WWD	SCRIPPS La Jolla CA	USA	FC	J3E	
4434.9	7TA16	Alger R.	ALG	FC	J3E	QSX 4140.5 kHz
	LPZ28	Trelew R.	ARG	FC	J3E	
	CUG	S.Miguel R.	AZR	FC	J3E	
	5BA26	Cyprus R. Nicosia	CYP	FC	J3E	
	OXZ	Lyngby R.	DNK	FC	J3E	
	GKV26	Portishead R.	G	FC	J3E	
	J5M	Bissau R.	GNB	FC	J3E	
	JBO	Tokyo R.	J	FC	J3E	
	ODR5	Beirut R.	LBN	FC	J3E	
	CUB	Madeira R. Funchal	MDR	FC	J3E	
	LGN21	Rogaland R.	NOR	FC	J3E	
	CTV	PNY Monsanto	POR	FC	J3E	

4440	IGJ	ItNY Augusta	I	FX	J3E-U	IDR
	FZR44	METEO St.Denis	REU	MX	F1B-50	
4442	RGC72	METEO Kiev	URS	MX	F1B-50-1000L	
4445	FAL21	FAR Lille	F	FX	A1A J3E	
	NPO	USN S.Miguel	PHL	FC	A1A	NUKO GCMP
	ROF73	METEO Novosibirsk	URS	MX	F1C-60/90/120	
4448	MUY	RAR Moenchengladbach	D	FX	J7B	G
4450	FDE	FAF Villacoublay	F	FX	A1A	
4455	FUB3	FNY Paris	F	FC	F1B-75-850H	FAAC
4463	GZU	RN Petersfield	G	FX	F1B-75-850L	GYA
4464	ONY27	NATO Rouveroy	BEL	FX	F1B-50-850H	
4464.5	TRK25	AIR Libreville	GAB	AX	F1B-50	CME
4465		RFE Holzkirchen FDR	D	FX	B8E	POR
4468	FDI	FAF Aix-l-Milles	F	FX	A1A	
4470	BZC75	METEO Urumqi	CHN	MX	F1B-50-425L	
	FVM20	GEND Toulouse	F	FX	A1A F1B-50-425	
4473	ICH	ItNY La Maddalena	I	FX	J3E	
4474	OMC	Bratislava R.	TCH	FC	J3E	
4475		RFE Holzkirchen FDR	D	FX	B8E	POR
	RWS40	METEO Novosibirsk	URS	MX	F1C-90/120	
4480	Y7A23	MFA Berlin	DDR	FX	A1A F1B-50-425	
4482	BJZ25	METEO Hangzhou	CHN	MX	F1B-50-425H	
	FHA51	FAR Trier	D	FX	A1A	
4485	IEA21	CC Torino	I	FX	J3E F1B-50-170H	
4489	GFL26	METEO Bracknell	G	MX	F1B-50-425L	
4490	IEA21	CC Torino	I	FX	J3E F1B-50-170H	IEA50
4494	CSI50	POL Lisboa	POR	FX	J3E	
4495	FHA50	FAR Baden-Baden	D	FX	A1A J3E	
4497	SOE349	METEO Warszawa	POL	MX	F1B-50-425L	
4500	VNG	ATC Lyndhurst	AUS	SS	J3E	
	GXQ	RN London	G	FX	B9W	GIB
	HGX21	MFA Budapest	HNG	FX	F1A F1B-50-425	
4502	FVC20	GEND Orleans	F	FX	J3E-U F1B-50-425	
4503	FVR20	GEND Strasbourg	F	FX	J3E F1B-50-425	
4303.5	IHK31	POL Milano	I	FX	A1A	
4507	FVV23	GEND Gap	F	FX	A1A J3E F1B-75-425	
4508	FVG20	GEND Rouen	F	FX	A1A F1B-50-425 FVG21	
4510	9GC26	AIR Accra	GHA	AX	F1B-50	BEN
4515	FIT75	MOI Paris	F	FX	F1B-ST	
4516.7		METEO Khabarovsk	URS	MX	F1C-60/90/120	
4520	FVA30	GEND Rennes	F	FX	A1A	
	FVA80	GEND Rosny-s-Bois	F	FX	A1A	
4525	LZI	BTA Sofia	BUL	PX	F1B-50-425H	
	Y3S	ASMW Nauen	DDR	FX	A1A	
	NMO	USCG Honolulu	HWA	FC	A1A	NUKO
4526	SUU36	METEO Cairo	EGY	MX	F1C-120	
4528	GYU	RN Gibraltar	GIB	FX	B9W	G
4530	RUM51	METEO Novosibirsk	URS	MX	F1B-50-1000 F1C-60/90	
4532.5	JMI	METEO Tokyo	J	MX	F1B-50	
4535	FDC	FAF Metz	F	FX	A1A F1B-50-425 FDX	
4545	RGH78	METEO Arkhangelsk	URS	MX	F1C-60	
4547	IDR	ItNY Roma	I	FX	J3E-U	IDP
4549.5	LRO9	DyN Buenos Aires	ARG	PX	F1B-75-850	
4550	MKK	RAF London	G	FX	J7B	D
	OMD	MOT Praha	TCH	FX	A1A	

4550	RWW79	METEO Moskva	URS	MX	F1C-60/90	
4553	FAB20	FAR Bordeaux	F	FX	A1A	
4555	FDY	FAF Orleans	F	FX	A1A	
4558	FDG	FAF Bordeaux	F	FX	A1A	
4560	YMH5	METEO Bandirma	TUR	MX	F1B-50-850L	
	RKR74	METEO Irkutsk	URS	MX	F1B-50-1000	
4562.5	JWT	RNoN Stavanger	NOR	FC	A1A	
4563	HGB25	METEO Budapest	HNG	MX	F1B-50-425	
4565		RFE Holzkirchen FDR	D	FX	B8E	POR
4570	HZN46	METEO Jeddah	ARS	MX	F1B-100-425H	
	DHJ51	METEO Grengel	D	MX	F1C-120	
4575	RIS74	PTT Tbilisi	URS	FX	A1A	
4582	ONY27	NATO Rouveroy	BEL	FX	A1A	ONY24
4583	DDK2	METEO Quickborn	D	MX	F1B-50-425L	
4585	KRH51	USE London	G	FX	F1B-75-850H	
4590	FUG	FNY La Regine	F	FC	A1A	
4593.5	AIR	USAF/MARS Washington	USA	FX	J3E-U	
4595	SDG83	Stockholm R.	S	FD	J3E	
4598	FDC	FAF Metz	F	FX	A1A	
4600	IUU41	POL Roma	I	FX	A1A	IHA21
	AIR	USAF/MARS Washington	USA	FX	J3E-U	
4601	GXH	USN Thurso	G	FX	B9W	D
4605	GZU	RN Petersfield	G	FX	A1A	D
4608	FVQ910	GEND Revigny	F	FX	A1A	
4610	GFA22	METEO Bracknell	G	MX	F1C-120	
	SXH	HNY Kriti	GRC	FC	A1A	K13C/G
4615.3	IDR2	ItNY Roma	I	FC	A1A	
4623	NGR	USN Nea Makri	GRC	FC	A1A	NUKO LCMP
	SOE264	PAP Warszawa	POL	PX	F1B-50-425L	
4625	FVV78	GEND Grasse	F	FX	A1A	
4626	KRH51	USE London	G	FX	F1B-75-850	
4630	MKK	RAF London	G	FX	J7B	
	5TA45	PTT Nouakchott	MTN	FX	B9W	
4632	XTU	AIR Ouagadougou	BFA	AX	F1B-50/ARQ-96	
	ONA20	IP Brussels	BEL	FX	F1B-ST	
	FSB53	IP Paris	F	FX	F1B-ST	
4633.5	SPW	Warszawa R.	POL	FC	A1A F1B-ST	
4643	FUG	FNY La Regine	F	FC	F1B-75-850L	

<u>4650...4700 kHz</u> <u>BEWEGLICHER FLUGFUNKDIENST (R)</u>

4651		1D 6C 6G 10B 10E 13E 13F			J3E	
		Gander, St.Johns	CAN	FD	J3E	10E
4654		W 1/2			J3E	
		Berna R.	SUI	FD	J3E	
4657		AFI CEP 2A 2C 3B 6A 6E 13H			J3E	
		Antananarivo FIC	MDG	FD	J3E	AFI
4660		2B 2C 9B 10C 13D 13M			J3E	
	ICS	ItNY La Spezia	I	FX	J3E-U	
4663		6G 10F 13E 13F 13K VNCA			J3E	
		Novosibirsk VOLMET	URS	FD	J3E	h+10 h+40
		Tashkent VOLMET	URS	FD	J3E	h+05 h+35
		Vnukova VOLMET	URS	FD	J3E	h+25 h+55
4666		CWP 1C 10B 10D 10E			J3E	
4669		MID SAM 6G 10C 10D			J3E	
		Cali	CLM	FD	J3E	SAM
		Guayaquil	EQA	FD	J3E	SAM

4669		Lima	PRU	FD	J3E	SAM
		Alma Ata	URS	FD	J3E	MID
4672		2A 2B 3A 4A 6G 11B 13K			J3E	
		Arkhangelsk	URS	FD	J3E	2
		Leningrad	URS	FD	J3E	2
		Murmansk	URS	FD	J3E	2
4675		NAT 6A 6E 9C 13G			J3E	
		Churchill	CAN	FD	J3E	NAT-D
		Frobisher	CAN	FD	J3E	NAT-D
		Gander	CAN	FD	J3E	NAT-D
		Shanwick	IRL	FD	J3E	NAT-D
		Iceland Reykjavik	ISL	FD	J3E	NAT-D
		Bodoe	NOR	FD	J3E	NAT-D
4678		NCA 10D 13I 14A 14G			J3E	
		Adelaide	AUS	FD	J3E	14
		Melbourne	AUS	FD	J3E	14
		Sydney	AUS	FD	J3E	14
4681		2B 2C 3B 10B 12E			J3E	
4684		3A 3C 10E 13J 14B 14C			J3E	
		Pt.Hedland	AUS	FD	J3E	14
		Perth	AUS	FD	J3E	14
4687		W 1/2/3			J3E	
4690		2A 2B 3A 6G 10B 13M			J3E	
	SUC	AIR Cairo	EGY	AX	F1B-50-850H	SDN
4693		2B 2C 3 10B 12C 13I 14D			J3E	
		Adelaide	AUS	FD	J3E	14
		Aktyubinsk	URS	FD	J3E	2B
4696		2 6G 9 10 13J			J3E	
		Alma Ata	URS	FD	J3E	2

4700...4750 kHz — BEWEGLICHER FLUGFUNKDIENST (OR)

4704	AOK	USN Rota	E	MX	F1C-120	
4709	MKL	RN Pitreavie	G	FG	A1A J3E	
	JWT	RNoN Stavanger	NOR	FG	A1A J3E	
4715	FWV	FNY Nimes	F	FG	J3E	
4722	MVU	RAF West Drayton	G	FG	J3E	VOLMET
4724.5	IDR	ItNY Roma	I	FG	J3E	
4727	JWT	RNoN Stavanger	NOR	FG	J3E	
4730	GFW	RAF Akrotiri	CYP	FG	J3E	
	MKL	RN Pitreavie	G	FG	A1A J3E F1B	
4738.5		RCC Canarias	CNR	FG	J3E	
4739	IBA	NATO Napoli	I	FX	J3E	TUR
4746	CUW2	USAF Lajes	AZR	FG	J3E	
	AFE8	USAF McDill FL	USA	FG	J3E	

4750...4850 kHz — Region 1 : BEWEGL. FLUGFUNKDIENST (OR), FESTER FUNKDIENST, BEWEGL. LANDFUNKDIENST, RUNDFUNKDIENST
Region 2 : BEWEGLICHER FUNKDIENST ausser Flugfunkdienst, FESTER FUNKDIENST, RUNDFUNKDIENST
Region 3 : FESTER FUNKDIENST, RUNDFUNKDIENST, Beweglicher Landfunkdienst

4750	IET56	CC Ancona	I	FX	J3E-L F1B-50-170	
4751	DHJ48	NATO Kindsbach	D	FX	F1B-50-425H	NOR
4753	FDE	FAF Villacoublay	F	FX	A1A	FMA

4755	JWT	RNoN Stavanger	NOR	FX	A1A J3E F1B
4757	OUJ22	NATO Aarhus	DNK	FX	F1B-50-425H
4758	FAB24	FAR Toulouse	F	FX	A1A
	IEU59	CC Salerno	I	FX	J3E-L F1B-50-170
4760	IEA26	CC Padova	I	FX	J3E-L F1B-50-170
4761	FVW20	GEND Montpellier	F	FX	A1A J3E F1B-75-425 FVW21
4763	NKW	USN Diego Garcia	BIO	MX	F1B-50 MAU
	FVX20	GEND Ajaccio	F	FX	A1A
4764	CCS	CN Santiago	CHL	FX	F1B-50
4765	IET35	CC Livorno	I	FX	J3E F1B-50 IET70
4772		SwAF Stockholm	S	MX	F1B-50-170H
4777.5	IMB51	METEO Roma	I	MX	F1C-120
4780	FIS278	CRS Paris	F	FX	A1A
4782	GFE21	METEO Bracknell	G	MX	F1C-120
4783	FDI	FAF Aix-l-Milles	F	FX	A1A
4785.5	DHJ51	METEO Grengel	D	MX	F1B-50/100-425H
4790	ECT6	RCC Palma	E	FX	A1A
	IKQ	RSC Roma	I	FX	A1A
4794	BLM66	METEO Chengdu	CHN	MX	F1B-50-425
4795	FUE	FNY Brest	F	FC	F1B-50-85L FAAA
4804	ISZ48	ANSA Roma	I	PX	F1B-50-425H
4805	FDI	FAF Aix-l-Milles	F	FX	A1A
4807		Portishead R.	G	FD	J3E-U
4807.5	JXA	RNoAR Oslo	NOR	FX	A1A
4813	LZA8	METEO Sofia	BUL	MX	F1B-50-425L
4814	FIS231	CRS Toulouse	F	FX	A1A FIS
4815	IHD44	POL Ancona	I	FX	A1A IHA71
	TCY	AA Ankara	TUR	PX	F1B-50
4820	IET66	CC Firenze	I	FX	J3E-L F1B-50-170
4825	IEA64	CC Milano	I	FX	J3E F1B-50-170
	OLW5	PTT Praha	TCH	FX	F1B-50-425 URS
4831	FAC80	FAR Dijon	F	FX	A1A J3E
4835	IEA23	CC Genova	I	FX	J3E-L F1B-50-170 IEA65
	IEA24	CC Milano	I	FX	J3E-L F1B-50-170
	RVW50	PTT Moskva	URS	FX	F1B-50-425 TCH
4837.5	FSB	IP Paris	F	FX	F1B-ST/FEC
4839	IGJ	ItNY Augusta	I	FX	J3E-U
4840	Y7A24	MFA Berlin	DDR	FX	A1A F1A F1B-100-425
	IEA83	CC Bolzano	I	FX	J3E-L F1B-50-170 IEA85
	T3K	Tarawa R.	KIR	FC	J3E
4843	FDI	FAF Aix-les-Milles	F	FX	A1A

4850...4995 kHz FESTER FUNKDIENST, BEWEGL. FUNKDIENST, RUNDFUNKDIENST

4850	IEA20	CC Roma	I	FX	J3E-L F1B-50-170 IEA88
	RKS71	METEO Murmansk	URS	MX	F1C-60
4855	NPM	USN Pearl Harbor	HWA	MX	F1C-120
4860	FIT75	MOI Paris	F	FX	F1B-ST
4863.5	KRH51	USE London	G	FX	F1B-75-850L
4867.5	FDG	FAF Bordeaux	F	FX	A1A
	KRH51	USE London	G	FX	F1B-75-850H
4873	IBA	NATO Napoli	I	FX	J3E TUR
4878	FDY	FAF Orleans	F	FX	A1A F1B-50-425
4878.5	RQFAC	BAR Brussels	BEL	FX	F1B-75-425
4880	Y7C81	DDR-Emb Koebenhavn	DNK	FX	F1B-50-425L DDR
4882	FDE	FAF Villacoublay	F	FX	A1A FMA
4882.5	DFD89	DW Frankfurt	D	FX	R3E-U

4886	KKN44	USE Monrovia	LBR	FX	A1A	
4890	BJZ26	METEO Hangzhou	CHN	MX	F1B-50-425	
4892.5	GYU	RN Gibraltar	GIB	FX	F1B-50	
4893	FAL21	FAR Lille	F	FX	A1A J3E-U	
4897	FAD20	FAR Paris-les-Loges	F	FX	A1A J3E F1B-75-425	
4900	OMZ1	CE Bonn	D	FX	F1B-75-425L	TCH
	RUU78	METEO Leningrad	URS	MX	F1B-50-1000L	
4902	JMB4	METEO Tokyo	J	MX	F1C-120	
4903	DHM44	METEO Grengel	D	MX	F1B-50-850L	
4907.5	FDI	FAF Aix-les-Milles	F	FX	A1A	
4910	KWS78	USE Athinai	GRC	FX	A1A	
4920	IGA	ItNY Trapani	I	FX	J3E	
4923	GXQ	RN London	G	FX	B9W	
4928	FIS359	CRS Lille	F	FX	A1A	FIS
4930	FAQ20	FAR Lyon	F	FX	J3E-U	
4940	FDC	FAF Metz	F	FX	A1A	
4942	FDY	FAF Orleans	F	FX	A1A	
4950	SWA	AIR Athinai	GRC	AX	F1B-50-850L	EGY
4955	NRV	USCG Guam	GUM	FC	A1A	
4960	DDH6	METEO Pinneberg	D	MX	F1B-50-425L	
4963.5	DHN37	METEO Grengel	D	MX	F1B-50-850H F1C	
4965	FIT75	MOI Paris	F	FX	F1B-ST	
4975	NPN	USN Guam	GUM	MX	F1C-120	
4986	FLR20	MOD Paris	F	FX	A1A	FLR10
	YPO	Giurgiu R.	ROU	FC	A1A	
4988	FDC	FAF Metz	F	FX	A1A	
4993.5	ATA55	METEO New Delhi	IND	MX	F1C-120	
4994	FVO90	GEND Lyon	F	FX	A1A	

4995...5005 kHz NORMALFREQUENZFUNKDIENST

4996	RWM	TS Moskva	URS	SS	A1A
5000	ZUO	TS Pretoria	AFS	SS	A2A
	LOL	AN Buenos Aires	ARG	SS	A1A A3E
	BPM	SAO Xian/Lintong	CHN	SS	A2A A3E
	HD2IOA	IOA Guayaquil	EQA	SS	A1A A3E
	MSF	NPL Teddington	G	SS	A2A
	WWVH	NBS Kekaha	HWA	SS	A1A A3E
	IAM	TS Roma	I	SS	A2A A3E
	IBF	IEN Torino	I	SS	A2A A3E
	ATA	NPL New Delhi	IND	SS	A1A A3E
	JJY	PTT Sanwa	J	SS	A2A A3E
	BSF	TS Taipei	TWN	SS	A2A
	RCH	TS Tashkent	URS	SS	A1A
	WWV	NBS Ft.Collins	USA	SS	A1A A3E
5004	RID	TS Irkutsk	URS	SS	A1A

5005...5060 kHz FESTER FUNKDIENST, RUNDFUNKDIENST

5010	FDC	FAF Metz	F	FX	A1A
5013	VTH26	IN Bombay	IND	FX	F1B-50-850
	FFP	METEO Ft.de France	MRT	MX	F1C-120
5020	IGJ	ItNY Augusta	I	FX	J3E-U
	RWW74	METEO Moskva	URS	MX	F1B-50-1000L
5022	FDE	FAF Villacoublay	F	FX	A1A
5023	9KT24	KUNA Kuwait	KWT	PX	F1B-50-425H

5025	MKD	RAF Akrotiri	CYP	FX	B9W	
5027	FDE4	FAF Avord	F	FX	A1A	
	9KT24	KUNA Kuwait	KWT	PX	F1B-50-425H	
5030	FVA60	GEND Metz	F	FX	A1A	
	FVA80	GEND Rosny-s-Bois	F	FX	A1A	
5033	FIS278	CRS Paris	F	FX	A1A	
5035	FDC21	FAF Drachenbronn	F	FX	A1A	
	GYU	RN Gibraltar	GIB	FX	F1B-50	
	CTI25	PNY Leixoes	POR	FX	F1B-50	
5040	FDY	FAF Orleans	F	FX	F1B-50-425	
5045	LZN28	PTT Sofia	BUL	FX	F1B-50-425	
	FVK90	GEND Bordeaux	F	FX	A1A	FVK91
5055	JYF6	PETRA Amman	JOR	PX	F1B-50-425H	
5057.5	CUW20	AIR Lajes	AZR	AX	F1B-50	CSY
5058	FDG	FAF Bordeaux	F	FX	A1A	FDX

5060...5450 kHz FESTER FUNKDIENST, BEWEGL. FUNKDIENST ausser Flugfunk

5066	ZVK	TASA Rio de Janeiro	B	AX	F1B-50-850H	URG
	NCI	LORAN Sellia Marina	I	FX	J3E-U F1B-50	
5072	JXZ	NATO Oslo	NOR	FX	F1B-50-850H	
5075	IUU31	POL Roma	I	FX	A1A	IHA21
5077.5	FDX	FAF Paris	F	FX	A1A F1B-50-425	FDC
5081	HSD22	AIR Bangkok	THA	AX	F1B-50	BRM
5082	IET38	CC Roma	I	FX	J3E-L F1B-50-170	
5085	FIT75	MOI Paris	F	FX	A1A	
5089	MEG	RAF Rheindahlen	D	FX	F1B-50-850L	
5092.5	FDY	FAF Orleans	F	FX	F1B-50-425	
	FDZ	FAF Paris	F	FX	F1B-ST	TCD
5093	LZJ2	METEO Sofia	BUL	MX	F1C-120	
5097	CFH	CF Halifax	CAN	FC	A1A	NAWS
	JAB35	KYODO Tokyo	J	PX	F1B-50-850L	
5100	AXM32	METEO Canberra	AUS	MX	F1B-50-850L F1C-120	
5102	GXQ	RN London	G	FX	B9W	GIB
5102.5	JMG2	METEO Tokyo	J	MX	F1B-50-850L	
5106	FVN20	GEND Poitiers	F	FX	A1A	
5107	EPD	AIR Tehran	IRN	AX	F1B-50-425H	AFG
5110	RYP29	METEO Khabarovsk	URS	MX	F1C-60	
5112	4OC3	TANJUG Beograd	YUG	PX	F1B-75-425L	
5115	4RM	AIR Ratmalana	SLK	AX	F1B-50	MLD
5117	MEG	RAF Rheindahlen	D	FX	F1B-50-425L	
5117.5	TYE	AIR Cotonu	BEN	AX	F1B-50-425H	GHA
5118.5	STK	AIR Khartoum	SDN	AX	F1B-50	MLT
5120	MKD	RAF Akrotiri	CYP	FX	B9W	
5125		RFE Holzkirchen FDR	D	FX	B8E	POR
5130	S2D	AIR Dhaka	BGD	AX	F1B-50-425	THA
5134	JXZ	NATO Oslo	NOR	FX	F1B-50-850	
5140	RWW73	METEO Moskva	URS	MX	F1B-50-1000L	
5142	FVH90	GEND Rennes	F	FX	A1A	
5145	FIT75	MOI Paris	F	FX	F1B-ST	FIT557
5150	RVO73	METEO Moskva	URS	MX	F1C-90	
5160	IER20	GUARFI Roma	I	FX	F1B-50-850H	IER50
5162	QO9Y	PROSECURDEF Paris	F	FX	A1A F1B-75	
5167	NRK	USN Keflavik	ISL	FC	A1A	NUKO LCMP
5175	ZUD214	ITS Pretoria	AFS	FX	J3E	Windhoek
5181	BAA9	METEO Beijing	CHN	MX	F1B-50-850H	
5185	LRO69	METEO Buenos Aires	ARG	MX	F1B-50-850L F1C-120	

5190	LOL	AN Buenos Aires	ARG	FX	F1B-75-850	
	BZC75	METEO Urumqi	CHN	MX	F1B-50-425L	
5195	CSE4	PAF Lajes	AZR	FX	F1B-ST	
	DFE25	DW Frankfurt FDR	D	FX	R3E-L	
	Y2V53	ADN Berlin	DDR	PX	F1B-50-425H	
	CTP39	NATO Palhais	POR	FX	F1B-50	
5204	OMZ	MFA Praha	TCH	FX	F1B-75-425	
5206	NGR	USN Nea Makri	GRC	MX	F1C-120	
5208	FSB	IP Paris	F	FX	F1B-ST	
	IUV81	IP Roma	I	FX	F1B-ST	
5210	FIT576	PFT Rouen	F	FX	F1B-ST	
	ROF75	METEO Novosibirsk	URS	MX	F1C-120	
5212	FDI	FAF Aix-1-Milles	F	FX	A1A	
5217	FUO	FNY Toulon	F	FC	F1B-75-850	FAAK
5220	SUA94	MENA Cairo	EGY	PX	F1B-50-425L	
5222	TYE	AIR Cotonu	BEN	AX	F1B-50-425H	NGR
5224	AJE	USAF Barford	G	FX	B9W	
5227	JXU/JWG	RNoN Bodoe	NOR	FC	A1A	
5229	GYU	RN Gibraltar	GIB	FX	B9W	G
5230	ZUN	TELECOM Windhoek	NMB	FX	J3E-U	AFS
5240	4OC2	TANJUG Beograd	YUG	PX	F1B-50/75-425L	
5266	YAV	AIR Kabul	AFG	AX	F1B-50-425H	IRN
5270	FDG	FAF Bordeaux	F	FX	A1A	
	ICS	ItNY La Spezia	I	FX	J3E-U	
	IDR	ItNY Roma	I	FX	J3E-U	
	IEA91	CC Trieste	I	FX	J3E-L F1B-50-170	
5272	FLR28	FAR Baden-Baden	D	FX	A1A	F
	FLR20	MOD Paris	F	FX	A1A	FLR10
5275	FIS221	CRS Dijon	F	FX	A1A J3E-U	
5280	ROO70	METEO Rostov	URS	MX	F1C-60	
5285	RBX71	METEO Tashkent	URS	MX	F1C-90	
5287	FVO20	GEND Lyon	F	FX	A1A	
	4NJ9	PTT Ljubljana	YUG	FX	F1B-50-425	
5288	RANGER	RAF Mt.Olympus	CYP	FX	J3E-U	
	MKA	RAF London	G	FX	J3E-U	
5290	EHM7	GC Alicante	E	FX	J3E-U F1B-50-425L	
	ARA	METEO Karachi	PAK	MX	F1B-50	
5294	AWC	AIR Calcutta	IND	AX	F1B-50	
5295		RFE Holzkirchen FDR	D	FX	B8E	POR
5298	SPP323	PE Berlin	DDR	FX	F1B-75-425H	POL
5300	IER20	GUARFI Roma	I	FX	F1B-50-850H	IER50
5302.5	CAN6D	METEO Pres.Montalva	ANT	MX	A1A F1B-50-850	F1C-120
	FIT75	MOI Paris	F	FX	A1A	
	AJE	USAF Barford	G	FX	J3E-L	D
5305.5	FSB	IP Paris	F	FX	F1B-ST	
5309	FAC20	FAR Metz	F	FX	A1A J3E-U	
5310	4NJ5	ASFRJ Bern	SUI	FX	F1B-75-425L	YUG
	DFZG	MFA Beograd	YUG	FX	F1B-75-425	
5315	BJZ27	METEO Hangzhou	CHN	MX	F1B-50-425H	
	RKD40	PTT Moskva	URS	FX	F1A F1B	RPP76
5320	EHK	GC Madrid	E	FX	A1A J3E F1B-50-425L	
	NIK	USCG Boston MA	USA	FC	A1A F1B-ST	
5322.5	MKK	RAF London	G	FX	J7B	
5325	RND79	METEO Moskva	URS	MX	F1C-60	
	RXA73	METEO Alma Ata	URS	MX	F1B-50-1000 F1C-60	
5327	JXZ	NATO Oslo	NOR	FX	F1B-50-850	
5333.5	DJR	AIR Djibouti	DJI	AX	F1B-50-425	ETH
5335	FAD20	FAR Paris les Loges	F	FX	A1A J3E-U	

5335	RDM78	METEO Tbilisi	URS	MX	F1B-50	
	ROF76	METEO Novosibirsk	URS	MX	F1C-60/90/120	
5342	FDY	FAF Orleans	F	FX	A1A	
5343	ONY27	NATO Rouveroy	BEL	FX	F1B-50-850	
5343.5	9DM9	METEO Tehran	IRN	MX	F1B-50-850H	
5345	FAC20	FAR Metz	F	FX	A1A J3E	
	RSW71	METEO Arkhangelsk	URS	MX	F1B-50-1000H F1C-60	
5350	ZPB53	R.Comuneiro FDR	PRG	FX	R3E-U	
5355	RND77	METEO Moskva	URS	MX	F1C-60/90/120	
5360	TEP	Limon R.	CTR	FC	J3E	
	RVO71	PTT Moskva	URS	FX	F1B-50	
5362	OFB35	METEO Helsinki	FNL	MX	A1A	
5365	FIS369	CRS Lyon	F	FX	A1A	FIS
5370.5	AJE	USAF Barford	G	FX	B9W	AZR
5374	FDZ2	FAF N'djamena	TCD	AX	F1B-ST	F
5375	CTH25	PNY Horta	AZR	FX	J3E-U F1B-50-850L	
	ORO25	PTT Brussels	BEL	FX	B9W	DB100
	IEA69	CC Brescia	I	FX	J3E F1B-50-170H	
5380	EHM	GC Logrono	E	FX	A1A F1B-50-425	
	FIT75	MOI Paris	F	FX	A1A	
	IEA55	CC Alessandria	I	FX	J3E-L F1B-50-170	
	RND76	R.Moskva FDR	URS	FX	J3E-U	
5387	JXZ	NATO Oslo	NOR	FX	F1B-50-850	
5390	FIS235	CRS Rennes	F	FX	A1A	
5393.5	ELRB	AIR Monrovia	LBR	AX	F1B-50-425	SEN
5405	MKK	RAF London	G	FX	B7B	CYP
	JMJ2	METEO Tokyo	J	MX	F1C-120	
5413	KRH51	USE London	G	FX	F1B-75-850H	
5420		METEO Kuibyshev	URS	MX	F1C-60/90	
5422.5	GYA	RN London	G	FX	F1B-75-850	MTT
5424	6VU	AIR Dakar	SEN	AX	F1B-ARQ96	
5426	KRH50	USE London	G	FX	A1A	
	LBA5	RNoN Stavanger	NOR	FC	A1A	
5429	LBA5	RNoN Stavanger	NOR	FC	F1B	Y21
5430	EBA	SNY Madrid	E	FX	F1B-50-850L	POR
	RVM75	METEO Tashkent	URS	MX	F1B-50-425	
5442	7OC	AIR Aden	YMS	AX	F1B-50-425L	ETH
5445	FDX	FAF Paris	F	FX	A1A F1B-50-425	FDG FDI
5445.5	CXK	AIR Montevideo	URG	AX	F1B-50-850	
5447	CSZ20	AIR Lisboa	POR	AX	B9W	AZR

5450...5480 kHz — Reg. 1,3 : FESTER FUNKDIENST, BEWEGL. LANDFUNKDIENST, BEWEGLICHER FLUGFUNKDIENST (OR)
Region 2 : BEWEGLICHER FLUGFUNKDIENST (R)

5450	4OD	TANJUG Beograd	YUG	PX	F1B-75-425L
5451		RDARA 10F 11B 12F 12H 13I 13J			J3E
	FAQ20	FAR Lyon	F	FX	A1A J3E-U
5454		RDARA 10 12E 13F 13J			J3E
5455	LZF9	METEO Sofia	BUL	MX	F1B-50-425H
5457		RDARA 10C 13N			J3E
5460		RDARA 10B 10E 12C 13D			J3E
	EEQ	POL Madrid	E	FX	F1B-50-425
	CNA7	VOA Tanger	MRC	PX	F1B-75-425H
5461.5	YRB	AIR Bucuresti	ROU	AX	A1A
5463		RDARA 11B 13H 13K 13M			J3E
5466		RDARA 10B 13I			J3E

5469		RDARA 11B 13G			J3E	
5472		RDARA 10A 10D 13H			J3E	
5474	CSY21	AIR Sta.Maria	AZR	AX	F1B-50-850L	IRL
5475		RDARA 10A 10D 12E 12F 13G			J3E	
	GYU	RN Gibraltar	GIB	FX	F1B-50	
	HGX21	MFA Budapest	HNG	FX	F1A F1B-50-425L/FEC	

5480...5680 kHz BEWEGLICHER FLUGFUNKDIENST (R)

5481	2A 2C 4B 6G 7D 9C 10C 10E 12E 12J 13E 13F 13K 14D 14G				
5484	1B 3A 3C 6A 9B 10A 10D 12C 12G 13H				
5487	2C 6G 10C 12E			J3E	
5490	2A 2B 3A 6D 10A 10D 12C 13C			J3E	
5493	AFI 3B 6G			J3E	
	Johannesburg/JS	AFS	FD	J3E	AFI
	Luanda	AGL	FD	J3E	AFI
	Brazzaville	COG	FD	J3E	AFI
	Accra	GHA	FD	J3E	AFI
	Niamey	NGR	FD	J3E	AFI
	Kano, Lagos	NIG	FD	J3E	AFI
	N'djamena	TCD	FD	J3E	AFI
	Kinshasa	ZAI	FD	J3E	AFI
	Lusaka	ZMB	FD	J3E	AFI
5496	2A 2B 3A 6F 10A 10D 12C 12J 13I				
5499	3B 6G VAFI			J3E	
5502	2A 2B 3A 6B 10C 12C 13M			J3E	
5505	3B 6G			J3E	
5508	2B 2C 6F 7 9B 11B 12F 13N			J3E	
	Busan, Seoul	KOR	FD	J3E	6F
5511	3A 5B 6G			J3E	
5514	2C 3B 3C 6E 11B 13C			J3E	
5517	3A 6G			J3E	
5520	CAR 2B 2C 3B 6D 7			J3E	
	San Jose	CTR	FD	J3E	CAR
	Habana	CUB	FD	J3E	CAR
	Kingston	JMC	FD	J3E	CAR
	Merida	MEX	FD	J3E	CAR
	Sverdlovsk	URS	FD	J3E	2C
	Miami FL	USA	FD	J3E	CAR
	New Orleans LA	USA	FD	J3E	CAR
5523	2A 6G 9B 11B 12G 13I			J3E	
5526	SAM 2B 2C 3B 5D 6E 10F			J3E	
	Ezeiza	ARG	FD	J3E	SAM
	Adelaide	AUS	FD	J3E	14
	Melbourne	AUS	FD	J3E	14
	Sydney	AUS	FD	J3E	14
	Belem	B	FD	J3E	SAM
	Brasilia	B	FD	J3E	SAM
	Campo Grande	B	FD	J3E	SAM
	Manaus	B	FD	J3E	SAM
	Porto Allegre	B	FD	J3E	SAM
	Porto Velho	B	FD	J3E	SAM
	Rio de Janeiro	B	FD	J3E	SAM
	Sao Paulo	B	FD	J3E	SAM
	Leticia	CLM	FD	J3E	SAM
	Asuncion	PRG	FD	J3E	SAM
	Iquitos	PRU	FD	J3E	SAM
	Montevideo	URG	FD	J3E	SAM

5526	BAF6	METEO Beijing	CHN	MX	F1C-120	
5529		W 1/2			J3E	
		IBERIA Madrid	E	FD	J3E	
5532		W 1/5			J3E	
		KLM Amsterdam	HOL	FD	J3E	
		CSA Praha	TCH	FD	J3E	
5535		W 1/4			J3E	
		EASTERN Bermuda	BER	FD	J3E	
		SPEEDBIRD London	G	FD	J3E	
5538		W 2/5			J3E	
		FALCON Bahrain	BHR	FD	J3E	
5541		W 1/4			J3E	
		Rio de Janeiro	B	FD	J3E	
		Stockholm R.	S	FD	J3E	
5544		W 2/5			J3E	
		SAUDIA Jeddah	ARS	FD	J3E	
5547		CEP 2A 4A 6G 7F 13H 13K			J3E	
		Honolulu	HWA	FD	J3E	CEP
		S.Francisco CA	USA	FD	J3E	CEP
5550		CAR 2B 2C 3B 5D 6C 6E 14G			J3E	
		Curacao	ATN	FD	J3E	CAR
		Habana	CUB	FD	J3E	CAR
		San Juan	PTR	FD	J3E	CAR
		Paramaribo/Zan	SUR	FD	J3E	CAR
		Piarco	TRD	FD	J3E	CAR
		New York NY	USA	FD	J3E	CAR
		Miami FL	USA	FD	J3E	CAR
		Caracas/Maiquetia	VEN	FD	J3E	CAR
5553		6G 10B 13C			J3E	
5555	SUU	METEO Cairo	EGY	MX	F1B-50	
5556		2 3 12F			J3E	
5559		SP 2A 4A 6G 10E 12G 13J			J3E	
		Porto Allegre	B	FD	J3E	13J
5562		2C 3B 3C 10C 12D 13D			J3E	
		Habana	CUB	FD	J3E	12D
5565		SAT 6G 9B 10A			J3E	
		Recife	B	FD	J3E	SAT
		Canarias	CNR	FD	J3E	SAT
		Sal	CPV	FD	J3E	SAT
		Pt.Moresby	PNG	FD	J3E	9B
		Dakar	SEN	FD	J3E	SAT
5568		1A 3A 3C 5B 6D 7F 10B 12 13J			J3E	
		Luena, Huambo	AGL	FD	J3E	7F
5571		6G 11B 13C			J3E	
5574		CEP 2B 2C 4B 6D 13G			J3E	
		Honolulu	HWA	FD	J3E	CEP
		S.Francisco CA	USA	FD	J3E	CEP
5577		1C 5A 6G 7B 10E 13C 13J 13K			J3E	
5580		3A 3B 6A 6C 14G VCAR			J3E	
5583		1E 5A 5C 6G 7B 9 10B 12E 12F 12H 13E 13F				
5586		2C 3C 10A			J3E	
5589		12C VMID			J3E	
5592		6G 7C 9D VNAT			J3E	
5595		1C 2B 6B 10C 12E			J3E	
5598		NAT 6G			J3E	
		Sta.Maria	AZR	FD	J3E	NAT-A
		Gander	CAN	FD	J3E	NAT-A
		Canarias	CNR	FD	J3E	NAT-A

5598		Shanwick	IRL	FD	J3E		NAT-A
		Lisboa	POR	FD	J3E		NAT-A
		San Juan	PTR	FD	J3E		NAT-A
		New York NY	USA	FD	J3E		NAT-A
5601		3A 3B 6A VSAM			J3E		
		Lahore	PAK	FD	J3E		6A
5604		2A 2C 4B 6G 10 12A 12E 12F 13E 13F 13K					
		New York NY	USA	FD	J3E		
5607		2B			J3E		
5610		6G			J3E		
		Portishead R.	G	FD	J3E		
5612	SUC	AIR Cairo	EGY	AX	F1B-50-850L		YMS
5613		2B 12C			J3E		
5616		NAT 6G			J3E		
		Sta.Maria	AZR	FD	J3E		NAT-B
		Gander	CAN	FD	J3E		NAT-B
		Shanwick	IRL	FD	J3E		NAT-B
		Iceland Reykjavik	ISL	FD	J3E		NAT-B
		New York NY ATCC	USA	FD	J3E		NAT-B
5619		2B 12J			J3E		
5622		1D 6G			J3E		
		Sofia	BUL	FD	J3E		1D
5625		3A 5B 6B 10D			J3E		
5628		NP 1D 6G			J3E		
		Anchorage, Cold Bay	ALS	FD	J3E		NP
		Tokyo	J	FD	J3E		NP
5631		6D 10A			J3E		
5634		INO 6G			J3E		
		Johannesburg/JS	AFS	FD	J3E		INO
		Perth	AUS	FD	J3E		INO
		Cocos I	ICO	FD	J3E		INO
		Bombay	IND	FD	J3E		INO
		Nairobi	KEN	FD	J3E		INO
		Mauritius	MAU	FD	J3E		INO
		Antananarivo	MDG	FD	J3E		INO
		Beira	MOZ	FD	J3E		INO
		Mahe/Seychelles	SEY	FD	J3E		INO
		Lusaka	ZMB	FD	J3E		INO
5637		1D 3C			J3E		
5640		6G VEUR			J3E		
		Shannon VOLMET	IRL	FD	J3E		h+00 h+30
5643		SP 3C			J3E		
		Sydney	AUS	FD	J3E		SP
		Nandi	FJI	FD	J3E		SP
		Honolulu	HWA	FD	J3E		SP
		Auckland	NZL	FD	J3E		SP
		Papeete/Tahiti	OCE	FD	J3E		SP
		Easter I	PAQ	FD	J3E		SP
5646		NCA 12G			J3E		
5649		NAT SEA			J3E		
		Gander	CAN	FD	J3E		NAT-C
		Shanwick	IRL	FD	J3E		NAT-C
		Iceland Reykjavik	ISL	FD	J3E		NAT-C
5652		AFI CWP			J3E		
		Alger	ALG	FD	J3E		AFI
		Tamanrasset	ALG	FD	J3E		AFI
		Tripoli	LBY	FD	J3E		AFI
		Kano	NIG	FD	J3E		AFI

5652	N'djamena	TCD	FD	J3E	AFI
	Tunis	TUN	FD	J3E	AFI
5655	EA SEA			J3E	
	Hong Kong	HKG	FD	J3E	SEA
	Kuala Lumpur	MLA	FD	J3E	EA SEA
	Manila	PHL	FD	J3E	EA SEA
	Singapore	SNG	FD	J3E	EA SEA
	Bangkok	THA	FD	J3E	EA SEA
5658	AFI MID			J3E	
	Kabul	AFG	FD	J3E	AFI MID
	Jeddah	ARS	FD	J3E	MID
	Bujumbura	BDI	FD	J3E	AFI
	Bahrain	BHR	FD	J3E	AFI MID
	Djibouti	DJI	FD	J3E	AFI
	Cairo	EGY	FD	J3E	AFI
	Addis Ababa	ETH	FD	J3E	AFI
	Asmara	ETH	FD	J3E	AFI
	Bombay	IND	FD	J3E	MID
	Delhi	IND	FD	J3E	MID
	Abadan	IRN	FD	J3E	MID
	Tehran	IRN	FD	J3E	MID
	Nairobi	KEN	FD	J3E	AFI
	Kuwait	KWT	FD	J3E	MID
	Benghazi	LBY	FD	J3E	AFI
	Tripoli	LBY	FD	J3E	AFI
	Kathmandu	NPL	FD	J3E	MID
	Karachi	PAK	FD	J3E	MID
	Lahore	PAK	FD	J3E	MID
	Khartoum	SDN	FD	J3E	AFI
	Mogadishu	SOM	FD	J3E	AFI
	Dar-es-Salaam	TZA	FD	J3E	AFI
	Aden	YMS	FD	J3E	AFI MID
	Riyan	YMS	FD	J3E	AFI MID
5661	CWP EUR			J3E	
	USBER Berlin	D	FD	J3E	EUR
	Malta	MLT	FD	J3E	EUR
	Tunis	TUN	FD	J3E	EUR
5664	NCA			J3E	
5667	MID			J3E	
	Jeddah	ARS	FD	J3E	MID
	Bahrain	BHR	FD	J3E	MID
	Tehran	IRN	FD	J3E	MID
	Baghdad	IRQ	FD	J3E	MID
	Basrah	IRQ	FD	J3E	MID
	Amman	JOR	FD	J3E	MID
	Kuwait	KWT	FD	J3E	MID
	Beirut	LBN	FD	J3E	MID
	Damascus	SYR	FD	J3E	MID
	Ankara	TUR	FD	J3E	MID
	Aden	YMS	FD	J3E	MID
	Riyan	YMS	FD	J3E	MID
5670	EA			J3E	
5673	VSEA			J3E	
5676	VNCA			J3E	

5680...5730 kHz BEWEGLICHER FLUGFUNKDIENST (OR)

5680		Not- und Anruffrequenz (R/OR)			FD/FG/MA	SAR
	DHM42	RCC Gluecksburg	D	FG	J3E	
		RCC Karup	DNK	FG	J3E	
		RCC Edinburgh	G	FG	J3E	
		RCC Plymouth	G	FG	J3E	
		RCC Valkenburg	HOL	FG	J3E	
5683		SHELL Lagos	NIG	FX	F1B-ST	
5685	MKH	RAF Finningley	G	FG	J3E-U	
		ItAF Roma	I	FG	J3E-U	
5688	AXF	RAAF Sydney	AUS	FG	J3E	
	DHM91	GAF Muenster	D	FX	F1B-50-425H	DHO75
		RCC Tahiti	OCE	FD	J3E	
	AFE8	USAF McDill FL	USA	FG	J3E	
5690	DHM95	CF Lahr	D	FG	J3E	h+16
5691.5	DHM91	GAF Muenster	D	FG	J3E	
5692	NMA	USCG Miami FL	USA	FG	J3E	
5696	FWV	FNY Nimes	F	FG	A1A/J3E	
	6YX	JDFCG Kingston	JMC	FG	J3E	
	NMF	USCG Boston MA	USA	FG	J3E	
	NMG8	USCG New Orleans LA	USA	FG	J3E	
	NOQ	USCG Mobile AL	USA	FG	J3E	
	NOY8	USCG Corp.Christi	USA	FG	J3E	
5699	LFD	Rogaland R.	NOR	FC	A1A	
5703	AJE	USAF Croughton	G	FG	J3E	
	YKK	SwAF Stockholm	S	MX	F1B-50-170H	
5710	FWV	FNY Nimes	F	FG	A1A	
	AFA3	USAF Andrews MD	USA	FG	J3E-L	
5718	AXF	RAAF Sydney	AUS	FG	J3E	
	CZW	CF Halifax	CAN	FG	J3E	
5723	ARMOR	FNY Brest/Loperhet	F	FG	J3E-U	
5725	FWV	FNY Nimes	F	FG	J3E-U	

5730... 5950 kHz FESTER FUNKDIENST, BEWEGLICHER LANDFUNKDIENST

5731	YRR	METEO Bucuresti	ROU	MX	F1B-50-425H	
5733	HZJ	AIR Jeddah	ARS	AX	F1B-50-425H	SDN
5734	FIS278	CRS Paris	F	FX	A1A	
5738	ONY27	NATO Rouveroy	BEL	FX	A1A	ONY24
	9GC	AIR Accra	GHA	AX	F1B-50	
5739	IET36	CC Perugia	I	FX	J3E-L F1B-50-170	
	IET37	CC Roma	I	FX	J3E-U F1B-50-170H	IET80
5740	HZN	METEO Jeddah	ARS	MX	F1B-50-850H	
5746		CE Wien	AUT	FX	F1B-75-425H	TCH
5748	FDC	FAF Metz	F	FX	A1A	FD20
5753	HBD20	MFA Bern	SUI	FX	F1B-ST	
5754	OMZ	MFA Praha	TCH	FX	F1B-75-425	
5755	AXI32	METEO Darwin	AUS	MX	F1C-120	
5759	IUU21	POL Roma	I	FX	A1A F1B-50	IHA21
5760	IHK31	POL Milano	I	FX	J3E-U	IUU41
5762	EEQ	POL Madrid	E	FX	J3E-U F1B-50-425	
5765	RYO79	METEO Novosibirsk	URS	MX	F1C-60/90/120	
5770	HBD20	MFA Bern	SUI	FX	F1B-ST	
5775		AIR Cairo	EGY	AX	J3E-U	
	MKK	RAF London	G	FX	J7B	
5779	FVA80	GEND Rosny-s-Bois	F	FX	A1A	FVA40

5780	CSE4	PAF Lajes	AZR	FX	J3E-L	
	EHD	GC Madrid	E	FX	A1A J3E F1B-50-425L	
5782	YOF67	PTT Bucuresti	ROU	FX	F1B-50-425	HNG
5783	5TY	AIR Nouakchott	MTN	AX	F1B-50	SEN
5785	AOK	USN Rota	E	MX	F1C-120	
5786	FIT75	MOI Paris	F	FX	F1B-ST	
5787.5	MKK	RAF London	G	FX	J7B-U	
5790		RFE Holzkirchen FDR	D	FX	B8E	POR
5792	7RC80	WIL Skikda	ALG	FX	A1A	
	OSN	BNY Oostende	BEL	FX	A1A	
	FUC	FNY Cherbourg	F	FX	A1A	
	GYI	RN London	G	FX	A1A	
	MTO	RN Rosyth	G	FX	A1A	
	PBB	RNN Den Helder	HOL	FX	A1A	
5800	YZZ1	METEO Beograd	YUG	MX	F1C-120	
5803	VFA	Inuvik R.	CAN	FC	J3E	
	VFC	Cambridge Bay R.	CAN	FC	J3E	
	VFU6	Coppermine R.	CAN	FC	J3E	
5803.5	9GC	AIR Accra	GHA	AX	F1B-50-425	CTI
5805	IEY21	ItAR Roma	I	FX	A1A	IEY88
	ZKLF	METEO Auckland	NZL	MX	A1A F1C-120	
	ULV	ARCTIC Moskva	URS	FX	F1B-50	
5808	FDY	FAF Orleans	F	FX	F1B-50-425L	
5810	HLL2	METEO Seoul	KOR	MX	A1A	
		SANA Damascus	SYR	PX	F1B-50-850L	
5812	DFZG	MFA Beograd	YUG	FX	F1B-75-425H	
5813.5	EIP	AIR Shannon	IRL	AX	F1B-50-850H	AZR
5815	IUU21	POL Roma	I	FX	A1A	IHA21
	RVO72	R.Moskva FDR	URS	FX	R3E-L	
5818.5	9HA	AIR Luqa	MLT	AX	F1B-50	LBY
5820	FDY	FAF Orleans	F	FX	A1A	
5821	5TQ2	SNIM Nouadhibou	MTN	FX	J3E-U	
5823	FAQ22	FAR Marseille	F	FX	A1A J3E-U	
5825	MKK	RAF London	G	FX	J7B	D
	RCD52	PTT Moskva	URS	FX	F1B-50	BUL
5830		AIR Cairo	EGY	AX	J3E-U	
	RWD52	TASS Moskva	URS	PX	F1B-50-425L	
5833	FDI	FAF Aix-l-Milles	F	FX	A1A	
5839.6	FTF84B/H1	AFP Paris	F	PX	F1B-50-425H	
5841	FTF84B/H3	AFP Paris	F	PX	F1B-50-425H	
5845		RFE Holzkirchen FDR	D	FX	B8E	POR
5848	TUH55	AIR Abidjan	CTI	AX	F1B-50-425L	GHA
5850	RPTI	PNY Pnt.Delgada	AZR	FX	F1B-50-850	POR
	OXT	METEO Koebenhavn	DNK	MX	A1A F1C-120	
5852.5	JXU	RNoN Bodoe	NOR	FC	A1A	
5853	XVZ	AIR HoChiMinh-V.	VTN	AX	F1B-50	
5857	IRC48	ITALCABLE Roma	I	FX	B9W	MLT
5859	Y2V3	ADN Berlin	DDR	PX	F1B-50-425H	
5865	Y7C76	DDR-Emb Bonn	D	FX	F1A F1B-100	DDR
5867	GYA	RN London	G	FX	F1B-75	
	YIL68	INA Baghdad	IRQ	PX	F1B-50-300L	
5870	HGX21	MFA Budapest	HNG	FX	A1A	
	NAR	USN Key West FL	USA	FC	A1A	NUKO LCMP
5875	IDQ	ItNY Roma	I	FC	F1B-75-850L	NAWS I11C
5878	EEQ	POL Madrid	E	FX	F1B-50-425H	
	7OC	AIR Aden	YMS	AX	F1B-50-850H	
5880	RMP	RuNY Kaliningrad	URS	FC	A1A	
5882	YRR3	METEO Bucuresti	ROU	MX	A1A	

5883	7UC88	PTT Ouargla	ALG	FX	J3E-L	
5887.5	IMB32	METEO Roma	I	MX	F1B-50-850H	
5889	FTF88	FTN Paris	F	FX	B9W	TCD
5890	RBV78	METEO Tashkent	URS	MX	F1C-60/120	
5893	CSY23	AIR Sta.Maria	AZR	AX	B9W	POR
5909	BMB	METEO Taipei	TWN	MX	A1A	
	EHL	GC Leon	E	FX	A1A J3E F1B-50-425	
5912.7	HLL2	METEO Seoul	KOR	MX	F1B-850	
5915	ZLZ20	METEO Wellington	NZL	MX	A1A	
5917.5	AOK	USN Rota	E	FC	A1A	NUKO LCMP
5918	4RM	AIR Ratmalana	SLK	AX	F1B-50-850L	MLD
5923	SNN299	MFA Warszawa	POL	FX	F1B-75-200	
5925	EHP	GC Barcelona	E	FX	A1A J3E F1B-50-425	
	FDY	FAF Orleans	F	FX	A1A	
	WBR70	METEO Miami FL	USA	MX	F1B-75-850H	
5942	FUG	FNY La Regine	F	FX	F1B-75-850L	E

5950...6200 kHz RUNDFUNKDIENST

6200...6525 kHz BEWEGLICHER SEEFUNKDIENST

6200....6218.6		Schiffe	AAA	MS	J3E, 6 Kanäle	
6218.6		Schiffe u. Küstenfkst.	AAA	FC/MS	J3E, simplex	
6221.6		Schiffe u. Küstenfkst.	AAA	FC/MS	J3E, simplex	
6224.6..6244.5		Schiffe	AAA	MS	Breitband-Telegrafie, ...	
6244.5..6248 kHz		Ozeanografische Daten	AAA	OD/OE		
6248....6256 kHz		Schiffe	AAA	MS	Breitband-Telegrafie, ...	
6251	58JDQ	SNY Madrid	E	FC	F1B-75-850L	56UAZ 12RG
6256....6267.7		Schiffe	AAA	MS	F1B gepaart, 23 Kanäle	
6267.7..6269.7		Schiffe	AAA	MS	F1B ungepaart, 4 Kanäle	
6269.7..6280.8		Schiffe	AAA	MS	A1A Anrufkanäle	
6276	52FHI	SNY Cartagena	E	FC	A1A F1B-75-850 22RE/23RE	
6280.8..6282 kHz		Schiffe	AAA	MS	J2D Selektivruf	
6282....6325.4		Schiffe	AAA	MS	A1A Arbeitsfrequenzen	
6287	58FGX	SNY Las Palmas	CNR	FC	A1A	
6310.5	ZAS	Sarande R.	ALB	FC	A1A	
6326.5	PKN	Balikpapan R.	INS	FC	A1A	
	PKR	Semarang R.	INS	FC	A1A	
	WNU32	Slidell R. LA	USA	FC	A1A	
6328.5	OST32	Oostende R.	BEL	FC	A1A	
6330	CFH	CF Halifax	CAN	MX	F1B-75-850 F1C-120	
	YIR	Basrah R.	IRQ	FC	A1A	
	FJP6	Noumea R.	NCL	FC	A1A	
6331	CTH47	PNY Horta	AZR	FC	A1A	
6331.5	UMV	Murmansk R.	URS	FC	A1A	
6332	58JDQ	SNY Madrid	E	FC	A1A F1B-75-850H 56UAZ	
	S9M	Sao Tome R.	STP	FC	A1A	
6333.5	VII	Thursday I R.	AUS	FC	A1A	
	VIM	Melbourne R.	AUS	FC	A1A	
	VIR	Rockhampton R.	AUS	FC	A1A	
	XSZ	Dalian R.	CHN	FC	A1A	
6334	CTH47	PNY Horta	AZR	FC	F1B-75-850	P12C
6335.5	VFA	Inuvik R.	CAN	FC	A1A	
	VFF	Frobisher R.	CAN	FC	A1A	
	DZI	Manila/Bacoor R.	PHL	FC	A1A	
6336	LZW3	Varna R.	BUL	FC	A1A	

6336.7	ZRH	SAN Capetown	AFS	FC	A1A	
6337	CBV	Valparaiso R.	CHL	FC	A1A	
	CLA5	Habana R.	CUB	FC	A1A	
	EDG2	Aranjuez R.	E	FC	A1A	
	PKG	Banjarmasin R.	INS	FC	A1A	
	PKP	Dumai R.	INS	FC	A1A	
	PKY4	Sorong R.	INS	FC	A1A	
6338.3	ZRQ3	SAN Capetown	AFS	FC	A1A	
6338.5	DYM	Cebu R.	PHL	FC	A1A	
	KLC	Galveston R. TX	USA	FC	A1A	
6340.5	ETC	Assab R.	ETH	FC	A1A	
	9VG9	Singapore R.	SNG	FC	A1A	
6341.5	UDH	Riga R.	URS	FC	F1B-50-170H	
	UFB	Odessa R.	URS	FC	A1A	
	UNM2	Klaipeda R.	URS	FC	F1B-50-170H	
6342	LZL3	Bourgas R.	BUL	FC	A1A	
	GKK3	Portishead R.	G	FC	A1A	
	JFA	Matsudo R.	J	FC	A1A	
6343	Y5M	Ruegen R.	DDR	FC	A1A	
6344	SVB3	Athinai R.	GRC	FC	A1A	
	TFA6	Reykjavik R.	ISL	FC	A1A	
	HLF	Seoul R.	KOR	FC	A1A	
6348	J2A6	Djibouti R.	DJI	FC	A1A	
	HWN	FNY Paris	F	FC	A1A	
	5RS	Tamatave R.	MDG	FC	A1A	
	KFS	Palo Alto R. CA	USA	FC	A1A	
6350	XFK	La Paz R.	MEX	FC	A1A	
6351	OBF4	Mollendo R.	PRU	FC	A1A	
6351.5	VIB	Brisbane R.	AUS	FC	A1A	
	VFC	Cambridge Bay R.	CAN	FC	A1A	
	3BM3	METEO Bigara	MAU	MX	A1A	
	P2M	Pt.Moresby R.	PNG	FC	A1A	
	P2R	Rabaul R.	PNG	FC	A1A	
	WMH	Baltimore R. MD	USA	FC	A1A	
	YVG	La Guaira R.	VEN	FC	A1A	
6352	FUG	FNY La Regine	F	FC	A1A F1B	
6353	YKI	Tartous R.	SYR	FC	A1A	
	UFB	Odessa R.	URS	FC	A1A F1B-50-170H	
6354	XFM	Manzanillo R.	MEX	FC	A1A	
	URD	Leningrad R.	URS	FC	A1A	
6355	OFJ6	Helsinki R.	FNL	FC	A1A	
	PKP2	Telukbayur R.	INS	FC	A1A	
	PZN2	Paramaribo R.	SUR	FC	A1A	
	UBN	Jdanov R.	URS	FC	A1A F1B-50-170H	
6356	EQI	Abbas R.	IRN	FC	A1A	
6357.1	58JDQ	SNY Madrid	E	FC	F1B-75-850L	56UAZ 12RG
6358	XFN	Progreso R.	MEX	FC	A1A	
6358.5	Y5M	Ruegen R.	DDR	FC	A1A F1B	
	PBC36	RNN Goeree	HOL	FC	F1B-75-850L	
6360	CLS	Habana F R.	CUB	FC	A1A	
	XFQ	Salina Cruz R.	MEX	FC	A1A	
	OBC3	Callao R.	PRU	FC	A1A	
	UHK	Batumi R.	URS	FC	A1A	
6361	KUQ	Pago-Pago R.	SMA	FC	A1A	
6362	EQA	Abadan R.	IRN	FC	A1A	
	EQG	Ghosbeh R.	IRN	FC	A1A	
	EQI4	Abbas R.	IRN	FC	A1A	
	EQK	Khoramshahr R.	IRN	FC	A1A	

6362	EQR	Lavan R.	IRN	FC	A1A
	FUX	FNY St.Denis	REU	FC	A1A
6363.5	DAF	Norddeich R.	D	FC	A1A
6364.5	HZG	Dammam R.	ARS	FC	A1A
6365	IRM4	CIRM Roma	I	FC	A1A
	UKS3	Magadan R.	URS	FC	A1A
6365.5	FUB3	FNY Paris	F	FC	F1B-50-850L
	KFS	Palo Alto R. CA	USA	FC	A1A
	WPD	Tampa R. FL	USA	FC	A1A
6367	XFU	Veracruz R.	MEX	FC	A1A
	CTP69	RN Palhais	POR	FC	F1B
6368.9	GKA3	Portishead R.	G	FC	A1A
6369	D3E41	Luanda R.	AGL	FC	A1A
	XST	Qingdao R.	CHN	FC	A1A
	UFJ	Rostov R.	URS	FC	A1A
	UQK	Riga R.	URS	FC	A1A
	KLC	Galveston R. TX	USA	FC	A1A
6370	XSD	Yingkou R.	CHN	FC	A1A
	XSH	Basuo R.	CHN	FC	A1A
	UBE2	Petropavlovsk/Kam R.	URS	FC	A1A
	UEK	Feodosia R.	URS	FC	A1A
	URD	Leningrad R.	URS	FC	F1B-50-170H
6371.5	RKLM	Arkhangelsk R.	URS	FC	A1A
6371.7	GYU	RN Gibraltar	GIB	FC	A1A
6372	CBV	Valparaiso R.	CHL	FC	A1A
6273.5	SAG3	Goeteborg R.	S	FC	A1A
	YVM	Pto.Ordaz R.	VEN	FC	A1A
6373.3	GYU	RN Gibraltar	GIB	FC	F1B
6374	TBO3	TuNY Izmir	TUR	FC	A1A
6375	HAR	Budapest R.	HNG	FC	A1A
6376	C6N	Nassau R.	BAH	FC	A1A
	SPE32	Szczecin R.	POL	FC	A1A
	WCC	Chatham R. MA	USA	FC	A1A
6379.5	8PO	Barbados R.	BRB	FC	A1A
	GKB3	Portishead R.	G	FC	A1A
	4XZ	IsNY Haifa	ISR	FC	A1A
	UBN	Jdanov R.	URS	FC	A1A
6380	TIM	Limon R.	CTR	FC	A1A
	UQB	Kholmsk R.	URS	FC	A1A
		METEO Amderma	URS	MX	F1C-90
6381	9KK4	Kuwait R.	KWT	FC	A1A
6382	XSQ6	Guangzhou R.	CHN	FC	A1A
6382.22	EAD2	Aranjuez R.	E	FC	A1A
6383	TYA3	Cotonu R.	BEN	FC	A1A
	3XC2	Conakry R.	GUI	FC	A1A
	SPH31	Gdynia R.	POL	FC	A1A
	6VA4	Dakar R.	SEN	FC	A1A
	URL	Sevastopol R.	URS	FC	A1A
	NMC	USCG S.Francisco CA	USA	FC	A1A
6384	3XO27	Kamsar R.	GUI	FC	A1A
6385	UFL	Vladivostok R.	URS	FC	A1A
6386.5	ZSJ3	SAN Capetown	AFS	FC	A1A
	HKC/2	Buenaventura R.	CLM	FC	A1A
	UJO5	Izmail R.	URS	FC	A1A
6387	HZG	Dammam R.	ARS	FC	A1A
6388	EBA	SNY Madrid	E	FC	A1A F1B-50
	FUF	FNY Ft.de France	MRT	FC	A1A
6389	JFA	Matsudo R.	J	FC	A1A

6389	CTP94	RN Palhais	POR	FC	A1A		
6389.65	WNU42	Slidell R. LA	USA	FC	A1A		
6390	XSQ	Guangzhou R.	CHN	FC	A1A		
	HAR	Budapest R.	HNG	FC	A1A		
	XFC	Cozumel R.	MEX	FC	A1A		
	XFE	Ensenada R.	MEX	FC	A1A		
	AQP4	PN Karachi	PAK	FC	A1A		
	UPB	Providenia Bukhta R.	URS	FC	A1A		
6390.3	IDQ3	ItNY Roma	I	FC	A1A		
6391.5	OSN56	BNY Oostende	BEL	FC	A1A		
6392	CLS	Habana F R.	CUB	FC	A1A		
6393.5	CUG33	S.Miguel R.	AZR	FC	A1A		
	ZLB3	Awarua R.	NZL	FC	A1A		
	ARL3	PN Karachi	PAK	FC	A1A		
	DZW	Manila R.	PHL	FC	A1A		
	CUL6	Lisboa R.	POR	FC	A1A		
	OMC	Bratislava R.	TCH	FC	A1A		
	UDK2	Murmansk R.	URS	FC	A1A		
6395	TBA3	TuNY Izmir	TUR	FC	A1A		T13A
	UHK	Batumi R.	URS	FC	A1A		
6395.9	GKN3	Portishead R.	G	FC	A1A	F1C	
6397	GKM3	Portishead R.	G	FC	A1A		
	JMC3	METEO Tokyo	J	MX	A1A		
6397.9	GKO3	Portishead R.	G	FC	A1A		
6398	SPH32	Gdynia R.	POL	FC	A1A		
6400	UCY2	Astrakhan R.	URS	FC	A1A		
	UMV	Murmansk R.	URS	FC	A1A		
6400.5	XSR	Haikou R.	CHN	FC	A1A		
	EDZ2	Aranjuez R.	E	FC	A1A		
6402	GKS3	Portishead R.	G	FC	F1B-ST		
6404	LPD44	Gen.Pacheco R.	ARG	FC	A1A		
	PCH30	Scheveningen R.	HOL	FC	A1A		
6405	LZW32	Varna R.	BUL	FC	A1A		
	CCP	CN Pto.Montt	CHL	FC	A1A		
	UAH	Tallin R.	URS	FC	A1A		
	UFH	Petropavlovsk R. Kam	URS	FC	A1A	F1B	
	UFN	Novorossijsk R.	URS	FC	A1A		
6407.5	VIC	Carnarvon R.	AUS	FC	A1A		
	VIE	Esperance R.	AUS	FC	A1A		
	VIO	Broome R.	AUS	FC	A1A		
	VIP2	Perth R.	AUS	FC	A1A		
	XSL	Fuzhou R.	CHN	FC	A1A		
	GKC3	Portishead R.	G	FC	A1A		
6408	DZA	Mandaluyong R.	PHL	FC	A1A		
6408.5	EBA	SNY Madrid	E	MX	A1A		
6409.5	IAR6	Roma R.	I	FC	A1A		
6410	UDH	Riga R.	URS	FC	A1A		
	UHK	Batumi R.	URS	FC	A1A		
6410.6	KLB	Seattle R. WA	USA	FC	A1A		
6411	OST3	Oostende R.	BEL	FC	A1A		
	SVF3	Athinai R.	GRC	FC	A1A		
	5OW6	Lagos R.	NIG	FC	A1A		
	DZF	Manila R.	PHL	FC	A1A		
	9LL	Freetown R.	SRL	FC	A1A		
6412	9VG55	Singapore R.	SNG	FC	A1A		
6413.7	GYC3	RN London	G	FC	A1A		NAWS B13A
6414.5	XSG	Shanghai R.	CHN	FC	A1A		
	XFA	Acapulco R.	MEX	FC	A1A		

6415	7TA4	Alger R.	ALG	FC	A1A	
6415.3	GYC3	RN London	G	FC	F1B	
6416	WLO	Mobile R. AL	USA	FC	A1A	
6417	DZP	Manila/Novaliches R.	PHL	FC	A1A	
6418	CCS	CN Santiago	CHL	MX	A1A F1C-120	
	IAR26	Roma R.	I	FC	A1A	
	IQX	Trieste R.	I	FC	A1A	
	VTP5	IN Vizagapatam	IND	FC	A1A	
	WKM	West Haven R. CT	USA	FC	A1A	
6418.5	DFF41	DPA Frankfurt	D	PX	A1A	
6420	PWZ33	BN Rio de Janeiro	B	FC	F1B-50-850	
	CCS	CN Santiago	CHL	FC	A1A	
	IRM5	CIRM Roma	I	FC	A1A	
	UJQ	Kiev R.	URS	FC	A1A	
6421.5	FFL3	Saint Lys R.	F	FC	A1A	
6423	ZSC47	Capetown R.	AFS	FC	A1A	
	LZL3	Bourgas R.	BUL	FC	A1A	
	DZE	Mandaluyong R.	PHL	FC	A1A	
6423.5	HPP	Panama R.	PNR	FC	A1A	
6425	CLQ	Cojimar R.	CUB	FC	A1A	
	SUP	Port Said R.	EGY	FC	A1A	
	OFJ62	Helsinki R.	FNL	FC	A1A	
	ICB	Genova R.	I	FC	A1A	
	EQM	Bushehr R.	IRN	FC	A1A	
	EQN	Khomeini R.	IRN	FC	A1A	
	EQQ	Khark I R.	IRN	FC	A1A	
	URD	Leningrad R.	URS	FC	A1A	
6426	DZR	Manila R.	PHL	FC	A1A	
6427	UNM2	Klaipeda R.	URS	FC	A1A	
6428.5	VHP3	RAN Canberra	AUS	FC	A1A	A13B
	VIS	Sydney R.	AUS	FC	A1A	
	VIX3	RAN Canberra	AUS	FC	A1A	
	XSU	Yantai R.	CHN	FC	A1A	
	Y5M	Ruegen R.	DDR	FC	A1A	
	GKD3	Portishead R.	G	FC	A1A	
	PKM	Bitung R.	INS	FC	A1A	
	NPG	USN S.Francisco CA	USA	FC	A1A	
6429	DZD	Antipolo R.	PHL	FC	A1A	
6430	CFH	CF Halifax	CAN	FC	A1A	C13L
	4XO	Haifa R.	ISR	FC	A1A	
	UGG9	Belomorsk R.	URS	FC	A1A	
	UKA	Vladivostok R.	URS	FC	A1A	
6430.4	5RS	Tamatave R.	MDG	FC	A1A	
6432	LGU	Rogaland R.	NOR	FC	A1A	
	DZZ	Manila R.	PHL	FC	A1A	
6434	ZAD2	Durres R.	ALB	FC	A1A	
	ZAS	Sarande R.	ALB	FC	A1A	
6434.7	GYA	RN London	G	FC	A1A	
6435	PWZ33	BN Rio de Janeiro	B	FC	A1A	
	CLQ	Cojimar R.	CUB	FC	A1A	
	XFB	Ciudad-Carmen R.	MEX	FC	A1A	
	XFY	Guaymas R.	MEX	FC	A1A	
	DZO	Manila R.	PHL	FC	A1A	
6435.5	DAN	Norddeich R.	D	FC	A1A	
	CWA	Cerrito R.	URG	FC	A1A	
6436	OBY2	Paita R.	PRU	FC	A1A	
6436.3	GYJ3	RN London/Northwood	G	MX	F1C-120	
6438	VFR	Resolute R.	CAN	FC	A1A	

6439	OXZ31	Lyngby R.	DNK	FC	A1A	
	XFP	Chetumal R.	MEX	FC	A1A	
	UKK3	Nakhodka R.	URS	FC	A1A	
	OMP3	Praha R.	TCH	FC	A1A	
6441	DZG	Manila/LP R.	PHL	FC	A1A	
6442	XSE	Qinhuangdao R.	CHN	FC	A1A	
6442.5	GYU	RN Gibraltar	GIB	FX	F1B-75-850L	MTT
	XFF2	PEMEX Pajaritos R.	MEX	FC	A1A	
6444	DZK	Manila R.	PHL	FC	A1A	
6444.5	SVD3	Athinai R.	GRC	FC	A1A	
6445	VSL3	Muara HARBOUR	BRU	FC	J3E	
	UFL	Vladivostok R.	URS	FC	A1A	
6446	MTO	RN Rosyth	G	FC	A1A	
	DZR	Manila R.	PHL	FC	A1A	
	WLO	Mobile R. AL	USA	FC	A1A	
6446.7	OXZ3	Lyngby R.	DNK	FC	A1A	
6447	58JDQ	SNY Madrid	E	FC	F1B-75-850L	52RG
	UFB	Odessa R.	URS	FC	A1A	
6448	LZW33	Varna R.	BUL	FC	A1A	
	TIM	Limon R.	CTR	FC	A1A	
6449.5	XSO	Wenzhou R.	CHN	FC	A1A	
	Y5M	Ruegen R.	DDR	FC	A1A	
6451	HLG	Seoul R.	KOR	FC	A1A	
6451.5	SAB3	Goeteborg R.	S	FC	A1A	
6452	XSG	Shanghai R.	CHN	FC	A1A	
6453	DZJ	Manila R.	PHL	FC	A1A	
6454	XSG24	Shanghai R.	CHN	FC	A1A	
	CLA4	Habana R.	CUB	FC	A1A	
6455	UDK2	Murmansk R.	URS	FC	A1A	
6456.5	DAL	Norddeich R.	D	FC	A1A	
6457.5	JOR	Nagasaki R.	J	FC	A1A	
6458	XSM	Xiamen R.	CHN	FC	A1A	
6459	XSG24	Shanghai R.	CHN	FC	A1A	
	SPE31	Szczecin R.	POL	FC	A1A	
6460	SAB33	Goeteborg R.	S	FC	F1B-ST	QSX 6269.5 kHz
	UKA	Vladivostok R.	URS	FC	F1B	
6461	XSQ	Guangzhou R.	CHN	FC	A1A	
6462	FUM	FNY Papeete	OCE	FC	A1A	
6463.5	VIA	Adelaide R.	AUS	FC	A1A	
	VID	Darwin R.	AUS	FC	A1A	
	VIT	Townsville R.	AUS	FC	A1A	
	XSP	Shantou R.	CHN	FC	A1A	
	HKB	Barranquilla R.	CLM	FC	A1A	
6464	VIS3	Sydney R.	AUS	FC	A1A	
6465	IER20	GUARFI Roma	I	FX	F1B-50-850H	IER50
	UJY	Kaliningrad R.	URS	FC	A1A	
	UKA	Vladivostok R.	URS	FC	A1A	
6466	Y5M	Ruegen R.	DDR	FC	A1A	
	HZG	Dammam R.	ARS	FC	A1A	
6467	ZSC36	Capetown R.	AFS	FC	A1A	
	VTG5	IN Bombay	IND	FC	A1A	
	JCS	Choshi R.	J	FC	A1A	
	LFU	Rogaland R.	NOR	FC	A1A	
	HPN60	Canal R.	PNR	FC	A1A	
6468	DZN	Navotas R.	PHL	FC	A1A	
6469.3	GKG3	Portishead R.	G	FC	A1A	
6470	JCX	Naha R. RKI	J	FC	A1A	
	UXN	Arkhangelsk R.	URS	FC	A1A	

6470		R.Moskva FDR	URS	FX	R3E	
6470.5	4XO	Haifa R.	ISR	FC	A1A	
	6YI	Kingston R.	JMC	FC	A1A	
	9MG10	Penang R.	MLA	FC	A1A	
	9YL	North Post R.	TRD	FC	A1A	
6470.8	GKH3	Portishead R.	G	FC	A1A	
6471	SXA24	HNY Spata Attikis	GRC	FC	A1A	
	DXR	Manila R.	PHL	FC	A1A	
6472.3	GKI3	Portishead R.	G	FC	A1A	
6473.5	YQI3	Constantza R.	ROU	FC	A1A	
6474	XSJ	Zhanjiang R.	CHN	FC	A1A	
	DYV	Iloilo R.	PHL	FC	A1A	
	OBC3	Callao R.	PRU	FC	A1A	
	OBF4	Mollendo R.	PRU	FC	A1A	
	OBQ5	Iquitos R.	PRU	FC	A1A	
	OBT2	Talara R.	PRU	FC	A1A	
	OBY2	Paita R.	PRU	FC	A1A	
6475	UAT	Moskva R.	URS	FC	A1A	
	UNM2	Klaipeda R.	URS	FC	A1A F1B-50-170H	
	UPM	Amderma R.	URS	FC	A1A	
6475.5	DAM	Norddeich R.	D	FC	A1A	
6477	DZU	Pasig R.	PHL	FC	A1A	
6477.5	XSF	Lianyungang R.	CHN	FC	A1A	
	CLQ	Cojimar R.	CUB	FC	A1A	
	GKJ3	Portishead R.	G	FC	A1A	
	UBN	Jdanov R.	URS	FC	A1A	
	KPH	S.Francisco R.	USA	FC	A1A	
6478	ZSC34	Capetown R.	AFS	FC	A1A	
	DYH	Cebu R.	PHL	FC	A1A	
6478.5	9MB3	NAVY Penang	MLA	FC	A1A	
6478.7	SVA3	Athinai R.	GRC	FC	A1A	
6479	HPP	Panama R.	PNR	FC	A1A	
6481	JJJ	JSDF Maizuru	J	FC	A1A	
6482	TFA	Reykjavik R.	ISL	FC	F1C-120	
6484	LZL	Bourgas R.	BUL	FC	A1A	
6484.5	XSV	Tianjin R.	CHN	FC	A1A	
	XFL	Mazatlan R.	MEX	FC	A1A	
	WSC	Tuckerton R. NJ	USA	FC	A1A	
6485	JCU	Choshi R.	J	FC	A1A	
	UAH	Tallin R.	URS	FC	A1A	
6486	DZH	Manila R.	PHL	FC	A1A	
6487.5	VRT	Bermuda R.	BER	FC	A1A	
6488	D4A5	S.Vicente R.	CPV	FC	A1A	
6489	XSJ	Zhanjiang R.	CHN	FC	A1A	
6490	FUE3	FNY Brest	F	FC	F1B-75-850L	FAAC
6491.5	PJC	Curacao R.	ATN	FC	A1A	
	VCS	Halifax R.	CAN	FC	A1A	
	PKC	Palembang R.	INS	FC	A1A	
	PKC3	Jambi R.	INS	FC	A1A	
	PKZ2	Cirebon R.	INS	FC	A1A	
	JOS	Nagasaki R.	J	FC	A1A	
	TAH	Istanbul R.	TUR	FC	A1A	
6492	DZM	Manila/Bulacan R.	PHL	FC	A1A	
6493	VAI	Vancouver R.	CAN	FC	A1A	
	URB2	Klaipeda R.	URS	FC	A1A F1B--50-170H	
6493.25	YIR	Basrah R.	IRQ	FC	A1A	
6494.5	SAB301	Goeteborg R.	S	FC	F1B-ST	QSX 6256.5 kHz
	KFS	Palo Alto R. CA	USA	FC	A1A F1B-ST	

6495.0	GKE3	Portishead R.	G	FC	A1A F1B-ST	QSX 6257.0 kHz
	ZLW	Wellington R.	NZL	FC	F1B-ST	
	HPP	Panama R.	PNR	FC	F1B	
	CUL	Lisboa R.	POR	FC	F1B	
	WNU	Slidell R. LA	USA	FC	F1B-ST	
6495.5	OST36	Oostende R.	BEL	FC	F1B-ST	QSX 6257.5 kHz
	SPA35	Gdynia R.	POL	FC	F1B-ST	
	UBN	Jdanov R.	URS	FC	A1A F1B	
	KFS	Palo Alto R. CA	USA	FC	F1B-ST	
6496.0	DCN	Norddeich R.	D	FC	F1B-ST	QSX 6258.0 kHz
	NMO	USCG Honolulu	HWA	FC	F1B-ST	
	IAR	Roma R.	I	FC	F1B-ST	
	ZLW	Wellington R.	NZL	FC	F1B-ST	
	UBE2	Petropavlovsk/Kam R.	URS	FC	F1B	
	UDH	Riga R.	URS	FC	A1A F1B-ST	
	NMN	USCG Portsmouth VA	USA	FC	F1B-ST	
6496.5	PCH35	Scheveningen R.	HOL	FC	A1A F1B-ST	QSX 6258.5 kHz
	UAT	Moskva R.	URS	FC	A1A	
6497.0	VIP32	Perth R.	AUS	FC	F1B-ST	QSX 6259.0 kHz
	OFA	Helsinki R.	FNL	FC	F1B	
	UFB	Odessa R.	URS	FC	F1B-ST	
6497.5	VCS	Halifax R.	CAN	FC	F1B-ST	QSX 6259.5 kHz
	DCM	Norddeich R.	D	FC	F1B-ST	
	3AC	Monaco R.	MCO	FC	F1B-ST	
	UPB	Providenia Bukhta R.	URS	FC	F1B	
6498.0	LGU2	Rogaland R.	NOR	FC	A1A F1B-ST	QSX 6260.0 kHz
	UBN	Jdanov R.	URS	FC	F1B	
	WPD	Tampa R. FL	USA	FC	F1B-ST	
6498.5	HZG	Dammam R.	ARS	FC	F1B-ST	QSX 6260.5 kHz
	CBV	Valparaiso R.	CHL	FC	F1B-ST	
	OXZ	Lyngby R.	DNK	FC	A1A F1B-ST	
6499.0	VIP38	Perth R.	AUS	FC	F1B-ST	QSX 6261.0 kHz
	UAT	Moskva R.	URS	FC	A1A F1B-ST	
	WLO	Mobile R. AL	USA	FC	F1B-ST	
6499.5	CBV	Valparaiso R.	CHL	FC	F1B-ST	QSX 6261.5 kHz
	FFT32	Saint Lys R.	F	FC	A1A F1B-ST	
	GKY3	Portishead R.	G	FC	F1B-ST	
	SVS3	Athinai R.	GRC	FC	F1B-ST	
	UQB	Kholmsk R.	URS	FC	F1B	
	URD	Leningrad R.	URS	FC	F1B	
6500	OBQ5	Iquitos R.	PRU	FC	A1A	
	HSZ	NAVY Bangkok	THA	FC	A1A	
	RMP	RuNY Kaliningrad	URS	FC	A1A	
	UFN	Novorossijsk R.	URS	FC	A1A	
6500.0	GKP3	Portishead R.	G	FC	F1B-ST	QSX 6262.0 kHz
	UXN	Arkhangelsk R.	URS	FC	F1B-50	
	NMF	USCG Boston MA	USA	FC	F1B-ST	
6500.5	DCL	Norddeich R.	D	FC	F1B-ST	QSX 6262.5 kHz
	KPH	S.Francisco R.	USA	FC	A1A F1B-ST	
6501.0	VIS63	Sydney R.	AUS	FC	F1B-ST	QSX 6263.0 kHz
	FFT31	Saint Lys R.	F	FC	A1A F1B-SF	
	JNA	Tokyo R.	J	FC	F1B-ST	
	3AC	Monaco R.	MCO	FC	F1B-ST	
	9VG76	Singapore R.	SNG	FC	F1B-ST	
6501.5	OXZ	Lyngby R.	DNK	FC	F1B-ST	QSX 6263.5 kHz
	WLO	Mobile R. AL	USA	FC	A1A F1B-ST	
6502	C9C2	NAVY Maputo	MOZ	FC	A1A	
	TBB2/6	TuNY Ankara	TUR	FC	A1A	

6502.0	SVU3	Athinai R.	GRC	FC	F1B-ST	QSX 6264.0 kHz
6502.5	OST37	Oostende R.	BEL	FC	F1B-ST	QSX 6264.5 kHz
	KLC	Galveston R. TX	USA	FC	F1B-ST	
6503.0	OFA	Helsinki R.	FNL	FC	F1B	QSX 6265.0 kHz
	VPS28	C.d'Aguilar R.	HKG	FC	F1B-ST	
	SPA36	Gdynia R.	POL	FC	F1B	
	UDK2	Murmansk R.	URS	FC	F1B-50	
6503.5	VRT	Bermuda R.	BER	FC	F1B	QSX 6265.5 kHz
	SAB319	Goeteborg R.	S	FC	F1B-ST	
	WNU	Slidell R. LA	USA	FC	F1B-ST	
6504.0	PCH36	Scheveningen R.	HOL	FC	A1A F1B-ST	QSX 6266.0 kHz
	9VG77	Singapore R.	SNG	FC	F1B-ST	
	S9M	Sao Tome R.	STP	FC	F1B	
	NMC	USCG S.Francisco CA	USA	FC	F1B-ST	
6504.5	LGU3	Rogaland R.	NOR	FC	A1A F1B-ST	QSX 6266.5 kHz
	WCC	Chatham R. MA	USA	FC	A1A F1B-ST	
6500.0	GKQ3	Portishead R.	G	FC	A1A F1B-ST	QSX 6267.0 kHz
6505.5	DCF	Norddeich R.	D	FC	F1B-ST	QSX 6267.5 kHz
	LGB	Rogaland R.	NOR	FC	A1A F1B-ST	
	UFB	Odessa R.	URS	FC	A1A F1B-ST	
6506.0		Küstenfunkstellen	AAA	FC	J2D	Selektivruf
6506.4	7TA17	Alger R.	ALG	FC	J3E	QSX 6200.0 kHz
	NOJ	USCG Kodiak	ALS	FC	J3E	
	LPW35	Bahia Blanca R.	ARG	FC	J3E	
	HZG	Dammam R.	ARS	FC	J3E	
	CBM	Magallanes R.	CHL	FC	J3E	
	CBV	Valparaiso R.	CHL	FC	J3E	
	DAJ	Norddeich R.	D	FC	J3E	
	NRV	USCG Guam	GUM	FC	J3E	
	NMO	USCG Honolulu	HWA	FC	J3E	
	PKY4	Sorong R.	INS	FC	J3E	
	YIR	Basrah R.	IRQ	FC	J3E	
	TFA	Reykjavik R.	ISL	FC	J3E	
	5AT	Tripoli R.	LBY	FC	J3E	
	XFB	Ciudad-Carmen R.	MEX	FC	J3E	
	XFM	Manzanillo R.	MEX	FC	J3E	
	XFP	Chetumal R.	MEX	FC	J3E	
	XFQ	Salina Cruz R.	MEX	FC	J3E	
	XFY	Guaymas R.	MEX	FC	J3E	
	9HD	Malta R.	MLT	FC	J3E	
	FJP7	Noumea R.	NCL	FC	J3E	
	ZLW	Wellington R.	NZL	FC	J3E	
	NMA	USCG Miami FL	USA	FC	J3E	
	NMC	USCG S.Francisco CA	USA	FC	J3E	
	NMF	USCG Boston MA	USA	FC	J3E	
	NMG	USCG New Orleans LA	USA	FC	J3E	
	NMN	USCG Portsmouth VA	USA	FC	J3E	
6509.5	OSU31	Oostende R.	BEL	FC	J3E	QSX 6203.1 kHz
	S3D	Chittagong R.	BGD	FC	J3E	
	S3E	Khulna R.	BGD	FC	J3E	
		Abidjan-Peche R.	CTI	FC	J3E	
	PCG31	Scheveningen R.	HOL	FC	J3E	
	IAR	Roma R.	I	FC	J3E	
	PKG	Banjarmasin R.	INS	FC	J3E	
	HLS	Seoul R.	KOR	FC	J3E	
	9KK5	Kuwait R.	KWT	FC	J3E	
	3AC6	Monaco R.	MCO	FC	J3E	
	HPP	Panama R.	PNR	FC	J3E	

6509.5	SPC31	Gdynia R.	POL	FC	J3E	
	CUL	Lisboa R.	POR	FC	J3E	
	9VG62	Singapore R.	SNG	FC	J3E	
	TAN2	Izmir R.	TUR	FC	J3E	
	BVA	Taipei R.	TWN	FC	J3E	
	KHW	Pensacole R. FL	USA	FC	J3E	
	YUR	Rijeka R.	YUG	FC	J3E	
6510	TRP8	SHELL Gamba R.	GAB	FC	A1A	
6512.6	7TA18	Alger R.	ALG	FC	J3E	QSX 6206.2 kHz
	LPL30	Gen.Pacheco R.	ARG	FC	J3E	
	HZG	Dammam R.	ARS	FC	J3E	
	VIA..VIT	Alle Küstenfunkst.	AUS	FC	J3E	
	TUA	Abidjan R.	CTI	FC	J3E	
	VFF	Frobisher R.	CAN	FC	J3E	
	5BA34	Cyprus R. Nicosia	CYP	FC	J3E	
	OXZ	Lyngby R.	DNK	FC	J3E	
	SVN32	Athinai R.	GRC	FC	J3E	
	VPS	C.d'Aguilar R.	HKG	FC	J3E	
	PKI2	PERTAMINA Jakarta R.	INS	FC	J3E	
	YIR	Basrah R.	IRQ	FC	J3E	
	TFA	Reykjavik R.	ISL	FC	J3E	
	4XO	Haifa R.	ISR	FC	J3E	
	5AT	Tripoli R.	LBY	FC	J3E	
	XFC	Cozumel R.	MEX	FC	J3E	
	XFK	La Paz R.	MEX	FC	J3E	
	XFP	Chetumal R.	MEX	FC	J3E	
	9HD	Malta R.	MLT	FC	J3E	
	LGN30	Rogaland R.	NOR	FC	J3E	
	SAG	Goeteborg R.	S	FC	J3E	
	5WA	Apia R.	SMO	FC	J3E	
	UFL	Vladivostok R.	URS	FC	J3E	
6515.7	LZW	Varna R.	BUL	FC	J3E	QSX 6209.3 kHz
	CBM	Magallanes R.	CHL	FC	J3E	
	EHY	Pozuelo-del-Rey R.	E	FC	J3E	
	VPS	C.d'Aguilar R.	HKG	FC	J3E	
	IAR	Roma R.	I	FC	J3E	
	PKK	Kupang R.	INS	FC	J3E	
	PKR	Semarang R.	INS	FC	J3E	
	EQA	Abadan R.	IRN	FC	J3E	
	EQK	Khoramshahr R.	IRN	FC	J3E	
	EQM	Bushehr R.	IRN	FC	J3E	
	EQN	Khomeini R.	IRN	FC	J3E	
	EQR	Lavan R.	IRN	FC	J3E	
	4XO	Haifa R.	ISR	FC	J3E	
	5RS	Tamatave R.	MDG	FC	J3E	
	XFC	Cozumel R.	MEX	FC	J3E	
	XFE	Ensenada R.	MEX	FC	J3E	
	P2M	Pt.Moresby R.	PNG	FC	J3E	
	P2R	Rabaul R.	PNG	FC	J3E	
	SPO31	Szczecin R.	POL	FC	J3E	
	OBF4	Mollendo R.	PRU	FC	J3E	
	WAH	St.Thomas R.	VIR	FC	J3E	
6518.8	7TA19	Alger R.	ALG	FC	J3E	QSX 6212.4 kHz
	S3E	Khulna R.	BGD	FC	J3E	
	VAI	Vancouver R.	CAN	FC	J3E	
	VCS	Halifax R.	CAN	FC	J3E	
	OXZ	Lyngby R.	DNK	FC	J3E	
	SUH	Alexandria R.	EGY	FC	J3E	

6518.8	ETC2	Assab R.	ETH	FC	J3E	
	PKA	Sabang R.	INS	FC	J3E	
	PKP2	Telukbayur R.	INS	FC	J3E	
	YIR	Basrah R.	IRQ	FC	J3E	
	6YI	Kingston R.	JMC	FC	J3E	
	HLS	Seoul R.	KOR	FC	J3E	
	9KK52	Kuwait R.	KWT	FC	J3E	
	5AB	Benghazi R.	LBY	FC	J3E	
	5RS	Tamatave R.	MDG	FC	J3E	
	LGN31	Rogaland R.	NOR	FC	J3E	
	ZLW	Wellington R.	NZL	FC	J3E	
	OBC3	Callao R.	PRU	FC	J3E	
	SAG	Goeteborg R.	S	FC	J3E	
	HSA20	Bangkok R.	THA	FC	R3E	
		Zarrakuh MARINE	UAE	FC	J3E	
	CWF	Punta Carretas R.	URG	FC	J3E	
	WAH	St.Thomas R.	VIR	FC	J3E	
	YUR	Rijeka R.	YUG	FC	J3E	
6521.9		ANRUFFREQUENZ	AAA	FC	J3E	QSX 6215.5 kHz

<u>6525...6685 kHz</u> <u>BEWEGLICHER FLUGFUNKDIENST (R)</u>

6526	2A 2B 3A 4A 6F 12G 14F			J3E	
6529	3B 6G			J3E	
6530	PETRA Amman	JOR	PX	F1B-50-425H	
6532	CWP 2A 2B 3A 4A 12F			J3E	
	Agana	GUM	FD	J3E	CWP
	Hong Kong	HKG	FD	J3E	CWP
	Honolulu	HWA	FD	J3E	CWP
	Tokyo	J	FD	J3E	CWP
	Naha	J	FD	J3E	CWP
	Seoul	KOR	FD	J3E	CWP
	Manila	PHL	FD	J3E	CWP
	Pt.Moresby	PNG	FD	J3E	CWP
	Taipei	TWN	FD	J3E	CWP
6535	SAT 2C 5D 6G 9D 10A 10D 12C 12J 14B				
	Canarias	CNR	FD	J3E	SAT
	Sal	CPV	FD	J3E	SAT
	Conakry	GUI	FD	J3E	SAT
	Monrovia/Roberstfld.	LBR	FD	J3E	SAT
	Casablanca	MRC	FD	J3E	SAT
	Dakar	SEN	FD	J3E	SAT
6538	3A 3B 9B 11B VAFI			J3E	
6541	2C 6G 10C 13C 14C			J3E	
	Darwin	AUS	FD	J3E	14C
6542	SwAF Stockholm	S	MX	F1B-50-170	
6544	1C 3A 3B 5A 5C 6C 10D			J3E	
6547	2A 2C 5D 6G 9B 10B 10E 12E 12J 13F 13K 14A				
6550	1B 3A 3C 5B 6D 11B 13J			J3E	
6553	2A 2C 4B 6G 9 10 12E 12F 13E 13F 13K 14A				
	Pt.Hedland	AUS	FD	J3E	14A
	Perth	AUS	FD	J3E	14A
	Nandi	FJI	FD	J3E	9
6556	SEA 1 3A 3C 10C 13C			J3E	
	Darwin	AUS	FD	J3E	SEA
	Perth	AUS	FD	J3E	SEA
	Rangoon	BRM	FD	J3E	SEA

6556	Cocos I	ICO	FD	J3E	SEA
	Calcutta	IND	FD	J3E	SEA
	Madras	IND	FD	J3E	SEA
	Jakarta	INS	FD	J3E	SEA
	Kuala Lumpur	MLA	FD	J3E	SEA
	Male	MLD	FD	J3E	SEA
	Colombo	SLK	FD	J3E	SEA
	Singapore	SNG	FD	J3E	SEA
6559	AFI 2A 3B 6G 11B 13J 14D				
	Luanda	AGL	FD	J3E	AFI
	Douala	CME	FD	J3E	AFI
6562	CWP 2B 2C 10D 13C			J3E	
6565	2A 4 6G 11B 14E			J3E	
6568	2B 2C 3B 6D 7C 10C 13C			J3E	
6571	EA 12C			J3E	
6574	AFI 2A 6G 10B 13I 13M 14D			J3E	
	Cairo	EGY	FD	J3E	AFI
	Asmara	ETH	FD	J3E	AFI
6577	CAR 2B 2C 3B 4B 6D 13E			J3E	
	Nassau	BAH	FD	J3E	CAR
	Barranquilla	CLM	FD	J3E	CAR
	Habana	CUB	FD	J3E	CAR
	Kingston	JMC	FD	J3E	CAR
	Panama	PNR	FD	J3E	CAR
	San Juan	PTR	FD	J3E	CAR
	Paramaribo/Zan	SUR	FD	J3E	CAR
	Piarco	TRD	FD	J3E	CAR
	New York NY	USA	FD	J3E	CAR
	Miami FL	USA	FD	J3E	CAR
	Caracas/Maiquetia	VEN	FD	J3E	CAR
6580	6G 7E 9C 10A 13C 13J 13K 14 VEUR				
	Adelaide	AUS	FD	J3E	14
6583	2 3 6E			J3E	
6586	CAR 2C 6G 7 13G 14C			J3E	
	Tegucigalpa	HND	FD	J3E	CAR
6589	3			J3E	
6592	NCA 12C			J3E	
6595	1B 3B 3C 5B 6D			J3E	
	Tehran	IRN	FD	J3E	5B
6598	EUR 4B 6G 9B 10B 10E 12E 13H			J3E	
	Berlin	D	FD	J3E	EUR
6601	2			J3E	
6604	1D 6G 7C 10A 13N 14B VNAT			J3E	
	Darwin	AUS	FD	J3E	14B
	Pt.Hedland	AUS	FD	J3E	14B
	Gander VOLMET	CAN	FD	J3E	h+20 h+50
	New York NY VOLMET	USA	FD	J3E	h+00 h+30
6607	3A 6A 6B			J3E	
6610	1D 6G 14F			J3E	
	Brisbane	AUS	FD	J3E	14F
	Amman	JOR	FD	J3E	1D
6613	3A 6A 6B 13G			J3E	
6616	4A 6G 12G 14E			J3E	
	Townsville	AUS	FD	J3E	14E
6617	Kiev VOLMET	URS	FD	J3E	h+20 h+50
	Leningrad VOLMET	URS	FD	J3E	h+05 h+35
	Moskva VOLMET	URS	FD	J3E	h+10 h+40
	Riga VOLMET	URS	FD	J3E	h+00 h+30

6619		3A 6B			J3E	
6622		NAT 6G 7F 9B 12C 13D			J3E	
6625		MID 3B			J3E	
6628		NAT 6G 7E 12C 13D 13M 14			J3E	
6631		MID 3B 6C			J3E	
6634		6G			J3E	
6637		W 1/2/3			J3E	
		QANTAS Sydney	AUS	FD	J3E	
		Paris R.	F	FD	J3E	
		NZ Auckland	NZL	FD	J3E	
6640		W 2/5			J3E	
		New York NY	USA	FD	J3E	
6643		W 1/4			J3E	
		Berna R.	SUI	FD	J3E	
6646		W 2/5			J3E	
6649		SAM 3A 6G			J3E	
		Bogota	CLM	FD	J3E	SAM
		Quito	EQA	FD	J3E	SAM
		Panama	PNR	FD	J3E	SAM
		Lima	PRU	FD	J3E	SAM
6652		6G 7B			J3E	
6655		NP 2B 6E			J3E	
6658		3C 6A			J3E	
6661		NP 2B 6E			J3E	
6664		3C 5A			J3E	
6667		1E 2B 6F			J3E	
6670		3C			J3E	
6673		AFI CEP 2A 6G 10F 12D 13D 14B			J3E	
		Abidjan	CTI	FD	J3E	AFI
		Bamako	MLI	FD	J3E	AFI
		Dakar	SEN	FD	J3E	AFI
6676		VSEA	AAB	FD	J3E	
		Sydney VOLMET	AUS	FD	J3E	h+00 h+30
		Bombay VOLMET	IND	FD	J3E	h+25 h+55
		Calcutta VOLMET	IND	FD	J3E	h+05 h+35
		Karachi VOLMET	PAK	FD	J3E	h+15 h+45
		Singapore VOLMET	SNG	FD	J3E	h+20 h+50
		Bangkok VOLMET	THA	FD	J3E	h+10 h+40
6679		VPAC	AAB	FD	J3E	
		Hong Kong VOLMET	HKG	FD	J3E	h+15 h+45
		Honolulu VOLMET	HWA	FD	J3E	h+25 h+55
		Tokyo VOLMET	J	FD	J3E	h+10 h+40
		Auckland VOLMET	NZL	FD	J3E	h+20 h+50
6682		6G			J3E	
6683	AFA3	USAF Andrews MD	USA	FG	J3E	

6685...6765 kHz BEWEGLICHER FLUGFUNKDIENST (OR)

6685	IBA	NATO Napoli	I	FX	J3E-U
	IBH	NATO Vicenza	I	FX	J3E-U
	YMB	NATO Izmir	TUR	FX	J3E-U
6685	MKL	RN Pitreavie	G	FG	A1A J3E-U
	JWT	RNoN Stavanger	NOR	FG	A1A J3E-U
6689	PBV	RNN Valkenburg	HOL	FG	A1A J3E-U
6693	CJX	CF St.Johns	CAN	FG	J3E
	CZW	CF Halifax	CAN	FG	J3E
	DHM91	GAF Muenster	D	FG	J3E

6693		Kuibyshev VOLMET	URS	FD	J3E	h+15 h+45
		Sverdlovsk VOLMET	URS	FD	J3E	h+05 h+35
		Syktyvkar VOLMET	URS	FD	J3E	h+00 h+30
		Yenisseisk VOLMET	URS	FD	J3E	h+10 h+40
6697	MKL	RN Pitreavie	G	FG	A1A J3E F1B	
6708	IDR	ItNY Roma	I	FX	J3E	
6712		FAF Paris	F	FG	J3E	
6715	AFA3	USAF Andrews MD	USA	FG	J3E-L	
6716	CZW	CF Halifax	CAN	FG	J3E	
6720	FUC	FNY Cherbourg	F	FG	J3E	
6723	IGJ	ItNY Augusta	I	FX	J3E	
6724		Beograd	YUG	FG	J3E	
6727	PBV4	RNN Valkenburg	HOL	FG	A1A J3E F1B	
	AFG9	USAF Scott IL	USA	FG	J3E	
6730	OWD	RDAF Vaerloese	DNK	FG	J3E	
	OWE	RDAF Karup	DNK	FG	J3E F1B-50-850L	
		Aktyubinsk VOLMET	URS	FD	R3E	h+05 h+35
		Alma Ata VOLMET	URS	FD	R3E	h+15 h+45
		Baku VOLMET	URS	FD	R3E	h+25 h+55
		Krasnodar VOLMET	URS	FD	R3E	h+10 h+40
		Tashkent VOLMET	URS	FD	R3E	h+20 h+50
		Tbilisi VOLMET	URS	FD	R3E	h+00 h+30
6731	AFA3	USAF Andrews MD	USA	FD	J3E-L	
6734		MFA Ankara	TUR	FX	F1B-100	
6736	ETD3	AIR Addis Ababa	ETH	AX	F1B-50-425L	SDN
6737	ECA6	RCC Madrid	E	FG	A1A	
6738	AKA5	USAF Elmendorf	ALS	FG	J3E	
	CUW2	USAF Lajes	AZR	FG	J3E	
	AIE2	USAF Andersen	GUM	FG	J3E	
	AGA2	USAF Hickam	HWA	FG	J3E	
	AIF2	USAF Yokota	J	FG	J3E	
	AIC2	USAF Clark	PHL	FG	J3E	
	AJO	USAF Incirlik	TUR	FG	J3E	
	AFA3	USAF Andrews MD	USA	FG	J3E-L	
	AFI2	USAF McClellan CA	USA	FG	J3E	
6741		USAF Alconbury	G	FG	J3E	
6742		FAF Paris	F	FG	J3E	
6745	RFNV	Moskva/Kupavna VOLMET	URS	FG	A1A	h+10 h+40
		Moskva	URS	FG	J3E	
6747	IDR	ItNY Roma	I	FG	A1A J3E F1B	
	IGJ	ItNY Augusta	I	FG	J3E F1B	
x 6750	CUW2	USAF Lajes	AZR	FG	J3E	xxx 28.2.91
	AJE	USAF Croughton	G	FG	J3E	
	AFE8	USAF McDill FL	USA	FG	J3E	
6751	GFW	RAF Akrotiri	CYP	FG	J3E	
6753	CHR	CF Trenton	CAN	FG	J3E	
	CJX	CF St.Johns	CAN	FG	J3E	h+45
	VXA	CF Edmonton	CAN	FG	J3E	
	CGR	CF Vancouver	CAN	FG	J3E	h+35
		IF Berlin	DDR	FG	J3E	
6753.7		MFA Cairo	EGY	FX	F1B-ST	
6756	AFA3	USAF Andrews MD	USA	FG	J3E	
6757	AJE	USAF Croughton	G	FG	J3E	
6760	AFA3	USAF Andrews MD	USA	FG	J3E	
6762	DHN66	NATO Geilenkirchen	D	FG	J3E	MAGIC

6765	HSW69	METEO Bangkok	THA	MX	F1C-60 J3E	
6766	ONY70	RCC Brussels	BEL	FX	A1A J3E-U	
	ONZ22	RCC Koksijde	BEL	FX	A1A J3E-U	
	FUC	FNY Cherbourg	F	FX	A1A	
	FUE	FNY Brest	F	FX	A1A	
	GFO	RCC Plymouth	G	FX	A1A	
6767	HGX23	HE Roma	I	FX	F1B-50-425	HNG
6768	FDY	FAF Orleans	F	FX	A1A	
6770	LOR	AN Belgrano	ARG	FX	F1B-75	
	RAN78	R.Moskva FDR	URS	FX	B8E	
6771	58JDQ	SNY Madrid	E	FC	F1B-75-850L	
6772	TNO	AIR Pnt.Noire	COG	AX	F1B-50	
	HGX21	MFA Budapest	HNG	FX	A1A	
6773	SOG277	Warszawa R.	POL	FC	A1A	
6775	7UD77	PTT Alger	ALG	FX	J3E-U	
	XTU	AIR Ouagadougou	BFA	AX	F1B-50/ARQ96	MLI/TZH
6775.5	YOG37	METEO Bucuresti	ROU	MX	F1B-50-425H	
6777	C9E3	AIR Beira	MOZ	AX	F1B-50	
6780	PAC27	NATO Katwijk	HOL	FX	F1B-50-850	I
	ZOE	Tristan da Cunha	TRC	FC	J3E	
	RTT47	PTT Moskva	URS	FX	F1B-50-1000	
6781	STK	AIR Khartoum	SDN	AX	F1B-50	
6782	HGD37	PTT Budapest	HNG	FX	F1B-50	URS
6783	RUZU	SAAB Molodezhnaya	ANT	MX	F1B-50	
6783.5	GYU	RN Gibraltar	GIB	FX	F1B-50	
6785	ONY27	NATO Rouveroy	BEL	FX	F1B-50-850H	
	AJE	USAF Barford	G	FX	J3E-L	
6786.5	KRH51	USE London	G	FX	F1B-75-850L	
6790	YMA22	METEO Ankara	TUR	MX	F1C-90	
6790.5	KRH51	USE London	G	FX	F1B-75-850H	
6792	EEQ	IP Madrid	E	FX	F1B-ST	
	SUC40	AIR Cairo	EGY	AX	F1B-50-850H	PAK
	IUV81	IP Roma	I	FX	F1B-ST	
6795	LZM7	METEO Sofia	BUL	MX	F1B-50-425L	
6796	EHD3	GC Santander	E	FX	A1A	
6800	HGX21	MFA Budapest	HNG	FX	F1A F1B-50-425	
6803.5	Y7A29	MFA Berlin	DDR	FX	F1A F1B-100-425H	
6805	5NL	AIR Lagos	NIG	AX	F1B-50	
	SOG280	PAP Warszawa	POL	PX	F1B-50-425	
	RBK72	R.Moskva FDR	URS	FX	R3E-U	
6810	IEU57	CC Cosenza	I	FX	J3E-L F1B-50-170	
6812	AFA3	USAF Andrews MD	USA	FG	J3E-U	
6815	BAL34	PTT Beijing	CHN	FX	F1B-50-425H	DDR POL
6818	ULV	PTT Moskva	URS	FX	F1B-50-425	
6820	JKA2	KYODO Tokyo	J	PX	F1C-120	
	OLW2	PTT Praha	TCH	FX	F1B-50-425H	ALB CHN
6822	7OB29	YTC Aden	YMS	FX	J3E	
6824	GHH	METEO St.Helena	SHN	MX	F1B-50-425	
6825	FAV22	FAR Paris	F	FX	A1A	
		R.Moskva FDR	URS	FX	R3E-L	
6829	ZA02	PTT Tirana	ALB	FX	F1B-50-425H	ROU TCH
6830	AFA3	USAF Andrews MD	USA	FG	J3E-L	
6833.5	OSB	BNY Bruges	BEL	FX	A1A	G D
6835	GFL22	METEO Bracknell	G	MX	F1B-50-425L	
6836.5	FDZ2	FAF N'djamena	TCD	FX	F1B-ST	F
6837	FDY	FAF Orleans	F	FX	A1A	

6837		SHELL Lagos	NIG	FX	F1B-ST	
6840	VJY	ATC Darwin	AUS	FX	J3E-U	
	LZI28	PTT Sofia	BUL	FX	F1B-50-425	TCH
	EBC	SNY Cadiz	E	FX	J2A J3E	
6841	FDG	FAF Bordeaux	F	FX	A1A	
6843	54HDZ	SNY Huelva	E	FX	F1B-75-850	
	OMZ	MFA Praha	TCH	FX	F1A F1B-75-425	
6845	FDY	FAF Orleans	F	FX	F1B-50-425L	
6848	SOG284	PAP Warszawa	POL	PX	F1B-50-425L	
6850	VLV	ANARE Mawson	ANT	FX	F1B-50	RUZU
	MUY	RAR Moenchengladbach	D	FX	J7B	G
6852	WLO	METEO Mobile AL	USA	MX	F1C-120	
6855	70B27	YTC Aden	YMS	FX	J3E-U	
6858	9KT25	KUNA Kuwait	KWT	PX	F1B-50-425H	
6859.5	FDG6	FAF Cazaux	F	FX	A1A	
6860	GZU	RN Petersfield	G	FC	A1A	NAWS
	CTW31	PNY Monsanto	POR	FX	F1B-50-850-L	E
6861	EBA	SNY Madrid	E	FX	F1B-75-850-L	F
	SUC	AIR Cairo	EGY	AX	F1B-50-85	SUL
6862	9KT25	KUNA Kuwait	KWT	PX	F1B-50-425H	
6864.5		MFA Roma	I	FX	F1B-ST	
6865	GYU	RN Gibraltar	GIB	FX	F1B-50	
	STK	AIR Khartoum	SDN	AX	F1B-50-425H	
6866	D4B	AIR Sal	CPV	AX	F1B-50	
6870	ECA6	RCC Madrid	E	FX	A1A	
	FDG37	FAF Marsan	F	FX	A1A	
	IKQ	RSC Roma	I	FX	A1A	
	RTV55	TASS Moskva	URS	PX	F1B-50-425L	
6871.5	FDG	FAF Bordeaux	F	FX	A1A	
6873	IEU76	CC Pescara	I	FX	J3E F1B-50-170	
		VOA Greenville FDR	USA	FX	B8E	
6880	RAN77	METEO Moskva	URS	MX	F1C-90/120	
6885	ZHH29	C&W St.Helena	SHN	FX	J3E-L	ASC
6887	ARA	AIR Karachi	PAK	AX	F1B-50-425H	EGY
6890	CNM13	MAP Rabat/Tanger	MRC	FX	F1B-50-425L	
	RAN76	R.Moskva FDR	URS	FX	R3E-U	
6892	ONY27	NATO Rouveroy	BEL	FX	F1B-50-850L	
6895	PBC96	RNN Goeree	HOL	FC	A1A F1B	NAWS N13A
6900	BAS55	PTT Beijing	CHN	FX	F1B-50-425H	SYR
	IEA20	CC Roma	I	FX	J3E-L F1B-50	IEA88
6901	SMA6	METEO Norrkoeping	S	MX	F1C-120	
6902	IET87	CC Cagliari	I	FX	F1B-50-170	
6902.5	TLO	AIR Bangui	CAF	AX	F1B-50-850H/ARQ96	COG
6903	ARA	AIR Karachi	PAK	AX	A1A	
	FSB	IP Paris	F	FX	F1B-ST/FEC	
	5AH	AIR Benina	LBY	AX	J3E	MLT
	4NX7	IP Beograd	YUG	FX	F1B-ST	
6908.3	YOG29	PTT Bucuresti	ROU	FX	F1B-50-425H	ALB
6910	RVO79	R.Moskva FDR	URS	FX	R3E-L	
	RVO79	METEO Moskva	URS	MX	F1C-60	
	AAC32	USA Carlisle Bks PA	USA	FX	J3E	
6912	ETD3	AIR Addis Ababa	ETH	AX	F1B-50	
	4NK24	PTT Malinska	YUG	FX	F1B-50-425L	
6913	DHJ59	GNY Wilhelmshaven	D	FC	A1A	NAWS G23B
6913.5	FLR20	MOD Paris	F	FX	A1A	
6915	BAP46	XNA Beijing	CHN	PX	F1B-50-1000L	
	LHB	Rogaland R.	NOR	FC	A1A F1B-ST	QSX 6269 kHz
	CXK	AIR Montevideo	URG	AX	F1B-50-850H	

6918	YOG39	PTT Bucuresti	ROU	FX	F1B-50-425L	POL
6918.5	ECA7	METEO Madrid	E	MX	F1C-60/120	
6920	RAT25	R.Moskva FDR	URS	FX	R3E-U	
	RGC70	METEO Kiev	URS	MX	F1B-50-1000L	
6922.5	IRD39	ITALCABLE Roma	I	FX	J3E-U	
6925	MEG	RAF Rheindahlen	D	FX	F1B-50-850L	
	8BN	AIR Medan	INS	AX	F1B-50	
	KKN50	DOS Washington DC	USA	FX	A1A	
6928	IUU41	POL Roma	I	FX	J3E-U F1B-50-850	
6930	EBA	SNY Madrid	E	MX	A1A	
6935	EHD	GC Madrid	E	FX	A1A J3E F1B-50	EHD000
	EHG7	GC Palma	E	FX	J3E F1B-50-425	
	EHJ2	GC Valladolid	E	FX	J3E F1B-50-425	
6941.5	TRK	AIR Libreville	GAB	AX	F1B-50/ARQ96	COG
6942		VOA Kavala	GRC	PX	F1B-75-850H	
6942.5	5TX	AIR Nouadhibou	MTN	AX	F1B-50-425H	SEN/6VU
6945	7XR23	METEO Alger	ALG	FX	J3E-U	
	AOB50	LORAN Estartit	E	FX	J3E-U F1B-50	
	NCI	LORAN Sellia Marina	I	FX	J3E-U F1B-50	
	NCI3	LORAN Lampedusa	I	FX	J3E-U F1B-50	
	NCI4	LORAN Kargabarun	TUR	FX	J3E-U F1B-50	
6946	CKN	CF Vancouver	CAN	FC	A1A J3C-120	C13E
6950	BJZ20	METEO Hangzhou	CHN	MX	F1B-50-425L	
	MKK	RAF London	G	FX	J7B	CAN
	RBQ74	METEO Alma Ata	URS	MX	F1C-60/90	
	RCV29	TASS Moskva	URS	PX	F1B-50-425L	
6952	5YE12	METEO Nairobi	KEN	MX	F1B-100-850H	
6956	5YE	METEO Nairobi	KEN	MX	F1C-120	
6958	BAO21	PTT Beijing	CHN	FX	F1B-50-425	
6959	FMA	FAF Taverny	F	FX	A1A	
	FME	FAF Lyon	F	FX	A1A	
6960	LZN3	BTA Sofia	BUL	PX	F1B-50-425H	
	LZN3	PTT Sofia	BUL	FX	F1B-50-425	CHN
6965	RFLIA	FAR Ft.de France	MRT	FX	F1B-50-850	GUF
	YMH3	METEO Bandirma	TUR	MX	A1A	
	YMY2	METEO Samsun	TUR	MX	A1A A3E	
		METEO Murmansk	URS	MX	F1C-90	
6969	8BB	AIR Jakarta	INS	AX	F1B-50	
6970		RFE Holzkirchen FDR	D	FX	B8E	POR
	NAU	USN San Juan	PTR	FX	F1B-50-850H	AFS
	RMP	RuNY Kaliningrad	URS	FC	A1A	
6972	YOG59	AGERPRES Bucuresti	ROU	PX	F1B-50-425L	
6975	Y7C65	DDR-Emb Wien	AUT	FX	A1A F1B-100-425	DDR
	DFF97	DW Frankfurt FDR	D	FX	R3E-U	
	Y7C79	DDR-Emb Den Haag	HOL	FX	A1A F1B-100-425	DDR
	6VU38	AIR Dakar	SEN	AX	F1B-50-425H	MTN
6976.7	XBA	METEO Tacubaya	MEX	MX	A1A R3E	
6977	CCS	CN Santiago	CHL	FC	F1B-50-850	
6981	CCS	CN Santiago	CHL	FC	A1A	
6982	SAM41	SUD Berlin	DDR	FX	J3E-U F1B-75-425L	S
	SAM40	SUD Warszawa	POL	FX	J3E-U F1B-75-425L	S
	SAM	MFA Stockholm	S	FX	J3E-U F1B-75-425L	
	SAM39	SUD Praha	TCH	FX	J3E-U F1B-75-425L	S
6983	7XA97	METEO Alger	ALG	MX	F1B-50-170H	
6985	BSB29	METEO Lanzhou	CHN	MX	F1B-50-600	
6987	Y7C69	DDR-Emb Stockholm	S	FX	A1A F1B-100-425	DDR
6989	8Q9	AIR Male	MLD	AX	F1B-50-850	SLK
6990	SPP323	PE Berlin	DDR	FX	F1B-75-425H	POL

6990	C9E2	AIR Maputo	MOZ	AX	F1B-50-850	Beira
6992	IPR70	PROVOPER Trieste	I	FX	A1A	IPR44
6992.5	STK	AIR Khartoum	SDN	AX	F1B-50-425L	EGY
6995	CLX	METEO Casa Blanca	CUB	MX	A1A	
		RFE Holzkirchen FDR	D	FX	B8E	POR
6995.5	AIR	USAF/MARS Washington	USA	FX	A1A	
6996	AGA7RM	USAF/MARS Frankfurt	D	FX	J3E-U	
	HWN	FNY Paris	F	FC	A1A	
6997.5	WAR	USA/MARS Washington	USA	FX	A1A/F1B-45	
6998.5	DEK26	DRK Duesseldorf	D	FX	A1A	
	DEK27	DRK Hannover	D	FX	A1A	
	DEK88	DRK Bonn	D	FX	A1A	
	PGA88	NRK Heemstede	HOL	FX	A1A	
	SAR88	SRK Stockholm	S	FX	A1A	
	HBC88	ICRC Geneva	SUI	FX	A1A	
6999	CSY	AIR Sta.Maria	AZR	AX	F1B-50-850H	CPV

7000...7100 kHz AMATEURFUNKDIENST

7085	RKST	AIR Tashkent	URS	AX	F1B-50	AFG

7100...7300 kHz Reg. 1,3 : RUNDFUNKDIENST
Region 2 : AMATEURFUNKDIENST

7300...8100 kHz FESTER FUNKDIENST, Beweglicher Landfunkdienst

7302	IDR3	ItNY Roma	I	FC	A1A	
7304	FIT557	PFT Metz	F	FX	F1B-ST	
7305	JMH2	METEO Tokyo	J	MX	F1C-120	
7306	LRO36	TELAM Buenos Aires	ARG	PX	F1B-50-850L	
7307	Y2V33	ADN Berlin	DDR	PX	F1B-50-425H	
7315	RDG23	METEO Tashkent	URS	MX	F1B-50-1000H	
7317	SUU3	METEO Cairo	EGY	MX	F1B-50-425H	
7327.5	JAE27	JIJI Tokyo	J	PX	F1B-50-850	
7332	AFE86	USAF/NASA Antigua	ATG	FX	B9W	ASC
7335	CHU	NRCC Ottawa	CAN	SS	H3E	
7338	IBA	NATO Napoli	I	FX	J3E-U	TUR
7340	ONY27	NATO Rouveroy	BEL	FX	F1B-50-850H	
	4XM3	METEO Bet Dagan	ISR	MX	F1B-50-425	
7341		MFA Roma	I	FX	A1A/F1B-ST	
7348	58JDQ	SNY Madrid	E	FX	F1B-75-850L	54HDZ
7350	BAA4	METEO Beijing	CHN	MX	F1B-50-850	
	9JZ6	AIR Lusaka	ZMB	AX	F1B-50	
7351	CTH27	PNY Horta	AZR	FX	A1A	POR
7354	TBA7	TuNY Izmir	TUR	FX	A1A	TBC7
7357.5	FDX	FAF Paris	F	FX	A1A F1B-50	FDI
7358	ZRH	SAN Fisantekraal	AFS	FX	F1B-50-850	USA
	9PL	AIR Kinshasa	ZAI	AX	F1B-50-850	SDN
7360	LOL	AN Buenos Aires	ARG	FX	F1B-50	LOK
7367	IET380	CC Roma	I	FX	J3E-L F1B-50-170	
7367.5	IRE33	ITALCABLE Roma	I	FX	J3E-U	MEX
7368	GXQ	RN London	G	FX	B9W	GIB
7374	FMA	FAF Taverny	F	FX	A1A	
	FMD	FAF Cinq-Mars	F	FX	A1A	
7376	JMI2	METEO Tokyo	J	MX	F1B-50-850	

7378	FDC3	FAF Dijon	F	FX	A1A	
7383	SPP339	PE Koebenhavn	DNK	FX	F1B-75-425H	POL
7390		R.Moskva FDR	URS	FX	R3E-L	
7395	CTV	PNY Monsanto	POR	FX	F1B-50-850L	AZR
	HSW64	METEO Bangkok	THA	MX	F1B-50 F1C-60	
	REE56	PTT Alma Ata	URS	FX	F1A	
7398	9JZ27	AIR Livingstone	ZMB	AX	F1B-50	FLLS
7400	EPX8	IRNA Tehran	IRN	PX	F1B-50-425L	
7401	OEQ39	IP Wien	AUT	FX	F1B-ST	
	FSB	IP Paris	F	FX	F1B-ST	
7402.5	JMG3	METEO Tokyo	J	MX	F1B-50-850	
	SPW	Warszawa R.	POL	FC	A1A	
7403		BulgEmb Roma	I	FX	F1B-75-425H	BUL
	ATP57	METEO New Delhi	IND	MX	F1C-120 F1B-50	
7404	SPW	Warszawa R.	POL	FC	J3E	
7407	CML5	PTT Habana	CUB	FX	F1B-50-425L	USA
7410	FDY	FAF Orleans	F	FX	A1A	
	RAN72	R.Moskva FDR	URS	FX	B8E	
7423	5YD9	AIR Nairobi	KEN	AX	F1B-50-425H	ETH
7424	CTP33	NATO Palhais	POR	FX	F1B-75-850H	
7425	Y2V5	ADN Berlin	DDR	PX	F1B F7B-50-425H	
7427.5	5NL	AIR Lagos	NIG	AX	F1B-50-425H	5NK
7428	FTH42	BIH Paris	F	FX	A1A	
7428.5		TELAM Buenos Aires	ARG	PX	F1B-50-850L	
7436	YAY6	PTT Kabul	AFG	FX	F1B-50	URS
7439	58FGX	SNY Las Palmas	CNR	FX	F1B-75-850	E
7441	AOB50	LORAN Estartit	E	FX	J3E-U F1B-50	
	NCI	LORAN Sellia Marina	I	FX	J3E-U F1B-50	
	NCI3	LORAN Lampedusa	I	FX	J3E-U F1B-50	
	NCI4	LORAN Kargabarun	TUR	FX	J3E-U F1B-50	
7442	NKW	USN Diego Garcia	BIO	MX	F1B-50-850	MAU
7442.5		VOA Monrovia	LBR	PX	F1B-75-425	
7443	4UNQ	UNIFIL Naqoura	LBN	FX	F1B-75-425	SUI
7453	NGR	USN Nea Makri	GRC	MX	F1C-120	
7455	MKK	RAF London	G	FX	B9W	
7456	LRO42	NA Buenos Aires	ARG	PX	F1B-50-850	
7460	LZB	BTA Sofia	BUL	PX	F1B-50-425L	
7462	RDI58	PTT Moskva	URS	FX	F1B-50-425H	ISR
7470	UJO8	PTT Izmail	URS	FX	A1A	TCH
7474	TJK	AIR Douala	CME	AX	F1B-50-425H	
	GXQ	RN London	G	FX	B9W	
7475	RHB75	METEO Khabarovsk	URS	MX	F1C-60/90/120	
7478		VOA Monrovia	LBR	PX	F1B-75-425	
	RCV	RuNY Moskva	URS	FC	A1A	
7480	RWV74	METEO Leningrad	URS	MX	F1C-90	
		VOA Greenville FDR	USA	FX	J3E	
7483.5	6VU45	AIR Dakar	SEN	AX	F1B-50/ARQ96	MLI
7487	STK	AIR Khartoum	SDN	AX	F1B-50	ZAI
7487.5	MKD	RAF Akrotiri	CYP	FX	B9W	G
7490	DFG49	DW Frankfurt FDR	D	FX	R3E-L	POR
7490.6	DFG49H1	INFO-BRD Frankfurt	D	PX	F1B-FEC96	
7493	IBH	NATO Vicenza	I	FX	J3E-U/F1B	
7495	RDK23	METEO Tbilisi	URS	MX	F1C-60	
7500	VNG	ATC Lyndhurst	AUS	SS	J3E	
	IEU54	CC Caserta	I	FX	J3E-L F1B-50-170	
	5TN228	PTT Nouakchott	MTN	FX	B9W	F
	RTV51	PTT Moskva	URS	FX	F1B-50-425	BUL ROU TCH
7504.5	GXH	USN Thurso	G	FC	A1A	NUKO LCMP

7508	ZRO2	METEO Pretoria	AFS	MX	F1C-120	
7512	ZRO2	METEO Pretoria	AFS	MX	F1B-75-425H	
	DML	LORAN Sylt	D	FX	J3E-U	
	OUN	LORAN Ejde FI	DNK	FX	J3E-U	
	OVY	LORAN Angissoq	GRL	FX	J3E-U	
	TFR	LORAN Sandur	ISL	FX	J3E-U	
	TFR2	LORAN Keflavik	ISL	FX	J3E-U	
	JXL	LORAN Boevesteraalen	NOR	FX	J3E-U	
	JXP	LORAN Jan Mayen	NOR	FX	J3E-U	
	XVH69	METEO Hanoi	VTN	MX	F1B-50-425H	
7515	FDG21	FAF Cognac	F	FX	A1A	
	JMB2	METEO Tokyo	J	MX	A1A	
7520	BZP57	XNA Beijing	CHN	PX	F1B-50-425L	
7522	FDY	FAF Orleans	F	FX	F1B-50-425L	
7524	TYE41	AIR Cotonu	BEN	AX	F1B-50/ARQ96	NGR
7525	RBX56	TASS Moskva	URS	PX	F1B-50-425L	
7530	RQM76	METEO Khabarovsk	URS	MX	F1C-60	
	NMF	USCG Boston MA	USA	MX	F1C-120	
7532	FSB55	IP Paris	F	FX	F1B-ST	
	SHX	IP Stockholm	S	FX	F1B-ST	
7535	AXI33	METEO Darwin	AUS	MX	F1C-120	
	RCE56	TASS Moskva	URS	PX	F1B-50-425L	
7538	9HR36	TELEMALTA St.Georges	MLT	FX	B9W	I
7540	ROK28	PTT Moskva	URS	FX	R3E-U	
7542	ZLK48	USN Christchurch	NZL	FX	F1B-75-850	ANT
7542.5	ZEN33	AFP Hong Kong	HKG	PX	F1B-50-425H	
7552	5ST41	METEO Antananarivo	MDG	MX	A1A F1B-50-850	
7555	Y2V34	ADN Berlin	DDR	PX	F1B-50-425H	
7557.5	7UE55	PTT Tindouf	ALG	FX	J3E-U	
7560	ROK27	TASS Moskva	URS	PX	F1B-50-425L	
	RPT30	TASS Moskva/Tashk.	URS	PX	F1B-50-425L	
7562	SOH256	Warszawa R.	POL	FC	A1A	SPMH
7565	FIT75	MOI Paris	F	FX	A1A	
	YIX75	INA Baghdad	IRQ	PX	F1B-50-170L	
7567	AJE	USAF Barford	G	FX	B9W	AZR
7570	RBX72	METEO Tashkent	URS	MX	F1C-60/120	
7573	RCV	RuNY Moskva	URS	FC	A1A	UAHY
7575	RSR79	METEO Minsk	URS	MX	F1A F1B-50-1000 F1C-90/120	
7576	FVA50	GEND Lyon	F	FX	A1A	
	FVA80	GEND Rosny-s-Bois	F	FX	A1A	
7577.5	OLZ2	CTK Praha	TCH	PX	F1B-50-425H	
7580	MKD	RAF Akrotiri	CYP	FX	B9W	G
	VVD57	METEO New Delhi	IND	MX	F1B-50-425L	
	RKA70	PTT Moskva	URS	FX	R3E-U	
7583	FDY	FAF Orleans	F	FX	A1A	
7584	OEM47	METEO Wien	AUT	MX	F1B-100-425L	
7585	6VY41	METEO Dakar	SEN	MX	F1B-50-425L	
	FDZ2	FAF N'djamena	TCD	FX	F1B-ST	F
	RKD43	PTT Moskva	URS	FX	F1B-ARQ96	
7589.4	6VY41	METEO Dakar	SEN	MX	F1C-120	
7592	YZD6	TANJUG Beograd	YUG	PX	F1B-50-425L	
7595		AIR Djibouti	DJI	AX	J3E-U	
	ETD3	AIR Addis Ababa	ETH	AX	J3E-U	
	6OM	AIR Mogadishu	SOM	AX	J3E-U	
	RBX53	TASS Moskva	URS	PX	F1B-50-425L	
		AIR Sanaa	YEM	AX	J3E-U	
	7OC	AIR Aden	YMS	AX	J3E-U	
7596	5UA46	AIR Niamey	NGR	AX	F1B-50/ARQ96	BEN

7597	4UN	UNTSO Jerusalem	ISR	FX	F1B-75	
7598	IEA20	CC Roma	I	FX	J3E-L F1B-50	IEA88
7599	9KT262	KUNA Kuwait	KWT	PX	F1B-50-425L	
7600	HD2IOA	IOA Guayaquil	EQA	SS	A1A R3E	
	ZLZ22	METEO Wellington	NZL	MX	A1A	
7602	FDX	FAF Paris	F	FX	A1A	FDE FDG FDI
7603	9KT262	KUNA Kuwait	KWT	PX	F1B-50-425L	
7610	SUA231	MENA Cairo	EGY	PX	F1B-50-425L	
	6OM	AIR Mogadishu	SOM	AX	F1B-50	KEN
7614	5UA41	AIR Niamey	NGR	AX	F1B-50-850	
7615	RTT44	R.Moskva FDR	URS	FX	R3E-U	
	RTT44	TASS Moskva	URS	PX	F1B-50-425L	
7619	FUG	FNY La Regine	F	FX	F1B-75-850L	E
7621	VXN	CF Nicosia	CYP	FX	J3E-U	D
7625	HZN47	METEO Jeddah	ARS	MX	F1B-100H4	
	BZG47	XNA Beijing	CHN	PX	F1B-50-425L	
7626	LRN83	EFE Buenos Aires	ARG	PX	F1B-50-850L	
7627	KWS78	USE Athinai	GRC	FX	A1A	
7630	RNR78	METEO Rostov	URS	MX	F1C-60	
7640	RST76	METEO Minsk	URS	MX	F1A F1B-50-1000 F1C-90	
7645	MKK	RAF London	G	FX	J7B	D
7646	DDH7	METEO Quickborn	D	MX	F1B-50-425L	
7650	BZR67	XNA Beijing	CHN	PX	F1B-50-425L	
	HBD60	SwissEmb Paris	F	FX	F1B-ST	SUI
	HBD20	MFA Bern	SUI	FX	F1B-ST	
	TTZ76	STIT N'djamena	TCD	FX	B9W	F
7651		VOA Greenville FDR	USA	FX	B8E	
7652	KKN44	USE Monrovia	LBR	FX	A1A	
7655	FIT75	MOI Paris	F	FX	F1B-ST	
7658	YZD	TANJUG Beograd	YUG	PX	F1B-50-425L	
7660	CLN78	PTT Habana	CUB	FX	A1A F1B-50	URS
	IUU21	POL Roma	I	FX	A1A	IHA21
	XVT56	PTT Hanoi	VTN	FX	F1B-50	THA
7662	KWL90	USE Manila	PHL	FX	A1A	
7665	TI02	Limon R.	CTR	FC	J3E	
	CUA33	CPRM Lisboa	POR	FX	F1B-ARQ96	CVA
7667	5HF33	ETC Dar es Salaam	TZA	FX	J3E-U	MOZ
7669.5	AOK	USN Rota	E	MX	F1C-120	
7670	MKD	RAF Akrotiri	CYP	FX	J7B	
	FDY	FAF Orleans	F	FX	F1B-50-425L	
	RCC76	METEO Moskva	URS	MX	F1C-90	
7671.5	NGD	USN McMurdo	ANT	FX	F1B-50;75	
7675	OMZ9	CE Warszawa	POL	FX	A1A	TCH
7680	GXQ	RN London	G	FX	B9W	CYP
7885	RBK75	METEO Moskva	URS	MX	F1B-50-1000L	
7690	TUH	AIR Abidjan	CTI	AX	F1B-50-425H	NGR
7693	ONY27	NATO Rouveroy	BEL	FX	A1A	ONY24
	3BT3	METEO Bigara	MAU	MX	F1A F1B-50-850	
7695	3MA26	CNA Taipei	TWN	PX	F1B-50-850L	
	RMD51	TASS Moskva	URS	PX	F7B-50-425/850L	
8697	9KT264	KUNA Kuwait	KWT	PX	F1B-50-425H	
7701	9KT264	KUNA Kuwait	KWT	PX	F1B-50-425H	
7706	AOK	USN Rota	E	FC	A1A	NUKO LCMP
7708.5	CNM18	MAP Rabat/Tanger	MRC	PX	F1B-50-425L	
7710	VFF	METEO Frobisher	CAN	MX	F1C-120	
	VFR	METEO Resolute	CAN	MX	F1C-120	
	MKK	RAF London	G	FX	B9W	CYP
7715	RCU71	METEO Novosibirsk	URS	MX	F1B-50-1000H	

7715	AFE83	USAF/NASA Ascension	ASC	FX	B9W	USA
7724	KRH50	USE London	G	FX	A1A	
7725	SOH272	PAP Warszawa	POL	PX	F1B-50-425L	
7727.5	FDY	FAF Orleans	F	FX	F1B-50-425L	
7740	FDY	FAF Orleans	F	FX	A1A	
7747	FIT75	MOI Paris	F	FX	A1A	
7748	ICH	ItNY La Maddalena	I	FX	J3E	
7750	RAW78	METEO Moskva	URS	MX	F1C-60/90/120	
7756	SUA34	MENA Cairo	EGY	PX	F1B-50-425L	
7756.2	WFB37	ITT New York NY	USA	FX	F1B-50-50-850	
7760	RGH77	METEO Arkhangelsk	URS	MX	F1B-50-1000L F1C-60	
7763	7OB31	YTC Aden	YMS	FX	J3E	Mukalla
7767.5	DFG76	DW Frankfurt FDR	D	FX	R3E-L	POR
7770	GYU	RN Gibraltar	GIB	FX	B9W	G
7773	ATU58	INDINFO New Delhi	IND	PX	F1B-50-425H	
7777	DJR	AIR Djibouti	DJI	AX	A1A	
	5YD	AIR Nairobi	KEN	AX	A1A	
	5ST44	AIR Antananarivo	MDG	AX	A1A	
7780	MKK	RAF London	G	FX	J7B	BLZ
7784	Y2H7	PTT Berlin	DDR	FX	F1B-50-425L	CHN VTN
7787	RCT52	TASS Moskva	URS	PX	F1B-50-425L	
7787.5	TJK	AIR Douala	CME	AX	F1B-50	
7795	9HA	AIR Luqa	MLT	AX	F1B-50-425L	SDN
7800	EPX9	IRNA Tehran	IRN	PX	F1B-50-425L	
7802	PCW20	NE Warszawa	POL	FX	F1B-ST	HOL
7803.5	STK	AIR Khartoum	SDN	AX	F1B-50-425L	ARS
7804	AFE83	USAF/NASA Ascension	ASC	FX	B9W	ATG
7806	YZD7	TANJUG Beograd	YUG	PX	F1B-50-425L	
7808.35	OEM27	METEO Wien	AUT	MX	F1B-100-425L	
7810	ZAG	MFA Tirana	ALB	FX	A1A	
	VMA	ARMY Melbourne	AUS	FX	F1B-50-850	
7812	GYU	RN Gibraltar	GIB	FX	J7B	
7812.5	Y7A34	MFA Berlin	DDR	FX	F1B-50-425L	
7813	7UE81	PTT In Salah	ALG	FX	R3E-U	Ouargla
	XZW	AIR Rangoon	BRM	AX	F1B-50	THA
7815	FDY	FAF Orleans	F	FX	A1A	
7817	FDI	FAF Aix-l-Milles	F	FX	A1A	
7819.5	5NK	AIR Kano	NIG	AX	F1B-50	NGR
7830	VVO	IndAF New Delhi	IND	FX	A1A	
7832	9GC31	AIR Accra	GHA	AX	F1B-50-425L	NIG
7832.5	AIR	USAF/MARS Washington	USA	FX	F1B-45/75	
7840	RPTI	PNY Pnt.Delgada	AZR	FX	F1B-50-850	POR
	9UA	AIR Bujumbura	BDI	AX	F1B	TZA
7842.4	CNM20	MAP Rabat/Tanger	MRC	PX	F1B-50-425L	
7845	SOH284	PAP Warszawa	POL	PX	F1B-50-425L	
7848	ONY27	NATO Rouveroy	BEL	FX	F1B-50-850	
	JXZ	NATO Oslo	NOR	FX	F1B-50-850H	
7850	ZAA	ATA Tirana	ALB	PX	F1B-50-425H	
7855	IDQ	ItNY Roma	I	FC	F1B-75-850L	NAWS I11C
	ROK74	METEO Moskva	URS	MX	F1B-50-1000L	
7855.5	WFI77	AP New York NY	USA	PX	F1A F1C	
7857	RBNF	AIR Moskva	URS	AX	A1A	PAK
7863	BJZ21	METEO Hangzhou	CHN	MX	F1B-50-425L	
7863.5	SPW	Warszawa R.	POL	FC	A1A F1B-ST	
7865	SPW	Warszawa R.	POL	FC	J3E	
7867	YKW115	PTE Damascus	SYR	FX	F1B-50-170L	DDR
7872	JXA	RNoAR Oslo	NOR	FX	J3E-U	LBN
7875	RNN52	TASS Moskva	URS	PX	F7B-50-425/850L	

7880	ONY27	NATO Rouveroy	BEL	FX	A1A	ONY24
	DDK3	METEO Quickborn	D	MX	F3C-120	
	Y7K25	MFA Berlin	DDR	FX	F1A F1B-50-425	
7887	BZS27	XNA Beijing	CHN	PX	F1B-50-425L	
	4UZ27	UNO Geneva	SUI	FX	F1B-75-425	CYP
7890	ROQ3	METEO Novosibirsk	URS	MX	F1B-50-425H	
7891	OEC20	MFA Wien	AUT	FX	F1B-50/FEC96	
7892.5	SOH289	Warszawa R.	POL	FC	F1B-FEC	SPMH
	SPW	Warszawa R.	POL	FC	A1A F1B-ST	QSX 8328.5 kHz
7894	NPN	USN Guam	GUM	MX	F1C-120	
	SPW	Warszawa R.	POL	FC	J3E-U	
7895	OLX2	PTT Praha	TCH	FX	F1B-50	BUL URS
7900	RLN74	METEO Yakutsk	URS	MX	F1C-90	
	HVQ7	VNA Hanoi	VTN	PX	F1B-50/75-425	
7902	FIT513	PFT Marseille	F	FX	F1B-ST	
	TZH	AIR Bamako	MLI	AX	F1B-50-425	BFA
7905	YAV	AIR Kabul	AFG	AX	F1B-50	
	5AF	METEO Tripoli	LBY	FX	J3E-U A1A	
7910	RCW79	METEO Alma Ata	URS	MX	F1C-60/90	
7911	9KT26	KUNA Kuwait	KWT	PX	F1B-50-425H	
7912	ZAT	AIR Tirana	ALB	AX	A1A	
	HAM	AIR Budapest	HNG	AX	A1A	
7913	9JZ8	AIR Lusaka	ZMB	AX	F1B-50	
7914	OAG2	AIR Lima	PRU	AX	J3E-U	
7915	9KT26	KUNA Kuwait	KWT	PX	F1B-50-425H	
7917	FDY	FAF Orleans	F	FX	A1A	
7917.5	DFG91	DW Frankfurt FDR	D	FX	R3E	POR
	DFG91	INFO-BRD Frankfurt	D	PX	F1B-FEC96	
7918	4XQ97	PTT Tel Aviv	ISR	FX	F1B-50-425L	URS
	5TQ7	SNIM Zouerate	MTN	FX	F1B-50	Nouadhibou
7922	5UA79	AIR Niamey	NGR	AX	F1B-ARQ96	
7925	CTV	PNY Monsanto	POR	FX	F1B-75-850L	E
	ROK22	R.Moskva FDR	URS	FX	R3E-U	
7926	EBB	SNY Ferrol Caudillo	E	FC	A1A	
	EBC	SNY Cadiz	E	FC	A1A	
	EBD	SNY Cartagena	E	FC	A1A	
7929	MKD	RAF Akrotiri	CYP	FX	A1A J3E	
	ULV	PTT Moskva	URS	FX	F1A F1B-50	
	USZ	ARCTIC Dikson	URS	FX	F1B-50	
7937	Y2N26	PTT Berlin	DDR	FX	F1B-50-425	URS
7938		AIR In Amenas	ALG	AX	J3E	
		AIR Tamanrasset	ALG	AX	J3E	
7943	YOH39	PTT Bucuresti	ROU	FX	F1B-50-425H	ALB
7950	Y2V6	ADN Berlin	DDR	PX	F1B-50-425H F7B	
7951	DHJ51	METEO Grengel	D	MX	F1B-50-425H	
7952	JXU7	RNoN Bodoe	NOR	FC	A1A	
7954	LRN85	DyN Buenos Aires	ARG	PX	F1B-75-850L	
7955	HSJ31	PTT Bangkok	THA	FX	F1B-50	VTN
7960	MKD	RAF Akrotiri	CYP	FX	B9W	G
		IRNA Tehran	IRN	PX	F1B-50-425L	
	OMZ	MFA Praha	TCH	FX	F1B-75-425	
7970	BAS51	PTT Beijing	CHN	FX	F1B-50	HNG SYR
	RAW73	TASS Moskva	URS	PX	F1B-50-425L	
7972	RMP	RuNY Kaliningrad	URS	FC	A1A	
	XVH70	METEO Hanoi	VTN	MX	F1B-50-425H	
7973	BCP21	PTT Shanghai	CHN	FX	F1B-50-425H	DDR
7976	XVZ	AIR HoChiMinh-V.	VTN	AX	F1B-50	THA
7976.5	FDY	FAF Orleans	F	FX	F1B-50-425L	

7980	VNV30	OTC Sydney	AUS	FX	J3E	ANT
	Y3I	METEO Potsdam	DDR	MX	F1B-100-850L	
7988	70C	AIR Aden	YMS	AX	F1B-50	
7990	5HD	AIR Dar es Salaam	TZA	AX	F1B-50	UGA
7995	NHG	USARP Palmer	ANT	FX	J3E	
	NPM	USN Pearl Harbor	HWA	MX	F1C-120	
7996	YZD9	TANJUG Beograd	YUG	PX	F1B-50-425L	
7997	SOH299	METEO Warszawa	POL	MX	F1B-50-425L	
7999	FDY	FAF Orleans	F	FX	A1A F1B-50-425	
8000	FUB	FNY Paris	F	FC	A1A	
	GXH	USN Thurso	G	MX	F1C-120	
	JJY	PTT Sanwa	J	SS	A2A A3E	
	70B31	YTC Mukalla	YMS	FX	J3E	Aden
8001	SOI200	Warszawa R.	POL	FC	A1A	SPMH
8002	KARIM	MOI Alger	ALG	FX	F1B-50-170H	
8005	5TQ7	SNIM Zouerate	MTN	FX	J3E-U	Nouadhibou
	RCD33	R.Moskva FDR	URS	FX	R3E-U	
8008	Y7A35	MFA Berlin	DDR	FX	F1A F1B-50-425	
	RMP	RuNY Kaliningrad	URS	FC	A1A	
8010		Male R.	MLD	FC	J3E	
	5UA	AIR Niamey	NGR	AX	F1B-50-850H	COG
		METEO Moskva	URS	MX	F1C-60/90	
8015	BCQ21	PTT Shanghai	CHN	FX	F1B-50	BEL TCH
8018	OFB28	METEO Helsinki	FNL	MX	F1C-120	
8020	HMF85	KCNA Pyongyang	KRE	PX	F1B-50-425L	
8022.2	FTI2H1	AFP Paris	F	PX	F1B-50-425H	
8023.6	FTI2H3	AFP Paris	F	PX	F1B-50-425H	
8030	IRF50	ANSA Roma	I	PX	F1B-50-425H	
	RRQ27	TASS Moskva	URS	PX	F1B-50-425L	
8035	MKK	RAF London	G	FX	J7B	
8038	FSB	IP Paris	F	FX	F1B-ST/FEC	
8040	BZC75	METEO Urumqi	CHN	MX	F1B-50-425L	
	GFA23	METEO Bracknell	G	MX	F1C-120	
8043	ONY27	NATO Rouveroy	BEL	FX	F1B-50-850	
8045	FSB	IP Paris	F	FX	F1B-ST	
8048	GYU	RN Gibraltar	GIB	FX	B9W	G
8050	AYA23	POL Buenos Aires	ARG	FX	J3E	
	S2D	AIR Dhaka	BGD	AX	A1A	BRM
	XZW	AIR Rangoon	BRM	AX	A1A	BGD
	FDY	FAF Orleans	F	FX	F1B-50-425L	
		IRNA Tehran	IRN	PX	F1B-50-425L	
8052	FTI5	FTN Paris	F	FX	J3E	
8054	7UF5	PTT Tindouf	ALG	FX	J3E	Bechar
8055	LZA2	PTT Sofia	BUL	FX	F1B-50-425	CHN
8060	RAW71	TASS Moskva	URS	PX	F1B-50-425L	
8062	IRF80	ANSA Roma	I	PX	F1B-50-425H	
8065	VSL3	Muara HARBOUR	BRU	FC	J3E	
8067.5	Y2V7	ADN Berlin	DDR	PX	F1B-50-425H F7B	
8070	ZRH22	SAN Capetown	AFS	FX	F1B-50-850	USA
	7UF7	PTT Aoulef	ALG	FX	R3E	Ouargla
8071.5	AWD	AIR Delhi	IND	AX	F1B-50	
8072		MFA Beograd	YUG	FX	F1B-75-425H	
8077.5	SMA8	METEO Norrkoeping	S	MX	F1C-120	
8080	ZLL34	PTT Wellington	NZL	FX	J3E-U	
	NAM	USN Norfolk VA	USA	MX	F1C-120	
8081	SOI208	Warszawa R.	POL	FC	A1A	
	SOI208	PTT Warszawa	POL	FX	F1B-50	CHN
8083	ROM5	METEO Tashkent	URS	MX	F1B-50-425H	

8085	MKK	RAF London	G	FX	B7B	CYP
	RVL21	METEO Khabarovsk	URS	MX	F1B-50	
8090	7UF9	PTT El Golea	ALG	FX	B8E	Ouargla
	NAM	USN Norfolk VA	USA	FC	A1A	NUKO LCMP
8094.5	FDZ	FAF Paris	F	FX	F1B-ST	TCD
8095	HZJ	AIR Jeddah	ARS	AX	F1B-ST	YEM
	FDY	FAF Orleans	F	FX	A1A	
8097.5	HVD	PTT Vatican	CVA	FX	F1B-ARQ96	POR

8100...8195 kHz FESTER FUNKDIENST, BEWEGLICHER SEEFUNKDIENST

8100	7UF10	PTT Djanet	ALG	FX	J3E-L	Tindouf
	WAR46	USA Ft.Richie MD	USA	FX	J3E	
8101	STK	AIR Khartoum	SDN	AX	F1B-50-425L	EGY
8105	WBR70	METEO Miami FL	USA	MX	F1B-75-850H	
8106	CTP	NATO Palhais	POR	FX	F1B-50	
8107	OFB38	Helsinki R.	FNL	FC	J3E F1B-ST	
8108	RFQP	FF Djibouti	DJI	FX	F1B-ARQ96	F
8110	XZW52	AIR Rangoon	BRM	AX	F1B-50	
	IER20	GUARFI Roma	I	FX	F1B-50-850H	IER50
8114	VTK55	IN Tuticorin	IND	FX	F1B-50-850	VTH
8116		MFA Roma	I	FX	F1B-ST	
	BMB	METEO Taipei	TWN	MX	A1A	
8118	9JZ6	AIR Lusaka	ZMB	AX	F1B-50	MWI
8121.9	BAF36	METEO Beijing	CHN	MX	F1C-120	
8122		Tripoli	LBY	FX	J3E-L	
	DFZG	MFA Beograd	YUG	FX	F1B-75-425H	
8123	TNL48	AIR Brazzaville	COG	AX	F1B-50-850H	NGR
8125	RDZ79	R.Moskva FDR	URS	FX	B8E	
	3R5	CE Beograd	YUG	FX	F1B-75-425L	
8126	MLU	RAF Gibraltar	GIB	FX	A1A	
8128	ZBI35	C&W Ascension	ASC	FX	R3E	SHN
8130	MKD	RAF Akrotiri	CYP	FX	B9W	
	VTN	IN Cochin	IND	FX	A1A F1B-50-850	
	WSY70	METEO New York NY	USA	MX	F1B-75-850H	
8130.5	DFH23L2	DW Frankfurt	D	FX	F1B-50-425H	MLT
8133	SOI213	PAP Warszawa	POL	PX	F1B-50-425L	
8136	HVQ20	VNA Hanoi	VTN	PX	F1B-75-425	
8137.5	7QZ32	AIR Lilongwe	MWI	AX	F1B-50	ZMB
8140	CLN219	PL Habana	CUB	PX	F1B-50-425L	
	RNN51	TASS Moskva	URS	PX	F1B-50-425L	
	WBR70	METEO Miami FL	USA	MX	F1B-75-850H	
8142.5	OLX4	CTK Praha	TCH	PX	F1B-50-425H	
	OLX4	PTT Praha	TCH	FX	F1B-50-425H	CHN
8145	EIP	AIR Shannon	IRL	AX	F1B-50-850H	AZR
8146.6	IMB55	METEO Roma	I	MX	F1C-120	
8148	OVG8	RDNY Frederikshavn	DNK	FC	A1A	
8150	NRV	USCG Guam	GUM	FC	A1A	NUKO GCMP
	UKS	ARCTIC Barentsburg	URS	FX	A1A	
8153	HMF86	KCNA Pyongyang	KRE	PX	F1B-50-425H	
8154	SNN299	MFA Warszawa	POL	FX	F1B-75-170H	
8155	MKD	RAF Akrotiri	CYP	FX	B9W	G
8157.5	7OB36	YTC Aden	YMS	FX	J3E	
8160	HGX21	MFA Budapest	HNG	FX	F1B-50-425L	
	AAC32	USA Carlisle Bks PA	USA	FX	J3E	
8161.5	AWC	AIR Calcutta	IND	AX	F1B-50	
8165	5YD7	AIR Nairobi	KEN	AX	F1B-50-425H	SDN

8167.5	LQB9	IGMA Buenos Aires/MG	ARG	SS	A1A	
8170	OMK	PTT Komarno	TCH	FX	A1A	URS
8173	ZRH61	SAN Capetown	AFS	FX	F1B-75-850	
8175	HGX21	MFA Budapest	HNG	FX	F1B-50-425L	
	JAE58	JIJI Tokyo	J	PX	F1B-50-850 F1C	
	5TQ2	SNIM Nouadhibou	MTN	FX	J3E	Zouerate
	ULV	PTT Moskva	URS	FX	F1B-50-600	UPV USZ
8176	FZR81	METEO St.Denis	REU	MX	F1B-50 F1C	
8177.5	BAC38	PTT Beijing	CHN	FX	F1B-50-425L	
8180	7UF18	PTT Alger	ALG	FX	B8E	Tindouf
8185	FPI8B	METEO Paris	F	MX	2F1C-120	
	ZOE	Tristan da Cunha	TRC	FX	J3E	
8190	BLM22	METEO Chengdu	CHN	MX	F1B-50-425L	
	TBO3/4	TuNY Izmir	TUR	FC	A1A	
8192.5	SOI219	PAP Warszawa	POL	PX	F1B-50-425L	

8195...8815 kHz BEWEGLICHER SEEFUNKDIENST

8195....8291.1		Schiffe	AAA	MS	J3E, 31 Kanäle	
8291.1		Schiffe u. Küstenfkst.	AAA	FC/MS	J3E, simplex	
8294.2		Schiffe u. Küstenfkst.	AAA	FC/MS	J3E, simplex	
X 8297.3..8300 kHz		Schiffe	AAA	MS	F1B ungepaart, 5 Kanäle	8297,0 KHz. Russisch
8300....8328 kHz		Schiffe	AAA	MS	Breitband-Telegrafie, ...	
8326	58FGX	SNY Las Palmas	CNR	FC	A1A F1B-75-850	
8328....8331.5		Ozeanografische Daten	AAA	OD/OE		
8331.5..8343.5		Schiffe	AAA	MS	Breitband-Telegrafie, ...	
8334		RN London/Northwood	G	MX	F1C-120	
8343.5..8357.2		Schiffe	AAA	MS	F1B gepaart, 27 Kanäle	
8357.5		Schiffe	AAA	MS	F1B ungepaart	
8357.7..8359.7		Schiffe	AAA	MS	A1A Arbeitsfrequenzen	
8359.7..8374.4		Schiffe	AAA	MS	A1A Anrufkanäle	
8374.4..8376 kHz		Schiffe	AAA	MS	J2D Seketivruf	
8376....8435.4		Schiffe	AAA	MS	A1A Arbeitsfrequenzen	
8436	UCO	Ialta R.	URS	FC	A1A	
8347	7TA6	Alger R.	ALG	FC	A1A	
	OFJ8	Helsinki R.	FNL	FC	A1A	
	PKC	Palembang R.	INS	FC	A1A	
	PKN	Balikpapan R.	INS	FC	A1A	
	4XZ	IsNY Haifa	ISR	FC	A1A	
	JOS	Nagasaki R.	J	FC	A1A	
8439	DAB	Norddeich R.	D	FC	A1A	
	DGH43	DPA Hamburg	D	PX	A1A	
	PBC38	RNN Goeree	HOL	FC	F1B-75-850L	
8440	VCS	Halifax R.	CAN	FC	A1A	
	YIR	Basrah R.	IRQ	FC	A1A	
8440.6	UAT	Moskva R.	URS	FC	A1A	
8441	C6N	Nassau R.	BAH	FC	A1A	
	XYR7	Rangoon R.	BRM	FC	A1A	
	C5G	Banjul R.	GMB	FC	A1A	
	9YL	North Post R.	TRD	FC	A1A	
8441.4	5ZF2	Mombasa R.	KEN	FC	A1A	
	9HD	Malta R.	MLT	FC	A1A	
	7OA	Aden R.	YMS	FC	A1A	
8443	VFF	Frobisher R.	CAN	FC	A1A	
	Y5M	Ruegen R.	DDR	FC	A1A	
8444.5	KFS	Palo Alto R. CA	USA	FC	A1A	
8445	PKK	Kupang R.	INS	FC	A1A	

8445	PKT	Dili R.	INS	FC	A1A	
	A4M	Muscat R.	OMA	FC	A1A	
	S7Q	Seychelles R.	SEY	FC	A1A	
	TCR	Tophane Kulesi R.	TUR	FC	A1A	
	XSX	Keelung R.	TWN	FC	A1A	
	YUR4	Rijeka R.	YUG	FC	A1A	
	9PA	Banana R.	ZAI	FC	A1A	
8445.5	WLO	Mobile R. AL	USA	FC	A1A	
8446	UFM3	Nevelsk R.	URS	FC	A1A	
	UQK	Riga R.	URS	FC	A1A F1B-50-170H	
8446.8	PKN6	Samarinda R.	INS	FC	A1A	
8447	L2C	Buenos Aires R.	ARG	FC	A1A	
8448	A9M	Bahrain R.	BHR	FC	A1A	
8449	LPC78	Ushuaia R.	ARG	FC	A1A	
	8PO	Barbados R.	BRB	FC	A1A	
	ZKR	Rarotonga R.	CKH	FC	A1A	
	TJC7	Douala R.	CME	FC	A1A	
	8RB	Demerara R.	GUY	FC	A1A	
8449.4	VRT	Bermuda R.	BER	FC	A1A	
8450	5AB	Benghazi R.	LBY	FC	A1A	
8451	XSG4	Shanghai R.	CHN	FC	A1A	
	UBF2	Leningrad R.	URS	FC	A1A	
8452	VIS35	Sydney R.	AUS	FC	A1A	
8453	VAI	Vancouver R.	CAN	FC	A1A	
	XSM	Xiamen R.	CHN	FC	A1A	
	TNA8	Pnt.Noire R.	COG	FC	A1A	
	HWN	FNY Paris	F	FC	A1A	
	YVM	Pto.Ordaz R.	VEN	FC	A1A	
8454	A9M	Bahrain R.	BHR	FC	A1A	
	A7D	Doha R.	QAT	FC	A1A	
	UJY	Kaliningrad R.	URS	FC	F1B-50-170H	
8454.5	SVG4	Athinai R.	GRC	FC	A1A F1C-120	
8455	XSQ	Guangzhou R.	CHN	FC	A1A	
8456	ROT	Moskva R.	URS	FC	A1A	
8457	LSA4	Boca R.	ARG	FC	A1A	
	XSP	Shantou R.	CHN	FC	A1A	
	OFJ82	Helsinki R.	FNL	FC	A1A	
	PKG	Banjarmasin R.	INS	FC	A1A	
	PKP	Dumai R.	INS	FC	A1A	
	NMA	USCG Miami FL	USA	FC	F1B-75-850	
8458	XSQ8	Guangzhou R.	CHN	FC	A1A	
	58JQD	SNY Madrid	E	FC	F1B-75-850L	56UAZ 12RG
8459	NOJ	USCG Kodiak	ALS	MX	F1C-120	
	YQI4	Constantza R.	ROU	FC	A1A	
8460	PPJ	Juncao R.	B	FC	A1A	
	LZW4	Varna R.	BUL	FC	A1A	
8460.5	PPL	Belem R.	B	FC	A1A	
	UJY	Kaliningrad R.	URS	FC	F1B-50-170H	
8461	ZSC42	Capetown R.	AFS	FC	A1A	
	CUG	S.Miguel R.	AZR	FC	A1A	
	PKD	Surabaja R.	INS	FC	A1A	
	PKR	Semarang R.	INS	FC	A1A	
	PKY4	Sorong R.	INS	FC	A1A	
	CUB	Madeira R. Funchal	MDR	FC	A1A	
	FJA8	Mahina R.	OCE	FC	A1A	
	YVG	La Guaira R.	VEN	FC	A1A	
8463	Y5M	Ruegen R.	DDR	FC	A1A F1B F1C	
	EQI	Abbas R.	IRN	FC	A1A	

8463	JOU	Nagasaki R.	J	FC	A1A	
		METEO Amderma	URS	MX	F1C-90	
8464	5BA	Cyprus R. Nicosia	CYP	FC	A1A	
8465	TUA4	Abidjan R.	CTI	FC	A1A	
	58JDQ	SNY Madrid	E	FC	F1B-75-850L	56UAZ 12RG
	6YI	Kingston R.	JMC	FC	A1A	
	5RS8	Tamatave R.	MDG	FC	A1A	
	OBC3	Callao R.	PRU	FC	A1A	
	NMN	USCG Portsmouth VA	USA	FC	A1A	
8466	HAR	Budapest R.	HNG	FC	A1A	
	HSC62	Bangkok PORT	THA	FC	A1A	
	UJY	Kaliningrad R.	URS	FC	A1A	
8467.5	JJC	Tokyo/Kemigawa R.	J	FC	F1C-60/120	
8469	D4A6	S.Vicente R.	CPV	FC	A1A	
	D4D	Praia R.	CPV	FC	A1A	
	EQA	Abadan R.	IRN	FC	A1A	
	EQG	Ghosbeh R.	IRN	FC	A1A	
	EQK	Khoramshahr R.	IRN	FC	A1A	
	EQQ	Khark I R.	IRN	FC	A1A	
	EQR	Lavan R.	IRN	FC	A1A	
	CUL8	Lisboa R.	POR	FC	A1A	
8469.2	ZRQ4	SAN Capetown	AFS	FC	A1A	
8469.5	EQI6	Abbas R.	IRN	FC	A1A	
8470	SUZ4	Serapeum R.	EGY	FC	A1A	
	XFL	Mazatlan R.	MEX	FC	A1A	
	XVG9	Haiphong R.	VTN	FC	A1A	
8471	NMR	USCG San Juan	PTR	FC	A1A	
	RMP	RuNY Kaliningrad	URS	FC	A1A	
	UXN	Arkhangelsk R.	URS	FC	F1B-50-170H	
8472	LZL4	Bourgas R.	BUL	FC	A1A	
	TEC	Ocean I R.	CTR	FC	A1A	
	SUP4	Port Said R.	EGY	FC	A1A	
	YKI	Tartous R.	SYR	FC	A1A	
8473	3SB	Datong R.	CHN	FC	A1A	
	PKE	Amboina R.	INS	FC	A1A	
	HLG	Seoul R.	KOR	FC	A1A	
	A7D	Doha R.	QAT	FC	A1A	
	4PB	Colombo R.	SLK	FC	A1A	
	UNM2	Klaipeda R.	URS	FC	A1A	
	WPD	Tampa R. FL	USA	FC	A1A	
8473.5	WLO	Mobile R. AL	USA	FC	A1A	
8474	HCG	Guayaquil R.	EQA	FC	A1A	
8475.5	FUX	FNY St.Denis	REU	FC	A1A	
8476	HCB..HCZ	6 Küstenfunkstellen	EQA	FC	A1A	
	GYU	RN Gibraltar	GIB	FX	F1B-75-850L	MTT
	9VG56	Singapore R.	SNG	FC	A1A	
	OMC	Bratislava R.	TCH	FC	A1A	
	UAH	Tallin R.	URS	FC	A1A	
8478	VHP4	RAN Canberra	AUS	FC	A1A	A13B
	VIS	Sydney R.	AUS	FC	A1A	
	VIX4	RAN Canberra	AUS	FC	A1A	
	OST4	Oostende R.	BEL	FC	A1A	
	CBV	Valparaiso R.	CHL	FC	A1A	
	TIM	Limon R.	CTR	FC	A1A	
8479	JCU	Choshi R.	J	FC	A1A	
	FUF	FNY Ft.de France	MRT	FC	A1A	
8480	ZSC22	Capetown R.	AFS	FC	A1A	
	HZY	Ras Tanura R.	ARS	FC	A1A	

8480	XUK3	Kompong-Som-V. R.	CBG	FC	A1A	
	TIM	Limon R.	CTR	FC	A1A	
	CLQ	Cojimar R.	CUB	FC	A1A	
	5AL	Tobruk R.	LBY	FC	A1A	
8482	SPH41	Gdynia R.	POL	FC	A1A	
	OMP	Praha R.	TCH	FC	A1A	
8483.5	DAN	Norddeich R.	D	FC	A1A	
8484	XSE	Qinhuangdao R.	CHN	FC	A1A	
	HLF	Seoul R.	KOR	FC	A1A	
8484.5	HZG	Dammam R.	ARS	FC	A1A	
8485	4XO	Haifa R.	ISR	FC	A1A	
	UFN	Novorossijsk R.	URS	FC	A1A	
	UFN	Novorossijsk R.	URS	FC	F1B-50	
8486	FUB3	FNY Paris	F	FC	F1B-75-850H	FAAC
8487	VID	Darwin R.	AUS	FC	A1A	
	XSG26	Shanghai R.	CHN	FC	A1A	
8487.5	IDQ4	ItNY Roma	I	FC	A1A	
8489	CLS	Habana F R.	CUB	FC	A1A	
8490	XSQ4	Guangzhou R.	CHN	FC	A1A	
	AQP5	PN Karachi	PAK	FC	A1A	
	CUL7	Lisboa R.	POR	FC	A1A	
	OBF4	Mollendo R.	PRU	FC	A1A	
	NMF	USCG Boston MA	USA	FC	F1B-ST/FEC	
8492	PPR	Rio de Janeiro R.	B	FC	A1A	
	JNA	Tokyo R.	J	FC	A1A	
	TBA/3/4	TuNY Izmir	TUR	FC	A1A	
8493.2	GYA	RN London	G	FC	A1A	
8494.1	NUD	USN Adak	ALS	MX	F1C-120	
8494.8	GZZ40	RN London	G	FC	F1B F1C-120	
8496	CLA20	Habana R.	CUB	FC	A1A	
8496.5	GKS4	Portishead R.	G	FC	A1A/F1B-SF	QSX 8297.6 kHz
8497	HLJ	Seoul R.	KOR	FC	A1A	
8498	SAG4	Goeteborg R.	S	FC	A1A	
8499	DHJ59	GNY Wilhelmshaven	D	FC	A1A	
8500	VTH	IN Bombay	IND	FC	F1B-50-850	
8502	ZSC37	Capetown R.	AFS	FC	A1A	
	PPL	Belem R.	B	FC	A1A	
	XSG	Shanghai R.	CHN	FC	A1A	
	IQX	Trieste R.	I	FC	A1A	
	TBO2/3	TuNY Izmir	TUR	FC	A1A	
	NIK	USCG Boston MA	USA	FC	A1A F1B-ST F1C-120	
	WKM	West Haven R. CT	USA	FC	A1A	
8504	ZLB4	Awarua R.	NZL	FC	A1A	
8505	XFK	La Paz R.	MEX	FC	A1A	
8506	NKW	USN Diego Garcia	BIO	MX	F1C-120	
	AOK	USN Rota	E	MX	F1C-120	
	NPO	USN S.Miguel	PHL	FC	A1A	NUKO GCMP
	XSX	Keelung R.	TWN	FC	A1A	
	UDH	Riga R.	URS	FC	A1A	
8508	HPP	Panama R.	PNR	FC	A1A	
	KLC	Galveston R. TX	USA	FC	A1A	
8510	CCM	CN Magallanes	CHL	FC	A1A	
	FFS4	Saint Lys R.	F	FC	A1A	
	VWV	Vizagapatam R.	IND	FC	A1A	
	UKK3	Nakhodka R.	URS	FC	A1A	
8511.9	DAL	Norddeich R.	D	FC	A1A	
8514	XSQ	Guangzhou R.	CHN	FC	A1A	
	PBC98	RNN Goeree	HOL	FC	A1A F1B	NAWS N13A

8514	VWB	Bombay R.	IND	FC	A1A
	XFA	Acapulco R.	MEX	FC	A1A
	WLO	Mobile R. AL	USA	FC	A1A
8515	5AT	Tripoli R.	LBY	FC	A1A
	P2R	Rabaul R.	PNG	FC	A1A
	UFL	Vladivostok R.	URS	FC	A1A
	UMV	Murmansk R.	URS	FC	A1A
8516	CLS	Habana F R.	CUB	FC	A1A
	GKC4	Portishead R.	G	FC	A1A
8518	4XZ	IsNY Haifa	ISR	FC	A1A
	ELC	Monrovia R.	LBR	FC	A1A
8520	UFB	Odessa R.	URS	FC	F1B-50-170H
8520.5	PPO	Olinda R.	B	FC	A1A
8521	VIS26	Sydney R.	AUS	FC	A1A
8522	CBV	Valparaiso .	CHL	FC	A1A
	9WW20	Kuching R.	MLA	FC	A1A
8522.5	FFL4	Saint Lys R.	F	FC	A1A
8523.4	JOR	Nagasaki R.	J	FC	A1A
8523.5	CTW8	PNY Monsanto	POR	FC	A1A
8524	DZW	Manila R.	PHL	FC	A1A
8525	9KK6	Kuwait R.	KWT	FC	A1A
	WNU33	Slidell R. LA	USA	FC	A1A
8526	VWC	Calcutta R.	IND	FC	A1A
	JMC4	METEO Tokyo	J	MX	A1A
8526.5	CTW8	PNY Monsanto	POR	FC	F1B-75-850
8527	OBY2	Paita R.	PRU	FC	A1A
8527.5	LFN	Rogaland R.	NOR	FC	A1A
8527.9	CTW8	PNY Monsanto	POR	MX	R3C-120
8528.5	EBA	SNY Madrid	E	FC	A1A F1B-75-170
	UFB	Odessa R.	URS	FC	A1A
8530	PWZ33	BN Rio de Janeiro	B	FC	F1B-50-850
	SVJ4	Athinai R.	GRC	FC	A1A
	IAR28	Roma R.	I	FC	A1A
	9VG25	Singapore R.	SNG	FC	A1A
8532	LZW42	Varna R.	BUL	FC	A1A
8534	3VP7	TRAPSA La Skhirra R.	TUN	FC	A1A
	WKM	West Haven R. CT	USA	FC	A1A
8535	UTA	Tallin R.	URS	FC	A1A
8536.5	SVF4	Athinai R.	GRC	FC	A1A
8538	FUF	FNY Ft.de France	MRT	FC	A1A
8539	VPS35	C.d'Aguilar R.	HKG	FC	A1A
8540	OBT2	Talara R.	PRU	FC	A1A
	UBN	Jdanov R.	URS	FC	A1A F1B-50-170H
8541	XSJ	Zhanjiang R.	CHN	FC	A1A
	URB2	Klaipeda R.	URS	FC	A1A
8542	PKX	Jakarta R.	INS	FC	A1A
8545	DZF	Manila R.	PHL	FC	A1A
	UQK	Riga R.	URS	FC	A1A
8546	XST	Qingdao R.	CHN	FC	A1A
	GKA4	Portishead R.	G	FC	A1A
	OBC3	Callao R.	PRU	FC	A1A
	OBQ5	Iquitos R.	PRU	FC	A1A
	XSY	Hualien R.	TWN	FC	A1A
	UHK	Batumi R.	URS	FC	A1A
8547.5	JFA	Matsudo R.	J	FC	A1A
8548	PPO	Olinda R.	B	FC	A1A
8550	PWZ33	BN Rio de Janeiro	B	FC	A1A
	FFT4	Saint Lys R.	F	FC	A1A

8551.5	CTP95	RN Palhais	POR	FC	A1A		
8552	GKK4	Portishead R.	G	FC	A1A		
8554	3BA4	Mauritius R.	MAU	FC	A1A		
	FUF	FNY Ft.de France	MRT	FC	A1A		
	ARL4	PN Karachi	PAK	FC	A1A		
8555	TBB6	TuNY Izmir	TUR	FC	A1A		
8556	DZP	Manila/Novaliches R.	PHL	FC	A1A		
	SAB44	Goeteborg R.	S	FC	F1B-ST		QSX 8299.6 kHz
8556.5	HZG	Dammam R.	ARS	FC	A1A		
8557	SPE41	Szczecin R.	POL	FC	A1A		
8558	VSL1	Seria R.	BRU	FC	A1A		
8558.4	KFS	Palo Alto R. CA	USA	FC	A1A		
8559.5	GKB4	Portishead R.	G	FC	A1A		
8562	PCH40	Scheveningen R.	HOL	FC	A1A		
	XFB	Ciudad-Carmen R.	MEX	FC	A1A		
	XFE	Ensenada R.	MEX	FC	A1A		
8564	LZL4	Bourgas R.	BUL	FC	A1A		
	DZE	Mandaluyong R.	PHL	FC	A1A		
8565	D3E51	Luanda R.	AGL	FC	A1A		
	HWU	FNY Le Blanc	F	FC	F1B-50-850L		FAAZ
	UKA	Vladivostok R.	URS	FC	A1A		
8566	ZSJ4	SAN Capetown	AFS	FC	A1A		
8567	XDA	Mexico R.	MEX	FC	A1A		
8568	FUV	FNY Djibouti	DJI	FC	A1A		
	DZR	Manila R.	PHL	FC	A1A		
8568.5	XFM	Manzanillo R.	MEX	FC	A1A		
8569	GKD4	Portishead R.	G	FC	A1A		
8570	NRV	USCG Guam	GUM	FC	A1A		
	UPB	Providenia Bukhta R.	URS	FC	A1A		
	WNU43	Slidell R. LA	USA	FC	A1A		
	XVT5	Danang R.	VTN	FC	A1A		
8571	JNA	Tokyo R.	J	FC	A1A		
8571.5	9VG	Singapore R.	SNG	FC	A1A		
8571	UFN	Novorossijsk R.	URS	FC	A1A		
8572	5TA	Nouadhibou R.	MTN	FC	A1A		
	DZD	Antipolo R.	PHL	FC	A1A		
8573	CLA21	Habana R.	CUB	FC	A1A		
	UKW3	Korsakov R.	URS	FC	A1A		
8573.5	HSA4	Bangkok R.	THA	FC	A1A		
8573.9	5RS	Tamatave R.	MDG	FC	A1A		
8574	XSU	Yantai R.	CHN	FC	A1A		
	HKC/2	Buenaventura R.	CLM	FC	A1A		
	LGB	Rogaland R.	NOR	FC	A1A		
	NMC	USCG S.Francisco CA	USA	FC	A1A		
8575	URD	Leningrad R.	URS	FC	A1A	F1B-50-170H	
8575.5	XDA	Mexico R.	MEX	FC	A1A		
8576	DZZ	Manila R.	PHL	FC	A1A		
8576.5	ZSD45	Durban R.	AFS	FC	A1A		
8577	HLO	Seoul R.	KOR	FC	A1A		
8578	SUH3	Alexandria R.	EGY	FC	A1A		
8580	DZO	Manila R.	PHL	FC	A1A		
8580.5	GKN4	Portishead R.	G	FC	A1A	F1C	
	XFC	Cozumel R.	MEX	FC	A1A		
8581.6	GKM4	Portishead R.	G	FC	A1A		
8582	XSN	Ningbo R.	CHN	FC	A1A		
	HNT	BASPECTO Basrah R.	IRQ	FC	A1A		
	XSW	Kaohsiung R.	TWN	FC	A1A		
	KLB	Seattle R. WA	USA	FC	A1A		

8582.5	GKO4	Portishead R.	G	FC	A1A		
8584	Y5M	Ruegen R.	DDR	FC	A1A		
	VPS36	C.d'Aguilar R.	HKG	FC	A1A		
8585	KUQ	Pago-Pago R.	SMA	FC	A1A		
8586	XSO	Wenzhou R.	CHN	FC	A1A		
	UJO5	Izmail R.	URS	FC	A1A		
	WCC	Chatham R. MA	USA	FC	A1A		
8588	DZG	Manila/LP R.	PHL	FC	A1A		
	4WD3	Hodeidah R.	YEM	FC	A1A		
8589	HPP	Panama R.	PNR	FC	A1A		
8590	FUE3	FNY Brest	F	FC	F1B-75-850L		FAAC
	RRE31	TASS Moskva	URS	PX	F1B-50-425L		
	UOP	Tuapse R.	URS	FC	A1A		
	XVS8	HoChiMinh-V. R.	VTN	FC	A1A		
8590.5	XDA	Mexico R.	MEX	FC	A1A		
8591.5	GKG4	Portishead R.	G	FC	A1A		
8592	DZK	Manila R.	PHL	FC	A1A		
8593	UFB	Odessa R.	URS	FC	A1A		
8594	CCS	CN Santiago	CHL	FC	A1A		
8595	UFL	Vladivostok R.	URS	FC	A1A		
8595.5	XFP	Chetumal R.	MEX	FC	A1A		
8597	CKN	CF Vancouver	CAN	FC	A1A		
8597.5	VIP3	Perth R.	AUS	FC	A1A		
8598	XSL	Fuzhou R.	CHN	FC	A1A		
	OXZ4	Lyngby R.	DNK	FC	A1A		
8598.3	ZLO4	RNZN Irirangi	NZL	FC	A1A		
8600	XSV	Tianjin R.	CHN	FC	A1A		
	ELH	Harbel R.	LBR	FC	A1A		
	DXF	Davao R.	PHL	FC	A1A		
	URD	Leningrad R.	URS	FC	A1A	F1B-50-170H	
8601.5	HEB	Bern R.	SUI	FC	A1A		
8602	CCS	CN Santiago	CHL	FC	A1A		
	CWA	Cerrito R.	URG	FC	A1A		
8604	GKH4	Portishead R.	G	FC	A1A		
	DZJ	Manila R.	PHL	FC	A1A		
8604.2	ZRH4	SAN Capetown	AFS	FC	A1A		
8605	USW2	Kaliningrad R.	URS	FC	A1A		
8606	GKI4	Portishead R.	G	FC	A1A		
	ELZ	Cape Palmas R.	LBR	FC	A1A		
8607	LZW43	Varna R.	BUL	FC	A1A		
	HPN60	Canal R.	PNR	FC	A1A		
	UBN	Jdanov R.	URS	FC	A1A	F1B-50-170H	
8608	DZA	Mandaluyong R.	PHL	FC	A1A		
8608.5	Y5M	Ruegen R.	DDR	FC	A1A	F1B-50-170L	
8609.5	9VG73	Singapore R.	SNG	FC	A1A		
8610	UXN	Arkhangelsk R.	URS	FC	A1A		
	WMH	Baltimore R. MD	USA	FC	A1A		
8611.5	TAH	Istanbul R.	TUR	FC	A1A		
8613	XFY	Guaymas R.	MEX	FC	A1A		
8613.2	GYC4	RN London	G	FC	A1A		NAWS B13A
8614	XSJ	Zhanjiang R.	CHN	FC	A1A		
	URL	Sevastopol R.	URS	FC	A1A		
8615	DXF	Davao R.	PHL	FC	A1A		
8615.5	WPD	Tampa R. FL	USA	FC	A1A		
8616	HAR	Budapest R.	HNG	FC	A1A		
8617	XSV	Tianjin R.	CHN	FC	A1A		
8618	EDZ4	Aranjuez R.	E	FC	A1A		
	ETC	Assab R.	ETH	FC	A1A		

8618	UJ05	Izmail R.	URS	FC	A1A	
	KPH	S.Francisco R.	USA	FC	A1A	
8619	VRN35	C.d'Aguilar R.	HKG	FC	A1A	
8620	DYP	Cebu R.	PHL	FC	A1A	
	UBN	Jdanov R.	URS	FC	A1A	
	UMV	Murmansk R.	URS	FC	F1B-50-170H	
8621	XFN	Progreso R.	MEX	FC	A1A	
8622	XSF	Lianyungang R.	CHN	FC	A1A	
	PCH41	Scheveningen R.	HOL	FC	A1A	
8623	5BA	Cyprus R. Nicosia	CYP	FC	A1A	
8624	XSQ4	Guangzhou R.	CHN	FC	A1A	
8625	FUG	FNY La Regine	F	FC	A1A	
	FUM	FNY Papeete	OCE	FC	A1A	
	YKM7	Lattaquia R.	SYR	FC	A1A	
8625.2	GYU	RN Gibraltar	GIB	FC	A1A	
8626	OXZ41	Lyngby R.	DNK	FC	A1A	
	PKI2	Jakarta R.	INS	FC	A1A	
	XDA	Mexico R.	MEX	FC	A1A	
8627.5	OMP4	Praha R.	TCH	FC	A1A	
8628	JFA	Matsudo R.	J	FC	A1A	
	DXR	Davao R.	PHL	FC	A1A	
8628.5	NOJ	USCG Kodiak	ALS	FC	A1A	
8629	XSD	Yingkou R.	CHN	FC	A1A	
8630	VWB	Bombay R.	IND	FC	A1A	
	9MB4	NAVY Penang	MLA	FC	A1A	
	A7D	Doha R.	QAT	FC	A1A	
	WCC	Chatham R. MA	USA	FC	A1A	
8631	XFQ	Salina Cruz R.	MEX	FC	A1A	
8632	DYV	Iloilo R.	PHL	FC	A1A	
	XSW	Kaohsiung R.	TWN	FC	A1A	
	UKA	Vladivostok R.	URS	FC	A1A	
8634	PPR	Rio de Janeiro R.	B	FC	A1A	
	XSH	Basuo R.	CHN	FC	A1A	
	FUO	FNY Toulon	F	FC	F1B-75-850L	
	VTG6	IN Bombay	IND	FC	A1A	
	SPH42	Gdynia R.	POL	FC	A1A	
	S9M	Sao Tome R.	STP	FC	A1A	
8636	HLW	Seoul R.	KOR	FC	A1A	
	DZU	Pasig R.	PHL	FC	A1A	
8638.5	DAM	Norddeich R.	D	FC	A1A	
8639.5	AOK	USN Rota	E	FC	F1C-120	
8641	HIW7	Boca Chica PILOT	DOM	FC	A1A	
	HIW8	Pto.Plata PILOT	DOM	FC	A1A	
8642	D4A7	S.Vicente R.	CPV	FC	A1A	
	HIA	Sto.Domingo PILOT	DOM	FC	A1A	
	C9C6	NAVY Maputo	MOZ	FC	A1A	
	CTV8	PNY Monsanto	POR	FC	A1A	
	KPH	S.Francisco R.	USA	FC	A1A	
8644.1	WWD	SCRIPPS La Jolla CA	USA	FC	J3E F1C-120	
8646	LPD86	Gen.Pacheco R.	ARG	FC	A1A	
	VTP6	IN Vizagapatam	IND	FC	A1A	
	FUJ	FNY Noumea	NCL	FC	A1A	
8647	DHJ59	GNY Wilhelmshaven	D	FC	A1A	NAWS G23B
8647.5	JDC	Choshi R.	J	FC	A1A	
8648	DZH	Manila R.	PHL	FC	A1A	
8649.5	ICB	Genova R.	I	FC	A1A	
8650	NMO	USCG Honolulu	HWA	FC	A1A	
	SPE42	Szczecin R.	POL	FC	A1A	

8650	OBC	Callao R.	PRU	FC	A1A		
8651	HZG	Dammam R.	ARS	FC	A1A		
8652	OST42	Oostende R.	BEL	FC	A1A		
	STP	Pt.Sudan R.	SDN	FC	A1A		
8652.5	PZN3	Paramaribo R.	SUR	FC	A1A		
8653.6	JCS	Choshi R.	J	FC	A1A		
8654.4	PCH42	Scheveningen R.	HOL	FC	A1A		
8656	IAR38	Roma R.	I	FC	A1A		
	XFU	Veracruz R.	MEX	FC	A1A		
	DZM	Manila/Bulacan R.	PHL	FC	A1A		
8658	S3E	Khulna R.	BGD	FC	A1A		
	ASK	Karachi R.	PAK	FC	A1A		
	WLO	Mobile R. AL	USA	FC	A1A		
8659.5	KLC	Galveston R. TX	USA	FC	A1A		
8660	Y5M	Ruegen R.	DDR	FC	A1A	F1B-50-170	
	DZJ	Manila R.	PHL	FC	A1A		
8660.5	UJQ7	Kiev R.	URS	FC	A1A		
8662	TAH	Istanbul R.	TUR	FC	A1A		
8663	UFN	Novorossijsk R.	URS	FC	A1A	F1B-50-170H	
8664	WSC	Tuckerton R. NJ	USA	FC	A1A		
8665	XSG3	Shanghai R.	CHN	FC	A1A		
8666	FUG3	FNY La Regine	F	FC	A1A	F1B	
	KLC	Galveston R. TX	USA	FC	A1A		
8666.4	SPH43	Gdynia R.	POL	FC	A1A		
8667	YKM5	Baniyas R.	SYR	FC	A1A		
8668	YIR	Basrah R.	IRQ	FC	A1A		
8670	IAR8	Roma R.	I	FC	A1A		
8672	DZI	Manila/Bacoor R.	PHL	FC	A1A		
8672.5	DAF	Norddeich R.	D	FC	A1A		
8674.4	VWM	Madras R.	IND	FC	A1A		
8675	UQB	Kholmsk R.	URS	FC	A1A		
8676	DYM	Cebu R.	PHL	FC	A1A		
	STP	Pt.Sudan R.	SDN	FC	A1A		
8677	CBV	Valparaiso R.	CHL	FC	A1A	F1C-120	
8677.5	URD	Leningrad R.	URS	FC	F1B-50-170H		
8678	XSZ	Dalian R.	CHN	FC	A1A		
	ZLP4	RNZN Irirangi	NZL	FC	A1A		
	SPH44	Gdynia R.	POL	FC	A1A		
	IQX	Trieste R.	I	FC	A1A		
8680	XUK3	Kompong-Som-V. R.	CBG	FC	A1A		
	UQB	Kholmsk R.	URS	FC	A1A		
	WSC	Tuckerton R. NJ	USA	FC	A1A		
8681	SVI4	Athinai R.	GRC	FC	A1A		
8682	CCS	CN Santiago	CHL	MX	F1C-120		
	J2A8	Djibouti R.	DJI	FC	A1A		
	EAD3	Aranjuez R.	E	FC	A1A		
	NMC	USCG S.Francisco CA	USA	FC	A1A	F1C-120	
8683	CCS	CN Santiago	CHL	FC	A1A		
8683.5	LFB2	Rogaland R.	NOR	FC	F1B-ST		QSX 8298.6 kHz
8684	LZL4	Bourgas R.	BUL	FC	A1A		
	GKJ4	Portishead R.	G	FC	A1A		
8685.7	IRM6	CIRM Roma	I	FC	A1A		
8686	PKA	Sabang R.	INS	FC	A1A		
	PKB	Belawan R.	INS	FC	A1A		
	PKF	Makassar R.	INS	FC	A1A		
	PKM9	Donggala R.	INS	FC	A1A		
	JCT	Choshi R.	J	FC	A1A		
	CNP	Casablanca R.	MRC	FC	A1A		

8686	C2N	Nauru R.	NRU	FC	A1A		
	HSA2	Bangkok R.	THA	FC	A1A		
	WMH	Baltimore R. MD	USA	FC	A1A		
8687	SVA4	Athinai R.	GRC	FC	A1A		
8687.6	URD	Leningrad R.	URS	FC	A1A		
8688	9VG36	Singapore R.	SNG	FC	A1A		
	WNU53	Slidell R. LA	USA	FC	A1A		
8688.5	ZSC6	Capetown R.	AFS	FC	A1A		
8690	FJY4	St.Paul R.	AMS	FC	A1A		
	CLQ	Cojimar R.	CUB	FC	A1A		
	3DP3	Suva R.	FJI	FC	A1A		
	TFA8	Reykjavik R.	ISL	FC	A1A		
	XFQ3	PEMEX Salina Cruz R.	MEX	FC	A1A		
	XFS3	PEMEX Tampico R.	MEX	FC	A1A		
	6VA5	Dakar R.	SEN	FC	A1A		
	UMV	Murmansk R.	URS	FC	A1A		
8690.5	XFF2	PEMEX Pajaritos R.	MEX	FC	A1A		
8692.5	SVD4	Athinai R.	GRC	FC	A1A		
8694	D3E52	Luanda R.	AGL	FC	A1A		
	PJC	Curacao R.	ATN	FC	A1A		
	S3D	Chittagong R.	BGD	FC	A1A		
	CBP2	Pto.Montt R.	CHL	FC	A1A		
	XSZ	Dalian R.	CHN	FC	A1A		
	PKM	Bitung R.	INS	FC	A1A		
	PNK	Jayapura R.	INS	FC	A1A		
	4XO	Haifa R.	ISR	FC	A1A		
8695	UHK	Batumi R.	URS	FC	A1A		
8696	ZAD2	Durres R.	ALB	FC	A1A		
	CBM	Magallanes R.	CHL	FC	A1A		
	Y5M	Ruegen R.	DDR	FC	A1A	F1B-50-170	
8697	CFH	CF Halifax	CAN	FC	A1A		C13L
8698	XSC	Fangshan R.	CHN	FC	A1A		
	EQM	Bushehr R.	IRN	FC	A1A		
	EQN	Khomeini R.	IRN	FC	A1A		
	9MG2	Penang R.	MLA	FC	A1A		
	C9L2	Maputo R.	MOZ	FC	A1A		
	C9L6	Mocambique R.	MOZ	FC	A1A		
	FJP8	Noumea R.	NCL	FC	A1A		
	5OW8	Lagos R.	NIG	FC	A1A		
	UDK2	Murmansk R.	URS	FC	A1A		
8700	CTU28	PNY Monsanto	POR	FC	F1B-75-850L		P12A
	YUR3	Rijeka R.	YUG	FC	A1A		
	XSY	Hualien R.	TWN	FC	A1A		
8700.4	HKB	Barranquilla R.	CLM	FC	A1A		
8701	UNM2	Klaipeda R.	URS	FC	A1A		
8702	LST9	YPF Buenos Aires R.	ARG	FC	A1A		
	OSN48	BNY Oostende	BEL	FC	A1A		
	XSR	Haikou R.	CHN	FC	A1A		
	CLA22	Habana R.	CUB	FC	A1A		
	3XO28	Kamsar R.	GUI	FC	J3E		
	ODR3	Beirut R.	LBN	FC	A1A		
8703	CTU28	PNY Monsanto	POR	FC	A1A		P13A
	UXN	Arkhangelsk R.	URS	FC	F1B-50-170H		
8704	SVB4	Athinai R.	GRC	FC	A1A		
8705.0	DCN	Norddeich R.	D	FC	F1B-ST		QSX 8344.0 kHz
	KFS	Palo Alto R. CA	USA	FC	A1A	F1B-ST	
8705.5	GKE4	Portishead R.	G	FC	A1A	F1B-ST	QSX 8344.5 kHz
	ZLW	Wellington R.	NZL	FC	F1B-ST		

8705.5	WNU	Slidell R. LA	USA	FC	A1A F1B-ST	
8706	3CA7	Banapa R.	GNE	FC	A1A	
8706.0	OST46	Oostende R.	BEL	FC	F1B-ST	QSX 8345.0 kHz
	SPA45	Gdynia R.	POL	FC	F1B-ST	
	KFS	Palo Alto R. CA	USA	FC	F1B-ST	
8706.5	DCM	Norddeich R.	D	FC	F1B-ST	QSX 8345.5 kHz
	IAR	Roma R.	I	FC	A1A F1B-ST	
	ZLW	Wellington R.	NZL	FC	F1B-ST	
	UFN	Novorossijsk R.	URS	FC	F1B-ST	
8707.0	HZG	Dammam R.	ARS	FC	F1B-ST	QSX 8346.0 kHz
	J2A	Djibouti R.	DJI	FC	F1B	
	LGB2	Rogaland R.	NOR	FC	A1A F1B-ST	
		Szczecin R.	POL	FC	F1B-ST	
	WLO	Mobile R. AL	USA	FC	A1A F1B-ST	
8707.5	VIP33	Perth R.	AUS	FC	F1B-ST	QSX 8346.5 kHz
	OFA	Helsinki R.	FNL	FC	F1B-ST	
	UAT	Moskva R.	URS	FC	A1A F1B-ST	
8708.0	JNA	Tokyo R.	J	FC	F1B-ST	QSX 8347.0 kHz
	SAB407	Goeteborg R.	S	FC	F1B-ST	
8708.5	EAD	Aranjuez R.	E	FC	F1B-ST	QSX 8347.5 kHz
	FFT41	Saint Lys R.	F	FC	A1A F1B-ST	
	UBE2	Petropavlovsk/Kam R.	URS	FC	F1B	
	WPD	Tampa R. FL	USA	FC	F1B-ST	
8709.0	CBV	Valparaiso R.	CHL	FC	F1B-ST	QSX 8348.0 kHz
	HPP	Panama R.	PNR	FC	F1B-ST	
	9VG78	Singapore R.	SNG	FC	A1A F1B-ST	
	S9M	Sao Tome R.	STP	FC	F1B	
	HEC18	Bern R.	SUI	FC	A1A F1B-ST	
	UFB	Odessa R.	URS	FC	F1B-50	
	KLC	Galveston R. TX	USA	FC	F1B-ST	
8709.5	VIP39	Perth R.	AUS	FC	F1B-ST	QSX 8348.5 kHz
	OXZ	Lyngby R.	DNK	FC	A1A F1B-ST	
	CUL	Lisboa R.	POR	FC	F1B-ST	
	A7D	Doha R.	QAT	FC	F1B-ST	
	UQB	Kholmsk R.	URS	FC	F1B-ST	
	WLO	Mobile R. AL	USA	FC	F1B-ST	
8710	9LL	Freetown R.	SRL	FC	A1A	
8710.0	CBV	Valparaiso R.	CHL	FC	F1B	QSX 8349.0 kHz
	SVS4	Athinai R.	GRC	FC	A1A F1B-ST	
	VPS38	C.d'Aguilar R.	HKG	FC	F1B-ST	
		Seoul R.	KOR	FC	F1B	
	URD	Leningrad R.	URS	FC	F1B-ST	
8710.5	VIS84	Sydney R.	AUS	FC	A1A F1B-ST	QSX 8349.5 kHz
	OST47	Oostende R.	BEL	FC	F1B-ST	
	NRV	USCG Guam	GUM	FC	F1B-FEC	
	UAH	Tallin R.	URS	FC	A1A F1B-ST	
	UPB	Providenia Bukhta R.	URS	FC	F1B	
	NMF	USCG Boston MA	USA	FC	F1B-ST	
8711.0	GKP4	Portishead R.	G	FC	A1A F1B-ST	QSX 8350.0 kHz
	UBN	Jdanov R.	URS	FC	F1B	
	KPH	S.Francisco R.	USA	FC	A1A F1B-ST	
8711.5	VIS65	Sydney R.	AUS	FC	A1A F1B-ST	QSX 8350.5 kHz
	SVT4	Athinai R.	GRC	FC	F1B-ST	
	ICB	Genova R.	I	FC	F1B-ST	
	UFN	Novorossijsk R.	URS	FC	F1B-ST	
	UXN	Arkhangelsk R.	URS	FC	A1A F1B	
8712.0	DCL	Norddeich R.	D	FC	F1B-ST	QSX 8351.0 kHz
	3AC	Monaco R.	MCO	FC	F1B-ST	

8712.0	WLO	Mobile R. AL	USA	FC	A1A F1B-ST	
8712.5	FFT42	Saint Lys R.	F	FC	F1B-ST	QSX 8351.5 kHz
	SVU4	Athinai R.	GRC	FC	A1A F1B-ST	
	WCC	Chatham R. MA	USA	FC	A1A F1B-ST	
8713.0	VPS39	C.d'Aguilar R.	HKG	FC	F1B-ST	QSX 8352.0 kHz
	PCH45	Scheveningen R.	HOL	FC	F1B-ST	
	HPP	Panama R.	PNR	FC	F1B	
	9VG92	Singapore R.	SNG	FC	F1B-ST	
8713.5	FFT43	Saint Lys R.	F	FC	A1A F1B-ST	QSX 8352.5 kHz
	OFA	Helsinki R.	FNL	FC	F1B-ST	
8714.0	ZSD60	Durban R.	AFS	FC	A1A F1B-ST	QSX 8353.0 kHz
	GKY4	Portishead R.	G	FC	F1B-ST	
	HEC28	Bern R.	SUI	FC	F1B-ST	
	WNU	Slidell R. LA	USA	FC	F1B-ST	
	9PA	Banana R.	ZAI	FC	F1B	
8714.5	VRT	Bermuda R.	BER	FC	F1B	QSX 8353.5 kHz
	EAD	Aranjuez R.	E	FC	F1B-ST	
	ICB	Genova R.	I	FC	A1A F1B-ST	
	NMC	USCG S.Francisco CA	USA	FC	F1B-ST	
8715	EPD	AIR Tehran	IRN	MX	F1C-90	
8715.0	3AC	Monaco R.	MCO	FC	F1B-ST	QSX 8354.0 kHz
	LGB3	Rogaland R.	NOR	FC	F1B-ST	
	9VG79	Singapore R.	SNG	FC	F1B-ST	
	WCC	Chatham R. MA	USA	FC	A1A F1B-ST	
8715.5	OXZ	Lyngby R.	DNK	FC	A1A F1B-ST	QSX 8354.5 kHz
	A7D	Doha R.	QAT	FC	F1B-ST	
8716	BAL2	PTT Beijing	CHN	FC	F1B-50-425H	ALB BUL HNG
8716.0	A9M	Bahrain R.	BHR	FC	A1A F1B-ST	QSX 8355.0 kHz
	DCF	Norddeich R.	D	FC	F1B-ST	
	SPA46	Gdynia R.	POL	FC	F1B	
8716.5	VCS	Halifax R.	CAN	FC	F1B-ST	QSX 8355.5 kHz
	SAB424	Goeteborg R.	S	FC	F1B-ST	
	XSX	Keelung R.	TWN	FC	F1B-ST	
8717.0	ZSC62	Capetown R.	AFS	FC	F1B-ST	QSX 8356.0 kHz
	CLA	Habana R.	CUB	FC	F1B	
	PCH46	Scheveningen R.	HOL	FC	F1B-ST	
	WLO	Mobile R. AL	USA	FC	A1A F1B-ST	
8717.5	EAD	Aranjuez R.	E	FC	A1A F1B-ST	
	FFT44	Saint Lys R.	F	FC	A1A F1B-ST	QSX 8356.5 kHz
	HEC38	Bern R.	SUI	FC	F1B-ST	
8718.0	GKQ4	Portishead R.	G	FC	A1A F1B-ST	QSX 8357.0 kHz
	NMO	USCG Honolulu	HWA	FC	F1B-ST	
	NMN	USCG Portsmouth VA	USA	FC	F1B-ST	
8718.5		Küstenfunkstellen	AAA	FC	J2D	Selektivruf
8718.9	A9M	Bahrain R.	BHR	FC	J3E	QSX 8195.0 kHz
	CBM	Magallanes R.	CHL	FC	J3E	
	CBV	Valparaiso R.	CHL	FC	J3E	
	OXZ	Lyngby R.	DNK	FC	J3E	
	4XO	Haifa R.	ISR	FC	J3E	
	9MG9	Penang R.	MLA	FC	J3E	
	ZSV32	Walvis Bay R.	NMB	FC	J3E	
	SAG	Goeteborg R.	S	FC	J3E	
8722	TRA8	Libreville R.	GAB	FC	A1A	
8722.0	D3E	Luanda R.	AGL	FC	J3E	QSX 8198.1 kHz
	7TA20	Alger R.	ALG	FC	J3E	
	LPL51	Gen.Pacheco R.	ARG	FC	J3E	
	VIS	Sydney R.	AUS	FC	J3E	
	Y5P	Ruegen R.	DDR	FC	J3E	

8722.0	OHG2	Helsinki R.	FNL	FC	J3E	
	GKT42	Portishead R.	G	FC	J3E	
	J5M	Bissau R.	GNB	FC	J3E	
	SVN4	Athinai R.	GRC	FC	J3E	
	CUL	Lisboa R.	POR	FC	J3E	
	BVA	Taipei R.	TWN	FC	J3E	
	WOM	Miami HighSeas R.	USA	FC	J3E	
8725.1	ZSQ23	Pt.Elizabeth R.	AFS	FC	J3E	QSX 8201.2 kHz
	PJC	Curacao R.	ATN	FC	J3E	
	OSU46	Oostende R.	BEL	FC	J3E	
	EHY	Pozuelo-del-Rey R.	E	FC	J3E	
	HLS	Seoul R.	KOR	FC	J3E	
	SAG	Goeteborg R.	S	FC	J3E	
	6VA	Dakar R.	SEN	FC	J3E	
	HEB48	Bern R.	SUI	FC	J3E	
	TAM5	Mersin R.	TUR	FC	J3E	
8728	JYO	Aqaba R.	JOR	FC	A1A	
8728.2	EHY	Pozuelo-del-Rey R.	E	FC	J3E	QSX 8204.3 kHz
	OHG2	Helsinki R.	FNL	FC	J3E	
	YIR	Basrah R.	IRQ	FC	J3E	
	3AC8	Monaco R.	MCO	FC	J3E	
	SPC43	Gdynia R.	POL	FC	J3E	
	OBC3	Callao R.	PRU	FC	J3E	
	A7D	Doha R.	QAT	FC	J3E	
	9VG63	Singapore R.	SNG	FC	J3E	
	9LL	Freetown R.	SRL	FC	J3E	
	S9M	Sao Tome R.	STP	FC	J3E	
	KMI	Dixon R. CA	USA	FC	J3E	
8731.3	ZSC26	Capetown R.	AFS	FC	J3E	QSX 8207.4 kHz
	ZAD	Durres R.	ALB	FC	J3E	
	OSU43	Oostende R.	BEL	FC	J3E	
	ETC	Assab R.	ETH	FC	J3E	
	OHG2	Helsinki R.	FNL	FC	J3E	
	VPS	C.d'Aguilar R.	HKG	FC	J3E	
	PCG42	Scheveningen R.	HOL	FC	J3E	
	EQI	Abbas R.	IRN	FC	J3E	
	TFA	Reykjavik R.	ISL	FC	J3E	
	4XO	Haifa R.	ISR	FC	J3E	
	FJP9	Noumea R.	NCL	FC	J3E	
	P2M	Pt.Moresby R.	PNG	FC	J3E	
	P2R	Rabaul R.	PNG	FC	J3E	
	UFL	Vladivostok R.	URS	FC	J3E	
	UPB	Providenia Bukhta R.	URS	FC	J3E	
	WOM	Miami HighSeas R.	USA	FC	J3E	
8734.4	VIP	Perth R.	AUS	FC	J3E	QSX 8210.5 kHz
	OSU44	Oostende R.	BEL	FC	J3E	
	S3D	Chittagong R.	BGD	FC	J3E	
	A9M	Bahrain R.	BHR	FC	J3E	
		Abidjan-Peche R.	CTI	FC	J3E	
	SVN42	Athinai R.	GRC	FC	J3E	
	PCG43	Scheveningen R.	HOL	FC	J3E	
	ICB	Genova R.	I	FC	J3E	
	SPC44	Gdynia R.	POL	FC	J3E	
	KUQ	Pago-Pago R.	SMA	FC	J3E	
8737.5	ZBI	Ascension R.	ASC	FC	J3E	QSX 8213.6 kHz
	VAI	Vancouver R.	CAN	FC	J3E	
	5BA42	Cyprus R. Nicosia	CYP	FC	J3E	
	TFA	Reykjavik R.	ISL	FC	J3E	

8737.5	9KK7	Kuwait R.	KWT	FC	J3E	
	5RS	Tamatave R.	MDG	FC	J3E	
	9HD	Malta R.	MLT	FC	J3E	
	ZLW	Wellington R.	NZL	FC	J3E	
	ZHH	St.Helena R.	SHN	FC	J3E	
	URD	Leningrad R.	URS	FC	J3E	
8740.6	ZSD38	Durban R.	AFS	FC	J3E	QSX 8216.7 kHz
	LPZ87	Trelew R.	ARG	FC	J3E	
	HZG	Dammam R.	ARS	FC	J3E	
	ZBI	Ascension R.	ASC	FC	J3E	
	PVD7	Tebar Oil Tmnl	B	FC	J3E	
	OXZ	Lyngby R.	DNK	FC	J3E	
	SVN4	Athinai R.	GRC	FC	J3E	
	LFL4	Rogaland R.	NOR	FC	J3E	
	PZN	Paramaribo R.	SUR	FC	J3E	
	WOO	Ocean Gate R. NJ	USA	FC	J3E	
8743.7	7TA21	Alger R.	ALG	FC	J3E	QSX 8219.8 kHz
	CBM	Magallanes R.	CHL	FC	J3E	
	CBV	Valparaiso R.	CHL	FC	J3E	
	CLA64	Habana R.	CUB	FC	J3E	
	OHG2	Helsinki R.	FNL	FC	J3E	
	SVN44	Athinai R.	GRC	FC	J3E	
	TFA	Reykjavik R.	ISL	FC	J3E	
	9KK72	Kuwait R.	KWT	FC	J3E	
	3AC9	Monaco R.	MCO	FC	J3E	
	XFA	Acapulco R.	MEX	FC	J3E	
	XFB	Ciudad-Carmen R.	MEX	FC	J3E	
	XFC	Cozumel R.	MEX	FC	J3E	
	LFL5	Rogaland R.	NOR	FC	J3E	
	KMI	Dixon R. CA	USA	FC	J3E	
8744	OBR3	Salaverry R.	PRU	FC	A1A	
8745	5AB	Benghazi R.	LBY	FC	A1A	
8746.8	LPB9	Corrientes R.	ARG	FC	J3E	QSX 8222.9 kHz
	EHY	Pozuelo-del-Rey R.	E	FC	J3E	
	3DP	Suva R.	FJI	FC	J3E	
	PKB	Belawan R.	INS	FC	J3E	
	PKN	Balikpapan R.	INS	FC	J3E	
	EQM	Bushehr R.	IRN	FC	J3E	
	JBO	Tokyo R.	J	FC	J3E	
	LFL6	Rogaland R.	NOR	FC	J3E	
	SPO41	Szczecin R.	POL	FC	J3E	
	TAM7	Canakkale R.	TUR	FC	J3E	
	WOM	Miami HighSeas R.	USA	FC	J3E	
	YUR	Rijeka R.	YUG	FC	J3E	
8749.9	LPM97	Mar del Plata R.	ARG	FC	J3E	QSX 8226.0 kHz
	HZG	Dammam R.	ARS	FC	J3E	
	VIB	Brisbane R.	AUS	FC	J3E	
	VID	Darwin R.	AUS	FC	J3E	
	VIM	Melbourne R.	AUS	FC	J3E	
	VIP	Perth R.	AUS	FC	J3E	
	OXZ	Lyngby R.	DNK	FC	J3E	
	VPS	C.d'Aguilar R.	HKG	FC	J3E	
	LFL7	Rogaland R.	NOR	FC	J3E	
	OBF4	Mollendo R.	PRU	FC	J3E	
	TAH	Istanbul R.	TUR	FC	J3E	
	WOO	Ocean Gate R. NJ	USA	FC	J3E	
8753.0	LPC34	Ushuaia R.	ARG	FC	J3E	QSX 8229.1 kHz
	OSU49	Oostende R.	BEL	FC	J3E	

8753.0	VFF	Frobisher R.	CAN	FC	J3E	
	PKX	Jakarta R.	INS	FC	J3E	
	4XO	Haifa R.	ISR	FC	J3E	
	JBO	Tokyo R.	J	FC	J3E	
	6YI	Kingston R.	JMC	FC	J3E	
	ZLW	Wellington R.	NZL	FC	J3E	
	SPC41	Gdynia R.	POL	FC	J3E	
	9PA	Banana R.	ZAI	FC	J3E	
8756.1	7TA22	Alger R.	ALG	FC	J3E	QSX 8232.2 kHz
	CUG	S.Miguel R.	AZR	FC	J3E	
	OSU45	Oostende R.	BEL	FC	J3E	
	OXZ	Lyngby R.	DNK	FC	J3E	
	J5M	Bissau R.	GNB	FC	J3E	
	VWB	Bombay R.	IND	FC	J3E	
	CUB	Madeira R. Funchal	MDR	FC	J3E	
	LFL8	Rogaland R.	NOR	FC	J3E	
	CTV	PNY Monsanto	POR	FC	J3E	
8759.2	LPL3	Gen.Pacheco R.	ARG	FC	J3E	QSX 8235.3 kHz
	CLA67	Habana R.	CUB	FC	J3E	
	SVN45	Athinai R.	GRC	FC	J3E	
	IAR	Roma R.	I	FC	J3E	
	PKI2	Jakarta R.	INS	FC	J3E	
	JBO	Tokyo R.	J	FC	J3E	
	T3K	Tarawa R.	KIR	FC	J3E	
	S9M	Sao Tome R.	STP	FC	J3E	
	HSA21	Bangkok R.	THA	FC	J3E	
	ZJU	Funafuti R.	TUV	FC	J3E	
	WOM	Miami HighSeas R.	USA	FC	J3E	
8762.3	VID	Darwin R.	AUS	FC	J3E	QSX 8238.4 kHz
	VIP	Perth R.	AUS	FC	J3E	
	OSU41	Oostende R.	BEL	FC	J3E	
	CBM	Magallanes R.	CHL	FC	J3E	
	CBV	Valparaiso R.	CHL	FC	J3E	
	DAK	Norddeich R.	D	FC	J3E	
	YIR	Basrah R.	IRQ	FC	J3E	
	DZF	Manila R.	PHL	FC	J3E	
	9VG64	Singapore R.	SNG	FC	J3E	
	UFN	Novorossijsk R.	URS	FC	J3E	
	UHO	Arkhangelsk R.	URS	FC	J3E	
	WOO	Ocean Gate R. NJ	USA	FC	J3E	
	9PA	Banana R.	ZAI	FC	J3E	
	LPG87	Rio Gallegos R.	ARG	FC	J3E	QSX 8241.5 kHz
	8PO	Barbados R.	BRB	FC	J3E	
	EHY	Pozuelo-del-Rey R.	E	FC	J3E	
	GKU46	Portishead R.	G	FC	J3E	
	NMO	USCG Honolulu	HWA	FC	J3E	
	PKG	Banjarmasin R.	INS	FC	J3E	
	PKP	Dumai R.	INS	FC	J3E	
	NMC	USCG S.Francisco CA	USA	FC	J3E	
	NMG	USCG New Orleans LA	USA	FC	J3E	
	NMN	USCG Portsmouth VA	USA	FC	J3E	
8768.5	VIA	Adelaide R.	AUS	FC	J3E	QSX 8244.6 kHz
	VIT	Townsville R.	AUS	FC	J3E	
	VRT	Bermuda R.	BER	FC	J3E	
	CBM	Magallanes R.	CHL	FC	J3E	
	DAJ	Norddeich R.	D	FC	J3E	
	SUH	Alexandria R.	EGY	FC	J3E	
	FFL43	Saint Lys R.	F	FC	J3E	

8766,9kHz Norddeich Radio.

8768.5	XFK	La Paz R.	MEX	FC	J3E	
	XFM	Manzanillo R.	MEX	FC	J3E	
	XFN	Progreso R.	MEX	FC	J3E	
	XFP	Chetumal R.	MEX	FC	J3E	
	XFQ	Salina Cruz R.	MEX	FC	J3E	
	C2N	Nauru R.	NRU	FC	J3E	
	HPP	Panama R.	PNR	FC	J3E	
8771.6	LPW97	Bahia Blanca R.	ARG	FC	J3E	QSX 8247.7 kHz
	TJC	Douala R.	CME	FC	J3E	
	5BA44	Cyprus R. Nicosia	CYP	FC	J3E	
	OXZ	Lyngby R.	DNK	FC	J3E	
	5AT	Tripoli R.	LBY	FC	J3E	
	S7Q	Seychelles R.	SEY	FC	J3E	
	YJM	Pt.Vila R.	VUT	FC	J3E	
8774.7	PPA..PPV	Küstenfunkstellen	B	FC	J3E	QSX 8250.8 kHz
	GKU49	Portishead R.	G	FC	J3E	
	SVN4	Athinai R.	GRC	FC	J3E	
	IAR	Roma R.	I	FC	J3E	
	HPP	Panama R.	PNR	FC	J3E	
		Murmansk R.	URS	FC	J3E	
	7OA	Aden R.	YMS	FC	J3E	
8777.8	D4A	S.Vicente R.	CPV	FC	J3E	QSX 8253.9 kHz
	D4D	Praia R.	CPV	FC	J3E	
	5BA46	Cyprus R. Nicosia	CYP	FC	J3E	
	DAI	Norddeich R.	D	FC	J3E	
	SVN4	Athinai R.	GRC	FC	J3E	
	IAR	Roma R.	I	FC	J3E	
	JBO	Tokyo R.	J	FC	J3E	
	5WA	Apia R.	SMO	FC	J3E	
	9PA	Banana R.	ZAI	FC	J3E	
8780.9		ANRUFFREQUENZ	AAA	FC	J3E	QSX 8257.0 kHz
8784.0	VIT	Townsville R.	AUS	FC	J3E	QSX 8260.1 kHz
	PPA	Salvador R.	B	FC	J3E	
	PPC	Itajai R.	B	FC	J3E	
	PPL	Belem R.	B	FC	J3E	
	PPR	Rio de Janeiro R.	B	FC	J3E	
	S3E	Khulna R.	BGD	FC	J3E	
	TUA	Abidjan R.	CTI	FC	J3E	
	GKV42	Portishead R.	G	FC	J3E	
	5ZF	Mombasa R.	KEN	FC	J3E	
	HEB18	Bern R.	SUI	FC	J3E	
	UJQ	Kiev R.	URS	FC	J3E	
	KMI	Dixon R. CA	USA	FC	J3E	
8787.1	LPO87	Pto.Deseado R.	ARG	FC	J3E	QSX 8263.2 kHz
	VCS	Halifax R.	CAN	FC	J3E	
	OXZ	Lyngby R.	DNK	FC	J3E	
	SVN4	Athinai R.	GRC	FC	J3E	
	ICB	Genova R.	I	FC	J3E	
	PKT	Dili R.	INS	FC	J3E	
	YIR	Basrah R.	IRQ	FC	J3E	
	LFL20	Rogaland R.	NOR	FC	J3E	
	UHO	Arkhangelsk R.	URS	FC	J3E	
8790.2	PPB	Sao Luis R.	B	FC	J3E	QSX 8266.3 kHz
	PPJ	Juncao R.	B	FC	J3E	
	PPO	Olinda R.	B	FC	J3E	
	PPS	Santos R.	B	FC	J3E	
	PPT	Santarem R.	B	FC	J3E	
	DAP	Norddeich R.	D	FC	J3E	

8790.2	EQK	Khoramshahr R.	IRN	FC	J3E	
	A4M	Muscat R.	OMA	FC	J3E	
	SPC42	Gdynia R.	POL	FC	J3E	
	9VG65	Singapore R.	SNG	FC	J3E	
	HEB28	Bern R.	SUI	FC	J3E	
	UMV	Murmansk R.	URS	FC	J3E	
	WLO	Mobile R. AL	USA	FC	J3E	
8793.3	7TA23	Alger R.	ALG	FC	J3E	QSX 8269.4 kHz
	FJY4	St.Paul R.	AMS	FC	J3E	
	8PO	Barbados R.	BRB	FC	J3E	
	VFR	Resolute R.	CAN	FC	J3E	
	ZKR	Rarotonga R.	CKH	FC	J3E	
	OXZ	Lyngby R.	DNK	FC	J3E	
	FFL42	Saint Lys R.	F	FC	J3E	
	SAG	Goeteborg R.	S	FC	J3E	
	UBE2	Petropavlovsk/Kam R.	URS	FC	J3E	
	WOM	Miami HighSeas R.	USA	FC	J3E	
8796.4	HKB	Barranquilla R.	CLM	FC	J3E	QSX 8272.5 kHz
	HKC	Buenaventura R.	CLM	FC	J3E	
	GKV46	Portishead R.	G	FC	J3E	
	PCG41	Scheveningen R.	HOL	FC	J3E	
	IAR	Roma R.	I	FC	J3E	
	PKA	Sabang R.	INS	FC	J3E	
	PKD	Surabaja R.	INS	FC	J3E	
	PKE	Amboina R.	INS	FC	J3E	
	PKK	Kupang R.	INS	FC	J3E	
	XDA	Mexico R.	MEX	FC	J3E	
	XFE	Ensenada R.	MEX	FC	J3E	
	XFL	Mazatlan R.	MEX	FC	J3E	
	A7D	Doha R.	QAT	FC	J3E	
	WBL	Buffalo R. NY	USA	FC	J3E	
	WLC	Rogers Cy R. MI	USA	FC	J3E	
	WMI	Lorain R. OH	USA	FC	J3E	
	WOO	Ocean Gate R. NJ	USA	FC	J3E	
8799.5	OXZ	Lyngby R.	DNK	FC	J3E	QSX 8275.6 kHz
	J2A	Djibouti R.	DJI	FC	J3E	
	4XO	Haifa R.	ISR	FC	J3E	
	HLS	Seoul R.	KOR	FC	J3E	
	LFL22	Rogaland R.	NOR	FC	J3E	
	OBF4	Mollendo R.	PRU	FC	J3E	
	SAG	Goeteborg R.	S	FC	J3E	
8802.6	PPF	Fortaleza R.	B	FC	J3E	QSX 8278.7 kHz
	PPJ	Juncao R.	B	FC	J3E	
	PPO	Olinda R.	B	FC	J3E	
	PPR	Rio de Janeiro R.	B	FC	J3E	
	PPV	Vitoria R.	B	FC	J3E	
	TJC	Douala R.	CME	FC	J3E	
	DAH	Norddeich R.	D	FC	J3E	
	FFL44	Saint Lys R.	F	FC	J3E	
	PKF	Makassar R.	INS	FC	J3E	
	PKR	Semarang R.	INS	FC	J3E	
	PKY4	Sorong R.	INS	FC	J3E	
	PNK	Jayapura R.	INS	FC	J3E	
	ODR7	Beirut R.	LBN	FC	J3E	
	3BB	Pt.Louis HARBOUR	MAU	FC	J3E	
	CNP	Casablanca R.	MRC	FC	J3E	
	LFL23	Rogaland R.	NOR	FC	J3E	
8805.7	VIS	Sydney R.	AUS	FC	J3E	QSX 8281.8 kHz

8805.7	OSU42	Oostende R.	BEL	FC	J3E		
	5BA48	Cyprus R. Nicosia	CYP	FC	J3E		
	OXZ	Lyngby R.	DNK	FC	J3E		
	OHG2	Helsinki R.	FNL	FC	J3E		
	C5G	Banjul R.	GMB	FC	J3E		
	EQN	Khomeini R.	IRN	FC	J3E		
	5AB	Benghazi R.	LBY	FC	J3E		
	XDA	Mexico R.	MEX	FC	J3E		
	XFN	Progreso R.	MEX	FC	J3E		
	XFU	Veracruz R.	MEX	FC	J3E		
	XFY	Guaymas R.	MEX	FC	J3E		
	LFL24	Rogaland R.	NOR	FC	J3E		
	FJA	Mahina R.	OCE	FC	J3E		
	ZPB	Asuncion R.	PRG	FC	J3E		
	WLO	Mobile R. AL	USA	FC	J3E		
8808.8	PPL	Belem R.	B	FC	J3E		QSX 8284.9 kHz
	PPM	Manaus R.	B	FC	J3E		
	PPN	Natal R.	B	FC	J3E		
	PPR	Rio de Janeiro R.	B	FC	J3E		
	LZW	Varna R.	BUL	FC	J3E		
	FFL41	Saint Lys R.	F	FC	J3E		
	PKC	Palembang R.	INS	FC	J3E		
	PKM	Bitung R.	INS	FC	J3E		
	PKT	Dili R.	INS	FC	J3E		
	SPO42	Szczecin R.	POL	FC	J3E		
	WLO	Mobile R. AL	USA	FC	J3E		
	YUR	Rijeka R.	YUG	FC	J3E		
8811.9	GKW41	Portishead R.	G	FC	J3E		QSX 8288.0 kHz
	IAR	Roma R.	I	FC	J3E		
	TFA	Reykjavik R.	ISL	FC	J3E		
	5RS	Tamatave R.	MDG	FC	J3E		
	HEB38	Bern R.	SUI	FC	J3E		
	TAH	Istanbul R.	TUR	FC	J3E		
	BVA	Taipei R.	TWN	FC	J3E		
	WOM	Miami HighSeas R.	USA	FC	J3E		

8815...8965 kHz BEWEGLICHER FLUGFUNKDIENST (R)

8816		4A 6G 12C 13J 14A			J3E		
8819		2B 2C 9B 10 13C			J3E		
		Aktyubinsk VOLMET	URS	FD	J3E		h+05 h+35
		Alma Ata VOLMET	URS	FD	J3E		h+15 h+45
		Baku VOLMET	URS	FD	J3E		h+25 h+55
		Krasnodar VOLMET	URS	FD	J3E		h+10 h+40
		Tashkent VOLMET	URS	FD	J3E		h+20 h+50
		Tbilisi VOLMET	URS	FD	J3E		h+00 h+30
8820	CAI7E	AIR Easter I	PAQ	AX	A1A	F1B-50-850	
8822		2A 3B 5A 5C 11B 13G 14			J3E		
		Jeddah	ARS	FD	J3E		5A
		Pt.Hedland	AUS	FD	J3E		14
		Perth	AUS	FD	J3E		14
8825		NAT 6G 13H 14F			J3E		
		Sta.Maria	AZR	FD	J3E		NAT-A
		Gander	CAN	FD	J3E		NAT-A
		Canarias	CNR	FD	J3E		NAT-A
		Shanwick	IRL	FD	J3E		NAT-A
		Lisboa	POR	FD	J3E		NAT-A

8825		San Juan	PTR	FD	J3E	NAT-A
		Paramaribo/Zanderij	SUR	FD	J3E	NAT-A
		New York NY	USA	FD	J3E	NAT-A
8828		1D 13N VPAC			J3E	
		VPAC	AAB	FD	J3E	
		Hong Kong VOLMET	HKG	FD	J3E	h+15 h+45
		Honolulu VOLMET	HWA	FD	J3E	h+25 h+55
		Tokyo VOLMET	J	FD	J3E	h+10 h+40
		Auckland VOLMET	NZL	FD	J3E	h+20 h+50
8831		NAT 6G 13F 14F			J3E	
		Brisbane	AUS	FD	J3E	14F
8834		2B 2C 6C 7C 10 13C			J3E	
8837		3A 3C 4A 9B 10B 13M			J3E	
8840		1C 6D			J3E	
8842	COL	Habana	CUB	FD	A1A	
	RFNV	Moskva/Kupavna	URS	FD	A1A	
8843		CEP 5D 6G 10E 13C 13J 13K 14D			J3E	
		Darwin	AUS	FD	J3E	14
		Honolulu	HWA	FD	J3E	CEP
		S.Francisco CA	USA	FD	J3E	CEP
8846		CAR 2 3 7F 9			J3E	
		San Andres	CLM	FD	J3E	CAR
		Habana	CUB	FD	J3E	CAR
		Nandi	FJI	FD	J3E	9
		Kingston	JMC	FD	J3E	CAR
		Miami FL	USA	FD	J3E	CAR
8849		13K VSEA			J3E	
8852		3B 3C 9 12E VAFI			J3E	
		Khabarovsk VOLMET	URS	FD	J3E	H+00
8855		SAM 2 10A 14			J3E	
		AIR Alger	ALG	AX	F1B-50-170L	
		Ezeiza	ARG	FD	J3E	SAM
		Belem	B	FD	J3E	SAM
		Brasilia	B	FD	J3E	SAM
		Porto Allegre	B	FD	J3E	SAM
		Recife	B	FD	J3E	SAM
		Sao Paulo	B	FD	J3E	SAM
		Santa Cruz	BOL	FD	J3E	SAM
		Bogota	CLM	FD	J3E	SAM
		Cayenne	GUF	FD	J3E	SAM
		Asuncion	PRG	FD	J3E	SAM
		Iquitos	PRU	FD	J3E	SAM
		Paramaribo/Zanderij	SUR	FD	J3E	SAM
		Piarco	TRD	FD	J3E	SAM
		Montevideo	URG	FD	J3E	SAM
		Caracas/Maiquetia	VEN	FD	J3E	SAM
	70R	AIR Riyan	YMS	AX	F1B-50	70C
8858		4A 6G 10D 13E 13F 14D			J3E	
		Adelaide	AUS	FD	J3E	14D
8861		SAT 3A 3B 6E 9B			J3E	
		Recife	B	FD	J3E	SAT
		Canarias	CNR	FD	J3E	SAT
		Sal	CPV	FD	J3E	SAT
		Abidjan	CTI	FD	J3E	SAT
		Accra	GHA	FD	J3E	SAT
		Conakry	GUI	FD	J3E	SAT
		Monrovia/Robertsfld.	LBR	FD	J3E	SAT
		Bamako	MLI	FD	J3E	SAT

8861		Casablanca	MRC	FD	J3E	SAT
		Nouadhibou	MTN	FD	J3E	SAT
		Nouakchott	MTN	FD	J3E	SAT
		Pt.Moresby	PNG	FD	J3E	9B
		Dakar	SEN	FD	J3E	SAT
8864		NAT 2B 6B 6F 7E 13F			J3E	
		Sta.Maria	AZR	FD	J3E	NAT-B
		Gander	CAN	FD	J3E	NAT-B
		Shanwick	IRL	FD	J3E	NAT-B
		Iceland Reykjavik	ISL	FD	J3E	NAT-B
		New York NY ATCC	USA	FD	J3E	NAT-B
8867		SP 6G 10C 13D 13M			J3E	
		Sydney	AUS	FD	J3E	SP
		Nandi	FJI	FD	J3E	SP
		Honolulu	HWA	FD	J3E	SP
		Auckland	NZL	FD	J3E	SP
		Papeete/Tahiti	OCE	FD	J3E	SP
		Easter I	PAQ	FD	J3E	SP
8870		5 6G 14 VNAT			J3E	
8873		4 6G 9C 9D 12E 12F 13I			J3E	
		Douala	CME	FD	J3E	4
		Brazzaville	COG	FD	J3E	4
8876		2A 10A 12D 14G			J3E	
		Adelaide	AUS	FD	J3E	14
		Melbourne	AUS	FD	J3E	14G
		Sydney	AUS	FD	J3E	14G
	KJY74	NOAA Miami FL	USA	FD	J3E	
8879		INO NAT 3B			J3E	
		Perth	AUS	FD	J3E	INO
		Gander	CAN	FD	J3E	NAT-C
		Addis Ababa	ETH	FD	J3E	INO
		Cocos I	ICO	FD	J3E	INO
		Bombay	IND	FD	J3E	INO
		Shanwick	IRL	FD	J3E	NAT-C
		Iceland Reykjavik	ISL	FD	J3E	NAT-C
		Nairobi	KEN	FD	J3E	INO
		Mauritius	MAU	FD	J3E	INO
		Antananarivo	MDG	FD	J3E	INO
		Beira	MOZ	FD	J3E	INO
		St.Denis	REU	FD	J3E	INO
		Mahe/Seychelles	SEY	FD	J3E	INO
		Colombo	SLK	FD	J3E	INO
		Dar-es-Salaam	TZA	FD	J3E	INO
		Lusaka	ZMB	FD	J3E	INO
8882		2C 6D			J3E	
8885		5 6B 11B 13G 14C			J3E	
8888		2 6G 7			J3E	
		Kuibyshev VOLMET	URS	FD	J3E	h+15 h+45
		Sverdlovsk VOLMET	URS	FD	J3E	h+05 h+35
		Syktyvkar VOLMET	URS	FD	J3E	h+00 h+30
		Yenisseisk VOLMET	URS	FD	J3E	h+10 h+40
8891		NAT 6A 14E			J3E	
		Townsville	AUS	FD	J3E	14
		Churchill	CAN	FD	J3E	NAT-D
		Cambridge Bay	CAN	FD	J3E	NAT-D
		Frobisher	CAN	FD	J3E	NAT-D
		Gander	CAN	FD	J3E	NAT-D
		Sondre Stromfjoerd	GRL	FD	J3E	NAT-D

8891	Shanwick	IRL	FD	J3E	NAT-D
	Iceland Reykjavik	ISL	FD	J3E	NAT-D
	Bodoe	NOR	FD	J3E	NAT-D
8894	AFI 3C 12F 14A			J3E	
	Adrar, Alger, Bechar	ALG	FD	J3E	AFI
	El Golea, In Salah	ALG	FD	J3E	AFI
	Ouargla, Touggourt	ALG	FD	J3E	AFI
	Tamanrasset	ALG	FD	J3E	AFI
	Tripoli	LBY	FD	J3E	AFI
	Niamey	NGR	FD	J3E	AFI
	Kano	NIG	FD	J3E	AFI
	N'djamena	TCD	FD	J3E	AFI
	Tunis	TUN	FD	J3E	AFI
8897	EA			J3E	
	Beijing	CHN	FD	J3E	EA
	Shanghai	CHN	FD	J3E	EA
8900	3A 10D 13G 14B			J3E	
8903	AFI CWP 10B 13M			J3E	
	Johannesburg/JS	AFS	FD	J3E	AFI
	Luanda	AGL	FD	J3E	AFI
	Bujumbura	BDI	FD	J3E	AFI
	Bangui	CAF	FD	J3E	AFI
	Douala	CME	FD	J3E	AFI
	Brazzaville	COG	FD	J3E	AFI
	Accra	GHA	FD	J3E	AFI
	Agana	GUM	FD	J3E	CWP
	Hong Kong	HKG	FD	J3E	CWP
	Honolulu	HWA	FD	J3E	CWP
	Tokyo	J	FD	J3E	CWP
	Seoul	KOR	FD	J3E	CWP
	Niamey	NGR	FD	J3E	AFI
	Kano	NIG	FD	J3E	AFI
	Manila	PHL	FD	J3E	CWP
	Pt.Moresby	PNG	FD	J3E	CWP
	Taipei	TWN	FD	J3E	CWP
	Kinshasa	ZAI	FD	J3E	AFI
	Lusaka	ZMB	FD	J3E	AFI
8906	NAT 6A 6E 7B 9B 13H			J3E	
8909	2A 6E			J3E	
8912	5B 6G 11B 13D 14C			J3E	
8915	3C 5A			J3E	
8918	CAR MID 6C			J3E	
	Jeddah	ARS	FD	J3E	MID
	Curacao	ATN	FD	J3E	CAR
	Nassau	BAH	FD	J3E	CAR
	Bahrain	BHR	FD	J3E	MID
	Barranquilla	CLM	FD	J3E	CAR
	Bogota	CLM	FD	J3E	CAR
	Habana	CUB	FD	J3E	CAR
	Cairo	EGY	FD	J3E	MID
	Cayenne	GUF	FD	J3E	CAR
	Georgetown	GUY	FD	J3E	CAR
	Pt.au Prince	HTI	FD	J3E	CAR
	Tehran	IRN	FD	J3E	MID
	Baghdad	IRQ	FD	J3E	MID
	Basrah	IRQ	FD	J3E	MID
	Kingston	JMC	FD	J3E	CAR
	Amman	JOR	FD	J3E	MID

8918		Kuwait	KWT	FD	J3E	MID
		Panama	PNR	FD	J3E	CAR
		San Juan	PTR	FD	J3E	CAR
		Paramaribo/Zanderij	SUR	FD	J3E	CAR
		Damascus	SYR	FD	J3E	MID
		New York NY	USA	FD	J3E	CAR
		Miami FL	USA	FD	J3E	CAR
		Caracas/Maiquetia	VEN	FD	J3E	CAR
		Sanaa	YEM	FD	J3E	MID
		Aden	YMS	FD	J3E	MID
8921		W 1/3			J3E	
		SPEEDBIRD London	G	FD	J3E	
8924		W 1/4			J3E	
		LOT Warszawa	POL	FD	J3E	
8927		W 2/5			J3E	
		SAUDIA Jeddah	ARS	FD	J3E	
	HOLLOWAY	EtAL Addis Ababa	ETH	FD	J3E	
8930		W 1/3			J3E	
		MALEV Budapest	HNG	FD	J3E	
		AIRINDIA Bombay	IND	FD	J3E	
		PAKISTAN Karachi	PAK	FD	J3E	
		Stockholm R.	S	FD	J3E	
8933		W 2/5			J3E	
		SPRINGBOK Johannesbg.	AFS	FD	J3E	
8936		W 1/2			J3E	
		IBERIA Madrid	E	FD	J3E	
8939		2A 2C 6F 10B 13C			J3E	
		Kiev VOLMET	URS	FD	J3E	h+20 h+50
		Leningrad VOLMET	URS	FD	J3E	h+05 h+35
		Moskva VOLMET	URS	FD	J3E	h+10 h+40
		Riga VOLMET	URS	FD	J3E	h+00 h+30
		Rostov VOLMET	URS	FD	J3E	h+25 h+55
8942		SEA 3A			J3E	
		Hong Kong	HKG	FD	J3E	SEA
		Kuala Lumpur	MLA	FD	J3E	SEA
		Manila	PHL	FD	J3E	SEA
		Singapore	SNG	FD	J3E	SEA
		Bangkok	THA	FD	J3E	SEA
		Hanoi	VTN	FD	J3E	SEA
		HoChiMinh-V.	VTN	FD	J3E	SEA
8945		10F 13K 14E VMID			J3E	
8948		6A 12C			J3E	
8950	7RQ20	MFA Alger	ALG	FX	F1B-50-170L	
8951		MID			J3E	
8954		3 10E 12J 14B			J3E	
8957		3B 6D 12C 13D 14G VEUR			J3E	
		Jakarta	INS	FD	J3E	6D
		Shannon VOLMET	IRL	FD	J3E	h+00 h+30
8960		6G 7F			J3E	

8965...9040 kHz BEWEGLICHER FLUGFUNKDIENST

8967	CUW2	USAF Lajes	AZR	FG	J3E
	XPH5	USAF Thule	GRL	FG	J3E
	AIE2	USAF Andersen	GUM	FG	J3E
	AIF2	USAF Yokota	J	FG	J3E

8967		Beograd	YUG	FG	J3E	
8970	SZZ	HAF Spata Attikis	GRC	FG	J3E	
	PBV	RNN Valkenburg	HOL	FG	A1A J3E F1B	
8971	LBL1	NORBATT Ebel-el-Saqi	LBN	FX	J3E-U F1B-ST	
	JXA	RNoAR Oslo	NOR	FX	F1B-ST	
8972	SDJ	Stockholm R.	S	FD	J3E	
8975.5	AXF	RAAF Sydney	AUS	FG	J3E	
	AXH	RAAF Townsville	AUS	FG	J3E	
8984	NOJ	USCG Kodiak	ALS	FG	J3E	
	AXI	RAAF Darwin	AUS	FG	J3E	
		IF Berlin	DDR	FD	J3E	
	NMO	USCG Honolulu	HWA	FG	J3E	
	NMA	USCG Miami FL	USA	FG	J3E	
	NMG	USCG New Orleans LA	USA	FG	J3E	
	NMN	USCG Portsmouth VA	USA	FG	J3E	
8987	MKL	RN Pitreavie	G	FG	A1A	
		AMBALG London	G	FX	F1B-50	ALG/7RQ20
		AMBALG Roma	I	FX	F1B-50	ALG/7RQ20
8989	AKA5	USAF Elmendorf	ALS	FG	J3E	
	ONY77	BAF Brussels	BEL	FG	J3E	
	AFE8	USAF McDill FL	USA	FG	J3E	
	AFI2	USAF McClellan CA	USA	FG	J3E	
8990		Jeddah	ARS	FG	J3E	
8991		GNY Kiel-Holtenau	D	FG	J3E	
8992	AXF	RAAF Sydney	AUS	FG	J3E	
	AXI	RAAF Darwin	AUS	FG	J3E	
	FUV	FNY Djibouti	DJI	FC	A1A	
		PAF Lisboa	POR	FG	J3E	
8992.5	TFK	USN Keflavik	ISL	FG	J3E	
	6WW	FNY Dakar	SEN	FC	A1A	
8993		USAF Ascension	ASC	FG	J3E	
	MAN	RN Portland	G	FG	J3E	
	AIC2	USAF Clark	PHL	FG	J3E	
	AHF2	USAF Albrook	PNR	FG	J3E	
	AFE8	USAF McDill FL	USA	FG	J3E	
8997	NGD	USN McMurdo	ANT	FG	J3E	
	ZLK	USN Christchurch	NZL	FG	J3E	
9001	ECT6	RCC Palma	E	FX	A1A	
	FME	FAF Lyon	F	FX	A1A	
	IKQ	RSC Roma	I	FX	A1A	
	IOG	RCC Martinafranca	I	FX	A1A	
9004	TJP78	UNHCR Garoua	CME	FX	A1A	
		UNHCR Khartoum	SDN	FX	J3E	
9006	CHR	CF Trenton	CAN	FG	J3E	
	DHM95	CF Lahr	D	FG	J3E	
9007	AFA3	USAF Andrews MD	USA	FG	J3E-L	
9009	ZKX	RNZAF Auckland	NZL	FG	J3E	
9010	CHR	CF Trenton	CAN	FG	J3E	
	CZW	CF Halifax	CAN	FG	J3E	
9011	AJE	USAF Croughton	G	FG	J3E	
9014		RN Prestwick	G	FG	J3E	
	AFL2	USAF Loring ME	USA	FG	J3E	
9017	AJE	USAF Croughton	G	FG	J3E	
9018	AFG9	USAF Scott IL	USA	FG	J3E	
9023	CUW2	USAF Lajes	AZR	FG	J3E	
	AFG9	USAF Scott IL	USA	FG	J3E	
9025	IBA	NATO Napoli	I	FX	J3E	
		USAF Alconbury	G	FG	J3E	

9025	BEHOLD	USAF Upper Heyford	G	FG	J3E	
9027	AFA3	USAF Andrews MD	USA	FG	J3E	
9032	AXI	RAAF Darwin	AUS	FG	J3E	
	ARCHIT.	RAF 'ARCHITECT'	G	FG	J3E	h+00 h+30
9035	OWD	RDAF Vaerloese	DNK	FG	A1A F1B	
9036	MKL	RN Pitreavie	G	FG	A1A J3E F1B	

9040...9500 kHz FESTER FUNKDIENST

9041	5YE	METEO Nairobi	KEN	MX	F1B-75-425H	
9042	DOR	MFA Sofia	BUL	FX	F1B-50-600H	
9043	58JDQ	SNY Madrid	E	FX	F1B-75-850L	CNR
	5YE	METEO Nairobi	KEN	MX	A1A	
	DFZG	MFA Beograd	YUG	FX	F1B-75-600H	
9044	GHH	METEO St.Helena	SHN	MX	F1B-50-425H	
		AIR Sanaa	YEM	AX	F1B-ST	ARS
9045	SPP353	PE Roma	I	FX	A1A	POL
	HGX23	HE Roma	I	FX	F1B-50-425L	HNG
	5YE1	METEO Nairobi	KEN	MX	F1C-120	
9047.5	Y2J	PTT Berlin	DDR	FX	F1B-50-425L	CHN KRE MNG
9050	NMO	USCG Honolulu	HWA	FC	A1A	NUKO
	SRZ922	ASFRJ Warszawa	POL	FX	F1B-75-425	YUG
9052	YAV23	METEO Kabul	AFG	MX	F1B-50-850	URS
9052.5	ISY90	ANSA Roma	I	PX	F1B-50-425H	
9053	Y2V8	ADN Berlin	DDR	PX	F1B-50-425H F7B	
9058	9PL	AIR Kinshasa	ZAI	AX	F1B-50-425L	
9060	AND3	AMBAFRANCE Madrid	E	FX	F1B-50-425	F
	RCU73	METEO Novosibirsk	URS	MX	F1C-90/120	
9062	Y7A36	MFA Berlin	DDR	FX	F1A F1B-50-425H	
	Y7B33	DDR-Emb Helsinki	FNL	FX	A1A F1B-50	DDR
	XVN24	VNA Hanoi	VTN	PX	F1B-50-425	
9065	GYU	RN Gibraltar	GIB	FX	B9W	G
9070	6VY50	AIR Dakar	SEN	AX	F1B-50-425L	LBR
9072	7OB42	ANA Aden	YMS	PX	F1B-50-425	
9075	VER	MOD Ottawa	CAN	FX	J7B	G
9078	Y7A37	MFA Berlin	DDR	FX	F1A F1B-50H	
9082	GXQ	RN London	G	FX	B9W	GIB
9086	Y7A38	MFA Berlin	DDR	FX	F1A F1B-100-425	
	5YE9	METEO Nairobi	KEN	MX	J3E	
9087		MFA Roma	I	FX	A1A F1B-ST	
		ITALDIPL Damascus	SYR	FX	F1B-ST	I
9090		RFE Holzkirchen FDR	D	FX	B8E	POR
	IDR4	ItNY Roma	I	FC	A1A/J3E-U	
9092	EEQ	POL Madrid	E	FX	F1B-50-425L	CNR
	GXQ	RAF London	G	FX	B9W	CYP
9095	RGE37	PTT Moskva	URS	FX	B9W	AFG
9100	FUG	FNY La Regine	F	FC	F1B-75-850L	
	CNR80	PTT Rabat	MRC	FX	J3E	Dakhla
	UHY	ARCTIC Tiksi	URS	MX	F1C-60/90	
9105	5NL	AIR Lagos	NIG	AX	F1B-50-850L	
9106	DB9020	IPF G.Neumayer	ANT	FX	J3E-U	
	ZHF44	BAS Faraday Base	ANT	FX	J3E-U	
	ZHF45	BAS Rothera Base	ANT	FX	J3E-U	
	VSD	BAS Halley Bay	FLK	FX	J3E-U	
	ZBH	BAS Grytvyken	FLK	FX	J3E-U	
	ZBH22	BAS Bird I	FLK	FX	J3E-U	
	ZHF33	BAS Signy I	FLK	FX	J3E-U	

9109	HGG21	PTT Budapest	HNG	FX	F1B-50-425L	CHN
	HSZ	NAVY Bangkok	THA	MX	A1A	
9110	RDZ77	TASS Moskva	URS	PX	F1B-50-425L	
9111	D4B44	AIR Sal	CPV	AX	A1A	GNB
	J5G	AIR Bissau	GNB	AX	A1A	CPV
9114	HGG31	MTI Budapest	HNG	PX	F1B-50-425H	
9115	D2U3	AIR Luanda	AGL	AX	F1B-50	ZAI
	LRB91	R.Rivadavia	ARG	FX	R3E-U	
		AIR Jeddah	ARS	AX	J3E-U	YEM
	5NK	AIR Kano	NIG	AX	J3E	
9118	PCW1	MFA Sgravenhaage	HOL	FX	A1A F1B-ST	
9120	7UG12	PTT Tamanrasset	ALG	FX	J3E-U	Ouargla
	AFA3	USAF Andrews MD	USA	FG	J3E-L	
9122.5	4UNQ	UNIFIL Naqoura	LBN	FX	F1B-75-425	SUI
9130	ARA	AIR Karachi	PAK	AX	F1B-50	EGY
9132	7RA20	MOI Alger	ALG	FX	F1B-50	
9133	ZAA6	ATA Tirana	ALB	PX	F1B-50-600H	
9135	MKD	RAF Akrotiri	CYP	FX	B9W	G
	FDY	FAF Orleans	F	FX	F1B-50-425L	
9136	TJK	AIR Douala	CME	AX	F1B-50-425H	CAF
9139	GPX5	VNA HoChiMinh-V.	VTN	FX	F1B-50-425L	HVQ7
9140	Y7A39	MFA Berlin	DDR	FX	F1B-50-425	
	Y7C71	DDR-Emb London	G	FX	F1A F1B-100-425	DDR
	RCV26	TASS Moskva	URS	PX	F1B-50-425L	
	UKS	ARCTIC Barentsburg	URS	FX	F1B-50-600H	ULV
9141		MFA Roma	I	FX	F1B-ST	
9145		RFE Holzkirchen FDR	D	FX	B8E	POR
	RDZ76	R.Moskva FDR	URS	FX	R3E-L	
	RDZ76	TASS Moskva	URS	PX	F1B-50-425L	
9147	GXQ	RN London	G	FX	B9W	GIB
9150	XZW	METEO Rangoon	BRM	MX	A1A	
	RCH73	METEO Tashkent	URS	MX	F1C-90	
9153	SNN299	MFA Warszawa	POL	FX	F1B-75-170H	
9154	D4B	AIR Sal	CPV	AX	F1B-50-850H	AZR
9157	4UN	UNO Jerusalem	ISR	FX	F1B-75-425	SUI
	4UA	UNO Rawalpindi	PAK	FX	F1B-75-425	
9157.5	WLO	METEO Mobile AL	USA	MX	F1C-120	
9164	9XK	AIR Kigali	RRW	AX	F1B-50	TZA
9165	HBD51	SwissEmb Alger	ALG	FX	F1B-ST	SUI
	HBD44	SwissEmb Stockholm	S	FX	F1B-ST	SUI
	HBD20	MFA Bern	SUI	FX	F1B-ST	HBD..
	HBD58	SwissEmb Moskva	URS	FX	F1B-ST	SUI
9168	YOJ41	PTT Bucuresti	ROU	FX	F1B-50-425L	ALB
9170		RFE Holzkirchen FDR	D	FX	B8E	POR
	ARA	AIR Karachi	PAK	AX	F1B-50-600H	EGY
9173	CUW	USAF Lajes	AZR	FX	B9W	G
9175	ULV	PTT Moskva	URS	FX	F1B-50-600H	UKS RUZU
9180	LBL1	NORBATT Ebel-el-Saqi	NOR	FX	F1B-ST	NOR
9184	TLO	AIR Bangui	CAF	AX	F1B-50-850L	CME
9190	RDZ75	METEO Moskva	URS	MX	F1B-50-1000L	
9194	BAA23	METEO Beijing	CHN	MX	F1B-50-850L	
9196	TNL52	AIR Brazzaville	COG	AX	F1B-50-850H	CAF
9197.5	A9M41	GNA Bahrain	BHR	PX	F1B-75-425L	
9199	9XK	METEO Kigali	RRW	MX	F1B-50	KEN
9200	FSB56	IP Paris	F	FX	F1B-ST	
	IUV81	IP Roma	I	FX	F1B-ST	
		R.Moskva FDR	URS	FX	R3E-L	
9203	GFE22	METEO Bracknell	G	MX	F1C-120	

9207	RANGER	RAF Mt.Olympus	CYP	FX	J3E-U	G
9208	IBA	NATO Napoli	I	FX	J3E-U	
	IBH	NATO Vicenza	I	FX	J3E-U	
	YMB	NATO Izmir	TUR	FX	J3E-U	I
9210	NKW	USN Diego Garcia	BIO	MX	F1B-50-850	MAU
	RME20	R.Moskva FDR	URS	FX	R3E-L	
9217	5UA	AIR Niamey	NGR	AX	F1B-50-850H	COG
	ZLK47	USN Christchurch	NZL	FX	F1B-75-850L	ANT
9220	RTB26	METEO Novosibirsk 1	URS	MX	F1C-60/90/120	
9225	7RA20	MOI Alger	ALG	FX	A1A F1B-50	
9226	TJK51	AIR Douala	CME	AX	F1B-50-425H	CAF
	GYU	RN Gibraltar	GIB	FX	A1A	
	CSE	PAF Monsanto	POR	FX	F1B-FEC	AZR
	CTV34	PNY Monsanto	POR	FX	J3E F1B-50-850L	E
9227	7XR86	METEO Tamanrasset	ALG	FX	J3E-U	Alger
	9KT27	KUNA Kuwait	KWT	PX	F1B-50-425H	
9228	5AH	AIR Benina	LBY	AX	J3E-U	MLT
	9HA	AIR Luqa	MLT	AX	J3E-U	LBY
9230	RHB70	METEO Khabarovsk	URS	MX	F1C-60/90/120	
9231	9KT27	KUNA Kuwait	KWT	PX	F1B-50-425H	
9234	ETD3	AIR Addis Ababa	ETH	AX	F1B-50-85H	ARS
9236	AJE	USAF Barford	G	FX	B9W	AZR
9244	MSS	RAF Belize	BLZ	FX	J7B	G
9250		RFE Holzkirchen FDR	D	FX	B8E	POR
9252		MFA Cairo	EGY	FX	F1B-ST	YUG
	ELRB	AIR Monrovia/Rb	LBR	AX	F1B-50-425H	SEN
9254	SPK72	SPK Phnom Penh	CBG	PX	F1B-50	VTN
9255	LDN	PTT Oslo	NOR	FX	B9W	Svalbard
	OMV63	PTT Praha	TCH	FX	F1B-50	ALB
9265	ZRH23	SAN Capetown	AFS	FX	F1B-75-850	USA/NMN
	3DN	AIR Nandi	FJI	AX	A1A	KIR TUV
9277	PCW20	NE Warszawa	POL	FX	F1B-ST	HOL
9277.5	NPG	USN S.Francisco CA	USA	FC	A1A	
9278	OMZ	MFA Praha	TCH	FX	F1B-75-425	
9280	RUZU	SAAB Molodezhnaya	ANT	FX	F1B-50 F1C-120	
9285	TNL24	AIR Brazzaville	COG	AX	F1B-50/ARQ96	GAB
9290	FUJ	FNY Noumea	NCL	FC	A1A F1B-75	FAAG
	RTQ78	METEO Sverdlovsk	URS	MX	F1B-50-1000H	
9296	EHL5	GC Las Palmas	CNR	FX	A1A F1B-50-425L	
	EHD	GC Madrid	E	FX	A1A F1B-50-425L	
9302	7RA20	MOI Alger	ALG	FX	J3E F1B-50-170	
9303.2	TZA69	STIM Bamako	MLI	FX	J3E	
9305	JTC26	PTT Ulan Bator	MNG	FX	F1B-50-425H	DDR
9310	LCB	PTT Oslo	NOR	FX	B9W	
9315	SWA	AIR Athinai	GRC	AX	F1B-50-425L	EGY
	RCT54	TASS Moskva	URS	PX	F1B-50-425L	
9316		EgyEmb Rabat	MRC	FX	F1B-ST	EGY
		EgyEmb Ankara	TUR	FX	F1B-ST	EGY
9316.5	FDY	FAF Orleans	F	FX	A1A	
9318	DHJ51	METEO Grengel	D	MX	F1B-50-425	
9330	USZ	ARCTIC Dikson	URS	FX	F1B-50-600H	ULV
9333	ZUD33	ITS Pretoria	AFS	FX	J3E-U	
9340	RCH72	METEO Tashkent	URS	MX	F1C-60/90/120	
9342	FDY	FAF Orleans	F	FX	A1A F1B-50-425L	
9347	STK	AIR Khartoum	SDN	AX	F1B-50-425H	KEN
9353	OLX5	CTK Praha	TCH	PX	F1B-50-425H	
9358	XVB32	PTT Hanoi	VTN	FX	F1B-50-425L	KRE
9360	OXT	METEO Koebenhavn	DNK	MX	A1A/F1C-120	

9363	KPX	VNA Danang	VTN	PX	F1B-50-425	HVQ
9387	ZA03	PTT Tirana	ALB	FX	F1B-50-425L	CHN
9391	SOJ239	PAP Warszawa	POL	PX	F1B-50-425L	
9395	HMF84	KCNA Pyongyang	KRE	PX	F1B-50-425L	
9396	NPM	USN Pearl Harbor	HWA	MX	F1C-120	
9396.4	FTJ39A/G	AFP Paris	F	PX	F1B-50-425H	
9397.8	FTJ39A/F	AFP Paris	F	PX	F1B-50-425H	
9402.5	ISY94	ANSA Roma	I	PX	F1B-50-425H	
9415	HMF89	KCNA Pyongyang	KRE	PX	F1B-50-425L	
9416		MFA Roma	I	FX	F1B-ST	
9417	BZP59	XNA Beijing	CHN	PX	F1B-50-425L	
9419	CUA48	CPRM Lisboa R.	POR	FC	A1A	
	RVO77	TASS Moskva	URS	PX	F1B-50-425L	
9425	FDY	FAF Orleans	F	FX	F1B-50-425L	
9430	ZAT	ATA Tirana	ALB	PX	F1B-50-600H	
	3MA34	CNA Taipei	TWN	PX	F1C-60/120	
9435	KRH51	USE London	G	FX	F1B-75-850L	
	MKK	RAF London	G	FX	B9W	CYP
9438	JMJ3	METEO Tokyo	J	MX	F1C-120	
9439	KRH51	USE London	G	FX	F1B-75-850H	
9443	ISY95	IINA Roma	I	PX	F1B-50-425H	
9445	USZ	ARCTIC Dikson	URS	FX	F1B-50-600	UHY
9446	5HD	AIR Dar es Salaam	TZA	AX	F1B-50	RRW
9451		IRNA Tehran	IRN	PX	F1B-50-425	
9454	SNN299	MFA Warszawa	POL	FX	F1B-75-300	
9459	ZKLF	METEO Auckland	NZL	MX	A1A F1C-120	
9463	JYF3	PETRA Amman	JOR	PX	F1B-50-425H	
9476	RCV	RuNY Moskva	URS	FC	A1A	
9491	BZR69	XNA Beijing	CHN	PX	F1B-50-425L	
9498.5	NWC	USN Exmouth	AUS	MX	F1C-120	

9500...9900 kHz RUNDFUNKDIENST

9788	FTJ78	MFA/DIPLO Paris	F	PX	F1B-50-425H	
9797	YOJ27	AGERPRES Bucuresti	ROU	PX	F1B-50-425L	
9805		MFA Beograd	YUG	FX	F1B-75-600H	
9811	P6Z	MFA Paris	F	FX	F1B-50/75-425	
9828	SPK10	SPK Phnom Penh	CBG	PX	F1B-50-600	
9832	A4C	AIR Seeb	OMA	AX	J7B	
9846	TUH	AIR Abidjan	CTI	AX	F1B-50-425L	LBR
9847	MKK	RAF London	G	FX	J7B	BLZ
9848	5UA	AIR Niamey	NGR	AX	F1B-50-425H	TCD
9850	RDZ74	TASS Moskva	URS	PX	F1B-50-425L F7B	
9855	IBB	NATO Verona	I	FX	F1B-50-850	D
		VOA Tanger	MRC	PX	F1B-75-425	
9867	YIZ74	INA Baghdad	IRQ	PX	F1B-50-300L	
9873	ONY27	NATO Rouveroy	BEL	FX	A1A	ONY24
	SOJ287	PAP Warszawa	POL	PX	F1B-50-425L	
9873.5	ETD3	AIR Addis Ababa	ETH	AX	F1B-50	KEN
9875	AOK	USN Rota	E	MX	F1C-120	
9878		VOA Poro	PHL	FX	F1B-75	
9886.5	GFL23	METEO Bracknell	G	MX	F1B-50-425L	

9900...9995 kHz FESTER FUNKDIENST

9900	RFLIA	FAR Ft.de France	MRT	FX	F1B-50-850L	GUF
9910	FDY	FAF Orleans	F	FX	F1B-50	
	CSZ51	AIR Lisboa	POR	AX	B9W	AZR
9912	Y7B33	DDR-Emb Helsinki	FNL	FX	F1B-50-425H	DDR
9917	6VK49	STIS Dakar	SEN	FX	J3E-L	
9920	Y7A42	MFA Berlin	DDR	FX	F1A F1B-50-425	
9923	4US	UNO Nicosia	CYP	FX	F1B-75-425H	SUI
	AJE	USAF Barford	G	FX	B9W	AZR
9927.5	RXA76	METEO Alma Ata	URS	MX	F1C-120	
9935	MKK	RAF London	G	FX	J7B	
	FUF	FNY Ft.de France	MRT	FX	A1A	
9940	VNJ	ANARE Casey	ANT	FX	J3E F1B-50	
	MKD	RAF Akrotiri	CYP	FX	B9W	G
9950	ZME3	METEO Raoul I	NZL	AX	J3E-U	Wellington
9952	GPX5	VNA HoChiMinh-V.	VTN	FX	F1B-50-425L	HVQ7
9954	ZLBC4	PTT Campbell I	NZL	FX	J3E-U	Wellington
9960	LJN23	PTT Svalbard	NOR	FX	B9W	Oslo
9965	8ZA300	PHAG Riyadh	ARS	FX	F1B-ST	
	FDY	FAF Orleans	F	FX	F1B-50-425L	
9967	Y2V9	ADN Berlin	DDR	PX	F1B-50-425H	
9970	8PX43	BET Bridgetown	BRB	FX	J3E-L	
	JMH3	METEO Tokyo	J	MX	F1C-120	
9972	ZAM	MFA Tirana	ALB	FX	A1A	
9973	CCS	CN Santiago	CHL	FC	A1A	
9975	YAK	PTT Kabul	AFG	FX	B9W	URS
9980	LCJ	NRP Oslo	NOR	PX	A1A F1C-240	
	LCJ	Rogaland R.	NOR	FC	A1A	
9985	LOK	AN Orcadas	ARG	MX	F1B	
9994	CSY65	AIR Sta.Maria	AZR	AX	F1B-50-850H	CPV

9995...10005 kHz NORMALFREQUENZFUNKDIENST

9996	RWM	TS Moskva	URS	SS	A1A
10000	LOL	AN Buenos Aires	ARG	SS	A1A A3E
	BPM	SAO Xian/Lintong	CHN	SS	A2A A3E
	MSF	NPL Teddington	G	SS	A2A
	WWVH	NBS Kekaha	HWA	SS	A1A A3E
	ATA	NPL New Delhi	IND	SS	A1A A3E
	JJY	PTT Sanwa	J	SS	A2A A3E
	RCH	TS Tashkent	URS	SS	A1A
	RTA	TS Novosibirsk	URS	SS	A1A
	WWV	NBS Ft.Collins	USA	SS	A1A A3E
10004	RID	TS Irkutsk	URS	SS	A1A

10005...10100 kHz BEWEGLICHER FLUGFUNKDIENST

10006	6A 10 13G			J3E	
10009	2B 2C 7B 9B 13K			J3E	
10012	5 10 13J			J3E	
10015	2 6C 12D			J3E	
10018	MID 6G 9 13J 13K			J3E	
	Bombay, Delhi	IND	FD	J3E	MID
	Abadan	IRN	FD	J3E	MID
	Karachi, Lahore	PAK	FD	J3E	MID

10021		1 6B 12C 13G			J3E	
		TAROM Bucuresti	ROU	FD	J3E	1
10024		SAM 2B 2C 3B 9B			J3E	
		Bogota, Cali	CLM	FD	J3E	SAM
		Guayaquil, Quito	EQA	FD	J3E	SAM
		Chiclayo, Iquitos	PRU	FD	J3E	SAM
		Lima	PRU	FD	J3E	SAM
10025	COL	Habana	CUB	FD	A1A	
	RFNV	Moskva/Kupavna	URS	FD	A1A	
10026	SFA	MFA Ankara	TUR	FX	F1B-100	
10027		W 1/2			J3E	
		IBERIA Madrid	E	FD	J3E	
		IBERIA Sevilla	E	FD	J3E	
	OKL	CSA Praha	TCH	FD	J3E	
10030		W 1/4			J3E	
10033		W 2/5			J3E	
10036		1E 6E 13G 13H			J3E	
10039		3B 3C 4A 9B 12C			J3E	
10042		EA 9C 10F 13C 13J 13K			J3E	
10045		2 3A 11B 13H 14			J3E	
10048		NP 2A 5D 13A 13B			J3E	
		Anchorage ATCC	ALS	FD	J3E	NP
		Cold Bay	ALS	FD	J3E	NP
		Tokyo	J	FD	J3E	NP
10051		6A 6E 13I VNAT			J3E	
		Gander VOLMET	CAN	FD	J3E	h+20 h+50
		New York NY VOLMET	USA	FD	J3E	h+00 h+30
10052	UAZL	HF/DF Moskva	URS	LR	A1A	
10054		2A 2C 6G 12			J3E	
10057		CEP 3A VAFI			J3E	
		Brazzaville VOLMET	COG	FD	J3E	
10060		1D 6F 13K			J3E	
		Sofia	BUL	FD	J3E	1D
10063		4B 6G 12E			J3E	
10065		AMBAFRANCE Dakar	SEN	FX	F1B-FEC144	F
10066		SEA 1B 10A 13M			J3E	
		Dhaka	BGD	FD	J3E	SEA
		Rangoon	BRM	FD	J3E	SEA
		Cocos I	ICO	FD	J3E	SEA
		Calcutta, Madras	IND	FD	J3E	SEA
		Delhi	IND	FD	J3E	SEA
		Jakarta	INS	FD	J3E	SEA
		Kuala Lumpur	MLA	FD	J3E	SEA
		Male	MLD	FD	J3E	SEA
		Manila	PHL	FD	J3E	SEA
		Colombo	SLK	FD	J3E	SEA
		Singapore	SNG	FD	J3E	SEA
		Bangkok	THA	FD	J3E	SEA
10069		W 1/4			J3E	
		Rio de Janeiro	B	FD	J3E	
		Berna R.	SUI	FD	J3E	
10072		W 1/3			J3E	
		SPEEDBIRD London	G	FD	J3E	
		NZ Auckland	NZL	FD	J3E	
10075		W 2/5			J3E	
10078		W 1/3			J3E	
		LH Frankfurt	D	FD	J3E	
10081		CWP 4A 6A 7C 13F				

10081		AIR Ghardaia	ALG	AX	F1B-50-170L	Tam
10084		EUR SP			J3E	
		Berlin	D	FD	J3E	EUR
		Malta	MLT	FD	J3E	EUR
10087		3 14 VSAM			J3E	
10090		12E 12F VNCA			J3E	
		Khabarovsk VOLMET	URS	FD	J3E	h+15 h+45
		Novosibirsk VOLMET	URS	FD	J3E	h+20 h+50
		Tashkent VOLMET	URS	FD	J3E	h+05 h+35
		Vnukova VOLMET	URS	FD	J3E	h+25 h+55
10093		5B 6B 11B 13N			J3E	
10096		NCA SAM 7D			J3E	
		Belem, Brasilia	B	FD	J3E	SAM
		Campo Grande, Manaus	B	FD	J3E	SAM
		Porto Velho, Recife	B	FD	J3E	SAM
		Rio de Janeiro	B	FD	J3E	SAM
		La Paz, Santa Cruz	BOL	FD	J3E	SAM
		Bogota, Leticia	CLM	FD	J3E	SAM
		Asuncion	PRG	FD	J3E	SAM
		Iquitos	PRU	FD	J3E	SAM
		Dakar	SEN	FD	J3E	SAM
		Paramaribo/Zanderij	SUR	FD	J3E	SAM
		Piarco	TRD	FD	J3E	SAM
		Barnaul	URS	FD	J3E	NCA
		Caracas/Mai	VEN	FD	J3E	SAM

10100...10150 kHz FESTER FUNKDIENST, Amateurfunkdienst

10100	RUZU	SAAB Molodezhnaya	ANT	FX	F1B-50/75/100	
	UDY	SAAB Novolazarevskaya	ANT	FX	F1B-75	RUZU
	UGE2	SAAB Bellingshausen	ANT	FX	A1A F1B	RUZU
10104	3XA	AIR Conakry	GUI	AX	F1B-50-850	
10104.5	FDY	FAF Orleans	F	FX	F1B-50-425L	
10105	ATE60	METEO New Delhi	IND	MX	F1C	
	RKA79	TASS Moskva	URS	PX	F1B-50-425L	
10111	5YE	METEO Nairobi	KEN	MX	F1B-75-425	
10115	ZRH62	SAN Capetown	AFS	FX	F1B-75-850	E
	5YE1	METEO Nairobi	KEN	MX	F1C-120	
10116.5	5NK	AIR Kano	NIG	AX	F1B-50	
10116.9	BAF4	METEO Beijing	CHN	MX	F1C-120	
10118.5	OEM60	METEO Wien	AUT	MX	F1B-100-425L	
10119	RMP	RuNY Kaliningrad	URS	FC	A1A	
10120	VTH31	IN Bombay	IND	FC	F1B-50-850L	
	TTZ	STIT N'djamena	TCD	FX	J3E-L	F
	RGI24	TASS Moskva	URS	PX	F1B-50-425L	
10122	S9Y	AIR Sao Tome	STP	AX	F1B-50	COG
10123	SUU2	METEO Cairo	EGY	MX	F1C-120	
10125	OLG3	PTT Praha	TCH	FX	F1B-50-425H	ALB
10127.4	DFK25L1	DW Frankfurt	D	FX	F1B-50-425H	MLT
10130	RBX73	METEO Tashkent	URS	MX	F1B-50-600	
	RCV	RuNY Moskva	URS	FC	A1A	
	RBW48	METEO Murmansk	URS	MX	F1C-90	
10131.4	DFK25H4	INFO-BRD Frankfurt	D	PX	F1B-FEC96	
10132	TNL55	AIR Brazzaville	COG	AX	F1B-50-850H	
10137	TNL97	METEO Brazzaville	COG	MX	F1B-50-850H	
10140	RUZU	SAAB Molodezhnaya	ANT	FX	F1B-50	
10141	5BC46	Nicosia R.	CYP	FC	J3E-U	QSX 8247.7 kHz

10141.5		MFA Roma	I	FX	F1B-ST	
10145	RMD52	TASS Moskva	URS	PX	F1B-50-425L	
	XVZ	AIR HoChiMinh-V.	VTN	AX	F1B-50	
10148		MFA Ankara	TUR	FX	F1B-100-425	

10150...11175 kHz FESTER FUNKDIENST

10150	SUA242	MENA Cairo	EGY	PX	F1B-50-425L	
	SAM	MFA Stockholm	S	FX	J3E-U F1B-75-425L	
	SAM41	SUD Berlin	DDR	FX	J3E-U F1B-75-425L	
10153	AEA	USA Heidelbg/Pirmas.	D	FX	J3E-L	
	9KT281	KUNA Kuwait	KWT	PX	F1B-50-425H	
10155	FPK5	FTN Paris	F	FX	B9W	MTN
10157	9KT281	KUNA Kuwait	KWT	PX	F1B-50-425H	
10160	RGI23	TASS Moskva	URS	PX	F1B-50-425L	
10162		CE Stockholm	S	FX	F1B-75-425H	TCH
10162.5	YIL70	INA Baghdad	IRQ	FX	F1B-50-425L	
10165	SDJ	Stockholm R.	S	FD	J3E-U	
	RPT31	TASS Moskva/Tashk.	URS	PX	F1B-50-425L	
10169	HSW63	METEO Bangkok	THA	MX	F1B-50-850H	
10170		CE London	G	FX	F1B-75-600L	TCH
10185		PE Stockholm	S	FX	F1B-75	POL
10185.7	JYF3	PETRA Amman	JOR	PX	F1B-50-600H	
10188		PTT Moroni	COM	FX	J3E-U	F
10190		RFE Holzkirchen FDR	D	FX	B8E	POR
10197.2	LCN2	PTT Oslo	NOR	FX	B9W	Svalbard
10200	MKK	RAF London	G	FX	B9W	CYP
10205	ONY27	NATO Rouveroy	BEL	FX	F1B-50-850	
10210	Y7A43	MFA Berlin	DDR	FX	F1A	
10212	RANGER	RAF Mt.Olympus	CYP	FX	J3E-U	
	MKA	RAF London	G	FX	J3E-U	
10213	CNM29	MAP Rabat/Tanger	MRC	PX	F1B-50-425L	
10215	HZN48	METEO Jeddah	ARS	MX	F1B-100H4	
10220	CML28	PTT Habana	CUB	FX	F1B-50-850	USA
	MKD	RAF Akrotiri	CYP	FX	B9W	G
	RDW76	METEO Khabarovsk	URS	MX	F1C-60/120	
10230	RKA78	METEO Moskva 2	URS	MX	F1C-90/120	
10235	NHG	USARP Palmer	ANT	FX	F1B-50/75	NGD
	MSS	RAF Belize	BLZ	FX	J7B	G
		VOA Greenville FDR	USA	FX	B8E/B9W	
10236	STK	AIR Khartoum	SDN	AX	F1B-50-425L	MLT
10240	RGE34	TASS Moskva	URS	PX	F1B-50-425L	
10245	SOK244	PAP Warszawa	POL	PX	F1B-50-425L	
10250	MKD	RAF Akrotiri	CYP	FX	J7B	
		METEO Madrid	E	MX	F1C-60/120	
10255	KWS78	USE Athinai	GRC	FX	A1A	
	NPN	USN Guam	GUM	MX	F1C-120	
10258	RDZ71	TASS Moskva	URS	PX	F1B-50-425L	
10261		MFA Roma	I	FX	F1B-ST	
10262	MKK	RAF London	G	FX	J7B	
10270	CSE4	PAF Lajes	AZR	FX	J3E-U F1B-FEC	POR
	RKA25	TASS Moskva	URS	PX	F1B-50-425L	
10276.5	SPW	Warszawa R.	POL	FC	F1B-ST	QSX 8328.5 kHz
10278	SOK227	Warszawa R.	POL	FC	J3E-U	
10278.5	YZA9	TANJUG Beograd	YUG	PX	F1B-50-425L	
10280	MKK	RAF London	G	FX	B9W	CYP
10285	REE56	PTT Alma Ata	URS	FX	F1A	

10289	CSY53	AIR Sta.Maria	AZR	AX	B9W	POR
10290	ZAF	MFA Tirana	ALB	FX	A1A	
	NKW	USN Diego Garcia	BIO	MX	F1C-120	
10291		Portishead R.	G	FD	J3E-U	
10295	EEQ	IP Madrid	E	FX	F1B-ST	
	FSB71	IP Paris	F	FX	F1B-ST	
	IUV81	IP Roma	I	FX	F1B-ST	
	LJP	IP Oslo	NOR	FX	F1B-ST	
10298	HSW62	METEO Bangkok	THA	MX	F1B-50-300H	
10300	RCB58	METEO Moskva	URS	MX	F1C-90	14
10307.5	OLG4	PTT Praha	TCH	FX	F1B-50-425L	CHN
10310	FDY	FAF Orleans	F	FX	A1A F1B-50-425	
	AFE86	USAF/NASA Antigua	ATG	FX	B9W	ASC
	OMZ	MFA Praha	TCH	FX	F1B-75-425	
10315		RFE Holzkirchen FDR	D	FX	B8E	POR
10320	FTK32	FTN Paris	F	FX	B8E	TCD
10325	HGX21	MFA Budapest	HNG	FX	F1B-50-425	
10330	RKA76	PTT Moskva	URS	FX	B8E	
10335	JTD29	MONTSAME Ulan Bator	MNG	PX	F1B-50-850H	
10340	ULV	ARCTIC Moskva	URS	FX	F1B-50-600	USZ UZR
	WFK50	AP New York NY	USA	PX	F1A F1C-60	
10341	5BA	Nicosia R.	CYP	FC	J3E-U	
10345	LRB34	TELAM Buenos Aires	ARG	PX	F1B-50-850L	
10346	GYU	RN Gibraltar	GIB	FX	B9W	G
10355	XVK	PTT Hanoi	VTN	FX	F1B-ARQ192	HKG
10365	RZA29	PTT Moskva	URS	FX	J3E-U	
10370	ARA	AIR Karachi	PAK	AX	F1B-50-850H	
10372.5	ONY27	NATO Rouveroy	BEL	FX	F1B-50-850	
10380	RBW43	PTT Murmansk	URS	FX	F1A J3E-L F1B-50	UKS
		VOA Greenville	USA	FX	2xF1B-75-85H B8E	
10383	5YE11	METEO Nairobi	KEN	MX	F1B-50	
10385	JXA	RNoAR Oslo	NOR	FX	J3E F1B-ST	LBN
10387	5YE	METEO Nairobi	KEN	MX	F1C-120	
10388	5NL	AIR Lagos	NIG	AX	F1B-50-425H	5NK
10390	AYA47	IP Buenos Aires	ARG	FX	A1A F1B-ST	
	FSB57	IP Paris	F	FX	A1A F1B-ST	
	4NX7	IP Beograd	YUG	FX	F1B-ST	
10395	JBF40	KDD Tokyo	J	FX	B9W	KRE
10400	7UH40	PTT Bechar	ALG	FX	B8E	
	FDY	FAF Orleans	F	FX	A1A F1B-50-425	
	HGX21	MFA Budapest	HNG	FX	A1A F1B-50-425L	
10401.7		MFA Cairo	EGY	FX	F1B-ST	
		EgyEmb Paris	F	FX	F1B-ST	EGY
10407.5	6VY56	AIR Dakar	SEN	AX	F1B-50-600H	GUI
10408	9VF63	ANSA Singapore	SNG	PX	F1B-50-850H	
10410		VOA Kavala	GRC	PX	F1B-75-850H	
	ARB	AIR Lahore	PAK	AX	F1B-50-850H	ARA
10415	BC025	PTT Shanghai	CHN	FX	F1B-50-425L	TCH
	JJD	PTT Tokyo	J	FX	A1A	
10420		RFE Holzkirchen FDR	D	FX	B8E	POR
10425	YMA8	METEO Ankara	TUR	MX	F1B-50-600H	
10429	Y7A44	MFA Berlin	DDR	FX	A1A F1B-50-425H	
10430	5LF10	FCR Monrovia	LBR	FX	J3E-U	
10435	ZAY	ATA Tirana	ALB	PX	F1B-50-425H	
10440	Y3A5	PTT Berlin	DDR	FX	F1B-50-425H	SYR
10440.5	NPO	USN S.Miguel	PHL	FC	A1A	NUKO GCMP
10449	AY0355	BANK Com.Rivadavia	ARG	FX	J3E-U F1B-50	
10454	KLW61	VOA Greenville FDR	USA	FX	B8E	LBR

10461	4UZ10	UNO Geneva	SUI	FX	F1B-75	
10463	CTP	NATO Palhais	POR	FX	F1B-50-850	
10464	Y7A45	MFA Berlin	DDR	FX	F1B-50-425H	
	KWL90	USE Manila	PHL	FX	A1A	
10465	VMA	ARMY Melbourne	AUS	FX	F1B-75-850	
	RKA74	TASS Moskva	URS	PX	F1B-50-425L	
10467.5	FDZ	FAF Paris	F	FX	F1B-ST	TCD
10470	BLM23	METEO Chengdu	CHN	MX	F1B-50-425L	
10474	JXA	RNoAR Oslo	NOR	FX	F1B-ST	LBN
10475.2	CNM34X2	MAP Rabat/Tanger	MRC	PX	F1B-50-425L	
10480	BCX22	PTT Shanghai	CHN	FX	F1B-50-425H	TCH
	MKK	RAF London	G	FX	J7B	BLZ
	6OK32	PTT Mogadishu	SOM	FX	J3E	
10483.5		ITALDIPL Athinai	GRC	FX	F1B-ST	I
10486	9NK	AIR Kathmandu	NPL	AX	F1B-50-850H	IND
10494	SOK249	PTT Warszawa	POL	FX	F1B-50-425L	ROU
10495	MKD	RAF Akrotiri	CYP	FX	B9W	G
10497.5	CNM35	MAP Rabat/Tanger	MRC	PX	F1B-50-425L	
10498	KRH51	USE London	G	FX	F1B-75-850	
10500	ZAG	MFA Tirana	ALB	FX	A1A	
10505	VKG	POL Sydney	AUS	FX	J3E-U	
10508		PTT Dakhla	MRC	FX	J3E-L	Rabat
10508.5	LOL	AN Buenos Aires	ARG	FX	F1B-50-850	B
10510	6OM	AIR Mogadishu	SOM	AX	F1B-50	
10516.5	LOL	AN Buenos Aires	ARG	FX	F1B-50/75-850	
10518	5AQ56	JANA Tripoli	LBY	PX	F1B-50-425L	
10520	RKS78	METEO Murmansk	URS	MX	F1C-60/90/120	
10523.5	NRV	LORAN Guam	GUM	FX	J3E-U	
	NRT	LORAN Yokota	J	FX	J3E-U	
10525	HMF45	KCNA Pyongyang	KRE	PX	F1B-50-600H	
	HMM41	PTT Pyongyang	KRE	FX	J3E-U	CHN
10526	7OB48	YTC Aden	YMS	FX	B9W	URS
10526.5	OEM70	METEO Wien	AUT	MX	F1B-100-425L	
10527	9XK	AIR Kigali	RRW	AX	F1B-50-850L	TZA
10528	IRH35	ITALCABLE Roma	I	FX	J3E-U	
10533	AJE	USAF Barford	G	FX	B9W	AZR
10535	ATS61	OCS New Delhi	IND	FX	F1B-50-425	AFG
10536	CFH	CF Halifax	CAN	MX	F1B-75-850L F1C-120	
10540	CSY40	AIR Sta.Maria	AZR	AX	F1B-50-850H	IRL
	BCH30	PTT Shanghai	CHN	FX	F1B-50-425L	DDR
10543	Y2V54	ADN Berlin	DDR	PX	F1B-50-425H	
10546		ITALDIPL Alger	ALG	FX	F1B-ST	I
10547		SABS Riyadh	ARS	FX	R3E-U	
10554	Y7A46	MFA Berlin	DDR	FX	F1A F1B-50-425L	
10555	RUZU	SAAB Molodezhnaya	ANT	FX	F1B-50	URS
	AXI34	METEO Darwin	AUS	MX	F1C-120	
10557.9	FTK56H1	AFP Paris	F	PX	F1B-50-425H	
10559.3	FTK56H3	AFP Paris	F	PX	F1B-50-425H	
10562.5	FTK56A	AFP Paris	F	PX	A1A	
10565	7RP90	AMBALG Madrid	E	FX	F1B-50-850L	ALG
	7RP30	AMBALG London	G	FX	F1B-50-850L	ALG
	7RX30	AMBALG Tunis	TUN	FX	F1B-50-850L	ALG
10570	RWH79	METEO Alma Ata	URS	MX	F1B-50-700H	
10575	MRX	RAAF Butterworth	MLA	FX	F1B-50-850	AUS
	SDJ	Stockholm R.	S	FD	J3E-U	
10580	MKD	RAF Akrotiri	CYP	FX	B9W	G
	HMF46	KCNA Pyongyang	KRE	PX	F1B-50-425H	
	ZLX81	PTT Wellington	NZL	FX	J3E-U	NIU

10581.5	XZW	AIR Rangoon	BRM	AX	F1B-50	THA
10586	MKD	RAF Akrotiri	CYP	FX	B9W	G
10590	CLP1	MFA Habana	CUB	FX	F1B-50-425	
10592	ATL61	OCS Calcutta	IND	FX	F1B-50-425	BRM
10600		PTT Tindouf	ALG	FX	J3E-L	Alger
	BAC27	PTT Beijing	CHN	FX	F1B-50-425L	TCH
		CE Bucuresti	ROU	FX	F1B-75-425	TCH
	XVN37	VNA Hanoi	VTN	PX	F1B-50-425L	
10602.5		NAN Lagos	NIG	PX	F1B-50-170L	
10605	RFTJ	FNY Dakar	SEN	FX	F1B-ARQ96	DJI
10611.5	S2D	AIR Dhaka	BGD	AX	F1B-50-425	THA
10620		CE Sofia	BUL	FX	F1B-75-425	TCH
10634	SUC	AIR Cairo	EGY	AX	F1B-50-850H	SDN
10635	H6L	AMBAFRANCE Alger	ALG	FX	F1B-75-600H	F
10637	KKN50	DOS Washington DC	USA	FX	A1A	
10640	JBF60	KDD Tokyo	J	FX	B9W	
	9RL73	AZAP Kinshasa	ZAI	PX	F1B-50-425L	
10645	FTK64	FTN Paris	F	FX	J3E-L	
10647	4UZ	UNO Geneva	SUI	FX	F1B-75-425	
10650	BJZ23	METEO Hangzhou	CHN	MX	F1B-50-425L	
10653	HSD87	AIR Bangkok	THA	AX	F1B-50-425H	BGD
10655	ATK61	PTI New Delhi	IND	PX	F1B-50-425	
10660	CUW	USAF Lajes	AZR	FX	B9W	
10670	RZA26	R.Moskva FDR	URS	FX	R3E-U	
10672.5	ZEO48	C&W Hong Kong	HKG	FX	J3E	VTN
10675	REM51	TASS Moskva	URS	PX	F1B-50-425L	
10678	MKK	RAF London	G	FX	B9W	CYP
10680	LRB6	R.Rivadavia	ARG	FX	R3E-U	
	CUF55	FAF Flores	AZR	FX	B9W	F
10686	9DM17	METEO Tehran	IRN	MX	F1B-50-425L	
10690		R.Moskva FDR	URS	FX	R3E-U	
10694	SOK269	Warszawa R.	POL	FC	A1A	SPMH
10710	JAG30	PL Tokyo	J	PX	F1B-50-850L	
10714	SRZ944	AMBAFRANCE Warszawa	POL	FX	F1B-75-425	F/P6Z
10715	LCN	NRP Oslo	NOR	PX	A1A	
10717	6OM	AIR Mogadiscio	SOM	AX	F1B-50	
10720	LRB72	METEO Buenos Aires	ARG	MX	F1B-50-850 F1C-120	
10722		PTT Khabarovsk	URS	FX	R3E	Moskva
10725	RPTI	PNY Pnt.Delgada	AZR	FX	F1B-50-425L	POR
	ORI50	UPI Brussels	BEL	PX	F3C-60	
10727	P6Z	MFA Paris	F	FX	F1B-50/75-425	
10732	7RQ20	MFA Alger	ALG	FX	F1B-50	Europe
10740	RKA72	APN Moskva	URS	PX	F1B-100-425	
10748	LBL1	NORBATT Ebel-el-Saqi	LBN	FX	J3E-U F1B-ST	NOR
10755	CSE4	PAF Lajes	AZR	FX	J3E-U F1B-ST	POR
10760	G8T	AMBAFRANCE Beograd	YUG	FX	A1A F1B-50	F
10763	HMY56	PTT Pyongyang	KRE	FX	F1B-50-425H	DDR
10764	IRH47	ITALCABLE Roma	I	FX	R3E-U	
10765	FTK76	FTN Paris	F	FX	J3E-U	AFG
10770	RTT42	PTT Moskva	URS	FX	B9W	YMS
10772	VDD	CF Debert	CAN	FX	J3E J7B	D
10775	FTK77	BIH Paris	F	FX	A1A	
		PTT HoChiMinh-V.	VTN	FX	J3E-U	URS
10780	AFE86	USAF/NASA Antigua	ATG	FX	J3E-U	USA
	SDN6	STA Stockholm	S	FX	F1B-ARQ96	VTN
10785	Y2V43	ADN Berlin	DDR	PX	F7B F1B-50-425H	
10790	RKA71	TASS Moskva	URS	PX	F1B-50-425L	
10795	JAG50	KYODO Tokyo	J	PX	F1B-50-425L	

10800	3SU	METEO Zenhai	CHN	FX	F1B-50-600	
10802	EEQ	POL Madrid	E	FX	F1B-50-425	
10805	LRO72	NA Buenos Aires	ARG	PX	F1B-50-850H	
		PTT Pyongyang	KRE	FX	R3E-U	
10808		MFA Beograd	YUG	FX	F1B-75-600H	
10814	RFQP	FF Djibouti	DJI	FX	F1B-ARQ96	F
10815	IRH58	ANSA Roma	I	PX	F1B-50-425H	
10818	YKQ20	METEO Damascus	SYR	MX	F1B-50-850H	
10820	BAL21	PTT Beijing	CHN	FX	F1B-50-425H	DDR
10827	IDQ	ItNY Roma	I	FC	F1B-75-850L	NAWS I11C
10830	RUZU	SAAB Molodezhnaya	ANT	FX	F1B-50-600L	URS
	ULV	PTT Moskva	URS	FX	F1B-50-600L	
10835	FDY	FAF Orleans	F	FX	F1B-50-425L	
10840	MKK	RAF London	G	FX	J7B-U	
10850	KNY32	BulgEmb Washington	USA	FX	F1B-75-425	BUL
10853	HGX22	HE Athinai	GRC	FX	F1B-50-425	HNG
10855	GXQ	RN London	G	FX	B9W	
		R.Moskva FDR	URS	FX	R3E-L	
10859	YAD4	PTT Kabul	AFG	FX	B9W	
10860		RFE Holzkirchen FDR	D	FX	B8E	POR
10865	RZA24	APN Moskva	URS	PX	F1B-100-425L	
	RZA24	TASS Moskva	URS	PX	F1B-50-425L	
	NAM	USN Norfolk VA	USA	MX	F1C-120	
10867	NGD	USN McMurdo	ANT	FX	F1B-50/	VNJ FJY3 RUZU
10869		VOA Bethany OH FDR	USA	FX	B8E	
10880	5LA10	VOA Monrovia	LBR	PX	F1B-75-425L	
	REM50	TASS Moskva	URS	PX	F1B-50-425L	
10888	CMU967	RuNY Habana	CUB	FX	A1A	URS
10890	GXQ	RN London	G	FX	B9W	CYP
10905	7UH90	PTT Ouargla	ALG	FX	B8E	Djanet
	BBA45	PTT Shanghai	CHN	FX	F1B-50-425	
10911	HGH29	MTI Budapest	HNG	PX	F1B-50-425H	
10920	Y2V22	ADN Berlin	DDR	PX	F7B F1B-50-425H	
10922	DFK92	DW Frankfurt FDR	D	FX	R3E-U	POR
10925	FGB55	FAF Biscarrosse	F	FX	B9W	AZR
10935	AHF4	USAF Albrook	PNR	FX	J3E-L	
10945	CFH	CF Halifax	CAN	FC	A1A	NAWS
10950	FDY	FAF Orleans	F	FX	F1B-50-425L	
	WBR70	METEO Miami FL	USA	MX	F1B-75-850H	
10960	3MA28	CNA Taipei	TWN	PX	F1B-50-850L	
10965	JYN41	METEO Amman	JOR	MX	F1B-50-425L	
	HBD56	SwissEmb Warszawa	POL	FX	F1B-ST	SUI
	HBD20	MFA Bern	SUI	FX	F1B-ST	
10966	NPO	USN S.Miguel	PHL	MX	F1C-120	
10972		VOA Tanger	MRC	PX	F1B-75-425H	
10980	RDD78	METEO Moskva	URS	MX	F1C-60/90/120	
10985	RCB53	TASS Moskva	URS	PX	F1B-50-425L	
10995	7RQ20	MFA Alger	ALG	FX	A1A	QSX 11473 kHz
11000	D2J26	ANGOP Luanda	AGL	PX	F1B-50-425H	
	Y7B73	DDR-Emb Roma	I	FX	F1B-100-425	DDR
	NBA	USN Farfan	PNR	FX	F1B-75-850L	
	7T1	CE Damascus	SYR	FX	F1B-75-600	TCH
	Y7B32	DDR-Emb Beograd	YUG	FX	A1A F1B	DDR
11005	7OC	AIR Aden	YMS	AX	F1B-50-850H	
11006	ZLK45	USN Christchurch	NZL	FX	F1B-75-850	ANT
11013		DyN Buenos Aires	ARG	PX	F1B-75-850L	
11015	SUU29	METEO Cairo	EGY	MX	F1B-50-425L	
	CTU81	PNY Monsanto	POR	FX	J3E F1B-50-850L	AZR

11020	K4X	AMBAFRANCE Tunis	TUN	FX	F1B-75-425L	F
11027	IRI20	IINA Roma	I	PX	F1B-50-425H	
11027.5	9PL	AIR Kinshasa	ZAI	AX	F1B-50-425L	ZMB
11030	AXM34	METEO Canberra	AUS	MX	F1B-50-850L F1C-120	
	DFL21	DW Frankfurt FDR	D	FX	R3E-U	
11031		ITALDIPL Rabat	MRC	FX	F1B-ST	
11035	UKS	ARCTIC Barentsburg	URS	FX	F1B-50-425L	ULV
11039	DDH9	METEO Quickborn	D	MX	A1A	
11040	VEL	CF Lahr	D	FX	J3E	
11042	K4X	AMBAFRANCE Tunis	TUN	FX	F1B-75-425L	F
11060	TZH60	AIR Bamako	MLI	AX	F1B-50-425L	SEN
11061.7	STK	AIR Khartoum	SDN	AX	F1B-50-425L	KEN
11063	LZU2	METEO Sofia	BUL	MX	F1B-50-425L	
11065	YAV	AIR Kabul	AFG	AX	F1B-50-425L	IRN
	9VF69	TAS Singapore	SNG	FX	J3E-U	VTN
11070	LOR	AN Belgrano	ARG	FC	F1B-50/75-850	
	CLN320	PL Habana	CUB	PX	F1B-50-425H	
	CLN320	PTT Habana	CUB	FX	F1B-50-425H	CHN
11072	FVZ99	GEND St.Pierre & Miq.	SPM	FX	A1A	F
11080		SANA Damascus	SYR	PX	F1B-50-425L	
11085	P6Z	MFA Paris	F	FX	F1B-50/75-425L	
11086.5	GFA24	METEO Bracknell	G	MX	F1C-120	
11092.5	ZHH50	C&W St.Helena	SHN	FX	R3E	ASC
11095	MKD	RAF Akrotiri	CYP	FX	B9W	
		MFA Roma	I	FX	A1A F1B-ST	
11096		PTT Moroni	COM	FX	J3E-L	
11100	CAK	AIR Santiago	CHL	AX	F1B-50-850H	PAQ
	RHH74	PTT Kuibyshev	URS	FX	F1B-50-425	BUL HNG ROU
11105	FUE	FNY Brest	F	FX	F1B-50-850	POR
11110	LZG2	BTA Sofia	BUL	PX	F1B-50-425L	
	RFLI	FF Ft.de France	MRT	FX	F1B-ARQ96	F
11114.3	ETD3	AIR Addis Ababa	ETH	AX	F1B-50-425L	SDN
11115	6VK311	STIS Dakar	SEN	FX	R3E	
11117.5	OLO7	PTT Praha	TCH	FX	F1B-50-425H	URS
11123.5	5YE	METEO Nairobi	KEN	MX	F1B-100-425H	
11124.5	DFL26	DPA Frankfurt	D	PX	F1B-50-425H	
11127.5	5YE	METEO Nairobi	KEN	MX	F1C-120	
11130	ZLX22	METEO Wellington	NZL	MX	A1A	
	ULV	PTT Moskva	URS	FX	F1B-50-600H	UPV USZ
11132	RMP	RuNY Kaliningrad	URS	FC	A1A	
11133	BZG41	XNA Beijing	CHN	PX	F1B-50-425L	
11135	CUF55	FAF Flores	AZR	FX	F1B-75-85H	F
11140	CTV71	PNY Monsanto	POR	FX	F1B-50-850L	E
11143	KRH50	USE London	G	FX	A1A	
	CTQ46	PNY Funchal	MDR	FX	F1B-50-850	POR
	SFA	MFA Ankara	TUR	FX	F1B-100	
11145	WLO	METEO Mobile AL	USA	MX	F1C-120	
11147	LOL	AN Buenos Aires	ARG	FX	F1B-50	LOK
11150	UPV	ARCTIC Dikson	URS	FX	F1B-50-600	ULV
	DFZG	MFA Beograd	YUG	FX	F1B-75-600H	
11153	CTX81	PNY Pnt.Delgada	AZR	FX	F1B-50-850	
11157.5	CAN6D	METEO Pres.Montalva	ANT	MX	F1B-ST	CHL
11158	YOL21	AGERPRES Bucuresti	ROU	PX	F1B-50-425L	
11161		ITALDIPL Beirut	LBN	FX	F1B-ST	I
11166.5	5TA17	PTT Nouadhibou	MTN	FX	B9W	F
11170	XZW	METEO Rangoon	BRM	MX	A1A	
11172.5		PTT Rabat	MRC	FX	J3E-L	

11175...11275 kHz BEWEGLICHER FLUGFUNKDIENST (OR)

11176	AKA5	USAF Elmendorf	ALS	FG	J3E	
		USAF Ascension	ASC	FG	J3E	
	AJE	USAF Croughton	G	FG	J3E	
	AIE2	USAF Andersen	GUM	FG	J3E	
	AIF2	USAF Yokota	J	FG	J3E	
	AHF2	USAF Albrook	PNR	FG	J3E	
	AJO	USAF Incirlik	TUR	FG	J3E	
11179	AGA2	USAF Hickam	HWA	FG	J3E	
	AFL2	USAF Loring ME	USA	FG	J3E	
11180	AJE	USAF Croughton	G	FG	J3E	
		RAF Buchan	G	FG	J3E	
	AFA3	USAF Andrews MD	USA	FG	J3E-L	
11182		AVIACO Madrid	E	FD	J3E	
	JWT	RNoN Stavanger	NOR	FX	J3E	
	LBJ	RNoN Harstad	NOR	FX	J3E	
	AFG9	USAF Scott IL	USA	FG	J3E	
11183	7RG30	WIL Ouargla	ALG	FX	A1A	
11186	AXF	RAAF Sydney	AUS	FG	J3E	
11187	DHM91	GAF Muenster	D	FG	J3E	
11193	RFNV	Moskva/Kupavna VOLM.	URS	FD	A1A	h+10 h+40
		Moskva	URS	FD	J3E	
11199	CAK	AIR Santiago	CHL	AX	F1B-50	
11200	MVU	RAF West Drayton	G	FG	J3E	VOLMET
11201	NRV	USCG Guam	GUM	FG	J3E	
11204	ARCHIT.	RAF 'ARCHITECT'	G	FG	J3E	h+00 h+30
11205	CZW	CF Halifax	CAN	FG	J3E	
11211		EgyEmb Khartoum	SDN	FX	F1B-ST	EGY
11213	MKL	RN Pitreavie	G	FX	J3E	
	JWT	RNoN Stavanger	NOR	FX	J3E	
	LBJ	RNoN Harstad	NOR	FX	J3E	
11214	IDR	ItNY Roma	I	FG	J3E	
11215	TFK	USN Keflavik	ISL	FG	J3E	
11216	AXN	RAAF Amberly	AUS	FG	J3E	
11222	SDJ	STA Stockholm R.	S	FD	J3E	
		AIR Riyan	YMS	AX	F1B-50	
11223	ZKX	RNZAF Auckland	NZL	FG	J3E	
11226	CUW2	USAF Lajes	AZR	FG	J3E	
	SFA	MFA Ankara	TUR	FX	F1B-100	
11228		Beograd	YUG	FG	J3E	
11229	AJE	USAF Croughton	G	FG	J3E	
11230	HMF49	KCNA Pyongyang	KRE	PX	F1B-50-600H	
11231		MFA Cairo	EGY	FX	F1B-ST	
		EgyEmb Ankara	TUR	FX	F1B-ST	EGY
11233	CHR	CF Trenton	CAN	FG	J3E	
	CJX	CF St.Johns	CAN	FG	J3E	
	VXA	CF Edmonton	CAN	FG	J3E	
	DHM95	CF Lahr	D	FG	J3E	
11234		RAF Akrotiri	CYP	FG	J3E	
	ARCHIT.	RAF 'ARCHITECT'	G	FG	J3E	
		RAF Gibraltar	GIB	FG	J3E	
		RAF Decimomannu	I	FG	J3E	
		RNoAF Bardufoss	NOR	FG	J3E	
11235	AXF	RAAF Sydney	AUS	FG	J3E	
	AXH	RAAF Townsville	AUS	FG	J3E	
	AXI	RAAF Darwin	AUS	FG	J3E	

11235	AXT	RAAF Edinburgh	AUS	FG	J3E	
11236		MFA Cairo	EGY	FX	F1B-ST	
	AIF2	USAF Yokota	J	FG	J3E	
11237.5	Y4A	IF Berlin	DDR	FD	A1A J3E	
11239	AFI2	USAF McClellan CA	USA	FG	J3E	
11240		SYRIANAIR Damascus	SYR	FD	J3E	
11241		EgyEmb Manama	BHR	FX	F1B-FEC	EGY
11245.5	OWD	RDAF Vaerloese	DNK	FG	J3E	
11246		EgyEmb Baghdad	IRQ	FX	F1B-ST	EGY
	AFE8	USAF McDill FL	USA	FG	J3E	
11247	AXF	RAAF Sydney	AUS	FG	J3E	
	ZKX	RNZAF Auckland	NZL	FG	J3E	
11249	AFA3	USAF Andrews MD	USA	FG	J3E	
11251		MFA Cairo	EGY	FX	F1B-ST	
		EgyEmb Kuwait	KWT	FX	F1B-ST	EGY
11255	HOLLOWAY	EtAL Asmara	ETH	FD	J3E	
11256		AIRPACIFIC Suva	FJI	FD	J3E	
11257		USAF Alconbury	G	FG	J3E	
11271	HZY3	AF Dhahran	ARS	FG	J3E	
	CUW2	USAF Lajes	AZR	FG	J3E	
		MFA Cairo	EGY	FX	F1B-FEC	
11272	CUF55	FAF Flores	AZR	FX+	J3E	
	FGB55	FAF Biscarrosse	F	FX+	J3E F1B-ST	
	DHN66	NATO Geilenkirchen	D	FG	J3E	

11275...11400 kHz BEWEGLICHER FLUGFUNKDIENST (R)

11276		2A 2C 6G 10E 13J			J3E	
11279		NAT 2B 6F 9C			J3E	
		Frobisher, Gander	CAN	FD	J3E	NAT
		Sondre Stromfj.	GRL	FD	J3E	NAT
		Iceland Reykjavik	ISL	FD	J3E	NAT
		Bodoe	NOR	FD	J3E	NAT
		Aktyubinsk VOLMET	URS	FD	J3E-U	h+05 h+35
		Alma Ata VOLMET	URS	FD	J3E-U	h+15 h+45
		Baku VOLMET	URS	FD	J3E-U	h+25 h+55
		Tbilisi VOLMET	URS	FD	J3E-U	h+00 h+30
11281		EgyEmb Mogadishu	SOM	FX	F1B-ST	EGY/11271
11282		CEP 4A 6G 13H			J3E	
		Honolulu	HWA	FD	J3E	CEP
		S.Francisco CA	USA	FD	J3E	CEP
11285		2A 3B 7			J3E	
11288		5A 6G 11B			J3E	
11291		SAT 3B 3C			J3E	
		Canarias	CNR	FD	J3E	SAT
		Sal	CPV	FD	J3E	SAT
		Bissau	GNB	FD	J3E	SAT
		Dakar	SEN	FD	J3E	SAT
11294		2A 6G 7C			J3E	
11297		2 12F			J3E	
		Kiev VOLMET	URS	FD	J3E	h+20 h+50
		Leningrad VOLMET	URS	FD	J3E	h+05 h+35
		Moskva VOLMET	URS	FD	J3E	h+10 h+40
		Riga VOLMET	URS	FD	J3E	h+00 h+30
		Rostov VOLMET	URS	FD	J3E	h+25 h+55
11300		AFI 6G 13H			J3E	
		Jeddah	ARS	FD	J3E	AFI

11300		Bujumbura	BDI	FD	J3E	AFI
		Djibouti	DJI	FD	J3E	AFI
		Cairo	EGY	FD	J3E	AFI
		Addis Ababa, Asmara	ETH	FD	J3E	AFI
		Cocos I	ICO	FD	J3E	AFI
		Bombay	IND	FD	J3E	AFI
		Nairobi	KEN	FD	J3E	AFI
		Benghazi, Tripoli	LBY	FD	J3E	AFI
		Kigali	RRW	FD	J3E	AFI
		Khartoum	SDN	FD	J3E	AFI
		Mahe/Seychelles	SEY	FD	J3E	AFI
		Hargeisa, Mogadishu	SOM	FD	J3E	AFI
		Dar-es-Salaam	TZA	FD	J3E	AFI
		Sanaa	YEM	FD	J3E	AFI
		Aden, Riyan	YMS	FD	J3E	AFI
11303		3C 13E			J3E	
11306		6G 7E 11B			J3E	
11309		NAT 3A 6D			J3E	
11312		5 9C 9D			J3E	
11315		6G VCAR			J3E	
11318		3 4A 13D			J3E	
		Khabarovsk VOLMET	URS	FD	R3E	h+25 h+55
		Kuibyshev VOLMET	URS	FD	R3E	h+15 h+45
		Sverdlovsk VOLMET	URS	FD	R3E	h+05 h+35
		Syktyvkar VOLMET	URS	FD	R3E	h+00 h+30
		Yenisseisk VOLMET	URS	FD	R3E	h+10 h+40
11318.5		IBERIA Madrid	E	FD	J3E	
11321		6A 13F			J3E	
11324		3A 3C 4B 12C			J3E	
11326	SFA	MFA Ankara	TUR	FX	F1B-100	
11327		SP 3B 5 13C			J3E	
11330		AFI NP 3A 13F			J3E	
11333		2B 2C 10			J3E	
11336		NAT 3			J3E	
11339		2B 6B 9 13K			J3E	
		Brasilia, Sao Paulo	B	FD	J3E	13K
11342		W 2/3				
11345		W 1/4				
		HAPAGLLOYD Hannover	D	FD	J3E	
		STA Stockholm R.	S	FD	J3E	
11348		W 2/5				
11351		W 1/3				
		Paris R.	F	FD	J3E	
		MALEV Budapest	HNG	FD	J3E	
		PAKISTAN Karachi	PAK	FD	J3E	
		LOT Warszawa	POL	FD	J3E	
11354		W 2/5			J3E	
		SPRINGBOK Johannesbg.	AFS	FD	J3E	
		FALCON Bahrain	BHR	FD	J3E	
11357		6A 6E 10A			J3E	
11360		SAM 2 3 14			J3E	
	ZAT	AIR Tirana	ALB	AX	A1A	ROU/YRA
	YRA	AIR Bucuresti	ROU	AX	A1A	ALB/ZAT
		Quito	EQA	FD	J3E	SAM
		Lima	PRU	FD	J3E	SAM
11363		1 6E 10A			J3E	
		TAROM Bucuresti	ROU	FD	J3E	1
11366		1C 6B 6F 13K			J3E	

11366		Recife, Belem	B	FD	J3E	13K
11369		6G 13G			J3E	
11372		2C 3B 6D			J3E	
11375		MID 10A 13C			J3E	
		PTT HoChiMinh-V.	VTN	FX	J3E-U	Hanoi
11378		3C 13M VEUR			J3E	
11380	UAZL	HF/DF Moskva	URS	LR	A1A	
11381		6 12E 12J			J3E	
11384		CWP 1D 12J			J3E	
	LZX	Sofia	BUL	FD	A1A J3E	1D h+25 h+55
		Bourgas	BUL	FD	J3E	1D
		Agana	GUM	FD	J3E	CWP
		Naha	J	FD	J3E	CWP
		Honolulu	HWA	FD	J3E	CWP
11387		CAR VSEA			J3E	
		Sydney VOLMET	AUS	FD	J3E	h+00 h+30
		Barranquilla	CLM	FD	J3E	CAR
		Bogota, San Andres	CLM	FD	J3E	CAR
		Habana	CUB	FD	J3E	CAR
		Georgetown	GUY	FD	J3E	CAR
		Bombay VOLMET	IND	FD	J3E	h+25 h+55
		San Juan	PTR	FD	J3E	CAR
		Singapore VOLMET	SNG	FD	J3E	h+20 h+50
		Bangkok VOLMET	THA	FD	J3E	h+10 h+40
		Piarco	TRD	FD	J3E	CAR
		New York NY	USA	FD	J3E	CAR
		Miami FL	USA	FD	J3E	CAR
		Caracas/Maiquetia	VEN	FD	J3E	CAR
11390		2 10			J3E	
		Moskva	URS	FD	J3E	2
11393		9B 12E VMID			J3E	
11396		CAR EA SEA			J3E	
		Darwin, Perth	AUS	FD	J3E	SEA
		San Andres	CLM	FD	J3E	CAR
		San Jose	CTR	FD	J3E	CAR
		Habana	CUB	FD	J3E	CAR
		Guatemala	GTM	FD	J3E	CAR
		Hong Kong	HKG	FD	J3E	SEA
		Tegucigalpa	HND	FD	J3E	CAR
		Cocos I	ICO	FD	J3E	SEA
		Jakarta, Bali	INS	FD	J3E	SEA
		Ujung Pandang	INS	FD	J3E	SEA
		Kingston	JMC	FD	J3E	CAR
		Merida	MEX	FD	J3E	CAR
		Manila	PHL	FD	J3E	SEA
		Panama	PNR	FD	J3E	CAR
		Singapore	SNG	FD	J3E	SEA
		Bangkok	THA	FD	J3E	SEA
		Piarco	TRD	FD	J3E	CAR
		New York NY	USA	FD	J3E	CAR
		New Orleans LA	USA	FD	J3E	CAR

11400...11650 kHz FESTER FUNKDIENST

11400		PTT Alger	ALG	FX	B8E	
11401	KWH66	AIR Ponape	CAR	AX	J3E	GUM
	KGA57	AIR Guam	GUM	AX	J3E	

11405		AlbEmb Praha	TCH	FX	A1A	ALB
11407	AFE83	USAF/NASA Ascension	ASC	FX	B9W	USA
11409	PCW1	MFA Sgravenhaage	HOL	FX	F1B-ST	
11410	ECY6	RCC Canarias	CNR	FX	A1A J3E-U	
	ECA6	RCC Madrid	E	FX	A1A J3E-U	
	NAM	USN Norfolk VA	USA	FX	J3E-L	
11411.5	GXQ	RN London	G	FX	B9W	
11413	AFA3	USAF Andrews MD	USA	FG	J3E-U	
11415	FDY	FAF Orleans	F	FX	F1B-50-425L	
11416	IRI24	ANSA Roma	I	PX	F1B-50-425H	
11418	7RX40	AMBALG Tripoli	LBY	FX	F1B-50-425	ALG
11420	VNA86	VNA Hanoi	VTN	PX	F1B-50-600H F3C	
11423.5	SOL242B	Warszawa R.	POL	FC	F1B-FEC	SPMH
	SPW	Warszawa R.	POL	FC	A1A F1B-ST	
11425	SPW	Warszawa R.	POL	FC	J3E-U	
	5HD20	AIR Dar es Salaam	TZA	AX	F1B-50-425	RRW
		PTT HoChiMinh-V.	VTN	FX	F1B-ARQ192	S
11430	HMF55	KCNA Pyongyang	KRE	PX	F1B-50-425H F3C	
11435	OVC	RDNY Groennedal	GRL	FX	A1A	DNK
	CXK	AIR Montevideo	URG	AX	F1B-50-850H	B
11437.5	MKK	RAF London	G	FX	J7B	CAN
11438	5NK41	AIR Kano	NIG	AX	F1B-50-425L	5NL
11440	MSS	RAF Belize	BLZ	FX	B9W	G
	PLC	PTT Jakarta	INS	SS	A1A	
	EIP	AIR Shannon	IRL	AX	F1B-50-850H	AZR
	7OC	AIR Aden	YMS	AX	F1B-50	
11441	LBL1	NORBATT Ebel-el-Saqi	LBN	FX	J3E-U	NOR
11441.5		MFA Roma	I	FX	F1B-ST	
11442	5KM	CIN Bogota	CLM	FX	F1B-75-850	
	SAM26	SUD London	G	FX	J3E-U F1B-75	S
	SAM36	SUD Budapest	HNG	FX	J3E-U F1B-75	S
	SAM	MFA Stockholm	S	FX	J3E-U F1B-75	SAM..
11443	9JZ9	AIR Lusaka	ZMB	AX	F1B-50-425L	ZAI
11448	Y7A48	MFA Berlin	DDR	FX	A1A F1B-50	
	Y7G82	DDR-Emb Tehran	IRN	FX	A1A F1B-50	DDR
	H6A21	DDR-Emb Managua	NCG	FX	A1A F1B-50	DDR
	Y7B23	DDR-Emb Moskva	URS	FX	F1B-100-425	DDR
11450	RDD77	METEO Moskva	URS	MX	F1B-50-1000L	
11453	IMB33	METEO Roma	I	MX	F1B-50-850H	
11454	LBA9	RNoN Stavanger	NOR	FC	A1A	
11457	LBA9	RNoN Stavanger	NOR	FC	F1B	Y21
11458	KWY93	USE N'djamena	TCD	FX	A1A	LBR
11459	Y7B26	DDR-Emb Sofia	BUL	FX	F1B-50-425L	DDR
	Y7A49	MFA Berlin	DDR	FX	F1A F1B-50-425H	
	Y7B25	DDR-Emb Bucuresti	ROU	FX	F1B-50-425	DDR
11463	ZLK35	USN Christchurch	NZL	FX	F1B-75-850	ANT
11464	SNN299	MFA Warszawa	POL	FX	F1B-75-300	
11465	HGX21	MFA Budapest	HNG	FX	F1B-50-425L	
11466	AFA3	USAF Andrews MD	USA	FG	J3E-U	
11466.5	MKD	RAF Akrotiri	CYP	FX	J7B	
11470	EEQ	POL Madrid	E	FX	F1B-50-425L	
	RNK33	TASS Moskva	URS	PX	F1B-50-425L	
11473	7RV50	AMBALG Sofia	BUL	FX	A1A	ALG
	7RU80	AMBALG Athinai	GRC	FX	A1A	ALG
	7RX40	AMBALG Tripoli	LBY	FX	A1A	ALG
	7RU70	AMBALG Lisboa	POR	FX	A1A	ALG
	7RV40	AMBALG Praha	TCH	FX	A1A	ALG
	7RV60	AMBALG Beograd	YUG	FX	A1A	ALG

11474	KKN44	USE Monrovia	LBR	FX	A1A	
11475	HMF52	KCNA Pyongyang	KRE	PX	F1B-50-425 F3C	
11477	PRS	VOA Poro	PHL	FX	F1B-75	SLK THA
11480	RGE32	PTT Moskva	URS	FX	F1B-50-425H	TCH
		MFA Beograd	YUG	FX	F1B-75-425	
11481	AND6	PE Madrid	E	FX	F1B-75-425	POL
11486	TUH	AIR Abidjan	CTI	AX	F1B-50-425H	MLI
11493	9KT282	KUNA Kuwait	KWT	PX	F1B-50-425H	
11494	SOL249	Warszawa R.	POL	FC	F1B-50-425L	SPMH
11495	RETENZA	ARMY San Sebastian	E	FX	F1B-75-850H	
	RCT55	TASS Moskva	URS	PX	F1B-50-425L	
11497	9KT282	KUNA Kuwait	KWT	PX	F1B-50-425H	
	SOL349	PAP Warszawa	POL	PX	F1B-50-425L	
11500	8BB35	METEO Jakarta	INS	MX	A1A F1B-50-850	
	RFLIA	FAR Ft.de France	MRT	FX	F1B-50-850L	GUF
	OMZ	MFA Praha	TCH	FX	F1B-75-425	
11502	LZH4	BTA Sofia	BUL	PX	F1B-50-425H	
11508	AJE	USAF Barford	G	FX	B9W	
		AlbEmb Warszawa	POL	FX	A1A	ALB
	STK	AIR Khartoum	SDN	AX	F1B-50-425L	ETH
11510		FAF Flores	AZR	FX	J3E-U	
	ARA	METEO Karachi	PAK	MX	F1B-50	
11515	TZH	AIR Bamako	MLI	AX	F1B-50-425L	CTI
11520	RCR77	METEO Khabarovsk	URS	MX	F1B-50	
11525	RWZ77	METEO Moskva	URS	MX	F1C-60/120	
11527		EgyEmb Beograd	YUG	FX	F1B-ST	EGY
11535	FGB55	FAF Biscarrosse	F	FX	J3E-U	AZR
	SOL353	Warszawa R.	POL	FC	A1A	SPMH
11536	HMF49	KCNA Pyongyang	KRE	PX	F1B-50-600H	
11538	ONA20	IP Brussels	BEL	FX	F1B-ST	
	FSB	IP Paris	F	FX	F1B-ST	
	IUV81	IP Roma	I	FX	F1B-ST	
11541	70C	AIR Aden	YMS	AX	F1B-50-425L	ETH
11545	5YD	AIR Nairobi	KEN	AX	F1B-50-425L	SOM
	LDP	PTT Svalbard	NOR	FX	J3E-L	Oslo
11548		BulgEmb Madrid	E	FX	F1B-75-600H	BUL
11550	FJY4	METEO Martin-Vivies	AMS	MX	F1B-50	REU
	MKK	RAF London	G	FX	B9W	CYP
	ZLM32	PTT Wellington	NZL	FX	J3E-U	Raoul
11552	NGD	USN McMurdo	ANT	FX	J3E-U	
	NHG	USARP Palmer	ANT	FX	J3E	
	NPX	USARP South Pole	ANT	FX	J3E	
	NQU	USARP Siple	ANT	FX	J3E	
11553	ZLX59	PTT Wellington	NZL	FX	J3E-U	ZLBC4
11565	HMU94	PTT Pyongyang	KRE	FX	B9W	J
11570	BZC75	METEO Urumqi	CHN	MX	F1B-50-425L	
11572	P6Z	MFA Paris	F	FX	F1B-50/75-425L	
11574	Y7A51	MFA Berlin	DDR	FX	F1A F1B-50-425	
	9KT29	KUNA Kuwait	KWT	PX	F1B-50-425H	
11575		APN Moskva	URS	PX	F1B-75-425L	
	RHD	R.Moskva FDR	URS	FX	R3E	
11576	PHWR	USAF Hickam AWS	HWA	MX	F1B-75	
	9KT29	PTT Kuwait	KWT	FX	R3E-L	
11578	9KT29	KUNA Kuwait	KWT	PX	F1B-50-425H	
11580	D2U1	AIR Luanda	AGL	AX	A1A	STP
	S9Y2	AIR Sao Tome	STP	AX	A1A	AGL
11582	ZLK42	USN Christchurch	NZL	FX	F1B-75-850	ANT
11590	MKD	RAF Akrotiri	CYP	FX	J7B	

11595	7XA98	METEO Alger	ALG	MX	F1B-50-425L	
11600	4NJ5	ASFRJ Bern	SUI	FX	F1B-75-600H	YUG
11602.5	6MK64	YONHAP Seoul	KOR	PX	F1B-50	
11608	TTZ6	STIT N'djamena	TCD	FX	B9W	F
11620	HLL3	METEO Seoul	KOR	MX	A1A	
11633	KRH51	USE London	G	FX	F1B-75-850L	
11637	KRH51	USE London	G	FX	F1B-75-850H	
11638	DDK8	METEO Quickborn	D	MX	F1B-50-425L	
11645	HLL4	METEO Seoul	KOR	MX	F1B-50-850	

11650...12050 kHz RUNDFUNKDIENST

11650	UKS	ARCTIC Barentsburg	URS	FX	F1B-50-425	ULV
11652.5	MKK	RAF London	G	FX	J7B	
11662.5	CAN6D	METEO Pres.Montalva	ANT	MX	A1A F1B-50-850L F1C-120	
11670	IDQ	ItNY Roma	I	FC	F1B-75-850	
	RGV50	TASS Moskva	URS	PX	F1B-50-425L	
11677	TJK	AIR Douala	CME	AX	F1B-50-850H	
11680	BZP51	XNA Beijing	CHN	PX	F1B-50-425L	
11683	CUW	USAF Lajes	AZR	FX	B9W	G
11685	HVH	PTT Vatican	CVA	FX	F1B-ARQ96	POR
12000	VNG	ATC Lyndhurst	AUS	SS	R3E	
12008	EBC	SNY Cadiz	E	SS	J2A J3E	
12016	VSL3	Muara HARBOUR	BRU	FC	J3E	
12018.5	8CJ	AIR Ujung Padang	INS	AX	F1B-50	
12022.5	KKN50	DOS Washington DC	USA	FX	A1A	
12025	PWZ	BN Rio de Janeiro	B	MX	F3C-120	
12048	YZG	TANJUG Beograd	YUG	PX	F1B-50-600L	

12050...12230 kHz FESTER FUNKDIENST

12059	6OM	AIR Mogadishu	SOM	AX	F1B-50-850	KEN
12061	RFLIG	FAR Cayenne	GUF	FX	F1B-50-850L	MRT
12065	EPD58	AIR Tehran	IRN	AX	F1B-50-425H	AFG
12070	JAL32	KYODO Tokyo	J	PX	F1B-50-850L	
12075	VVD62	METEO New Delhi	IND	MX	F1B-50-425H	
12078	SNN299	MFA Warszawa	POL	FX	F1B-75-300	
12085	RCB55	TASS Moskva	URS	PX	F1B-50-425L	
12088.5	RFTJ	FNY Dakar	SEN	FX	F1B-ARQ96	F
12096	XVH67	METEO Hanoi	VTN	MX	F1B-50-600	
12108	IRJ21	ANSA Roma	I	PX	F1B-50-425H	
12110	ZBP	Pitcairn	PTC	FX	A1A	
	YOM21	AGERPRES Bucuresti	ROU	PX	F1B-50-425L	
12115	GXQ	RN London	G	FX	B9W	GIB
	LJN25	PTT Svalbard	NOR	FX	J3E	Oslo
12120	AYA25	POL Buenos Aires	ARG	FX	J3E	
	ZLK43	USN Christchurch	NZL	FX	F1B-75-850	ANT
12123	9PL	AIR Kinshasa	ZAI	FX	F1B-50	
12125	ZAF	MFA Tirana	ALB	FX	A1A	
	CKN	CF Vancouver	CAN	FC	A1A J3C-120	C13E
12126	6OM	AIR Mogadishu	SOM	AX	F1B-50-850	
12130	Y7F54	DDR-Emb Alger	ALG	FX	A1A F1B-50-425	DDR
12132	LBL1	NORBATT Ebel-el-Saqi	LBN	FX	F1B-ST	NOR
12133	GKX51	Portishead R.	G	FD	J3E-U	
12135	NAM	USN Norfolk VA	USA	FC	A1A	NUKO LCMP
12140	FPM4	FTN Paris	F	FX	B9W	MTN

12148	MKD	RAF Akrotiri	CYP	FX	B9W	G
12152	GXQ	RN London	G	FX	B9W	GIB
	XVB31	PTT Hanoi	VTN	FX	F1B-50	
12165	RKB78	METEO Moskva	URS	MX	F1C-60/90/120	
12173	CSE	PAF Monsanto	POR	FX	F1B-50/ST J3E	AZR
12175	ETD3	AIR Addis Ababa	ETH	AX	F1B-50-85H	ARS
	HMF42	KCNA Pyongyang	KRE	PX	F1B-50-425H	
	RCD34	R.Moskva FDR	URS	FX	R3E-L	
12185	MKD	RAF Akrotiri	CYP	FX	J7B	
12185	SOM218	Warszawa R.	POL	FC	F1B-ST	QSX 12521.5 kHz
12186	5AQ62	JANA Tripoli	LBY	PX	F1B-50-425L	
12190	5NK31	METEO Kano	NIG	MX	F1B-50-850H	
12202	RCV	RuNY Moskva	URS	FC	A1A	
12203		RAF Decimomannu	I	FX	J3E F1B-75-850	D
12205		R.Moskva FDR	URS	FX	R3E-L	
12210	KWL90	USE Manila	PHL	FX	A1A	
	7T1	CE Damascus	SYR	FX	A1A F1B-75-425L	TCH
12212		MFA Ankara	TUR	FX	F1B-100	
12212.5	YZ07	TANJUG Beograd	YUG	PX	F1B-50-850L	
12215	H6L	AMBAFRANCE Alger	ALG	FX	F1B-50-600	F
12220	7UK22	PTT Alger	ALG	FX	B8E	Tindouf
	CSE	PAF Monsanto	POR	FX	J3E F1B-FEC	AZR
	K4X	AMBAFRANCE Tunis	TUN	FX	F1B-50-600L	F
12221		ITALDIPL Rabat	MRC	FX	F1B-ST	I
		ITALDIPL Ankara	TUR	FX	F1B-ST	I
12222.5		APN Moskva	URS	PX	F1B-100-425	
12223.5		VOA Tanger	MRC	PX	F1B-75-425H	
12224.5	OWS3	IP Koebenhavn	DNK	FX	F1B-ST	
	FSB	IP Paris	F	FX	F1B-ST	
	CSJ26	IP Lisboa	POR	FX	F1B-ST	
12225	DOR	MFA Sofia	BUL	FX	F1B-50-600H	
12227	NGD	USN McMurdo	ANT	FX	F1B-75-850	VNJ FJY3 RUZU
12227.5	GYU	RN Gibraltar	GIB	FX	F1B-50-850	MUH

<u>12230...13200 kHz</u> <u>BEWEGLICHER SEEFUNKDIENST</u>

12230	SNN299	MFA Warszawa	POL	FX	F1B-75-300H	
	RTC23	METEO Novosibirsk 2	URS	MX	F1C-120	
12235	CDH	BulgEmb Alger	ALG	FX	F1B-50-425	BUL
	DOR	MFA Sofia	BUL	FX	F1B-75-600H	
	7CB	NAVY Belawan	INS	FC	A1A	
12337	CLP2	EMBACUBA Panama	PNR	FX	F1B-75	CUB
12241		ITALDIPL Damascus	SYR	FX	F1B-ST	I
12246	HZN	METEO Jeddah	ARS	MX	F1B-50-850H	
12246.5		RFE Holzkirchen FDR	D	FX	B8E	POR
12250	FTM25	FTN Paris	F	FX	B9W	
	RHA41	TASS Moskva	URS	PX	F1B-50-425L	
12251	Y2V32	ADN Berlin	DDR	PX	F1B-50-425H	
12251.5		MFA Roma	I	FX	F1B-ST	
12255	VNJ	ANARE Casey	ANT	FX	J3E-U F1B-50	NGD
12258	DOR	MFA Sofia	BUL	FX	F1B-75-600	
	AFA3	USAF Andrews MD	USA	FG	J3E-L	
12260		PTT Moroni	COM	FX	B9W	F
	HGX28	HE London	G	FX	F1B-50-600L	HNG
	HGX21	MFA Budapest	HNG	FX	F1B-50-425L	
12261.5		MFA Roma	I	FX	F1B-ST	
12263	TTL	AIR N'djamena	TCD	AX	F1B-50-170H	NGR

12265	BZR62	XNA Beijing	CHN	PX	F1B-50-425L	
12268	XZW	AIR Rangoon	BRM	AX	F1B-50	
12272	58FGX	SNY Las Palmas	CNR	FX	F1B-75-850	
12275	JAL82	KYODO Tokyo	J	PX	F1B-50-850L	
	9RU322	AZAP Kananga	ZAI	PX	F1B-50-425H	
12281.5		ITALDIPL Tehran	IRN	FX	F1B-ST	I
12282	NQU	USARP Siple	ANT	FX	F1B-75	NGD
12285	RKU74	APN Moskva	URS	PX	F1B-100-425	
	RKU74	TASS Moskva	URS	PX	F1B-50-425L	
12290	VLR	RA Lyndhurst FDR	AUS	FX	J3E-U	Carnarvon
12297	DOR	MFA Sofia	BUL	FX	F1B-50/75-600H	
12302	IJV3	GAF Decimomannu	I	FX	F1B-75-170H	D
12304	ZBI56	C&W Ascension	ASC	FX	R3E-U	SHN
12305	FTM30	METEO Paris	F	MX	F1C-120	
	GYU	RN Gibraltar	GIB	FX	F1B-50	
12307	OBC3	Callao R.	PRU	FC	A1A J3E	
	DFZG	MFA Beograd	YUG	FX	F1B-75	
12310	SAM	MFA Stockholm	S	FX	J3E-U F1B-75-425L SAM..	
	OMZ	MFA Praha	TCH	FX	F1B-75-425H	
12311		MFA Roma	I	FX	F1B-ST	
12312	FDY	FAF Orleans	F	FX	F1B-50-425L	
12313	5YE2	METEO Nairobi	KEN	MX	F1B-50-425L	
12315	RVW57	TASS Moskva	URS	PX	F1B-50-425L	
12317	5YE	METEO Nairobi	KEN	MX	F1C-120	
12320	5KM	CIN Bogota	CLM	FX	F1B-75-850	
	RYO76	METEO Novosibirsk	URS	MX	F1C-60/90/120	
12323	CSY55	AIR Sta.Maria	AZR	AX	F1B-50-850H	IRL
12325	GYU	RN Gibraltar	GIB	FX	B9W	G
	RDD72	TASS Moskva	URS	PX	F7B-50-425/850L	
12327	DOR	MFA Sofia	BUL	FX	F1A F1B-50-600H	
12329	OVG12	RDNY Frederikshavn	DNK	FC	A1A	
12330....12429.2		Schiffe	AAA	MS	J3E, 32 Kanäle	
12429.2		Schiffe u. Küstenfkst.	AAA	FC/MS	J3E, simplex	
12432.3		Schiffe u. Küstenfkst.	AAA	FC/MS	J3E, simplex	
12435.4		Schiffe u. Küstenfkst.	AAA	FC/MS	J3E, simplex	
12439.5..12479.5		Schiffe	AAA	MS	Breitband-Telegrafie, ...	
12479.5..12483 kHz		Ozeanografische Daten	AAA	OD/OE		
12483....12491 kHz		Schiffe	AAA	MS	Breitband-Telegrafie, ...	
12491....12519.7		Schiffe	AAA	MS	F1B gepaart, 57 Kanäle	
12519.7..12526.7		Schiffe	AAA	MS	F1B ungepaart	
12526.7..12539.6		Schiffe	AAA	MS	A1A Arbeitsfrequenzen	
12539.6..12561.6		Schiffe	AAA	MS	A1A Anrufkanäle	
12561.6..12564 kHz		Schiffe	AAA	MS	J2D Selektivruf	
12564....12652.3		Schiffe	AAA	MS	A1A Arbeitsfrequenzen	
12651	ZOE	Tristan da Cunha	TRC	FC+	A1A	AFS
12655	6VA6	Dakar R.	SEN	FC	A1A	
12655.5	FFT6	Saint Lys R.	F	FC	A1A	
12658	JNA	Tokyo R.	J	FC	A1A	
12658.2	HZG	Dammam R.	ARS	FC	A1A	
12659	LZW5	Varna R.	BUL	FC	A1A	
12659.5	9VG37	Singapore R.	SNG	FC	A1A	
12660	YIR	Basrah R.	IRQ	FC	A1A	
	5AB	Benghazi R.	LBY	FC	A1A	
	S7Q	Seychelles R.	SEY	FC	A1A	
	WLO	Mobile R. AL	USA	FC	A1A	
	9PA	Banana R.	ZAI	FC	A1A	
12660.5	UNQ	Novorossijsk R.	URS	FC	A1A	
12661.5	XSG	Shanghai R.	CHN	FC	A1A	

12661.5	UMV	Murmansk R.	URS	FC	A1A	
12662	7TA8	Alger R.	ALG	FC	A1A	
12663	XSL	Fuzhou R.	CHN	FC	A1A	
12664.5	FUM	FNY Papeete	OCE	FC	A1A	
12666.5	5BA	Cyprus R. Nicosia	CYP	FC	A1A	
12667.5	JCX	Naha R. RKI	J	FC	A1A	
12669	OFJ3	Helsinki R.	FNL	FC	A1A	
	9GA	Takoradi R.	GHA	FC	A1A	
12670	SUZ5	Serapeum R.	EGY	FC	A1A	
	FUE3	FNY Brest	F	FC	F1B-75-850L	FAAC
12671	VFA	Inuvik R.	CAN	FC	A1A	
	VFC	Cambridge Bay R.	CAN	FC	A1A	
	VFF	Frobisher R.	CAN	FC	A1A	
12671.5	UDH	Riga R.	URS	FC	A1A F1B-50-170H	
12673.5	NWC	USN Exmouth	AUS	MX	F1C-120	
	CLA33	Habana R.	CUB	FC	A1A	
	JOU	Nagasaki R.	J	FC	A1A	
12675	XFB	Ciudad-Carmen R.	MEX	FC	A1A	
	XFK	La Paz R.	MEX	FC	A1A	
12675.5	A4M	Muscat R.	OMA	FC	A1A	
12678	FFS6	Saint Lys R.	F	FC	A1A	
	9MG3	Penang R.	MLA	FC	A1A	
	UQB	Kholmsk R.	URS	FC	A1A	
12680	5AT	Tripoli R.	LBY	FC	A1A	
12681.5	Y5M	Ruegen R.	DDR	FC	A1A	
12682.5	TNA12	Pnt.Noire R.	COG	FC	A1A	
	PKE	Amboina R.	INS	FC	A1A	
	PKF	Makassar R.	INS	FC	A1A	
	PKP	Dumai R.	INS	FC	A1A	
	PNK	Jayapura R.	INS	FC	A1A	
	ODR4	Beirut R.	LBN	FC	A1A	
	LFC	Rogaland R.	NOR	FC	F1B-ST	QSX 12526.5 kHz
12684.5	UFM3	Nevelsk R.	URS	FC	A1A	
12687	OFJ32	Helsinki R.	FNL	FC	A1A	
	JCT	Choshi R.	J	FC	A1A	
12689	LZL5	Bourgas R.	BUL	FC	A1A	
12689.5	PPJ	Juncao R.	B	FC	A1A	
12690	ZAD2	Durres R.	ALB	FC	A1A	
	UJY	Kaliningrad R.	URS	FC	A1A	
12691	GXH	USN Thurso	G	FC	A1A	NUKO LCMP
	FUX	FNY St.Denis	REU	FC	A1A	FAAF
12692.2	ZRH5	SAN Capetown	AFS	FC	A1A	
12693	ZRH5	SAN Capetown	AFS	FC	F1B-75-170L	S32S
	58JDQ	SNY Madrid	E	FC	F1B-75-850L	56UAZ 12RG
	URD	Leningrad R.	URS	FC	A1A	
12693.8	ZRQ5	SAN Capetown	AFS	FC	A1A	
12695.5	CNP	Casablanca R.	MRC	FC	A1A	
	XSX	Keelung R.	TWN	FC	A1A	
	KFS	Palo Alto R. CA	USA	FC	A1A	
12697	UBN	Jdanov R.	URS	FC	A1A F1B-50-170H	
12697.8	5RS	Tamatave R.	MDG	FC	A1A	
12698	ZSC9	Capetown R.	AFS	FC	A1A	
	A9M	Bahrain R.	BHR	FC	A1A	
	FUJ	FNY Noumea	NCL	FC	A1A	FAAG
12699	HPP	Panama R.	PNR	FC	A1A	
	YKI	Tartous R.	SYR	FC	A1A	
12700	XSQ4	Guangzhou R.	CHN	FC	A1A	
	D4A7	S.Vicente R.	CPV	FC	A1A	

12700	D4D	Praia R.	CPV	FC	A1A	
	3DP4	Suva R.	FJI	FC	A1A	
	EQI8	Abbas R.	IRN	FC	A1A	
	EQM	Bushehr R.	IRN	FC	A1A	
	EQN	Khomeini R.	IRN	FC	A1A	
	EQQ	Khark R.	IRN	FC	A1A	
	NMR	USCG San Juan	PTR	FC	A1A	
	H4H29	Honiara R.	SLM	FC	A1A	
	UXN	Arkhangelsk R.	URS	FC	A1A F1B-50-170H	
12701	FUE3	FNY Brest	F	FC	F1B-50	FAAA
12702	Y5M	Ruegen R.	DDR	FC	A1A	
	XFL	Mazatlan R.	MEX	FC	A1A	
	UNM2	Klaipeda R.	URS	FC	A1A	
12704.5	PKD	Surabaja R.	INS	FC	A1A	
	PKM	Bitung R.	INS	FC	A1A	
	JFM	Muroto R.	J	FC	A1A	
	WLO	Mobile R. AL	USA	FC	A1A	
12705	XSR	Haikou R.	CHN	FC	A1A	
12705.5	CTU	PNY Monsanto	POR	FC	A1A	P13A
12706	UQK	Riga R.	URS	FC	A1A	
12707	9VG34	Singapore R.	SNG	FC	A1A	
12708	XFQ	Salina Cruz R.	MEX	FC	A1A	
12709	ZSC23	Capetown R.	AFS	FC	A1A	
	VRT	Bermuda R.	BER	FC	A1A	
	A9M	Bahrain R.	BHR	FC	A1A	
	8PO	Barbados R.	BRB	FC	A1A	
	LZL5	Bourgas R.	BUL	FC	A1A	
	8RB	Demerara R.	GUY	FC	A1A	
	ELC	Monrovia R.	LBR	FC	A1A	
	FJP23	Noumea R.	NCL	FC	A1A	
12709.2	9HD	Malta R.	MLT	FC	A1A	
12710	VWB	Bombay R.	IND	FC	A1A	
12711	HCG	Guayaquil R.	EQA	FC	A1A	
	UBN	Jdanov R.	URS	FC	A1A F1B-50-170	
12712	HLW3	Seoul R.	KOR	FC	A1A	
12712.9	GKN5	Portishead R.	G	FC	A1A F1C	
12714	CBV	Valparaiso R.	CHL	FC	A1A	
	GKM5	Portishead R.	G	FC	A1A	
	UXN	Arkhangelsk R.	URS	FC	A1A F1B-50-170H	
12714.9	GKO5	Portishead R.	G	FC	A1A	
12715	UJQ	Kiev R.	URS	FC	A1A	
12716.9	ZLO5	RNZN Irirangi	NZL	FC	A1A	
12718.5	VWM	Madras R.	IND	FC	A1A	
	NMN	USCG Portsmouth VA	USA	FC	A1A	
12720	SVD5	Athinai R.	GRC	FC	A1A	
	UPB	Providenia Bukhta R.	URS	FC	A1A	
12721	SPH61	Gdynia R.	POL	FC	A1A	
12722	FJY4	St.Paul R.	AMS	FC	A1A	
12723	UAH	Tallin R.	URS	FC	A1A	
12724	ZSC43	Capetown R.	AFS	FC	A1A	
	9VG57	Singapore R.	SNG	FC	A1A	
12725	OSN412	BNY Oostende	BEL	FC	A1A	
	OBC3	Callao R.	PRU	FC	A1A	
12726	CFH	CF Halifax	CAN	FC	A1A	C13L
12727	HLJ	Seoul R.	KOR	FC	A1A	
12727.5	XSL	Fuzhou R.	CHN	FC	A1A	
	LGJ	Rogaland R.	NOR	FC	A1A	
	XSW	Kaohsiung R.	TWN	FC	A1A	

12728	L2C	Buenos Aires R.	ARG	FC	A1A	
	J2A9	Djibouti R.	DJI	FC	A1A	
	YKM7	Lattaquia R.	SYR	FC	A1A	
12729	XFN	Progreso R.	MEX	FC	A1A	
	UFL	Vladivostok R.	URS	FC	A1A	
12730	FUB3	FNY Paris	F	FC	F1B-50	FAAZ
	UMV	Murmansk R.	URS	FC	A1A F1B-50	
	NMC	USCG S.Francisco CA	USA	FC	A1A F1C-120	
12732	UBN	Jdanov R.	URS	FC	A1A	
12734	XSP	Shantou R.	CHN	FC	A1A	
12735	HLX	Seoul R.	KOR	FC	A1A	
	URL	Sevastopol R.	URS	FC	A1A	
12736.5	TAH	Istanbul R.	TUR	FC	A1A	
12738	PPR	Rio de Janeiro R.	B	FC	A1A	
12739	UAT	Moskva R.	URS	FC	A1A F1B-50-170	
12740	XSD	Yingkou R.	CHN	FC	A1A	
	XDA	Mexico R.	MEX	FC	A1A	
	ZLB5	Awarua R.	NZL	FC	A1A	
12740.2	GYA	RN London	G	FC	A1A	
12741	CBV	Valparaiso R.	CHL	FC	A1A	
	FUB3	FNY Paris	F	FC	F1B-75-850L	FAAC
12741.8	GZZ44	RN London/Northwood	G	MX	F1C-120	
12743	NRV	USCG Guam	GUM	FC	A1A	
12744	URB2	Klaipeda R.	URS	FC	A1A	
12745	Y5M	Ruegen R.	DDR	FC	A1A	
12745.5	VWC	Calcutta R.	IND	FC	A1A	
	JJC	Tokyo/Kemigawa R.	J	FC	F1C-60/120	
	WKM	West Haven R. CT	USA	FC	A1A	
12747.5	CBV	Valparaiso R.	CHL	FC	A1A	
12748	CLA30	Habana R.	CUB	FC	A1A	
	CLQ	Cojimar R.	CUB	FC	A1A	
	IRM8	CIRM Roma	I	FC	A1A	
12750	PWB	BN Belem	B	FC	A1A	
	CWA	Cerrito R.	URG	FC	A1A	
	NIK	USCG Boston MA	USA	FC	A1A F1B-ST F1C-120	
12752	C6N	Nassau R.	BAH	FC	A1A	
	XFA	Acapulco R.	MEX	FC	A1A	
12752.5	HZG	Dammam R.	ARS	FC	A1A	
12753	OXZ62	Lyngby R.	DNK	FC	A1A	
12754	NMA	USCG Miami FL	USA	FC	F1B-75-170L	
12755	UTA	Tallin R.	URS	FC	A1A	
12757	YQI5	Constantza R.	ROU	FC	A1A	
	RCV	RuNY Moskva	URS	FC	A1A	
12759	AOS9	USN Rota	E	FC	A1A	
	NGR	USN Nea Makri	GRC	MX	F1C-120	
12760	IRM7	CIRM Roma	I	FC	A1A	
	UFB	Odessa R.	URS	FC	A1A	
12761	XFS	Tampico R.	MEX	FC	A1A	
12763.5	LPD76	Gen.Pacheco R.	ARG	FC	A1A	
	DAM	Norddeich R.	D	FC	A1A	
12765	9GX	Tema R.	GHA	FC	A1A	
12768	PCH50	Scheveningen R.	HOL	FC	A1A	
12770	GKS5	Portishead R.	G	FC	F1B-ST	QSX 12520 kHz
12772.5	ZSC38	Capetown R.	AFS	FC	A1A	
12774	TCR	Tophane Kulesi R.	TUR	FC	A1A	
12775	XFU	Veracruz R.	MEX	FC	A1A	
12777	NDT	USN Yokosuka	J	MX	F1C-120	
12780	D3E61	Luanda R.	AGL	FC	A1A	

12780	HAR	Budapest R.	HNG	FC	A1A	
12780.5	YUR5	Rijeka R.	YUG	FC	A1A	
12781.5	OST5	Oostende R.	BEL	FC	A1A	
	HKB	Barranquilla R.	CLM	FC	A1A	
	GYU	RN Gibraltar	GIB	FX	F1B-75-850L	MTT
	9MB5	NAVY Penang	MLA	FC	A1A	
12785	XSX	Keelung R.	TWN	FC	A1A	
	UPW2	Liepaia R.	URS	FC	A1A	
12786	DZW	Manila R.	PHL	FC	A1A	
12788	JFA	Matsudo R.	J	FC	A1A	
12788.5	GKD5	Portishead R.	G	FC	A1A	
12790	XST	Qingdao R.	CHN	FC	A1A	
	GKG5	Portishead R.	G	FC	A1A	
12790.5	XFF2	PEMEX Pajaritos R.	MEX	FC	A1A	
12791.5	GKH5	Portishead R.	G	FC	A1A	
12792	HZG	Dammam R.	ARS	FC	A1A	
	CLA31	Habana R.	CUB	FC	A1A	
12793	RNO	Moskva R.	URS	FC	A1A F1B-50	
12795	PWZ33	BN Rio de Janeiro	B	FC	A1A	
	OBQ5	Iquitos R.	PRU	FC	A1A	
	UXN	Arkhangelsk R.	URS	FC	A1A	
12797	UDK2	Murmansk R.	URS	FC	A1A	
12799.5	XSZ	Dalian R.	CHN	FC	A1A	
	PCH51	Scheveningen R.	HOL	FC	A1A	
12800	HSA3	Bangkok R.	THA	FC	A1A	
12801	TAH	Istanbul R.	TUR	FC	A1A	
12803	UDK2	Murmansk R.	URS	FC	A1A	
12804	PWI	BN Recife	B	FC	A1A	
	NKW	USN Diego Garcia	BIO	MX	F1C-120	
12805	UJQ7	Kiev R.	URS	FC	A1A	
12807.73	GYC5	RN London	G	FC	A1A	NAWS B13A
12808	3SB	Datong R.	CHN	FC	A1A	
12808.5	VTG7	IN Bombay	IND	FC	A1A	
	KPH	S.Francisco R.	USA	FC	A1A	
12809.35	GYC5	RN London	G	FC	F1B	
12810	UJE	Moskva R.	URS	FC	A1A	
12811.3	HZY	Ras Tanura R.	ARS	FC	A1A	
12811.5	JHH	Owase R.	J	FC	A1A	
12813	ZPK	Asuncion R.	PRG	FC	A1A	
12815	XFY	Guaymas R.	MEX	FC	A1A	
	OBF4	Mollendo R.	PRU	FC	A1A	
	URB2	Klaipeda R.	URS	FC	A1A	
12816	DZA	Mandaluyong R.	PHL	FC	A1A	
12817	S9M	Sao Tome R.	STP	FC	A1A	
12817.5	XSU	Yantai R.	CHN	FC	A1A	
	9VG26	Singapore R.	SNG	FC	A1A	
12818	SAB63	Goeteborg R.	S	FC	F1B-ST	QSX 12523.5 kHz
	OMP	Praha R.	TCH	FC	A1A	
12820	XVG10	Haiphong R.	VTN	FC	A1A	
12822	XSV	Tianjin R.	CHN	FC	A1A	
	GKA5	Portishead R.	G	FC	A1A	
12823.5	CTP96	RN Palhais	POR	FC	A1A	
12824	XFC	Cozumel R.	MEX	FC	A1A	
12824.2	GYU	RN Gibraltar	GIB	FC	A1A	
12825	UFH	Petropavlovsk R. Kam	URS	FC	A1A	
12825.8	GYU	RN Gibraltar	GIB	FC	F1B	
12826.5	CBM	Magallanes R.	CHL	FC	A1A	
	JCS	Choshi R.	J	FC	A1A	

12826.5	SPH62	Gdynia R.	POL	FC	A1A	
	WNU34	Slidell R. LA	USA	FC	A1A	
12828	DZF	Manila R.	PHL	FC	A1A	
12828.7	UJQ	Kiev R.	URS	FC	F1C-60/120	
12829.5	XFM	Manzanillo R.	MEX	FC	A1A	
12830	3SD	Fangshan R.	CHN	FC	A1A F1C	
12831	3BA5	Mauritius R.	MAU	FC	A1A	
	ARL5	PN Karachi	PAK	FC	A1A	
12831.5	FFP7	Ft.de France R.	MRT	FC	A1A	
12832.5	DAF	Norddeich R.	D	FC	A1A	
	JFC	Misaki R.	J	FC	A1A	
	JHC	Choshi F R.	J	FC	A1A	
12833	SVF5	Athinai R.	GRC	FC	A1A	
12834	DZP	Manila/Novaliches R.	PHL	FC	A1A	
12835.5	GKB5	Portishead R.	G	FC	A1A	
12836	XDA	Mexico R.	MEX	FC	A1A	
12840	PPO	Olinda R.	B	FC	A1A	
	LZW52	Varna R.	BUL	FC	A1A	
	VTP7	IN Vizagapatam	IND	FC	A1A	
	JMC5	METEO Tokyo	J	MX	A1A	
	PBC312	RNN Goeree	HOL	FC	F1B-75-850L	
12843	HLO	Seoul R.	KOR	FC	A1A	
	XFP	Chetumal R.	MEX	FC	A1A	
12844	XFS2	Tampico R.	MEX	FC	A1A	
12844.5	UON	Baku R.	URS	FC	A1A	
	KFS	Palo Alto R. CA	USA	FC	A1A	
12846	DZE	Mandaluyong R.	PHL	FC	A1A	
12847	WCC	Chatham R. MA	USA	FC	A1A	
12847.5	JFA	Matsudo R.	J	FC	A1A	
12848.5	HML	Nampho R.	KRE	FC	A1A	
12849	ZSJ5	SAN Capetown	AFS	FC	A1A	
12852	DZR	Manila R.	PHL	FC	A1A	
12853.5	HKC/2	Buenaventura R.	CLM	FC	A1A	
	PCH52	Scheveningen R.	HOL	FC	A1A	
12855	XDA	Mexico R.	MEX	FC	A1A	
	UBF2	Leningrad R.	URS	FC	A1A	
12855.75	4WD3	Hodeidah R.	YEM	FC	A1A	
12856	XSG7	Shanghai R.	CHN	FC	A1A	
12858	GKI5	Portishead R.	G	FC	A1A	
	JFS	Hachinohe R.	J	FC	A1A	
	JFW	Iwaki R.	J	FC	A1A	
	FUJ/2	FNY Noumea	NCL	FC	A1A	
	DZD	Antipolo R.	PHL	FC	A1A	
12859	SVI5	Athinai R.	GRC	FC	A1A	
12860	4XO	Haifa R.	ISR	FC	A1A	
	UGG9	Belomorsk R.	URS	FC	A1A	
12860.5	Y5M	Ruegen R.	DDR	FC	A1A	
12860.8	5RS	Tamatave R.	MDG	FC	A1A	
12864	DZZ	Manila R.	PHL	FC	A1A	
	XSW	Kaohsiung R.	TWN	FC	A1A	
12865	UQK	Riga R.	URS	FC	A1A	
12867	XYR8	Rangoon R.	BRM	FC	A1A	
	NPO	USN S.Miguel	PHL	FC	A1A	NUKO GCMP
12869	WNU54	Slidell R. LA	USA	FC	A1A	
12870	DZO	Manila R.	PHL	FC	A1A	
	UKA	Vladivostok R.	URS	FC	A1A	
12871.5	XSG	Shanghai R.	CHN	FC	A1A	
	GKJ5	Portishead R.	G	FC	A1A	

12871.5	KUQ	Pago-Pago R.	SMA	FC	A1A	
12872	SPE62	Szczecin R.	POL	FC	A1A	
12873.5	HPN60	Canal R.	PNR	FC	A1a	
12874	VCS	Halifax R.	CAN	FC	A1A	
12875	FUG3	FNY La Regine	F	FC	A1A	FAAL
12876	VAI	Vancouver R.	CAN	FC	A1A	
	XSM	Xiamen R.	CHN	FC	A1A	
12877	XSQ7	Guangzhou R.	CHN	FC	A1A	
12877.5	UJY	Kaliningrad R.	URS	FC	A1A F1B-50-170H	
12878	CLQ	Cojimar R.	CUB	FC	A1A	
	JCU	Choshi R.	J	FC	A1A	
12879.5	WSC	Tuckerton R. NJ	USA	FC	A1A	
12880.5	SAG6	Goeteborg R.	S	FC	A1A	
12882	DZG	Manila/LP R.	PHL	FC	A1A	
12885	FUO	FNY Toulon	F	FC	F1B-75-850L	
	3XO29	Kamsar R	GUI	FC	J3E	
	JFR	Nagasaki F R.	J	FC	A1A	
	9YL	North Post R.	TRD	FC	A1A	
12886.5	WLO	Mobile R. AL	USA	FC	A1A	
12887.5	EAD44	Aranjuez R.	E	FC	A1A	
12888	DZK	Manila R.	PHL	FC	A1A	
12889.5	XSE	Qinhuangdao R.	CHN	FC	A1A	
	NMO	USCG Honolulu	HWA	FC	A1A	
	IDQ5	ItNY Roma	I	FC	A1A	
12890	XSJ	Zhanjiang R.	CHN	FC	A1A	
12891	UFN	Novorossijsk R.	URS	FC	A1A F1B-50-170H	
12894	FUF	FNY Ft.de France	MRT	FC	F1B-75-850H	
12895	9KK8	Kuwait R.	KWT	FC	A1A	
	UNM2	Klaipeda R.	URS	FC	A1A F1B-50-170H	
12898	XSG	Shanghai R.	CHN	FC	A1A	
12898.5	DAN	Norddeich R.	D	FC	A1A	
12900	PWZ33	BN Rio de Janeiro	B	FC	F1B-50-850H	
	DXF	Davao R.	PHL	FC	A1A	
12901	HLJ	Seoul R.	KOR	FC	A1A	
	URD	Leningrad R.	URS	FC	F1B-50-170H	
12903	ZPK	Asuncion R.	PRG	FC	A1A	
12904.5	KLC	Galveston R. TX	USA	FC	A1A	
12905.5	UMV	Murmansk R.	URS	FC	F1B-50-170H	
12906	DZJ	Manila R.	PHL	FC	A1A	
12907.5	VHP5	RAN Canberra	AUS	FC	A1A	A13B
	VIS	Sydney R.	AUS	FC	A1A	
	VIX5	RAN Canberra	AUS	FC	A1A	
	YUR6	Rijeka R.	YUG	FC	A1A	
12909	Y5M	Ruegen R.	DDR	FC	A1A F1B-170	
12910	UAT	Moskva R.	URS	FC	A1A	
12912	XSH	Basuo R.	CHN	FC	A1A	
	UHK	Batumi R.	URS	FC	A1A	
12912.6	FFL6	Saint Lys R.	F	FC	A1A	
12916.5	OXZ6	Lyngby R.	DNK	FC	A1A	
	HLF	Seoul R.	KOR	FC	A1A	
12917	KLB	Seattle R. WA	USA	FC	A1A	
12919	CLS	Habana F R.	CUB	FC	A1A	
	UFN	Novorossijsk R.	URS	FC	A1A F1B-50-170H	
12923	HLW2	Seoul R.	KOR	FC	A1A	
12925	9KK20	Kuwait R.	KWT	FC	A1A	
12925.5	WCC	Chatham R. MA	USA	FC	A1A	
12927.3	4PB	Colombo R.	SLK	FC	A1A	
12928	SPH63	Gdynia R.	POL	FC	A1A	

12930	DYP	Cebu R.	PHL	FC	A1A	
	UAT	Moskva R.	URS	FC	A1A	
12932.5	58JDQ	SNY Madrid	E	FC	F1B-75-850L	56UAZ 12RG
12933	UKA	Vladivostok R.	URS	FC	A1A	
12934.5	EDZ5	Aranjuez R.	E	FC	A1A	
12935	HLG	Seoul R.	KOR	FC	A1A	
	UHK	Batumi R.	URS	FC	A1A	
12936	DZN	Navotas R.	PHL	FC	A1A	
12939	SPE61	Szczecin R.	POL	FC	A1A	
12940	LZW53	Varna R.	BUL	FC	A1A	
12942	SVG5	Athinai R.	GRC	FC	A1A	
	JNA	Tokyo R.	J	FC	A1A	
	DXR	Manila R.	PHL	FC	A1A	
12943.5	CUG27	S.Miguel R.	AZR	FC	A1A	
	CUB	Madeira R. Funchal	MDR	FC	A1A	
	ZLP5	RNZN Irirangi	NZL	FC	A1A	
	CUL20	Lisboa R.	POR	FC	A1A	
12947	UFB	Odessa R.	URS	FC	A1A F1B-50-170H	
12948	JJF	JSDF Tokyo	J	FC	A1A	
	DYV	Iloilo R.	PHL	FC	A1A	
	WKM	West Haven R. CT	USA	FC	A1A	
12950	UFB	Odessa R.	URS	FC	A1A F1B-50-170H	
12951.5	DYH	Cebu R.	PHL	FC	A1A	
12952.5	VIS5	Sydney R.	AUS	FC	A1A	
	WMH	Baltimore R. MD	USA	FC	A1A	
12953	DGM95	DPA Hamburg	D	PX	A1A	
12954	LZL5	Bourgas R.	BUL	FC	A1A	
	CLS	Habana F R.	CUB	FC	A1A	
	DZU	Pasig R.	PHL	FC	A1A	
12955	XSG28	Shanghai R.	CHN	FC	A1A	
	UFL	Vladivostok R.	URS	FC	A1A	
12958.5	PPO	Olinda R.	B	FC	A1A	
12960	CCV	CN Valparaiso	CHL	FC	A1A	
12961.5	LFI	Rogaland R.	NOR	FC	A1A	
12963	HAR	Budapest R.	HNG	FC	A1A	
12963.5	ZHH	St.Helena R.	SHN	FC	A1A	
12965	UJO5	Izmail R.	URS	FC	A1A	
12966	VWB	Bombay R.	IND	FC	A1A	
	A7D	Doha R.	QAT	FC	A1A	
	NPG	USN S.Francisco CA	USA	FC	A1A	
12967	UJE	Moskva R.	URS	FC	A1A	
12969	XSV	Tianjin R.	CHN	FC	A1A	
12970	URL	Sevastopol R.	URS	FC	A1A	
12970.5	SUH4	Alexandria R.	EGY	FC	A1A	
	PKB	Belawan R.	INS	FC	A1A	
	PKX	Jakarta R.	INS	FC	A1A	
	PKY4	Sorong R.	INS	FC	A1A	
12972	HAR	Budapest R.	HNG	FC	A1A	
	DZH	Manila R.	PHL	FC	A1A	
12973	XSQ9	Guangzhou R.	CHN	FC	A1A	
	UJY	Kaliningrad R.	URS	FC	A1A F1B-50-170H	
12975	IQX	Trieste R.	I	FC	A1A	
12977	URL	Sevastopol R.	URS	FC	A1A	
12978	ICB	Genova R.	I	FC	A1A	
12979.5	VIS49	Sydney R.	AUS	FC	A1A	
	PPL	Belem R.	B	FC	A1A	
12980	PKI2	Jakarta R.	INS	FC	A1A	
	UAT	Moskva R.	URS	FC	A1A	

12982	USW2	Kaliningrad R.	URS	FC	A1A		
12983	OBC3	Callao R.	PRU	FC	A1A		
12984	4XZ	IsNY Haifa	ISR	FC	A1A		
	DZM	Manila/Bulacan R.	PHL	FC	A1A		
12987	YKM5	Baniyas R.	SYR	FC	A1A		
12988.5	LPD88	Gen.Pacheco R.	ARG	FC	A1A		
	3BM5	METEO Bigara	MAU	MX	A1A		
12990	DZJ	Manila R.	PHL	FC	A1A		
	UJQ	Kiev R.	URS	FC	A1A	F1B-50-170L	
	UKK3	Nakhodka R.	URS	FC	A1A		
12991	CTH55	PNY Horta	AZR	FC	F1B-75-850H		P12C
12993	D4A7	S.Vicente R.	CPV	FC	A1A		
	URL	Sevastopol R.	URS	FC	F1B-50-170H		
12994	VIP4	Perth R.	AUS	FC	A1A		
	CTH55	PNY Horta	AZR	FC	A1A		P13C
12995	ROT	Moskva R.	URS	FC	A1A		
12995.25	ELZ	Cape Palmas R.	LBR	FC	A1A		
12996	IAR33	Roma R.	I	FC	A1A		
12997	XSQ	Guangzhou R.	CHN	FC	A1A		
	SXA36	HNY Spata Attikis	GRC	FC	A1A		
12997.5	UFB	Odessa R.	URS	FC	A1A		
12999.5	CTU2	PNY Monsanto	POR	FC	A1A		
13000	UBE2	Petropavlovsk/Kam R.	URS	FC	A1A		
13002	KPH	S.Francisco R.	USA	FC	A1A		
13002.5	CTU2	PNY Monsanto	POR	FC	F1B-50-170L		
13003.9	CTU2	PNY Monsanto	POR	MX	F1C-120		
13005.5	HLW	Seoul R.	KOR	FC	A1A		
13006.5	GKK5	Portishead R.	G	FC	A1A		
	XFE	Ensenada R.	MEX	FC	A1A		
13007	OMP5	Praha R.	TCH	FC	A1A		
13008	JOR	Nagasaki R.	J	FC	A1A		
	DZI	Manila/Bacoor R.	PHL	FC	A1A		
13010	UQA4	Murmansk R.	URS	FC	A1A		
13011	IAR23	Roma R.	I	FC	A1A		
	AQP6	PN Karachi	PAK	FC	A1A		
	WNU44	Slidell R. LA	USA	FC	A1A		
13014	DYM	Cebu R.	PHL	FC	A1A		
13014.5	XDA	Mexico R.	MEX	FC	A1A		
13015	JGC	Yokohama R.	J	FC	A1A		
	OBC3	Callao R.	PRU	FC	A1A		
	OBQ5	Iquitos R.	PRU	FC	A1A		
	URD	Leningrad R.	URS	FC	A1A	F1B-50-170	
13015.5	IAR3	Roma R.	I	FC	A1A		
13019.8	GKC5	Portishead R.	G	FC	A1A		
13020.4	VPS60	C.d'Aguilar R.	HKG	FC	A1A		
13021	NMF	USCG Boston MA	USA	FC	F1B-ST		
13022	SPE63	Szczecin R.	POL	FC	A1A		
13023	D3E62	Luanda R.	AGL	FC	A1A		
13023.7	HEB	Bern R.	SUI	FC	A1A		
13024	S3E	Khulna R.	BGD	FC	A1A		
	A7D	Doha R.	QAT	FC	A1A		
13024.5	ASK	Karachi R.	PAK	FC	A1A		
13024.9	WLO	Mobile R. AL	USA	FC	A1A		
13027.5	DAL	Norddeich R.	D	FC	A1A		
13028	ZSD46	Durban R.	AFS	FC	A1A		
13029	SVB5	Athinai R.	GRC	FC	A1A		
	UQB	Kholmsk R.	URS	FC	A1A		
13030	URD	Leningrad R.	URS	FC	A1A	F1B-50-170H	

13031	VRN60	C.d'Aguilar R.	HKG	FC	A1A		
13031.2	FUF	FNY Ft.de France	MRT	FC	A1A		
13033.5	WCC	Chatham R. MA	USA	FC	A1A		
13038	OXZ61	Lyngby R.	DNK	FC	A1A		
	JHD	Hakodate R.	J	FC	A1A		
	KLC	Galveston R. TX	USA	FC	A1A		
13040	UFN	Novorossijsk R.	URS	FC	A1A		
13041	UFB	Odessa R.	URS	FC	A1A		
13042	P2M	Pt.Moresby R.	PNG	FC	A1A		
	P2R	Rabaul R.	PNG	FC	A1A		
13042.5	PJC	Curacao R.	ATN	FC	A1A		
	FUV	FNY Djibouti	DJI	FC	A1A		FAAO
	C5G	Banjul R.	GMB	FC	A1A		
	C9C7	NAVY Maputo	MOZ	FC	A1A		
	9LL	Freetown R.	SRL	FC	A1A		
	XVS9	HoChiMinh-V. R.	VTN	FC	A1A		
13043	XDD	METEO Ixtapalapa	MEX	MX	A1A		
13044	VPS61	C.d'Aguilar R.	HKG	FC	A1A		
13045	ROT	Moskva R.	URS	FC	A1A		
13046	PZN4	Paramaribo R.	SUR	FC	A1A		
13047	D4A8	S.Vicente R.	CPV	FC	A1A		
	SVA5	Athinai R.	GRC	FC	A1A		
13049.5	HPP	Panama R.	PNR	FC	A1A		
13050	UDK2	Murmansk R.	URS	FC	A1A	F1B-50-170L	
13051.5	4XO	Haifa R.	ISR	FC	A1A		
	ASK	Karachi R.	PAK	FC	A1A		
	WPD	Tampa R. FL	USA	FC	A1A		
13054	XSQ	Guangzhou R.	CHN	FC	A1A		
	JDC	Choshi R.	J	FC	A1A		
	UJY	Kaliningrad R.	URS	FC	F1B-50		
13055	UJQ7	Kiev R.	URS	FC	A1A		
13056	LSA5	Boca R.	ARG	FC	A1A		
	S3D	Chittagong R.	BGD	FC	A1A		
	C9L2	Maputo R.	MOZ	FC	A1A		
	C9L6	Mocambique R.	MOZ	FC	A1A		
13058	TEC	Ocean I R.	CTR	FC	A1A		
13059	EBA	SNY Madrid	E	FC	A1A	F1B-75-170L	
13060	SUP	Port Said R.	EGY	FC	A1A		
13060.5	70A	Aden R.	YMS	FC	A1A		
13061	TUA5	Abidjan R.	CTI	FC	A1A		
13062	CLA32	Habana R.	CUB	FC	A1A		
13062.5	Y5M	Ruegen R.	DDR	FC	A1A	F1B	
13063	JDB	Nagasaki R.	J	FC	A1A		
13063.5	WSC	Tuckerton R. NJ	USA	FC	A1A		
13065	LPC36	Ushuaia R.	ARG	FC	A1A		
	EAD4	Aranjuez R.	E	FC	A1A		
	6YI	Kingston R.	JMC	FC	A1A		
	5ZF3	Mombasa R.	KEN	FC	A1A		
	5OW13	Lagos R.	NIG	FC	A1A		
	YVM	Pto.Ordaz R.	VEN	FC	A1A		
13067	CTH3	PNY Horta	AZR	FC	A1A		
	OST52	Oostende R.	BEL	FC	A1A		
13069.5	TJC8	Douala R.	CME	FC	A1A		
	EQA	Abadan R.	IRN	FC	A1A		
	EQG	Ghosbeh R.	IRN	FC	A1A		
	EQI6	Abbas R.	IRN	FC	A1A		
	EQK	Khoramshahr R.	IRN	FC	A1A		
	EQR	Lavan R.	IRN	FC	A1A		

13069.5	TFA13	Reykjavik R.	ISL	FC	A1A	
	JOS	Nagasaki R.	J	FC	A1A	
13070	CTH3	PNY Horta	AZR	FC	F1B	
	BCL21	PTT Shanghai	CHN	FX	F1B-50-425	TCH
	TRP8	SHELL Gamba R.	GAB	FC	A1A	
	UDH	Riga R.	URS	FC	A1A	
13071.5	DCN	Norddeich R.	D	FC	F1B-ST	QSX 12491.5 kHz
	9VG80	Singapore R.	SNG	FC	A1A F1B-ST	
	S9M	Sao Tome R.	STP	FC	F1B	
13072.0	GKE5	Portishead R.	G	FC	A1A F1B-ST	QSX 12492.0 kHz
	ZLW	Wellington R.	NZL	FC	F1B-ST	
	URD	Leningrad R.	URS	FC	F1B	
	WNU	Slidell R. LA	USA	FC	F1B-ST	
13072.5	OST56	Oostende R.	BEL	FC	F1B-ST	QSX 12492.5 kHz
	SPA65	Gdynia R.	POL	FC	A1A F1B-ST	
	KFS	Palo Alto R. CA	USA	FC	F1B-ST	
13073.0	ZSD61	Durban R.	AFS	FC	A1A F1B-ST	QSX 12493.0 kHz
	VRT	Bermuda R.	BER	FC	F1B	
	DCM	Norddeich R.	D	FC	F1B-ST	
	ZLW	Wellington R.	NZL	FC	F1B-ST	
	UFB	Odessa R.	URS	FC	F1B	
13073.5	EAD	Aranjuez R.	E	FC	F1B-ST	QSX 12493.5 kHz
	SPO	Szczecin .	POL	FC	F1B-ST	
	WLO	Mobile R. AL	USA	FC	A1A F1B-ST	
13074.0	VIP34	Perth R.	AUS	FC	F1B-ST	QSX 12494.0 kHz
	SAB606	Goeteborg R.	S	FC	F1B-ST	
13074.5	FFT61	Saint Lys R.	F	FC	A1A F1B-ST	QSX 12494.5 kHz
13075.0	LGJ2	Rogaland R.	NOR	FC	F1B-ST	QSX 12495.0 kHz
	HPP	Panama R.	PNR	FC	F1B-ST	
13075.5	CBV	Valparaiso R.	CHL	FC	F1B	QSX 12495.5 kHz
	OFA	Helsinki R.	FNL	FC	F1B-ST	
	UFB	Odessa R.	URS	FC	A1A F1B-ST	
13076.0	HZG	Dammam R.	ARS	FC	F1B	QSX 12496.0 kHz
	VIP40	Perth R.	AUS	FC	F1B-ST	
	OXZ	Lyngby R.	DNK	FC	F1B-ST	
	UFN	Novorossijsk R.	URS	FC	A1A F1B-ST	
13076.5	CBV	Valparaiso R.	CHL	FC	F1B	QSX 12496.5 kHz
	3AC	Monaco R.	MCO	FC	F1B-ST	
	UBN	Jdanov R.	URS	FC	A1A F1B	
	WLO	Mobile R. AL	USA	FC	F1B-ST	
13077.0	NRV	USCG Guam	GUM	FC	F1B	QSX 12497.0 kHz
	PCH55	Scheveningen R.	HOL	FC	F1B-ST	
		Seoul R.	KOR	FC	F1B-ST	
13077.5	VPS63	C.d'Aguilar R.	HKG	FC	F1B-ST	QSX 12497.5 kHz
	KPH	S.Francisco R.	USA	FC	A1A F1B-ST	
13078.0	VIS67	Sydney R.	AUS	FC	A1A F1B	QSX 12498.0 kHz
13078	LZW	Varna R.	BUL	FC	F1B	
13078.5	DCL	Norddeich R.	D	FC	F1B-ST	QSX 12498.5 kHz
	WLO	Mobile R. AL	USA	FC	A1A F1B-ST	
	9PA	Banana R.	ZAI	FC	F1B	
13079.0	OST57	Oostende R.	BEL	FC	F1B-ST	QSX 12499.0 kHz
13079.5	SVS5	Athinai R.	GRC	FC	A1A F1B-ST	QSX 12499.5 kHz
13080.0	HPP	Panama R.	PNR	FC	F1B	QSX 12500.0 kHz
	HEC13	Bern R.	SUI	FC	A1A F1B-ST	
	WPD	Tampa R. FL	USA	FC	F1B-ST	
13080.5	WNU	Slidell R. LA	USA	FC	F1B-ST	QSX 12500.5 kHz
13081.0	LGJ3	Rogaland R.	NOR	FC	A1A F1B-ST	QSX 12501.0 kHz
	NMC	USCG S.Francisco CA	USA	FC	F1B-ST	

13081.5	FFT63	Saint Lys R.	F	FC	F1B-ST	QSX 12501.5 kHz
	WCC	Chatham R. MA	USA	FC	A1A F1B-ST	
13082.0	EDK5	Aranjuez R.	E	FC	A1A F1B-ST	QSX 12502.0 kHz
	JNA	Tokyo R.	J	FC	F1B-ST	
	9VG94	Singapore R.	SNG	FC	F1B-ST	
13082.5	SVT5	Athinai R.	GRC	FC	A1A F1B-ST	QSX 12502.5 kHz
	UDH	Riga .	URS	FC	F1B	
13083.0	VPS64	C.d'Aguilar R.	HKG	FC	F1B-ST	QSX 12503.0 kHz
	A7D	Doha R.	QAT	FC	F1B-ST	
	XSX	Keelung R.	TWN	FC	F1B-ST	
	UFB	Odessa R.	URS	FC	A1A F1B	
	NMF	USCG Boston MA	USA	FC	F1B-ST	
13083.5	WLO	Mobile R. AL	USA	FC	A1A F1B-ST	QSX 12503.5 kHz
13084.0	CLA	Habana R.	CUB	FC	F1B	QSX 12504.0 kHz
	OXZ	Lyngby R.	DNK	FC	F1B-ST	
13084.5	NMO	USCG Honolulu	HWA	FC	F1B-ST	QSX 12504.5 kHz
	UQB	Kholmsk R.	URS	FC	F1B	
	NMN	USCG Portsmouth VA	USA	FC	F1B-ST	
13085.0	GKP5	Portishead R.	G	FC	A1A F1B-ST	QSX 12505.0 kHz
	KFS	Palo Alto R. CA	USA	FC	F1B-ST	
13085.5	9VG81	Singapore R.	SNG	FC	F1B-ST	QSX 12505.5 kHz
	UFB	Odessa R.	URS	FC	A1A F1B-50	
	UNM2	Klaipeda R.	URS	FC	F1B-50	
	WLO	Mobile R. AL	USA	FC	F1B-ST	
13086.0	DCF	Norddeich R.	D	FC	F1B-ST	QSX 12506.0 kHz
	UKA	Vladivostok R.	URS	FC	F1B-50	
13086.5	A9M	Bahrain R.	BHR	FC	F1B-ST	QSX 12506.5 kHz
13087.0	CUL	Lisboa R.	POR	FC	F1B	QSX 12507.0 kHz
13087.5	HKB	Barranquilla R.	CLM	FC	A1A	
	HIA	Sto.Domingo PILOT	DOM	FC	A1A	
	OFA	Helsinki R.	FNL	FC	F1B-ST	QSX 12507.5 kHz
13088.0	3AC	Monaco R.	MCO	FC	F1B-ST	QSX 12508.0 kHz
13088.5	PCH56	Scheveningen R.	HOL	FC	A1A F1B-ST	QSX 12508.5 kHz
13089.0	CLA	Habana R.	CUB	FC	F1B	QSX 12509.0 kHz
		Szczecin R.	POL	FC	F1B-ST	
	9VG95	Singapore R.	SNG	FC	F1B-ST	
	UAT	Moskva R.	URS	FC	A1A F1B-ST	
	UBE2	Petropavlovsk/Kam R.	URS	FC	F1B	
13089.5	IAR	Roma R.	I	FC	F1B-ST	QSX 12509.5 kHz
	UFN	Novorossijsk R.	URS	FC	F1B-ST	
13090.0	SPA66	Gdynia R.	POL	FC	A1A F1B-ST	QSX 12510.0 kHz
	WCC	Chatham R. MA	USA	FC	A1A F1B-ST	
13090.5	VCS	Halifax R.	CAN	FC	F1B-ST	QSX 12510.5 kHz
	UPB	Providenia Bukhta R.	URS	FC	F1B	
13091.0	EAD	Aranjuez R.	E	FC	F1B-ST	QSX 12511.0 kHz
	XSX	Keelung R.	TWN	FC	F1B-ST	
	URD	Leningrad R.	URS	FC	F1B-ST	
13091.5	VAI	Vancouver R.	CAN	FC	F1B-ST	QSX 12511.5 kHz
	J2A	Djibouti R.	DJI	FC	F1B	
	IAR	Roma R.	I	FC	F1B-ST	
13092.0	UMV	Murmansk R.	URS	FC	F1B-50-170L	QSX 12512.0 kHz
	KPH	S.Francisco R.	USA	FC	F1B-ST	
13092.5	HEC23	Bern R.	SUI	FC	F1B-ST	QSX 12512.5 kHz
	UAH	Tallin R.	URS	FC	A1A F1B-ST	
13093.0	ZSC63	Capetown R.	AFS	FC	F1B-ST	QSX 12513.0 kHz
	UFB	Odessa R.	URS	FC	F1B-50	
13093.5	OXZ	Lyngby R.	DNK	FC	A1A F1B-ST	QSX 12513.5 kHz

13094.5	KFS	Palo Alto R. CA	USA	FC	F1B-ST	QSX 12514.5 kHz
13095.0	GKY5	Portishead R.	G	FC	F1B-ST	QSX 12515.0 kHz
	KLC	Galveston R. TX	USA	FC	F1B-ST	
13095.5	HEC33	Bern R.	SUI	FC	F1B-ST	QSX 12515.5 kHz
13097.0	LGJ4	Rogaland R.	NOR	FC	A1A F1B-ST	QSX 12517.0 kHz
	WNU	Slidell R. LA	USA	FC	A1A F1B-ST	
13097.5	FFT62	Saint Lys R.	F	FC	A1A F1B-ST	QSX 12517.5 kHz
13098.0	ICB	Genova R.	I	FC	F1B-ST	QSX 12518.0 kHz
	WLO	Mobile R. AL	USA	FC	A1A F1B-ST	
13098.5		Coast Stns	AAA	FC	F1B	QSX 12518.5 kHz
13099.0	GKQ5	Portishead R.	G	FC	A1A F1B-ST	QSX 12519.0 kHz
13099.5	UXN	Arkhangelsk R.	URS	FC	A1A F1B-ST	QSX 12519.5 kHz
	WNU	Slidell R. LA	USA	FC	F1B-ST	
13100	TIM	Limon R.	CTR	FC	A1A	
13100.0		Küstenfunkstellen	AAA	FC	J2D	Selektivruf
13100.5		Küstenfunkstellen	AAA	FC	J2D	Selektivruf
13100.8	5BA22	Cyprus R. Nicosia	CYP	FC	J3E	QSX 12330.0 kHz
	EHY	Pozuelo-del-Rey R.	E	FC	J3E	
	VFF	Frobisher R.	CAN	FC	J3E	
	GKT51	Portishead R.	G	FC	J3E	
	PKB	Belawan R.	INS	FC	J3E	
	PKF	Makassar R.	INS	FC	J3E	
	A7D	Doha R.	QAT	FC	J3E	
	BVA	Taipei R.	TWN	FC	J3E	
	UAT	Moskva R.	URS	FC	J3E	
	UFL	Vladivostok R.	URS	FC	J3E	
	KMI	Dixon R. CA	USA	FC	J3E	
13101	TRA	Libreville R.	GAB	FC	A1A	
13103.9	HZG	Dammam R.	ARS	FC	J3E	QSX 12333.1 kHz
	S3D	Chittagong R.	BGD	FC	J3E	
	Y5P	Ruegen R.	DDR	FC	J3E	
	GKT52	Portishead R.	G	FC	J3E	
	SVN5	Athinai R.	GRC	FC	J3E	
	HEB13	Bern R.	SUI	FC	J3E	
	KMI	Dixon R. CA	USA	FC	J3E	
13107.0	D3E	Luanda R.	AGL	FC	J3E	QSX 12336.3 kHz
	VIS	Sydney R.	AUS	FC	J3E	
	HKB	Barranquilla R.	CLM	FC	J3E	
	HKC	Buenaventura R.	CLM	FC	J3E	
	OXZ	Lyngby R.	DNK	FC	J3E	
	J5M	Bissau R.	GNB	FC	J3E	
	PKT	Dili R.	INS	FC	J3E	
	YIR	Basrah R.	IRQ	FC	J3E	
	5AT	Tripoli R.	LBY	FC	J3E	
	CUL	Lisboa R.	POR	FC	J3E	
	SAG	Goeteborg R.	S	FC	J3E	
	KMI	Dixon R. CA	USA	FC	J3E	
	WOO	OceanGate R. NJ	USA	FC	J3E	
13110.1	SVN5	Athinai R.	GRC	FC	J3E	QSX 12339.3 kHz
	4XO	Haifa R.	ISR	FC	J3E	
	LFL31	Rogaland R.	NOR	FC	J3E	
	HPP	Panama R.	PNR	FC	J3E	
	S9M	Sao Tome R.	STP	FC	J3E	
	URD	Leningrad R.	URS	FC	J3E	
13113.2	NOJ	USCG Kodiak	ALS	FC	J3E	QSX 12342.4 kHz
	TUA	Abidjan R.	CTI	FC	J3E	
	DAP	Norddeich R.	D	FC	J3E	
	NRV	USCG Guam	GUM	FC	J3E	

13113.2	NMO	USCG Honolulu	HWA	FC	J3E	
	ICB	Genova R.	I	FC	J3E	
	LFL32	Rogaland R.	NOR	FC	J3E	
	UDH	Riga R.	URS	FC	J3E	
	UFB	Odessa R.	URS	FC	J3E	
	UNM2	Klaipeda R.	URS	FC	J3E	
	NMC	USCG S.Francisco CA	USA	FC	J3E	
	NMG	USCG New Orleans LA	USA	FC	J3E	
	NMN	USCG Portsmouth VA	USA	FC	J3E	
13116.3	ZAD	Durres R.	ALB	FC	J3E	QSX 12345.5 kHz
	Y5P	Ruegen R.	DDR	FC	J3E	
	OHG2	Helsinki R.	FNL	FC	J3E	
	GKT56	Portishead R.	G	FC	J3E	
	IAR	Roma R.	I	FC	J3E	
	EPW1	Abbas R.	IRN	FC	J3E	
	TFA	Reykjavik R.	ISL	FC	J3E	
	5RS	Tamatave R.	MDG	FC	J3E	
	TAM5	Mersin R.	TUR	FC	J3E	
	WOM	Miami HighSeas R.	USA	FC	J3E	
13119.4	7TA24	Alger R.	ALG	FC	J3E	QSX 12348.6 kHz
	PJC	Curacao R.	ATN	FC	J3E	
	CUG	S.Miguel R.	AZR	FC	J3E	
	OSU51	Oostende R.	BEL	FC	J3E	
	VAI	Vancouver R.	CAN	FC	J3E	
	SVN5	Athinai R.	GRC	FC	J3E	
	PCG52	Scheveningen R.	HOL	FC	J3E	
	4XO	Haifa R.	ISR	FC	J3E	
	JBO	Tokyo R.	J	FC	J3E	
	CUB	Madeira R. Funchal	MDR	FC	J3E	
	CTV	PNY Monsanto	POR	FC	J3E	
	PZN	Paramaribo R.	SUR	FC	J3E	
	ZJU	Funafuti R.	TUV	FC	J3E	
	YUW	Bar R.	YUG	FC	J3E	
13122.5	PVD7	Tebar Oil Tmnl	B	FC	J3E	QSX 12351.7 kHz
	5BA54	Cyprus R. Nicosia	CYP	FC	J3E	
	DAK	Norddeich R.	D	FC	J3E	
	TFA	Reykjavik R.	ISL	FC	J3E	
	JBO	Tokyo R.	J	FC	J3E	
	BVA	Taipei R.	TWN	FC	J3E	
	UGK2	Kaliningrad R.	URS	FC	J3E	
	WOM	Miami HighSeas R.	USA	FC	J3E	
13125.6	ZSC27	Capetown R.	AFS	FC	J3E	QSX 12354.8 kHz
	PPT	Santarem R.	B	FC	J3E	
	A9M	Bahrain R.	BHR	FC	J3E	
	OHG2	Helsinki R.	FNL	FC	J3E	
	IAR	Roma R.	I	FC	J3E	
	PKM	Bitung R.	INS	FC	J3E	
	PKP	Dumai R.	INS	FC	J3E	
	XDA	Mexico R.	MEX	FC	J3E	
	XFB	Ciudad-Carmen R.	MEX	FC	J3E	
	XFM	Manzanillo R.	MEX	FC	J3E	
	XFP	Chetumal R.	MEX	FC	J3E	
	XFY	Guaymas R.	MEX	FC	J3E	
	ZSV33	Walvis Bay R.	NMB	FC	J3E	
	ZLW	Wellington R.	NZL	FC	J3E	
	SPC63	Gdynia R.	POL	FC	J3E	
	OBF4	Mollendo R.	PRU	FC	J3E	
	UFN	Novorossijsk R.	URS	FC	J3E	

13125.6	UHO	Arkhangelsk R.	URS	FC	J3E	
	WOM	Miami HighSeas R.	USA	FC	J3E	
13128.7	CBV	Valparaiso R.	CHL	FC	J3E	QSX 12357.9 kHz
	J2A	Djibouti R.	DJI	FC	J3E	
	OXZ	Lyngby R.	DNK	FC	J3E	
	EHY	Pozuelo-del-Rey R.	E	FC	J3E	
	VWB	Bombay R.	IND	FC	R3E	
	PKE	Amboina R.	INS	FC	J3E	
	HEB43	Bern R.	SUI	FC	J3E	
	CWF	Punta Carretas R.	URG	FC	J3E	
	UBE2	Petropavlovsk/Kam R.	URS	FC	J3E	
	WOO	OceanGate R. NJ	USA	FC	J3E	
13131.8	PPO	Olinda R.	B	FC	J3E	QSX 12361.0 kHz
	OXZ	Lyngby R.	DNK	FC	J3E	
	ICB	Genova R.	I	FC	J3E	
	YIR	Basrah R.	IRQ	FC	J3E	
	LFL34	Rogaland R.	NOR	FC	J3E	
	WOO	OceanGate R. NJ	USA	FC	J3E	
13134.9		Abidjan-Peche R.	CTI	FC	J3E	QSX 12364.1 kHz
	DAH	Norddeich R.	D	FC	J3E	
	SVN55	Athinai R.	GRC	FC	J3E	
	PKD	Surabaja R.	INS	FC	J3E	
	PNK	Jayapura R.	INS	FC	J3E	
	JBO	Tokyo R.	J	FC	J3E	
	3BB	Pt.Louis HARBOUR	MAU	FC	J3E	
	WLO	Mobile R. AL	USA	FC	J3E	
13138.0	OSU53	Oostende R.	BEL	FC	J3E	QSX 12367.2 kHz
	8PO	Barbados R.	BRB	FC	J3E	
	VCS	Halifax R.	CAN	FC	J3E	
	OHG2	Helsinki R.	FNL	FC	J3E	
	PCG51	Scheveningen R.	HOL	FC	J3E	
	IAR	Roma R.	I	FC	J3E	
	YIR	Basrah R.	IRQ	FC	J3E	
	4XO	Haifa R.	ISR	FC	J3E	
	HLS	Seoul R.	KOR	FC	J3E	
	LFL35	Rogaland R.	NOR	FC	J3E	
	5WA	Apia R.	SMO	FC	J3E	
	S9M	Sao Tome R.	STP	FC	J3E	
13141.1	PPR	Rio de Janeiro R.	B	FC	J3E	QSX 12370.3 kHz
	OXZ	Lyngby R.	DNK	FC	J3E	
	SVN5	Athinai R.	GRC	FC	R3E	
13144.2	7TA25	Alger R.	ALG	FC	J3E	QSX 12373.4 kHz
	OSU52	Oostende R.	BEL	FC	J3E	
	OXZ	Lyngby R.	DNK	FC	J3E	
	TFA	Reykjavik R.	ISL	FC	J3E	
	4XO	Haifa R.	ISR	FC	J3E	
	OBC3	Callao R.	PRU	FC	J3E	
	SAG	Goeteborg R.	S	FC	J3E	
	S7Q	Seychelles R.	SEY	FC	J3E	
	WOM	Miami HighSeas R.	USA	FC	J3E	
13147.3	SUH	Alexandria R.	EGY	FC	J3E	QSX 12376.5 kHz
	OHG2	Helsinki R.	FNL	FC	J3E	
	ODR8	Beirut R.	LBN	FC	J3E	
	9HD	Malta R.	MLT	FC	J3E	
	SPC61	Gdynia R.	POL	FC	J3E	
	9VG66	Singapore R.	SNG	FC	J3E	
	TAM5	Mersin R.	TUR	FC	J3E	
	WWD	SCRIPPS La Jolla CA	USA	FC	J3E	

13150.4	7TA26	Alger R.	ALG	FC	J3E	QSX 12379.6 kHz
	CLA68	Habana R.	CUB	FC	J3E	
	OXZ	Lyngby R.	DNK	FC	J3E	
	YIR	Basrah R.	IRQ	FC	J3E	
	LFL37	Rogaland R.	NOR	FC	J3E	
	ZHH	St.Helena R.	SHN	FC	J3E	
13153.5	OSU54	Oostende R.	BEL	FC	J3E	QSX 12382.7 kHz
	CBM	Magallanes R.	CHL	FC	J3E	
	CBV	Valparaiso R.	CHL	FC	J3E	
	D4A	S.Vicente R.	CPV	FC	J3E	
	D4D	Praia R.	CPV	FC	J3E	
	DAI	Norddeich R.	D	FC	J3E	
	IAR	Roma R.	I	FC	J3E	
	JBO	Tokyo R.	J	FC	J3E	
	LFL38	Rogaland R.	NOR	FC	J3E	
	TAH	Istanbul R.	TUR	FC	J3E	
13156.6	PPS	Santos R.	B	FC	J3E	QSX 12385.8 kHz
	OSU57	Oostende R.	BEL	FC	J3E	
	LZW	Varna R.	BUL	FC	J3E	
	OXZ	Lyngby R.	DNK	FC	J3E	
	PCG53	Scheveningen R.	HOL	FC	J3E	
	LFL39	Rogaland R.	NOR	FC	J3E	
	SAG	Goeteborg R.	S	FC	J3E	
	9VG67	Singapore R.	SNG	FC	J3E	
13159.7	LPL4	Gen.Pacheco R.	ARG	FC	J3E	QSX 12388.9 kHz
	VRT	Bermuda R.	BER	FC	J3E	
	S3E	Khulna R.	BGD	FC	J3E	
	SVN58	Athinai R.	GRC	FC	J3E	
	TFA	Reykjavik R.	ISL	FC	J3E	
	SPO61	Szczecin R.	POL	FC	J3E	
13162.8		ANRUFFREQUENZ	AAA	FC	J3E	QSX 12392.0 kHz
13165.9	LPL	Gen.Pacheco R.	ARG	FC	J3E	
	FFL64	Saint Lys R.	F	FC	J3E	
	ZKR	Rarotonga R.	CKH	FC	J3E	
	EPW1	Abbas R.	IRN	FC	J3E	
	XFA	Acapulco R.	MEX	FC	J3E	
	XFE	Ensenada R.	MEX	FC	J3E	
	XFK	La Paz R.	MEX	FC	J3E	
	LFL40	Rogaland R.	NOR	FC	J3E	
	TAN5	Zonguldak R.	TUR	FC	J3E	
13169.0	HZG	Dammam R.	ARS	FC	J3E	QSX 12398.2 kHz
	PPM	Manaus R.	B	FC	J3E	
	OXZ	Lyngby R.	DNK	FC	J3E	
	CNP	Casablanca R.	MRC	FC	J3E	
	WOM	Miami HighSeas R.	USA	FC	J3E	
13172.1	ZSD39	Durban R.	AFS	FC	J3E	QSX 12401.3 kHz
	CBV	Valparaiso R.	CHL	FC	J3E	
	DAJ	Norddeich R.	D	FC	J3E	
	OHG2	Helsinki R.	FNL	FC	J3E	
	GKV54	Portishead R.	G	FC	J3E	
	6YI	Kingston R.	JMC	FC	J3E	
	9KK9	Kuwait R.	KWT	FC	J3E	
	3AC12	Monaco R.	MCO	FC	J3E	
	ZLW	Wellington R.	NZL	FC	J3E	
	DZF	Manila R.	PHL	FC	J3E	
	A7D	Doha R.	QAT	FC	J3E	
	YUR	Rijeka R.	YUG	FC	J3E	
13175.2	EHY	Pozuelo-del-Rey R.	E	FC	J3E	QSX 12404.4 kHz

13175.2	5RS	Tamatave R.	MDG	FC	J3E	
	XDA	Mexico R.	MEX	FC	J3E	
	XFC	Cozumel R.	MEX	FC	J3E	
	XFL	Mazatlan R.	MEX	FC	J3E	
	XFN	Progreso R.	MEX	FC	J3E	
	XFQ	Salina Cruz R.	MEX	FC	J3E	
	LFL42	Rogaland R.	NOR	FC	J3E	
	P2M	Pt.Moresby R.	PNG	FC	J3E	
	P2R	Rabaul R.	PNG	FC	J3E	
13178.3	VIM	Melbourne R.	AUS	FC	J3E	QSX 12407.5 kHz
	VIP	Perth R.	AUS	FC	J3E	
	OXZ	Lyngby R.	DNK	FC	J3E	
	FFL61	Saint Lys R.	F	FC	J3E	
	LFL43	Rogaland R.	NOR	FC	J3E	
	SAG	Goeteborg R.	S	FC	J3E	
	TAM7	Canakkale R.	TUR	FC	J3E	
	WLO	Mobile R. AL	USA	FC	J3E	
13181.4	VIA	Adelaide R.	AUS	FC	J3E	QSX 12410.6 kHz
	VID	Darwin R.	AUS	FC	J3E	
	TJC	Douala R.	CME	FC	J3E	
	EHY	Pozuelo-del-Rey R.	E	FC	J3E	
	OHG2	Helsinki R.	FNL	FC	J3E	
	VPS	C.d'Aguilar R.	HKG	FC	R3E	
	9KK92	Kuwait R.	KWT	FC	J3E	
	SPO62	Szczecin R.	POL	FC	J3E	
	HEB23	Bern R.	SUI	FC	J3E	
	9PA	Banana R.	ZAI	FC	J3E	
13184.5	VIS	Sydney R.	AUS	FC	J3E	QSX 12413.7 kHz
	PPJ	Juncao R.	B	FC	J3E	
	PPL	Belem R.	B	FC	J3E	
	CLA71	Habana R.	CUB	FC	J3E	
	GKV58	Portishead R.	G	FC	J3E	
	4XO	Haifa R.	ISR	FC	J3E	
	LFL44	Rogaland R.	NOR	FC	J3E	
	WOO	OceanGate R. NJ	USA	FC	J3E	
13187.6	VIB	Brisbane R.	AUS	FC	J3E	QSX 12416.8 kHz
	VID	Darwin R.	AUS	FC	J3E	
	VIP	Perth R.	AUS	FC	J3E	
	FFL62	Saint Lys R.	F	FC	J3E	
	HLS	Seoul R.	KOR	FC	J3E	
	SPC62	Gdynia R.	POL	FC	J3E	
	A7D	Doha R.	QAT	FC	J3E	
	KMI	Dixon R. CA	USA	FC	J3E	
	YUR	Rijeka R.	YUG	FC	J3E	
13190.7	LPC42	Ushuaia R.	ARG	FC	J3E	QSX 12419. kHz
	5BA56	Cyprus R. Nicosia	CYP	FC	J3E	
	OHG2	Helsinki R.	FNL	FC	J3E	
	GKV50	Portishead R.	G	FC	J3E	
	IAR	Roma R.	I	FC	J3E	
	HEB33	Bern R.	SUI	FC	J3E	
	WOM	Miami HighSeas R.	USA	FC	J3E	
13193.8	VIS	Sydney R.	AUS	FC	J3E	QSX 12423.0 kHz
	VIT	Townsville R.	AUS	FC	J3E	
	FFL63	Saint Lys R.	F	FC	J3E	
	VPS	C.d'Aguilar R.	HKG	FC	R3E	
	EQN	Khomeini R.	IRN	FC	J3E	
	5AB	Benghazi R.	LBY	FC	J3E	
	LFL45	Rogaland R.	NOR	FC	J3E	

13193.8	SPC64	Gdynia R.	POL	FC	J3E	
13196.9	7TA27	Alger R.	ALG	FC	J3E	QSX 12426.1 kHz
	GKW52	Portishead R.	G	FC	J3E	
	SVN59	Athinai R.	GRC	FC	J3E	
13196.8	HPP	Panama R.	PNR	FC	J3E	
13196.9	KUQ	Pago-Pago R.	SMA	FC	J3E	

<u>13200...13260 kHz</u> <u>BEWEGLICHER FLUGFUNKDIENST (OR)</u>

13200	CAI7E	AIR Easter I	PAQ	AX	F1B-50-850H	CHL
13201	AKA5	USAF Elmendorf	ALS	FG	J3E	
	AJE	USAF Croughton	G	FG	J3E	
	XPH5	USAF Thule	GRL	FG	J3E	
	AIE2	USAF Andersen	GUM	FG	J3E	
	AGA2	USAF Hickam	HWA	FG	J3E	
	AIF2	USAF Yokota	J	FG	J3E	
	AIC2	USAF Clark	PHL	FG	J3E	
	AFE8	USAF McDill FL	USA	FG	J3E	
	AFL2	USAF Loring ME	USA	FG	J3E	
13205	AXF	RAAF Sydney	AUS	FG	J3E	
	HEE60	Berna R.	SUI	FD	J3E	
13207		EgyEmb Paris	F	FX	F1B-ST	EGY
		EgyEmb London	G	FX	F1B-ST	EGY
13210	AFE8	USAF McDill FL	USA	FG	J3E	
13211		RNZAF Auckland	NZL	FG	J3E	
13214	AJE	USAF Croughton	G	FG	J3E	
13215	AHF2	USAF Albrook	PNR	FG	J3E	
	FUX	FNY St.Denis	REU	FC	A1A	
	AJO	USAF Incirlik	TUR	FG	J3E	
	AFA3	USAF Andrews MD	USA	FG	J3E-L	
	AFI2	USAF McClellan CA	USA	FG	J3E	
13220	CLP23	EMBACUBA Lagos	NIG	FX	F1B-75	
		Moskva	URS	FD	J3E	
13223		IF Berlin	DDR	FD	J3E	
13225		ALIA Amman	JOR	FD	J3E	
13226		MFA Cairo	EGY	FX	F1B-ST	
13231	DHM95	CF Lahr	D	FG	J3E	
13235.5	HWN	FNY Paris	F	FC	A1A	
13244		USAF Ascension	ASC	FG	J3E	
	CUW2	USAF Lajes	AZR	FG	J3E	
	AFE8	USAF McDill FL	USA	FG	J3E	
13245		FAF Flores	AZR	FX	J3E	
13247	AFA3	USAF Andrews MD	USA	FG	J3E-L	
13248	COL	Habana	CUB	FD	A1A	
	DHM91	GAF Muenster	D	FG	J3E	
	RFNV	Moskva/Kupavna	URS	FD	A1A	
	YUB2	Beograd	YUG	FG	A1A J3E	
13250		YEMENI Sanaa	YEM	FD	J3E	
13251	NGD	USN McMurdo	ANT	FG	J3E	
	ZLK	USN Christchurch	NZL	FG	J3E	
13257	DHM95	CF Lahr	D	FG	J3E	
		RNoAF Bardufoss	NOR	FG	J3E	

13260...13360 kHz BEWEGLICHER FLUGFUNKDIENST (R)

13261		VAFI			J3E	
13264		RDARA VEUR			J3E	
		Shannon VOLMET	IRL	FD	J3E	h+00 h+30
13267		3 13H			J3E	
13270		6G VNAT			J3E	
		Gander VOLMET	CAN	FD	J3E	h+20 h+50
		New York NY VOLMET	USA	FD	J3E	h+00 h+30
13273		AFI			J3E	
		Alger	ALG	FD	J3E	AFI
		Tripoli	LBY	FD	J3E	AFI
		Niamey	NGR	FD	J3E	AFI
		Kano	NIG	FD	J3E	AFI
13276		6G VNAT			J3E	
13279		VNCA VSAM			J3E	
		Khabarovsk VOLMET	URS	FD	J3E	h+15 h+45
		Novosibirsk VOLMET	URS	FD	J3E	h+20 h+50
		Tashkent VOLMET	URS	FD	J3E	h+05 h+35
		Vnukova VOLMET	URS	FD	J3E	h+25 h+55
13282		VPAC			J3E	
		Hong Kong VOLMET	HKG	FD	J3E	h+15 h+45
		Honolulu VOLMET	HWA	FD	J3E	h+25 h+55
		Tokyo VOLMET	J	FD	J3E	h+10 h+40
		Auckland VOLMET	NZL	FD	J3E	h+20 h+50
13285		10 VSEA			J3E	
13288		AFI EUR MID			J3E	
		Bujumbura	BDI	FD	J3E	AFI
		Bahrain	BHR	FD	J3E	AFI MID
		Cairo	EGY	FD	J3E	AFI
		Addis Ababa	ETH	FD	J3E	AFI
		Bombay, Delhi	IND	FD	J3E	MID
		Tehran	IRN	FD	J3E	MID
		Kuwait	KWT	FD	J3E	MID
		Benghazi	LBY	FD	J3E	AFI
		Karachi	PAK	FD	J3E	MID
		Khartoum	SDN	FD	J3E	AFI
		Mogadishu	SOM	FD	J3E	AFI
		Aden, Riyan	YMS	FD	J3E	AFI MID
13291		NAT 6			J3E	
		Sta.Maria	AZR	FD	J3E	NAT-B/D
		Gander	CAN	FD	J3E	NAT-B/D
		Shanwick	IRL	FD	J3E	NAT-B/D
		Iceland Reykjavik	ISL	FD	J3E	NAT-B/D
		Bodoe	NOR	FD	J3E	NAT-B/D
		New York NY	USA	FD	J3E	NAT-B/D
13294		AFI			J3E	
		Johannesburg/JS	AFS	FD	J3E	AFI
		Luanda	AGL	FD	J3E	AFI
		Bujumbura	BDI	FD	J3E	AFI
		Brazzaville	COG	FD	J3E	AFI
		Accra	GHA	FD	J3E	AFI
		Niamey	NGR	FD	J3E	AFI
		Sao Tome	STP	FD	J3E	AFI
		N'djamena	TCD	FD	J3E	AFI
		Kinshasa	ZAI	FD	J3E	AFI
13295	654	MFA Dakar	SEN	FX	A1A J3E-L	
	616	AMBASSENE Paris	F	FX	A1A J3E-L	

13297	CAR EA SAM			J3E	
	Habana	CUB	FD	J3E	CAR
	San Juan	PTR	FD	J3E	CAR
	New York NY	USA	FD	J3E	CAR
	New Orleans LA	USA	FD	J3E	CAR
	Caracas/Maiquetia	VEN	FD	J3E	CAR
13300	CEP CWP NP SP 4			J3E	
	Anchorage	ALS	FD	J3E	NP
	Sydney	AUS	FD	J3E	SP
	Nandi	FJI	FD	J3E	SP
	Agana	GUM	FD	J3E	CWP
	Hong Kong	HKG	FD	J3E	CWP
	Honolulu	HWA	FD	J3E	CEP CWP SP
	Tokyo	J	FD	J3E	CWP NP
	Seoul	KOR	FD	J3E	CWP NP
	Auckland	NZL	FD	J3E	SP
	Papeete/Tahiti	OCE	FD	J3E	SP
	Easter I	PAQ	FD	J3E	SP
	Manila	PHL	FD	J3E	SP
	Pt.Moresby	PNG	FD	J3E	CWP
	HSF212BKK MFA Bangkok	THA	FX	F1B-50-425	
	Taipei	TWN	FD	J3E	CWP
13303	EA NCA			J3E	
	MFA Ankara	TUR	FX	F1B-100	
	Sverdlovsk	URS	FD	J3E	NCA
13304	ElAl Ben Gurion	ISR	FD	J3E	
13306	INO NAT			J3E	
	Johannesburg/JS	AFS	FD	J3E	INO
	Perth	AUS	FD	J3E	INO
	Sta.Maria	AZR	FD	J3E	NAT
	Gander	CAN	FD	J3E	NAT
	Canarias	CNR	FD	J3E	NAT-A/C
	Cocos I	ICO	FD	J3E	INO
	Bombay	IND	FD	J3E	INO
	Shanwick	IRL	FD	J3E	NAT-A/C
	Iceland Reykjavik	ISL	FD	J3E	NAT-A/C
	Nairobi	KEN	FD	J3E	INO
	Mauritius	MAU	FD	J3E	INO
	Antananarivo	MDG	FD	J3E	INO
	Beira	MOZ	FD	J3E	INO
	Lisboa	POR	FD	J3E	NAT-A/C
	San Juan	PTR	FD	J3E	NAT-A/C
	Mahe/Seychelles	SEY	FD	J3E	INO
	Dar-es-Salaam	TZA	FD	J3E	INO
	New York NY	USA	FD	J3E	NAT-A/C
	Lusaka	ZMB	FD	J3E	INO
13309	EA SEA 12C 13K			J3E	
	Hong Kong	HKG	FD	J3E	EA SEA
	Manila	PHL	FD	J3E	EA SEA
	Singapore	SNG	FD	J3E	EA SEA
	Bangkok	THA	FD	J3E	EA SEA
13312	MID 11B			J3E	
	Jeddah	ARS	FD	J3E	MID
	Bahrain	BHR	FD	J3E	MID
	Tehran	IRN	FD	J3E	MID
	Basrah	IRQ	FD	J3E	MID
	Amman	JOR	FD	J3E	MID
	Kuwait	KWT	FD	J3E	MID

13312		Beirut	LBN	FD	J3E	MID
		Damascus	SYR	FD	J3E	MID
		Ankara	TUR	FD	J3E	MID
13315		NCA SAT			J3E	
		Canarias	CNR	FD	J3E	SAT
		Dakar	SEN	FD	J3E	SAT
13318		SEA 13			J3E	
		Darwin, Perth	AUS	FD	J3E	SEA
		Dhaka	BGD	FD	J3E	SEA
		Rangoon	BRM	FD	J3E	SEA
		Cocos I	ICO	FD	J3E	SEA
		Calcutta, Madras	IND	FD	J3E	SEA
		Jakarta	INS	FD	J3E	SEA
		Kuala Lumpur	MLA	FD	J3E	SEA
		Male	MLD	FD	J3E	SEA
		Colombo	SLK	FD	J3E	SEA
		Singapore	SNG	FD	J3E	SEA
13321		2 3			J3E	
13324		W 1/3			J3E	
		LTU Duesseldorf	D	FD	J3E	
		Madrid	E	FD	J3E	
		IRAQI Baghdad	IRQ	FD	J3E-L	
		Berna R.	SUI	FD	J3E	
13326	SFA	MFA Ankara	TUR	FX	F1B-100	
13327		W 1/4			J3E	
		LH Frankfurt	D	FD	J3E	
		IBERIA Madrid	E	FD	J3E	
13330		W 2/5			J3E	
		CEDAR Beirut	LBN	FD	J3E	
13332	7RA20	MOI Alger	ALG	FX	R3E F1B-50-170	
13333		W 1/3			J3E	
		SPEEDBIRD London	G	FD	J3E	
13336		W 1/4			J3E	
		KLM Amsterdam	HOL	FD	J3E	
13339		W 2/5			J3E	
		SAUDIA Jeddah	ARS	FD	J3E	
13342		W 1/3			J3E	
		PAKISTAN Karachi	PAK	FD	J3E	
		STA Stockholm R.	S	FD	J3E	
13345		W 1/4			J3E	
		TAROM Bucuresti	ROU	FD	A1A J3E	
13348		W 2/5			J3E	
13351		W 1/3			J3E	
		Paris R.	F	FD	J3E	
	OKL	CSA Praha	TCH	FD	A1A J3E	
13354		5 7			J3E	
13357		SAT 2			J3E	
		Recife	B	FD	J3E	SAT
		Canarias	CNR	FD	J3E	SAT
		Sal	CPV	FD	J3E	SAT
		Bissau	GNB	FD	J3E	SAT
		Monrovia/Rob	LBR	FD	J3E	SAT
		Casablanca	MRC	FD	J3E	SAT
		Dakar	SEN	FD	J3E	SAT

13360...13410 kHz FESTER FUNKDIENST, RADIOASTRONOMIEFUNKDIENST

13361	BSB35	METEO Lanzhou	CHN	MX	F1B-50-425L	
13364	DGN36	DPA Hamburg	D	PX	A1A	
13366.5	5YD9	AIR Nairobi	KEN	AX	F1B-50-425H	ETH
13367	7UL36	PTT Alger	ALG	FX	J3E-U	URS
13370	MKD	RAF Akrotiri	CYP	FX	F1B-75	
13371.5	NBA	USN Farfan	PNR	FX	F1B-75-850L	
13372.5	NGR	USN Nea Makri	GRC	FC	A1A	NUKO LCMP
13375	Y3D	PTT Berlin	DDR	FX	J3E-U	SYR
13380	ONN29	BulgEmb Brussels	BEL	FX	F1B-75	BUL
	NRV	USCG Guam	GUM	FC	A1A	NUKO GCMP
	HGX21	MFA Budapest	HNG	FX	F1B-50-600L	
	HGX42	HE Tehran	IRN	FX	F1B-50-600L	HNG
	HGX44	HE Baghdad	IRQ	FX	F1B-50-600L	HNG
	HGX41	HE Damascus	SYR	FX	F1B-50-600L	HNG
		R.Moskva FDR	URS	FX	R3E-U	
13382	GFT	METEO Bracknell	G	FX	A1A	
	MLU	RAF Gibraltar	GIB	FX	A1A	
13385	CLP5	EMBACUBA Alger	ALG	FX	A1A	
	DFZG	MFA Beograd	YUG	FX	F1B-75-600H	
13390	NPUO	ASFRJ Alger	ALG	FX	F1B-75-600L	YUG
	CLP1	MFA Habana	CUB	FX	A1A	
	DFZG	MFA Beograd	YUG	FX	F1B-75-425H	
13394	ZSC49	Capetown R.	AFS	FX	A1A	TRC
13395	NPO	USN S.Miguel	PHL	MX	F1C-120	
	NCS	BulgEmb Moskva	URS	FX	F1B-75-600H	BUL
13400	LZG3	BTA Sofia	BUL	PX	F1B-50-425L	
	CUA68	CPRM Lisboa	POR	FX	F1B-ARQ96	CVA
13401	AYX278	BANK Buenos Aires	ARG	FX	J3E-U F1B-50	
13402	ZRS	METEO Marion I	MRN	FX	J3E F1B-50	AFS KER

13410...13600 kHz FESTER FUNKDIENST, Beweglicher Funkdienst

13410	6WW	FNY Dakar	SEN	FC	A1A	
	RIF38	APN Moskva	URS	PX	F1B-100-425	
	RIF38	TASS Moskva	URS	PX	F1B-50-425L	
13412	KWS78	USE Athinai	GRC	FX	F1B-75-850H	
13413	EAE220	MFA Madrid	E	FX	J3E-U	
13415	PCW1	MFA Sgravenhaage	HOL	FX	F1B-ST	
	RBFWYS	RAF Decimomannu	I	FX	J3E-U F1B-75-850H D	
13420	CUA69	CPRM Lisboa R.	POR	FC	A1A	
13425		MFA Roma	I	FX	F1B-ST	
		ITALDIPL Islamabad	PAK	FX	F1B-ST	I
		ITALDIPL Moskva	URS	FX	F1B-ST	I
13427.5	FTN42	FTN Paris	F	FX	B9W	TCD
13430	RRC61	APN Moskva	URS	PX	F1B-100-425L	
13435	CTU73	PNY Monsanto	POR	FX	J3E	AZR
13436	Y7A53	MFA Berlin	DDR	FX	F1A F1B-50-425	
13438	DFN43	INFO-BRD Frankfurt	D	PX	F1B-FEC96	
13440	AFA3	USAF Andrews MD	USA	FG	J3E-L	
	YZJ5	TANJUG Beograd	YUG	PX	F1B-50-425L	
13445	MKK	RAF London	G	FX	J7B	BLZ
	NGR	USN Nea Makri	GRC	FX	J3E-L	
		ITALDIPL Moskva	URS	FX	F1B-ST	I
13447	LBL1	NORBATT Ebel-el-Saqi	LBN	FX	F1B-ST	
13447.5	4XM4	METEO Bet Dagan	ISR	MX	F1B-50-425H	

13462	XVN39	VNA Hanoi	VTN	PX	F1B-50-600H	
13465		PTT Djanet	ALG	FX	B8E	Ouargla
13470	RKU71	METEO Moskva	URS	MX	F1C-90/120	
13473	GYU	RN Gibraltar	GIB	FX	B9W	G
13478	CTD83	PNY Pnt.Delgada	AZR	FX	J3E F1B-50	POR
13480	MKA	RAF London	G	FX	J3E	CYP
13482	DFN48	DPA Frankfurt	D	PX	F1B-50-850H	
13487.5	ISX35	ANSA Roma	I	PX	F1B-50-425H	
13490	ZLX5	PTT Wellington	NZL	FX	J3E	ANT
	RCG77	TASS Moskva	URS	PX	F1B-50-425L	
13496	LJA20	MFA Oslo	NOR	FX	F1B-ST	
13505	RUZU	SAAB Molodezhnaya	ANT	FX	F1B-50-600L	URS
13510	CFH	CF Halifax	CAN	MX	F1B-75-850L F1C-120	
13512	DFN51	DW Frankfurt FDR	D	FX	R3E-U	POR
13512.5	GXQ	RN London	G	FX	B9W	GIB
13515	LRN22	TELAM Buenos Aires	ARG	PX	F1B-50-850L	
	MKD	RAF Akrotiri	CYP	FX	B9W	
13516	CLN405	PTT Habana	CUB	FX	F1B-50	CHN
13520	FSB72	IP Paris	F	FX	F1B-ST	
	OGX	IP Helsinki	FNL	FX	F1B-ST	
	YO99	IP Bucuresti	ROU	FX	F1B-ST	
	SHX	IP Stockholm	S	FX	F1B-ST	
	3VA	IP Tunis	TUN	FX	F1B-ST	
13523	CCS	CN Santiago	CHL	FC	F1B-50-850H	
13524	YI071	INA Baghdad	IRQ	PX	F1B-50-300L	
13525	CCS	CN Santiago	CHL	MX	F1C-120	
13527	CCS	CN Santiago	CHL	FC	A1A	
	DHJ51	METEO Grengel	D	MX	F1B-50-425H	
13530	RVW53	METEO Moskva	URS	MX	F1B-50-1000L	
13535	7UL53	PTT Ouargla	ALG	FX	B8E	
	FTN53	FTN Paris	F	FX	B9W	
13538	Y7A54	MFA Berlin	DDR	FX	F1A F1B-50-425L	
13540	LR081	TELAM Buenos Aires	ARG	PX	F1B-50-850L	
13542	LBL1	NORBATT Ebel-el-Saqi	LBN	FX	J3E-U F1B-ST	NOR
13545	A9C	AMBAFRANCE Bucuresti	ROU	FX	A1A F1B-50/75	F
13550	KRH51	USE London	G	FX	F1B-75-850H	
	ZKLF	METEO Auckland	NZL	MX	A1A F1C-120	
13560	BMB	METEO Taipei	TWN	MX	A1A	
13563	3MA22	CNA Taipei	TWN	PX	F1B-50-850L	
13565	MKD	RAF Akrotiri	CYP	FX	B9W	G
	FTN56	FTN Paris	F	FX	B8E	
13569	CYS22	PE Ottawa	CAN	FX	A1A	POL
13575	HBD61	SwissEmb Cairo	EGY	FX	F1B-ST	SUI
	HBD25	SwissEmb Tel Aviv	ISR	FX	F1B-ST	SUI
	SNN218	MFA Warszawa	POL	FX	F1A	
	HBD20	MFA Bern	SUI	FX	F1B-ST	
13576	SDJ	STA Stockholm R.	S	FD	J3E	
13580	HMF36	KCNA Pyongyang	KRE	PX	F1B-50-425H	
	HBD47	SwissEmb Lisboa	POR	FX	F1B-ST	SUI
	HBD20	MFA Bern	SUI	FX	F1B-ST	
	HBD59	SwissEmb Ankara	TUR	FX	F1B-ST	SUI
13582	MKK	RAF London	G	FX	J7B	
13585	BCW21	PTT Shanghai	CHN	FX	F1B-50-425	
	HBD44	SwissEmb Stockholm	S	FX	F1B-ST	SUI
	HBD58	SwissEmb Moskva	URS	FX	F1B-ST	SUI
13585.6	CNM53	MAP Rabat/Tanger	MRC	PX	F1B-50-425L	
13593	HBE53	Berna R.	SUI	FX	J3E	
13597	IMB56	METEO Roma	I	MX	F1C-120	

13597	JMH4	METEO Tokyo	J	MX	F1C-120	
13597.5	OLI2	CTK Praha	TCH	PX	F1B-50-425H	

<u>13600...13800 kHz</u> <u>RUNDFUNKDIENST</u>

13602.4	SON260B	Warszawa R.	POL	FC	F1B-FEC	SPMH
13608.6	NRT	LORAN Yokota	J	FX	J3E-U	GUM
	NRT9	LORAN Hokkaido	J	FX	J3E-U	GUM
13610	3VF40	TAP Tunis	TUN	PX	F1B-50-850L	
		R.Moskva FDR	USR	FX	R3E	
13616	SON261	Warszawa R.	POL	FC	A1A	SPMH
13620	PCW1	MFA Sgravenhaage	HOL	FX	F1B-ST	
13622	DFN62	INFO-BRD Frankfurt	D	PX	F1B-FEC96	
13624	WBR70	METEO Miami FL	USA	MX	F1B-75-850H	
13627	KNY26	HE Washington DC	USA	FX	F1B-50	HNG
13628.5	OEM63	METEO Wien	AUT	MX	F1B-100-425L	
13635	SON263	PAP Warszawa	POL	PX	F1B-50-425L	
13636	FUG	FNY La Regine	F	FC	F1B-75-850	
13645	AJE	USAF Barford	G	FX	B9W	AZR
13647.5	OLI5	CTK Praha	TCH	PX	F1B-50-425H	
13650	FDY	FAF Orleans	F	FX	F1B-50-425L	
13653	SUA50	MENA Cairo	EGY	PX	F1B-50-425L	
13655	RFQP	FF Djibouti	DJI	FX	F1B-ARQ2	F
	NMO	USCG Honolulu	HWA	FC	A1A	NUKO
13665	6VU73	METEO Dakar	SEN	MX	F1B-50-425H	
13669.4	6VU73	METEO Dakar	SEN	MX	F1C-120	
13680	HGK26	PTT Budapest	HNG	FX	F1B-50-425	URS
13685	FTN68	FTN Paris	F	FX	J3E	AFG
13690		RFE Holzkirchen FDR	D	FX	B8E	POR
13695	GXQ	RN London	G	FX	B9W	CYP
13700	SNN299	MFA Warszawa	POL	FX	F1B-75-300	
13707.5	RXA77	METEO Alma Ata	URS	MX	F1C-120	
13710	RGD22	R.Moskva FDR	URS	FX	B8E	
	AFA3	USAF Andrews MD	USA	FG	J3E	
13715	RUZU	SAAB Molodezhnaya	ANT	FX	F1B-50	UDY
13728	CUW	USAF Lajes	AZR	FX	B9W	USA
13728.3	FPN72H1	AFP Paris	F	PX	F1B-50-425H	
13729	HMV48	PTT Pyongyang	KRE	FX	F1B-50-425H	
13729.7	FPN72H3	AFP Paris	F	PX	F1B-50-425H	
13730	RFLIA	FAR Ft.de France	MRT	FX	F1B-50-850L	GUF
13735	Y2V42	ADN Berlin	DDR	PX	F1B-50-425H	
		R.Moskva FDR	URS	FX	R3E-U	
13737	5YD7	AIR Nairobi	KEN	AX	F1B-50-425H	SDN
13740	58FGX	SNY Las Palmas	CNR	FX	F1B-75-850H	E
13742	AFE83	USAF/NASA Ascension	ASC	FX	B9W	USA
13742.5	HSD36	AIR Bangkok	THA	AX	F1B-50-425H	BGD
13752	HZJ	AIR Jeddah	ARS	AX	F1B-50-425H	ETH
13760	PRC	BulgEmb Addis Ababa	ETH	FX	F1B-50-600	BUL
13761.5		ITALDIPL Cairo	EGY	FX	F1B-ST	I
		MFA Roma	I	FX	F1B-ST	MRC
13765	JAM33	KDD Tokyo	J	FX	F1B-50-425L	
13766	3MA26	CNA Taipei	TWN	PX	A1A F3C-60	
13770	PCW1	MFA Sgravenhaage	HOL	FX	F1B-ST	
	PCW8	NE Tripoli	LBY	FX	F1B-ST	HOL
		VOA Tanger	MRC	PX	F1B-75-425H	
13773	ZRO3	METEO Pretoria	AFS	MX	F1C-120	
13777	ZRO3	METEO Pretoria	AFS	MX	F1B-75-425H	

13779	BCA95	PTT Shanghai	CHN	FX	F1B-50-425H	CUB
13780	D9	EE Nouakchott	MTN	FX	J3E F1B-50	E
	HMF35	KCNA Pyongyang	KRE	PX	F1B-50-425L	
		METEO Leningrad	URS	MX	F1C-90	
13785	SON278	PAP Warszawa	POL	PX	F1B-50-425L	
13788	PCW5	NE Cairo	EGY	FX	F1B-ST	HOL
	PCW24	NE Baghdad	IRQ	FX	F1B-ST	HOL
13791.5	SON279B	Warszawa R.	POL	FC	F1B-FEC	SPMH
	SPW	Warszawa R.	POL	FC	A1A F1B-ST	
13793	SPW	Warszawa R.	POL	FC	J3E-U	
13795	ZVK	TASA Rio de Janeiro	B	AX	F1B-50-850L	URG

13800...14000 kHz FESTER FUNKDIENST, Beweglicher Funkdienst

13803	CSE4	PAF Lajes	AZR	FX	J3E-U	
	RCR78	METEO Khabarovsk	URS	MX	F1B-50-1000L	
13807		MFA Cairo	EGY	FX	F1B-ST	
13812	LBL1	NORBATT Ebel-el-Saqi	LBN	FX	J3E F1B-ST	NOR
13815	KRH50	USE London	G	FX	A1A	
13820	FSB74	IP Paris	F	FX	F1B-ST	
	RVW55	R.Moskva FDR	URS	FX	B8E	
13824	70B64	YTC Aden	YMS	FX	J3E	URS
13827	CUJ494	BulgEmb Lisboa	POR	FX	F1B-75	BUL
13827.5	NNNOICE	USN/MARS McMurdo	ANT	FX	J3E	
13829	GXQ	RN London	G	FX	B9W	CYP
13840	KRH51	USE London	G	FX	F1B-75-850L	
13844	KRH51	USE London	G	FX	F1B-75-850H	
13845		PE Tehran	IRN	FX	F1B-75	POL
13849		BANK Kinshasa	ZAI	FX	J3E-U F1B-50-425	
13850	4XA83	PTT Tel Aviv	ISR	FX	F1B-50-425L	URS
13852	AND6	PE Madrid	E	FX	F1B-75/100	POL
13855	OXT	METEO Koebenhavn	DNK	MX	A1A F1C-120	
	XVB31	PTT Hanoi	VTN	FX	F1B-50	
13858		ITALDIPL Cairo	EGY	FX	F1B-ST	I
		MFA Roma	I	FX	F1B-ST	
		ITALDIPL Tripoli	LBY	FX	F1B-ST	I
13865	CLP67	EMBACUBA Baghdad	IRQ	FX	F1B-50	
13870		GCM Kinshasa	ZAI	FX	J3E-L F1B-ST	Lubumbashi
13872	SNN299	MFA Warszawa	POL	FX	F1B-75/100-300	
13873	FTN87	BIH Paris	F	FX	A1A	
13875	SNN215	MFA Warszawa	POL	FX	F1A	
13880	MKK	RAF London	G	FX	B9W	CYP
13882	CLP6	EMBACUBA Damascus	SYR	FX	F1B-50	
13882.5	DDK6	METEO Quickborn	D	MX	F1C-120	
13886		MFA Ankara	TUR	FX	F1B-FEC	
13890	LRB89	ENTEL Buenos Aires	ARG	FX	J3E-L	
13892	IDR5	ItNY Roma	I	FC	A1A J3E-U	
13895	Y2V47	ADN Berlin	DDR	PX	F1B-50-425H	
13905	VER	MOD Ottawa	CAN	FX	J7B	G
	FTN90	FTN Paris	F	FX	R3E-U	COG
13915	HBC88	ICRC Versoix	SUI	FX	F1B-ST	
13916		MFA Roma	I	FX	F1B-ST	
		ITALDIPL Cairo	EGY	FX	F1B-ST	
13918	SPP357	PE Tripoli	LBY	FX	F1B-75-300H	POL
13920	AXM35	METEO Canberra	AUS	MX	F1B-50-850L F1C-120	
	RNK39	TASS Moskva	URS	PX	F1B-50-425L	
13925	MKD	RAF Akrotiri	CYP	FX	B9W	

13925	Y3D5	PTT Berlin	DDR	FX	F1B-50-425H	CHN
13927	CUW20	USAF/MARS Lajes	AZR	FX	J3E-U	
13927.5	CUF55	FAF Flores	AZR	FX	B9W	F
13930	DOR	MFA Sofia	BUL	FX	F1B-75-425H	
	GFH	RAF Hong Kong	HKG	FX	F1B-75-850	
13934	CUD31	GAF Beja	POR	FX	F1B-75-170H	D
13935	CLP1	MFA Habana	CUB	FX	A1A F1B-50	
13936		MFA Roma	I	FX	F1B-ST	
	JXA	RNoAR Oslo	NOR	FX	F1B-ST	LBN
13937.5		APN Moskva	URS	PX	F1B-75/100-425L	
13938	ONY27	NATO Rouveroy	BEL	FX	A1A	ONY24
13940	FDY	FAF Orleans	F	FX	A1A	
13941.5	ZE066	C&W Hong Kong	HKG	FX	J3E-U F1B-50	KRE
13942.5	GYU	RN Gibraltar	GIB	FX	F1B-50-850	
	SHG83	STA Stockholm R.	S	FD	J3E-U	
13945	XDD284	PTT Mexico	MEX	FX	J3E-L	CUB
	JXA	RNoAR Oslo	NOR	FX	J3E-U F1B-ST	LBN
	ZOE	Tristan da Cunha	TRC	FC	J3E	
13946		MFA Roma	I	FX	F1B-ST	
13947	ROM5	METEO Tashkent	URS	MX	F1B-50-600H	
13950	Y7B27	DDR-Emb Tirana	ALB	FX	F1B	DDR
	Y7A55	MFA Berlin	DDR	FX	F1A F1B-50-425H	
	Y7F59	DDR-Emb Tripoli	LBY	FX	F1B-100	
	HR1MM	USMILGP Tegucigalpa	HND	FX	J3E-L	PNR
	AHF4	USAF Albrook	PNR	FX	J3E-L	
	OAE21	USMIL Lima	PRU	FX	J3E-L	PNR
13952.5	P6Z	MFA Paris	F	FX	F1B-50/75-425	
13954	LBL1	NORBATT Ebel-el-Saqi	LBN	FX	J3E-U F1B-ST	NOR
13962	SPM737	ARCTIC Hornsund	POL	FX	A1A J3E F1B-50-600H	SPM726
13963	JMI3	METEO Tokyo	J	MX	F1B-50-850L	
13965	ETC88	ICRC Addis Ababa	ETH	FX	A1A J3E-U	SUI
	JYL88	ICRC Amman	JOR	FX	F1B-ST	SUI
	ODR88	ICRC Beirut	LBN	FX	A1A J3E-U	SUI
	HTCR88	ICRC Managua	NCG	FX	F1B-ST	SUI
	SNN214	MFA Warszawa	POL	FX	A1A	
	6TR88	ICRC Khartoum	SDN	FX	A1A/J3E-U	SUI
	HBC88	ICRC Versoix	SUI	FX	A1A J3E F1B-ST	
	TTR88	ICRC N'djamena	TCD	FX	F1B-ST	SUI
	5VR88	ICRC Lome	TGO	FX	J3E F1B-ST	SUI
13969	MKD	RAF Akrotiri	CYP	FX	J7B	
13971	CIC9	CFARS Calgary	CAN	FX	J3E-U	
	VXN9	CFARS Nicosia	CYP	FX	J3E-U	
	CIW91	CFARS Lahr	D	FX	J3E-U	
	VXV9	CFARS Golan Hgts	SYR	FX	J3E-U	
13973	LZG7	BulgEmb Madrid	E	FX	F1B-75-600	BUL
13974	NNN0ICE	USN/MARS McMurdo	ANT	FX	J3E-U F1B-75	
	NNN0AAJ	USN/MARS Alexandria	USA	FX	J3E-U	
13977	AGA0TE	USAF/MARS Tegucigalp.	HND	FX	J3E-U	
	AGA0HO	USAF/MARS Howard	PNR	FX	J3E-U	
13977.5	RAN	PTT Moskva	URS	FX	R3E-U	KRE
13979	YAB6	PTT Kabul	AFG	FX	B9W	F
13980	RFFXL	FF Lebanon	LBN	FX	F1B-ARQ	F
13985	CLP5	EMBACUBA Alger	ALG	FX	A1A	
	CLP1	MFA Habana	CUB	FX	A1A F1B-850	
13990	LBL1	NORBATT Ebel-el-Saqi	LBN	FX	J3E F1B-ST	NOR
13971	OEY31	AUSCON Famagusta	CYP	FX	F1B-50	AUT
13995		VOA Monrovia	LBR	PX	F1B-75-425H	
13996	AIR	USAF/MARS Washington	USA	FX	J3E	PNR

13996.5	STK70	AIR Khartoum	SDN	AX	F1B-50	KEN
13997.5	KMJ29	VOA Ismaning FDR	D	FX	R3E-L	
13998	FTN99	MFA/DIPLO Paris	F	PX	F1B-50-425H	
13999		UNO Khartoum	SDN	FX	F1B-ST	SUI

14000...14350 kHz **AMATEURFUNKDIENST**

14065		AIR Khartoum	SDN	AX	J3E-U	
14316	SFA	MFA Ankara	TUR	FX	F1B-100	
14340	BAA7	METEO Beijing	CHN	MX	F1B-50-850H	

14350...14990 kHz **FESTER FUNKDIENST, Beweglicher Funkdienst**

14350	HMF33	KCNA Pyongyang	KRE	PX	F1B-50-425H	
14355		CE Tirana	ALB	FX	F1B-75	TCH
	5HD20	AIR Dar es Salaam	TZA	AX	F1B-100-425	BDI
14356	GFL24	METEO Bracknell	G	MX	F1B-50-425L	
14357		DB Nairobi	KEN	FX	J3E-U F1B	D
14357.5	FTO35	FTN Paris	F	FX	B9W	COM
14358	5W3	CE Moskva	URS	FX	F1B-75-425L	TCH
14360	KWS78	USE Athinai	GRC	FX	A1A	
14362	DOR	MFA Sofia	BUL	FX	A1A F1B-50-600	
	SO0236	Warszawa R.	POL	FC	A1A	SPMH
	SO0236	Warszawa R.	POL	FC	F1B-50-600L	SPMH
14366.9	BAF8	METEO Beijing	CHN	MX	F1C-120	
14367	BZP54	XNA Beijing	CHN	PX	F1B-50-600L	
14367.5	5TN29	PTT Nouakchott	MTN	FX	B9W	
14368	ASR23	PAREP Rangoon	BRM	FX	J3E F1B-ST	PAK
	AST51	PAREP Tehran	IRN	FX	J3E F1B-ST	PAK
	ASP32	MFA Islamabad	PAK	FX	J3E F1B-ST	
14370.5	HZJ	AIR Jeddah	ARS	AX	F1B-50-600H	SDN
14371	ZRP	Sanae Base	ANT	FX	J3E-U F1B	AFS
	VER	MOD Ottawa	CAN	FX	J7B	G
14372	OTW	BulgEmb Ottawa	CAN	FX	F1B-75-425	BUL
14373	YIL71	INA Baghdad	IRQ	PX	F1B-50-425L	
14376	BZT34	XNA Beijing	CHN	PX	F1B-50-425L	
	CSZ53	AIR Lisboa	POR	AX	B9W	AZR
14385	CIC9	CFARS Calgary	CAN	FX	J3E-U	
	CIS9	CFARS Petawawa ONT	CAN	FX	J3E-U	
	VEV9	CFARS Valcartier	CAN	FX	J3E-U	
	VXN9	CFARS Nicosia	CYP	FX	J3E-U	
	CIW92	CFARS Soellingen	D	FX	J3E-U	
	NNNONRO	USN/MARS Rota	E	FX	F1B-75	
	VXV9	CFARS Golan Hgts	SYR	FX	J3E-U	
14389	AGA7HA	USAF/MARS Hahn	D	FX	J3E-U	
	AGA7RM	USAF/MARS Frankfurt	D	FX	J3E-U	
	AGA7ZW	USAF/MARS Zweibrueck.	D	FX	J3E-U F1B-75	
	AIR	USAF/MARS Washington	USA	FX	J3E-U F1B-75	
14390		PAREP Jeddah	ARS	FX	F1B-ST	PAK
		PAREP London	G	FX	F1B-ST	PAK
	ASP32	MFA Islamabad	PAK	FX	F1B-ST	
	ASB83	PAREP Beograd	YUG	FX	F1B-ST	PAK
14395	7OC	AIR Aden	YMS	AX	F1B-50-850L	EGY
	2D6	CE Tehran	IRN	FX	F1B-75-425	TCH
14400	3G5	CE Alger	ALG	FX	F1B-75-425	TCH
	2C6	CE Cairo	EGY	FX	F1B-75-425	TCH

14402	AEM1AGG	USA/MARS Ansbach	D	FX	J3E-U	
	AEM1BPM	USA/MARS Baumholder	D	FX	J3E-U	
	AEM1IR	USA/MARS Neu-Ulm	D	FX	J3E-U	
	AEM1KFD	USA/MARS Darmstadt	D	FX	J3E-U	
	AEM1KO	USA/MARS Nellingen	D	FX	J3E-U	
	AEM1QF	USA/MARS Berlin	D	FX	J3E-U	
	AEM1US	USA/MARS Heidelberg	D	FX	J3E-U	
	AAR2USA	USA/MARS Ft.Dix	USA	FX	J3E-U	
	AAR3USA	USA/MARS Ft.Belvoir	USA	FX	J3E-U	
	AAR3USC	USA/MARS Tobyhanna	USA	FX	J3E-U	
	AAR3USD	USA/MARS Carlisle Bks	USA	FX	J3E-U	
	AAR3USG	USA/MARS Ft.Story	USA	FX	J3E-U	
	AAR4USB	USA/MARS Ft.Benning	USA	FX	J3E-U	
	AAR4USC	USA/MARS Ft.Bragg	USA	FX	J3E-U	
	AAR4USD	USA/MARS Ft.Jackson	USA	FX	J3E-U	
	AAR4USG	USA/MARS Ft.Knox KY	USA	FX	J3E-U	
	AAR4USH	USA/MARS Ft.Campbell	USA	FX	J3E-U	
	AAT4USA	USA/MARS Ft.Gordon	USA	FX	J3E-U	
	AAT6USE	USA/MARS Ft.Hood	USA	FX	J3E-U	
14405	MKD	RAF Akrotiri	CYP	FX	B9W	G
	J5W	AMBAFRANCE Rabat	MRC	FX	A1A F1B-75-425L	F
	WAR	USA/MARS Washington	USA	FX	F1B-45	
14408	CTH54	PNY Horta	AZR	FX	A1A	POR
	AGA0QU	USAF/MARS Quito	EQA	FX	J3E	USA
	AGA0HO	USAF/MARS Howard	PNR	FX	J3E	USA
	AGA0PE	USAF/MARS Lima	PRU	FX	J3E	PNR
	AIR	USAF/MARS Washington	USA	FX	J3E-L F1B-75	
14410	Y7F54	DDR-Emb Alger	ALG	FX	F1A F1B-100	DDR
	Y7B77	DDR-Emb Athinai	GRC	FX	A1A F1B-50	DDR
	Y7G82	DDR-Emb Tehran	IRN	FX	A1A F1B-50	DDR
	Y7F47	DDR-Emb Baghdad	IRQ	FX	A1A F1B-100	DDR
	Y7B25	DDR-Emb Bucuresti	ROU	FX	A1A F1B-50	DDR
	Y7B84	DDR-Emb Ankara	TUR	FX	A1A F1B-50	DDR
	RKC25	R.Moskva FDR	URS	FX	R3E-U	
14415	VJM	ANARE MacQuarie	ANT	FX	J3E-U	AUS
	VLN	ANARE Mawson	ANT	FX	J3E-U	AUS
	VNJ	ANARE Casey	ANT	FX	J3E-U	AUS
	MKD	RAF Akrotiri	CYP	FX	B9W	G
14418	9KT321	KUNA Kuwait	KWT	PX	F1B-50-425H	
14420	MGU	BulgEmb Helsinki	FNL	FX	F1B-50	BUL
14422	9KT321	KUNA Kuwait	KWT	PX	F1B-50-425H	
14425	RSA52	PTT Moskva	URS	FX	B9W	PAK
14428	DOK	BulgEmb Paris	F	FX	F1B-75-600H	BUL
14432.5	MKK	RAF London	G	FX	B9W	
14435	FJY4	METEO Martin-Vivies	AMS	FX	F1B-50	REU
	XY054	PTT Rangoon	BRM	FX	F1B-50	CHN IND PAK
14436	GFE23	METEO Bracknell	G	MX	F1C-120	
14440	NNN0NRD	USN/MARS CampMoscrip	PTR	FX	J3E-U	
	NNN0MCL	USM/MARS CampLejeune	USA	FX	J3E-U	
	NNN0MET	USM/MARS El Toro CA	USA	FX	J3E-U	
	NNN0NIM	USN/MARS Gulfport MS	USA	FX	J3E-U	
	70C	AIR Aden	YMS	AX	F1B-50	
14442	FJY2	METEO Kerguelen	KER	FX	F1B-50	ANT MRN
14444	CIP9	CFARS Kingston	CAN	FX	J3E-U	
	VEV9	CFARS Valcartier	CAN	FX	J3E-U	
	VXN9	CFARS Nicosia	CYP	FX	J3E-U	
	VXN91	CFARS Ledra Palace	CYP	FX	J3E-U	
	VXE9	CFARS El Gorah	EGY	FX	J3E-U	

14444	VET9	CFARS Damascus	SYR	FX	J3E-U	
	VXV9	CFARS Golan Hgts	SYR	FX	J3E-U	
14445	MKK	RAF London	G	FX	B9W	
	LHG	Rogaland R.	NOR	FC	A1A	
14448	SNN247	MFA Warszawa	POL	FX	F1B-50-170L	
14452	6C2	CE Lagos	NIG	FX	F1B-75	TCH
14456.5		EgyEmb Doha	QAT	FX	F1B-ST	EGY
14458	ARA	AIR Karachi	PAK	AX	F1B-50-850H	EGY
14459	V....	CFARS Stations CAN/D/CYP/EGY/SYR J3E-U				
14460	Y7B27	DDR-Emb Tirana	ALB	FX	F1B-50-425	DDR
	Y7B26	DDR-Emb Sofia	BUL	FX	F1B-50-425	DDR
	Y7A57	MFA Berlin	DDR	FX	F1B-50-425L	
	GYU	RN Gibraltar	GIB	FX	F1B-75	
	Y7B23	DDR-Emb Moskva	URS	FX	F1A F1B-100	DDR
14462	HBO34	Berna R.	SUI	FD	J3E-U	
14465		MFA Islamabad	PAK	FX	F1B-ST	
14466		BulgEmb London	G	FX	F1B-75	BUL
14467	NNNOMCL	USM/MARS CampLejeune	USA	FX	J3E-U	
	NNNOMCP	USM/MARS Cherry Pnt	USA	FX	J3E-U	
	NNNONHX	USN/MARS Norfolk VA	USA	FX	J3E-U	
14470	REM54	TASS Moskva	URS	PX	F1B-50-425L	
	NNNO...	USN/MARS Stationen	USA	FX	J3E-U	
14473	CEF203	BASE O'Higgins	ANT	FX	J3E F1B-50	CHL
14477	NNNO...	USN/MARS Stationen	USA	MS	J3E-U	
14480	OMZ10	CE Tripoli	LBY	FX	F1B-75-425L	TCH
14483	NNNOAAJ	USN/MARS Alexandria	USA	FX	J3E-U	
	NNNOFMN	USN/MARS Omaha	USA	FX	J3E-U	
	NNNOYPD	USN/MARS Lutherville	USA	FX	J3E-U	
14484	OEC20	MFA Wien	AUT	FX	F1B-50-425H/FEC	
	OEC72	OeEmb Lisboa	POR	FX	F1B-50-425H/FEC	AUT
14485	ABM6USA	USA/MARS Hawaii	HWA	FX	J3E	KOR
14487	P6Z	MFA Paris	F	FX	A1A F1B-50-425	
14490	RNK36	TASS Moskva	URS	PX	F1B-50-425L	
14495	4UNQ	UNIFIL Naqoura	LBN	FX	F1B-75-600H	SUI
	XVZ	AIR HoChiMinh-V.	VTN	AX	F1B-50-85H	
14497.5	CSY66	AIR Sta.Maria	AZR	AX	F1B-50-850H	CPV
14500	SUC60	AIR Cairo	EGY	AX	F1B-50-850L	SDN
	SOO250	PAP Warszawa	POL	PX	F1B-50-425L	
	HBE34	UNR Geneva	SUI	FX	R3E-U	
		PTT Moskva	URS	FX	B9W	PAK
14508	D4B	AIR Sal	CPV	AX	F1B-50-850H	AZR
14510	AEM1USA	USA/MARS Sembach	D	FX	J3E-U F1B-45	USA
	GYA	RN London	G	FX	F1B-75-850L	
	RIC75	TASS Moskva	URS	PX	F1B-50-425L	
	WAR	USA/MARS Washington	USA	FX	J3E-U F1B-45	D
14511.5		ITALDIPL Rabat	MRC	FX	F1B-ST	I
14513	CUJ494	BulgEmb Lisboa	POR	FX	F1B-75-600	BUL
14515	IKT2	Milano	I	FX	F1B-75-425H	
14520	H6L	AMBAFRANCE Alger	ALG	FX	F1B-75-425H	F
14520.5	FFP	METEO Ft.de France	MRT	MX	F1C-120	
14521.5		ITALDIPL Rabat	MRC	FX	F1B-ST	
14522	SAM31	SUD Alger	ALG	FX	J3E F1B-75-425L	S
	SAM50	SUD Cairo	EGY	FX	J3E F1B-75-425L	S
	SAM51	SUD Tehran	IRN	FX	J3E F1B-75-425L	S
	SAM46	SUD Baghdad	IRQ	FX	J3E F1B-75-425L	S
	SAM	MFA Stockholm	S	FX	J3E-U F1B-75-425L	SAM..
14526		VOA Poro	PHL	FX	F1B-75-600H	
		VOA Greenville FDR	USA	FX	B8E	

14535	VJP	OTC Perth	AUS	FX	J3E-U	CHR
	GYU	RN Gibraltar	GIB	FX	F1B-50 J3E	
14540	MKK	RAF London	G	FX	B9W	
	Z4D	AMBAFR. Nouakchott	MTN	FX	F1B-50-425	F
14545	ROW24	APN Moskva	URS	PX	F1B-75/100-425L	
14547.5	JAL44	KYODO Tokyo	J	PX	F1B-50-850L	
14555	CEF2A	TELCO Santiago	CHL	FX	A1A	Arica
14560	HVN	PTT Vatican	CVA	FX	F1B-ARQ96	POR
	JYF2	PETRA Amman	JOR	PX	F1B-50-600H	
14564	5BC68	CTA Nicosia R.	CYP	FC	J3E-U	QSX 16442 kHz
14568	HMF32	KCNA Pyongyang	KRE	PX	F1B-50-600H	
14569	Y7A58	MFA Berlin	DDR	FX	A1A F1B-50-425H	
14573	5AQ70	JANA Tripoli	LBY	PX	F1B-50-600L	
14574.4	CNM59X9	MAP Rabat/Tanger	MRC	PX	F1B-50-425L	
14582.5	GFA25	METEO Bracknell	G	MX	F1C-120	
14583	JTF23	MFA Ulan Bator	MNG	FX	F1B-50-850L	TCH
14585	MKD	RAF Akrotiri	CYP	FX	J7B	
14600	CAK	AIR Santiago	CHL	AX	F1B-50-850L	PAQ
14602.5	MKD	RAF Akrotiri	CYP	FX	B9W	G
14605	Y7K30	MFA Berlin	DDR	FX	F1B-50-425H	
	JMB3	METEO Tokyo	J	MX	A1A	
14606	CUW20	USAF/MARS Lajes	AZR	FX	J3E-U	USA
	AGA4RA	USAF/MARS RandolphTX	USA	FX	J3E-U	
14607	OFD24	Helsinki R.	FNL	FC	J3E-U	
		MFA Ankara	TUR	FX	F1B-FEC	
14610	RCR79	METEO Khabarovsk	URS	MX	F1C-60/120	
14612	FVA80	GEND Rosny-s-Bois	F	FX	A1A J3E-U F1B-ST	
	FVZ99	GEND St.Pierre & Miq.	SPM	FX	A1A J3E-U F1B-ST	
14616	KWL90	USE Manila	PHL	FX	A1A	
14618	SFA	MFA Ankara	TUR	FX	A1A	
14619	Y7A59	MFA Berlin	DDR	FX	F1B-50-425	
14625	RCG79	APN Moskva	URS	PX	F1B-100-425L	
14630.5	ISX46	ANSA Roma	I	PX	F1B-50-425H	
14631	SUC41	AIR Cairo	EGY	AX	F1B-50-850L	PAK
14632	YZC2	TANJUG Beograd	YUG	PX	F1B-50/75-600L	
14633	9UA	AIR Bujumbura	BDI	AX	F1B-50	ZAI
14634	7L1	CE Habana	CUB	FX	F1B-75-425	TCH
14638	WFK54	USIA New York NY	USA	PX	F1B-75-425H	
14640	CLN447	PTT Habana	CUB	FX	F1B-50-850	USA
	KPL	KPL Vientiane	LAO	PX	F1B-50	
14641	EBA	SNY Madrid	E	MX	A1A	
14642	4US	UNO Nicosia	CYP	FX	F1B-75-425H	SUI
14649	KNY23	CE Washington DC	USA	FX	A1A F1B-75-425	TCH
14650	SFA	MFA Ankara	TUR	FX	A1A	
14651.5		MFA Cairo	EGY	FX	F1B-ST	
		EgyEmb Khartoum	SDN	FX	F1B-ST	EGY
14663.5	AEM1USA	USA/MARS Sembach	D	FX	J3E-U F1B-45	USA
14665	Y2V45	ADN Berlin	DDR	PX	F1B-50-425H	
14670	CHU	NRCC Ottawa	CAN	SS	H3E	
	MKD	RAF Akrotiri	CYP	FX	B9W	G
14675	DFZG	MFA Beograd	YUG	FX	F1B-75-425H	
14680	RKD44	PTT Moskva	URS	FX	B9W	YMS
14685	3MA25	CNA Teipei	TWN	PX	A1A F1C-120	
14690	RIC73	APN Moskva	URS	PX	F1B-100L4	
14692.5	JMJ4	METEO Tokyo	J	MX	F1C-120	
14693	OHU20	MFA Helsinki	FNL	FX	J3E-U F1B-50	
	OHU35	FinEmb Tehran	IRN	FX	J3E-U	FNL
14695		ITALDIPL Tehran	IRN	FX	F1B-ST	I

14699	YIX70	INA Baghdad	IRQ	PX	F1B-50-300L	
14700	REB24	TASS Moskva	URS	PX	F1B-50-425L	
14704	MRX	RAAF Butterworth	MLA	FX	F1B-50-850	AUS
14705	GXQ	RN London	G	FX	B9W	CYP
14710	MSS	RAF Belize	BLZ	FX	J7B	G
14712.5		RFE Holzkirchen FDR	D	FX	B8E	POR
14719	JAN24	KYODO Tokyo	J	PX	F1B-50-850H	
14720	RKB58	TASS Moskva	URS	PX	F1B-50-425L	
14722.5	TNL77	AIR Brazzaville	COG	AX	F1B-50-850L	NIG
14737	RHO72	METEO Khabarovsk	URS	MX	F1C-60/90/120	
14738.5	SUU52	METEO Cairo	EGY	MX	F1B-50-850H	
14747.5	FPO74	FTN Paris	F	FX	B9W	TCD
14756	LBL1	NORBATT Ebel-el-Saqi	LBN	FX	J3E-U	NOR
14759	GYU	RN Gibraltar	GIB	FX	B9W	G
14760	BAT93	XNA Beijing	CHN	PX	F1B-50-1000L	
	CNM61	MAP Rabat/Tanger	MRC	PX	F1B-50-425L	
14764	A9M70	GNA Bahrain	BHR	PX	F1B-75-425L	
14775	CTD74	PNY Pnt.Delgada	AZR	FX	J3E-U F1B-50	POR
14776	SUC66	AIR Cairo	EGY	AX	F1B-50-850L	YMS
14777.5	FTO77	FTN Paris	F	FX	B9W	TCD
14781		ITALDIPL Cairo	EGY	FX	F1B-ST	I
14785	ATP65	INDINFO New Delhi	IND	PX	F1B-50-600H	
14788	9PL	AIR Kinshasa	ZAI	AX	F1B-50-600L	BDI
14788.5	LOL	AN Buenos Aires	ARG	FX	F1B-75-850	E
14794.3	FTO79A/H1	AFP Paris	F	PX	F1B-50-425H	
14795	XYO84	PTT Rangoon	BRM	FX	F1B-50	CHN
14795.7	FTO79A/H3	AFP Paris	F	PX	F1B-50-425H	
14800	VMA	ARMY Melbourne	AUS	FX	F1B-50/75-850	
		VOA Ismaning	D	FX	2xF1B-75-85	USA
	Y2V24	ADN Berlin	DDR	PX	F7B F1B-50-425H	
14805	ZUD	ITS Pretoria	AFS	FX	J3E-U	ANT
14807	GXQ	RN London	G	FX	B9W	CYP
14810	HGX21	MFA Budapest	HNG	FX	F1B-50-425L	
	HGX45	HE Islamabad	PAK	FX	F1B-50-425	HNG
14815	HGX55	HE Alger	ALG	FX	F1B-50-425	HNG
	9VF98	INFO-BRD Singapore	SNG	PX	F1B-FEC96	
14817.5	AYA48	IP Buenos Aires	ARG	FX	F1B-ST	
	HKVO	IP Bogota	CLM	FX	F1B-ST	
14818	Y7A60	MFA Berlin	DDR	FX	F1A F1B-50-425	
14821		MFA Roma	I	FX	F1B-ST	
14824	XVH68	METEO Hanoi	VTN	MX	F1B-50-600	
14825	Y2V25	ADN Berlin	DDR	PX	F7B F1B-50-425H	
14826	NPM	USN Pearl Harbor	HWA	MX	F1C-120	
14827	TLQ	IP Bangui	CAF	FX	A1A	
	TNS9	IP Brazzaville	COG	FX	A1A	
	TUW220	IP Abidjan	CTI	FX	A1A	
	TRS	IP Libreville	GAB	FX	A1A	
	5UFA2	IP Niamey	NGR	FX	A1A	
	6WZ35	IP Dakar	SEN	FX	A1A	
14828	MSS	RAF Belize	BLZ	FX	J7B	G
14831	9KT33	KUNA Kuwait	KWT	PX	F1B-50-425H	
14835	9KT33	KUNA Kuwait	KWT	PX	F1B-50-425H	
14837.5	VVD65	METEO New Delhi	IND	MX	F1B-50-425	
14840	MKK	RAF London	G	FX	J7B	
14841		MFA Roma	I	FX	F1B-ST	
14842	ATV65	METEO New Delhi	IND	MX	F1C-120	
14845	MKK	RAF London	G	FX	J7B	CAN
	RBFWYS	RAF Decimomannu	I	FX	F1B-75-850	

14850	ZLX37	METEO Wellington	NZL	MX	A1A	
	ROW26	R.Moskva FDR	URS	FX	B8E	
14853	WBR70	METEO Miami FL	USA	MX	F1B-75-850H	
14854		MFA Ankara	TUR	FX	F1B-100	
14855	MKD	RAF Akrotiri	CYP	FX	B9W	
14867.5	AFA	USAF Andrews MD	USA	FX	F1B-75	
14869	CTN37	PNY Apulia	POR	FX	A1A F1B-50	AZR
14875	WFE34	ITT New York NY	USA	FX	F1B-50-850H	CUB
14880	CUW	USAF Lajes	AZR	FX	B9W	G
	JMG4	METEO Tokyo	J	MX	F1B-50-850L	
	5NK	AIR Kano	NIG	AX	F1B-50-850L	COG
	RIC72	TASS Moskva	URS	PX	F1B-50-425L	
14887	ZUD42	ITS Pretoria	AFS	FX	J3E-U	MRN
14888	FT088	FTN Paris	F	FX	B9W	MTN
14890	RZB79	METEO Vladivostok	URS	MX	F1B-50	
14891.5		EgyEmb Moskva	URS	FX	F1B-ST	EGY
		PE Ankara	TUR	FX	F1B-75-300	POL
14893.8	OEM64	METEO Wien	AUT	MX	F1B-100-425L	
14901	CLN451	PL Habana	CUB	PX	F1B-50-425H	
	CLN451	TASS Habana	CUB	PX	F1B-50-425H	
		MFA Cairo	EGY	FX	F1B-ST	
14905	KNY21	ASFRJ Washington DC	USA	FX	F1B-75-425	YUG
14906		MFA Cairo	EGY	FX	F1B-ST	
14913	DFZG	MFA Beograd	YUG	FX	F1B-75-425H	
14914		MFA Cairo	EGY	FX	F1B-ST	
14922	BAP44	XNA Beijing	CHN	PX	F1B-50-1000L	
14925	HMF56	KCNA Pyongyang	KRE	PX	F1B-50-425H	
	6WW	FNY Dakar	SEN	FX	F1B-ARQ96	F
14928	CLN452	PL Habana	CUB	PX	F1B-50-425H	
	AEM1USA	USA/MARS Sembach	D	FX	F1B-45	USA
14932		APS Alger	ALG	PX	F1B-50-850H	
14937.5	5UA	AIR Niamey	NGR	AX	F1B-50-850H	COG
14940	FJY3	TAAF Terre Adelie	ADL	FX	F1B-50	ANT
	RIC71	TASS Moskva	URS	PX	F1B-50-425L	
14945	VKS80	ETAORS Sydney	AUS	FX	J3E-U	ANT
	5TN243	PTT Nouakchott	MTN	FX	B9W	F
14950	GYU	RN Gibraltar	GIB	FX	F1B-50/75-850	
	RWM79	PTT Moskva	URS	FX	B9W	VTN
14955	CLP1	MFA Habana	CUB	FX	F1B-50-600H	
14965	MKD	RAF Akrotiri	CYP	FX	A1A	
14970	SAM31	SUD Alger	ALG	FX	J3E F1B-75	S
	AND5	SUD Madrid	E	FX	J3E F1B-75	S
	SAM25	SUD Lisboa	POR	FX	J3E F1B-75	S
	SAM	MFA Stockholm	S	FX	J3E-U F1B-75	SAM..
	RNK37	PTT Moskva	URS	FX	F1B-50-425	DDR
	SAM35	SUD Beograd	YUG	FX	J3E F1B-75	S
14972	TTZ49	STIT N'djamena	TCD	FX	B9W	F
14975	CLP33	EMBACUBA Addis Ababa	ETH	FX	F1B-50-600	
14977.5	OLM4	PTT Praha	TCH	FX	F1B-50-425	CHN
14982.5	RBV76	METEO Tashkent	URS	MX	F1C-60/90/120	
14985		VOA Kavala	GRC	FX	2xF1B-75-85L	USA
		VOA Rhodos	GRC	FX	2xF1B-75-85H	USA
14987	XDD285	PTT Mexico	MEX	FX	J3E-U	CUB
14989	TNL	AIR Brazzaville	COG	AX	F1B-50-600H	NGR

14990...15010 kHz NORMALFREQUENZFUNKDIENST

14996	RWM	TS Moskva	URS	SS	A1A	
15000	LOL	AN Buenos Aires	ARG	SS	A1A A3E	
	BPM	SAO Xian/Lintong	CHN	SS	A2A A3E	
	WWVH	NBS Kekaha	HWA	SS	A1A A3E	
	ATA	NPL New Delhi	IND	SS	A1A A3E	
	JJY	PTT Sanwa	J	SS	A2A A3E	
	BSF	TS Taipei	TWN	SS	A2A	
	RTA	TS Novosibirsk	URS	SS	A1A	
	WWV	NBS Ft.Collins	USA	SS	A1A A3E	
15004	RID	TS Irkutsk	URS	SS	A1A	

15010...15100 kHz BEWEGLICHER FLUGFUNKDIENST (OR)

15015		USAF Ascension	ASC	FG	J3E	
	AHF2	USAF Albrook	PNR	FG	J3E	
	AJO	USAF Incirlik	TUR	FG	J3E	
	AFL2	USAF Loring ME	USA	FG	J3E	
	AFG9	USAF Scott IL	USA	FG	J3E	
15020		SANA Damascus	SYR	PX	F1B-50-425L	
15021		EgyEmb Addis Ababa	ETH	FX	F1B-ST	EGY
	SDJ	STA Stockholm R.	S	FD	J3E-U	
15024	COL	Habana	CUB	FD	A1A	
	RFNV	Moskva/Kupavna	URS	FD	A1A	
15026		SAUDIA Jeddah	ARS	FD	J3E	
15031	CHR	CF Trenton	CAN	FG	J3E	
	DHM95	CF Lahr	D	FG	J3E	
	ARCHIT.	RAF 'ARCHITECT'	G	FG	J3E	
15036	CHR	CF Trenton	CAN	FG	J3E	h+30
	CJX	CF St.Johns	CAN	FG	J3E	
	VXA	CF Edmonton	CAN	FG	J3E	
	AJE	USAF Croughton	G	FG	J3E	
15044	CUW2	USAF Lajes	AZR	FG	J3E	
15046	GFW	RAF Akrotiri	CYP	FG	J3E	
		IF Berlin	DDR	FD	J3E	
15053		RNZAF Auckland	NZL	FG	J3E	
15091		USAF Bergstrom TX	USA	FG	J3E	

15100...15600 kHz RUNDFUNKDIENST

15456	HMF43	KCNA Pyongyang	KRE	PX	F1B-50-425H	
15462		JANA Tripoli	LBY	PX	F1B-50-425L	
15470	CAN6D	METEO Pres.Montalva	ANT	MX	A1A F1B-50-850L F1C-120	
15480		APS Alger	ALG	PX	F1B-50-850H	
15485	AFE83	USAF/NASA Ascension	ASC	FX	B9W	ATG
15496	MKD	RAF Akrotiri	CYP	FX	J7B	
15508.5	SOP250	PAP Warszawa	POL	PX	F1B-50-425L	
15515	AIR	USAF/MARS Washington	USA	FX	A1A F1B-45/75	
15519	KNY26	HE Washington DC	USA	FX	F1B-50-425H	HNG
15555	LZP2	BTA Sofia	BUL	PX	F1B-50-425H	
15558	CTV	PNY Monsanto	POR	FX	F1B-50-850	AZR
15564	NKW	USN Diego Garcia	BIO	MX	F1C-120	
15566	RTC26	METEO Novosibirsk	URS	MX	F1B-50-1000H	

15575	REN30	TASS Moskva	URS	PX	F1B-50-425L	
15580	REM58	TASS Moskva	URS	PX	F1B-50-425L	
15590	RKB55	TASS Moskva	URS	PX	F7B-50-425/850L	
15593	KRH51	USE London	G	FX	F1B-75-850L	
15597	KRH51	USE London	G	FX	F1B-75-850H	

15600...16360 kHz FESTER FUNKDIENST

15600	RBM76	R.Moskva FDR	URS	FX	R3E	
15601.7	OEM75	METEO Wien	AUT	MX	F1B-100-425L	
15615	AXI35	METEO Darwin	AUS	MX	F1C-120	
15625	SNN228	MFA Warszawa	POL	FX	F1A	
15630	RWM72	APN Moskva	URS	PX	F1B-75-425	
15633	HMF26	KCNA Pyongyang	KRE	PX	F1B-50-425H	
15640	EGC	MFA Madrid	E	FX	A1A J3E F1B-50	
		APN Moskva	URS	PX	F1B-75/100-425L	
15643	9KT331	KUNA Kuwait	KWT	PX	F1B-50-425H	
15645	PCW1	MFA Sgravenhaage	HOL	FX	F1B-ST	
	SDQ6	STA Stockholm	S	FX	F1B-ARQ	
15647	9KT331	KUNA Kuwait	KWT	PX	F1B-50-425H	
15665	SDG10	STA Stockholm	S	FX	J3E-U	LBN
15666	S2D	AIR Dhaka	BGD	AX	F1B-50	THA
15667	FDY	FAF Orleans	F	FX	F1B-50-425L	
15670	HGM36	MTI Budapest	HNG	PX	F1B-50-425H	
15681		MFA Roma	I	FX	F1B-ST	
15682	DFZG	MFA Beograd	YUG	FX	F1B-75-600H	
15684	FSB	IP Paris	F	FX	F1B-ST	
15690	MKD	RAF Akrotiri	CYP	FX	J7B	
	RWM75	PTT Moskva	URS	FX	F1B-50-425L	ISR
15693.5	ISX56	ANSA Roma	I	PX	F1B-50-425H	
15696.5	CLN484	PTT Habana	CUB	FX	F1B-ARQ96	URS
15700	BZG45	XNA Beijing	CHN	PX	F1B-50-425L	
15705	YZJ6	TANJUG Beograd	YUG	PX	F1B-50-600L	
15710	RED52	TASS Moskva	URS	PX	F1B-50-425L	
15712	9HY15	DW Cyclops	MLT	FX	F1B-50-425H	D
15715	LZI3	PTT Sofia	BUL	FX	F1B-50-425H	CHN
	MKK	RAF London	G	FX	B9W	
		VOA Greenville	USA	FX	B8E 2xF1B-75-85H	
15720	HGX21	MFA Budapest	HNG	FX	F1B-50-425L	
15726	YKW113	PTE Damascus	SYR	FX	F1B-50-850H	DDR
15727.5	PCW1	MFA Sgravenhaage	HOL	FX	F1B-ST	
15730	AJO	USAF Adana	TUR	FX	J7B	
15731		SUNA Khartoum	SDN	PX	F1B-50-425H	
15737	GYU	RN Gibraltar	GIB	FX	B9W	G
15738	AYA26	IP Buenos Aires	ARG	FX	A1A	
15744	XVN36	VNA Hanoi	VTN	PX	F1B-50-425H	
15750	OMZ	MFA Praha	TCH	FX	F1B-75-600H	CUB
	RWM73	PTT Moskva	URS	FX	F1B-50-425H	SYR
15752		VOA Greenville FDR	USA	FX	B8E	LBR
15755	MKD	RAF Akrotiri	CYP	FX	B9W	
15760	GYU	RN Gibraltar	GIB	FX	B9W	G
15765	MUQ	MIL Dharan	NPL	FX	F1B-75-850	HKG
15770	ULV	PTT Moskva	URS	FX	F1B-50	ANT
15772	3ZB201	ANTARCTIC Warszawa	POL	FX	F1B-50	ANT
15775		RFE Holzkirchen FDR	D	FX	B8E	POR
15776	ZRH93	SAN Capetown	AFS	FX	F1B-75-850L	USA
15776.5	5TA20	PTT Nouadhibou	MTN	FX	B9W	F

15780	RWM71	TASS Moskva	URS	PX	F1B-50-425L	
15785	WFM55	UPI New York NY	USA	PX	F1A F3C-60	
15815	MKK	RAF London	G	FX	B9W	CYP
15821		MFA Roma	I	FX	F1B-ST	
15823.5	WFL35	AP New York NY	USA	PX	F1A F3C-60	
15827	4UA	UNO Rawalpindi	PAK	FX	F1B-75-425	
15830	RUZU	SAAB Molodezhnaya	ANT	MX	F1B-50 F1C-120	
15831		ITALDIPL Khartoum	SDN	FX	F1B-ST	I
15835	HET5	PTT Bern	SUI	FX	J3E	NIG
15837.5	VER	MOD Ottawa	CAN	FX	J7B	G
15845	VLV	ANARE Mawson	ANT	FX	F1B-50/J3E-U	AUS
	SUA289	MENA Cairo	EGY	PX	F1B-50-600L	
15865	RBK79	TASS Moskva	URS	PX	F7B-50-425/850L	
15867.5	LOL	AN Buenos Aires	ARG	FX	F1B-75-850	E VEN
15872	P6Z	MFA Paris	F	FX	A1A F1B-FEC	
15875	5LA25	VOA Monrovia	LBR	PX	F1B-75-425H	
15876.5	NRV	LORAN Guam	GUM	FX	F1B-ST	J
15878	3MA24	CNA Taipei	TWN	PX	A1A F3C	
15880	FTP88	FTN Paris	F	FX	B9W	
15884	CLP15	EMBACUBA Cotonu	BEN	FX	A1A	
15890	RBI79	TASS Moskva	URS	PX	F1B-50-425L	
15895	AAC32	USA Carlisle Bks	USA	FX	J3E-U	
15897.5	OLS4	CTK Praha	TCH	PX	F1B-50-425H	
15901	GXQ	RN London	G	FX	B9W	GIB
15910	Y7F53	DDR-Emb Aden	YMS	FX	F1B-100-425	DDR
15918		MFA Ankara	TUR	FX	F1B-FEC	
15920	CFH	CF Halifax	CAN	FC	A1A	NAWS
15920.6	DFP92H1	DW Frankfurt	D	FX	F1B-50-425H	RRW
15925	RPT32	TASS Moskva/Tashk.	URS	PX	F1B-50-425L	
15930	RBI78	TASS Moskva	URS	PX	F1B-50-425L	
15935	SUA291	MENA Cairo	EGY	PX	F1B-50-425H	
15938	GYU	RN Gibraltar	GIB	FX	F1B-50/75	
15940	ELE25	USLR Harbel	LBR	FX	F1B-ST	USA
15945	GXQ	RN London	G	FX	B9W	CYP
15950	JJD2	URSI Tokyo	J	FX	A1A	
	CXR	UrNY Montevideo	URG	FX	F1B-75-850	E
	RBI77	METEO Moskva	URS	MX	F1C-60/90/120	
15955	3BT4	METEO Bigara	MAU	MX	F1A F1B-50	BIO
15960	KRH51	USE London	G	FX	F1B-75-850H	
15963	Y7A62	MFA Berlin	DDR	FX	F1B-50-600H	
15967.5	PCW16	NE Accra	GHA	FX	F1B-ST	HOL
		NE Khartoum	SDN	FX	F1B-ST	HOL
15977	FPP97G	AFP Paris	F	PX	F1B-50-425H	
15978.4	FPP97F	AFP Paris	F	PX	F1B-50-425H	
15982	CKN	CF Vancouver	CAN	FC	A1A	
15987	PCW1	MFA Sgravenhaage	HOL	FX	F1B-ST	
15990	GXQ	RN London	G	FX	B9W	GIB
	NPN	USN Guam	GUM	MX	F1C-120	
	SPP355	PE Tehran	IRN	FX	A1A F1B-75-425	POL
15992	4UZ	UNO Geneva	SUI	FX	F1B-75-600L	CYP
15996.1	DFP99H1	DPA Frankfurt	D	PX	F1B-50-425H	
15998		MFA Khartoum	SDN	FX	A1A	
15999.9	CNM69/1X	MAP Rabat/Tanger	MRC	PX	F1B-50-425L	
16005	IDR6	ItNY Roma	I	FC	A1A J3E-U	QSX 16825 kHz
16010		MFA Sofia	BUL	FX	F1B-50-600H	
16012	RFVI	FNY St.Denis	REU	FX	F1B-ARQ96	DJI
16015	ZRH77	SAN Capetown	AFS	FX	F1B-50-850L	CHL PTR
		BulgEmb Madrid	E	FX	F1B-75-600H	BUL

16016	RMP	RuNY Kaliningrad	URS	FC	A1A	
16010	RHA42	APN Moskva	URS	PX	F1B-75-425L	
16025	BAF9	METEO Beijing	CHN	MX	F1C-120	
		BulgEmb Cairo	EGY	FX	F1B-50-600H	BUL
16030	RBI75	APN Moskva	URS	PX	F1B-75/100-425	
16035	AJE	USAF Barford	G	FX	B9W	AZR
16039	KNY32	BulgEmb Washington	USA	FX	F1B-75-425	BUL
16039.5	MKK	RAF London	G	FX	B9W	
16040	RTT40	APN Moskva	URS	PX	F1B-75-425L	
16041	AEM1USA	USA/MARS Sembach	D	FX	J3E-U F1B-45	USA
	WAR	USA/MARS Washington	USA	FX	J3E-U F1B-45	D
16043	CTH38	PNY Horta	AZR	FX	A1A	POR
16045	RFFXL	FF Lebanon	LBN	FX	F1B-ARQ	F
16050	7UP5	PTT Alger	ALG	FX	B9W	URS
	RCE54	TASS Moskva	URS	PX	F1B-50-425L	
16055	CLP5	EMBACUBA Alger	ALG	FX	A1A F1B-50	
	KNY24	ThaiEmb Washington	USA	FX	F1B-50-425H	
16060	RCD30	APN Moskva	URS	PX	F1B-75/100-425	
	RCD30	R.Moskva FDR	URS	FX	R3E-U	
16065		RFE Holzkirchen FDR	D	FX	B8E	POR
	YZJ7	TANJUG Beograd	YUG	PX	F1B-75-425L	
16073	RIW	RuNY Khiva	URS	FC	A1A	
16075	RNN	APN Moskva	URS	PX	F3C-60	
16085	RND71	APN Moskva	URS	PX	F1B-75-425L	
16090		IRNA Tehran	IRN	PX	F1B-50-425	
	NMN	USCG Portsmouth VA	USA	FX	F1B-75-850	AFS
16091.5	LOL	AN Buenos Aires	ARG	FX	F1B-75-850	E
16095	CLP45	EMBACUBA Luanda	AGL	FX	A1A	
	HSF212	THAIDUTO Bonn	D	FX	F1B-50-425H	
16100		CE Beijing	CHN	FX	F1B-75	TCH
16104	LJA20	MFA Oslo	NOR	FX	F1B-ST	
	LJA28	NORAMB Ankara	TUR	FX	F1B-ST	NOR
16106	FPQ	MFA/DIPLO Paris	F	PX	F1B-50-425H	
16109	HBD41	SwissEmb Pretoria	AFS	FX	F1B-ST	SUI
	HBD32	SwissEmb Brasilia	B	FX	F1B-ST	SUI
	HBD22	SwissEmb New Delhi	IND	FX	F1B-ST	SUI
	HBD30	SwissEmb Lagos	NIG	FX	F1B-ST	SUI
	HBD20	MFA Bern	SUI	FX	F1B-ST	HBD..
16112		EgyEmb Kuwait	KWT	FX	F1B-ST	EGY
16115		RN London/Northwood	G	MX	F1C-120	
16117.4	6VK317	PANA Dakar	SEN	PX	F1B-50-600L	
16120	FGZ	BulgEmb Rabat	MRC	FX	F1B-75-425	BUL
16122	VSL3	Muara HARBOUR	BRU	FC	J3E	
16125	FKO	FAF Djibouti	DJI	FX	A1A F1B-ARQ96	F
	FDY	FAF Orleans	F	FX	F1B-50-425L	
		MFA Tunis	TUN	FX	A1A	
16127		MFA Ankara	TUR	FX	F1B-100	
16134.1	CNM71/9X	MAP Rabat/Tanger	MRC	PX	F1B-50-425L	
16135	RBI72	APN Moskva	URS	PX	F1B-75/100-425L	
16136	XYN36	PTT Rangoon	BRM	FX	F1B-50-425L	PAK
	BZR66	XNA Beijing	CHN	PX	F1B-50-600L	
	KRH51	USE London	G	FX	F1B-75-850	
16140	RGW28	TASS Moskva	URS	PX	F1B-50-425L	
16145	RWM77	APN Moskva	URS	PX	F1B-100-425L	
16147.5	FDY	FAF Orleans	F	FX	A1A	
	FDZ2	FAF N'djamena	TCD	FX	F1B-ST	F
16148	MKD	RAF Akrotiri	CYP	FX	B9W	
16150	9VF205	JIJI Singapore	SNG	PX	F1B-50-425L	

16150	RCE59	APN Moskva	URS	PX	F1B-75-425L	
16164	D2J31	ANGOP Luanda	AGL	PX	F1B-50-600L	
16172		EgyEmb Roma	I	FX	F1B-ST	EGY
16175	RGW27	APN Moskva	URS	PX	F1B-75-425L	
16177		PE Lisboa	POR	FX	F1B-75-300	POL
16179	LBL1	NORBATT Ebel-el-Saqi	LBN	FX	F1B-ST	NOR
16180	NAM	USN Norfolk VA	USA	FC	A1A	NUKO LCMP
16187.5	4UZ	UNO Geneva	SUI	FX	F1B-75-425H	
16190	RGW26	TASS Moskva	URS	PX	F1B-50-425L	
16194	NBA	USN Farfan	PNR	FX	F1B-75-850L	
16197		PE Islamabad	PAK	FX	F1B-75-425	POL
16200	Y7A63	MFA Berlin	DDR	FX	F1A F1B-50-425	
	SOQ220	PTT Warszawa	POL	FX	F1B-50-425L	CHN
16201.5	5NK	METEO Kano	NIG	MX	F1B-50-850L	
16202	RUTA	USE Monrovia	LBR	FX	F1B-75-850	
16203.5	STK	AIR Khartoum	SDN	AX	F1B-50-600L	EGY
16205	MKK	RAF London	G	FX	J7B	
16206	SGP22	STA Stockholm R.	S	FD	J3E-U	
16210	SOQ221	PAP Warszawa	POL	PX	F1B-50-425L	
16212.5	WFD76	New York NY	USA	FX	F1B-50-850H	CUB
16215		MFA Warszawa	POL	FX	F1B-50-170H	
	RCF47	PTT Moskva	URS	FX	B9W	ALG MLI
16220	ZKLF	METEO Auckland	NZL	MX	F1C-120	
	RBI74	APN Moskva	URS	PX	F1B-75-425L	
16221	ZKLF	METEO Auckland	NZL	MX	A1A	
16224	3MA35	CNA Taipei	TWN	PX	F1B-50-850L	
16230	JBQ36	JIJI Tokyo	J	PX	A1A F3C-60	
16234	4UZ	UNO Geneva	SUI	FX	F1B-75-425	ETH
16240		RFE Holzkirchen FDR	D	FX	B8E	POR
16243	Y7A64	MFA Berlin	DDR	FX	F1A F1B-50-425H	
16245	DJR	AIR Djibouti	DJI	AX	A1A	
	4XL	AIR Ben Gurion	ISR	AX	A1A	
	5YD	AIR Nairobi	KEN	AX	A1A	
	5ST82	AIR Antananarivo	MDG	AX	A1A	
16247		VOA Tanger	MRC	FX	2xF1B-75-85H	USA
16250	RME22	APN Moskva	URS	PX	F1B-75-425L	
16259		CBG Kamsar	GUI	FX	F1B-50-425H	BEL
16260	REM75	TASS Moskva	URS	PX	F1B-50-425L	
16265	9VF206	ANSA Singapore	SNG	PX	F1B-50-850H	
16268	Y7A65	MFA Berlin	DDR	FX	F1A F1B-50-425	
16270	CUF55	FAF Flores	AZR	FX	B9W	F
16271	LBL1	NORBATT Ebel-el-Saqi	LBN	FX	J3E-U	NOR
16272	AJO	USAF Adana	TUR	FX	J7B	
16280	MKD	RAF Akrotiri	CYP	FX	B9W	
	RKD41	PTT Moskva	URS	FX	R3E-U	SYR
16282	RUTA	USE Monrovia	LBR	FX	F1B-75-850	GNE
16285		MFA Tunis	TUN	FX	F1B-50-425H	
16289	ORI46	CBG Brussels	BEL	FX	F1B-50-425H	GUI
16292.5	8UF61	MHA New Delhi	IND	FX	A1A	
16300	NPUO	ASFRJ Alger	ALG	FX	F1B-75-425L	YUG
	NNNONRO	USN/MARS Rota	E	FX	J3E-U F1B-75	USA
	ZRS	Marion I	MRN	FX	J3E-U	AFS
	CUV	ASFRJ Lisboa	POR	FX	F1B-75-425L	YUG
	RMD59	APN Moskva	URS	PX	F1B-100-425L	
	NNNOMCP	USM/MARS Cherry Pnt	USA	FX	J3E-U	
	NNNONIM	USN/MARS Gulfport MS	USA	FX	J3E-U	
	DFZG	MFA Beograd	YUG	FX	F1B-75-425H	
	Z2F1	ASFRJ Harare	ZWE	FX	F1B-FEC	YUG

16301.7		MFA Cairo	EGY	FX	F1B-ST	
16305	ETK47	PE Addis Ababa	ETH	FX	A1A F1B-75	POL
16308	Y7A66	MFA Berlin	DDR	FX	F1A F1B-50-425L	
16310	FGZ	BulgEmb Rabat	MRC	FX	F1B-50/75-425H	BUL
16315	7RQ20	MFA Alger	ALG	FX	A1A	
16316.7		MFA Cairo	EGY	FX	F1B-ST	
16320		PE Baghdad	IRQ	FX	F1B-75-425	POL
16323	OVG16	RDNY Frederikshavn	DNK	FC	A1A	
16325	Y2V23	ADN Berlin	DDR	PX	F1B-50-425H	
16328	MSS	RAF Belize	BLZ	FX	F1B-50	MUL
16330	RKA75	R.Moskva FDR	URS	FX	B8E	
16335	FZS63	METEO St.Denis	REU	MX	F1B-50-425 F1C-120	
16336		EgyEmb Luanda	AGL	FX	F1B-ST	EGY
16340		MFA Cairo	EGY	FX	F1B-ST	
		BulgEmb Lisboa	POR	FX	F1B-50-600H	BUL
		EMBACUBA Lima	PRU	FX	F1B-50	CUB
16343	YZI4	TANJUG Beograd	YUG	PX	F1B-50-425L	
16345		ITALDIPL Cairo	EGY	FX	F1B-ST	I
		MFA Roma	I	FX	J3E-U F1B-ST	
		ITALDIPL Nairobi	KEN	FX	F1B-ST	I
	SNN249	MFA Warszawa	POL	FX	F1A F1B-75	
16348	LZB6	BulgEmb Kabul	AFG	FX	F1B-50-425	BUL
	CLN530	PL Habana	CUB	PX	F1B-50-425L	
16350	PCW50	MFO Sinai	EGY	FX	A1A J3E F1B	HOL
	PCW25	DUTCHBATT Harris	LBN	FX	J3E-U F1B	HOL
	PAA21	MOD Sgravenhaage	HOL	FX	A1A J3E F1B	
		EMBACUBA New Delhi	IND	FX	F1B-50-425	
		TASS Moskva	URS	PX	F1B-50-425L	
16351.7		MFA Cairo	EGY	FX	F1B-ST	
16352	BCC22	PTT Shanghai	CHN	FX	F1B-50-425H	BRM
16355	CLP5	EMBACUBA Alger	ALG	FX	A1A F1B-50	CUB
	CLP33	EMBACUBA Addis Ababa	ETH	FX	F1B-50-425	
16358	Y7D42	DDR-Emb Luanda	AGL	FX	A1A F1B-100	DDR
	Y7L36	DDR-Emb Habana	CUB	FX	A1A F1B-50	DDR
	Y7B45	DDR-Emb Nicosia	CYP	FX	F1B-50-425L	DDR
	AND20	DDR-Emb Madrid	E	FX	A1A F1B-100	DDR
	Y7F59	DDR-Emb Tripoli	LBY	FX	A1A F1B-50	
	CUV523	DDR-Emb Lisboa	POR	FX	A1A F1B-50/100	DDR
	Y7B84	DDR-Emb Ankara	TUR	FX	F1A F1B-50	DDR

16360...17410 kHz BEWEGLICHER SEEFUNKDIENST

16362		MFA Roma	I	FX	F1B-ST	
		EgyEmb Antananarivo	MDG	FX	F1B-FEC	EGY
16363	KKN50	DOS Washington DC	USA	FX	A1A	
16365	SNN213	MFA Warszawa	POL	FX	A1A F1B-75	
16370	GKX61	Portishead R.	G	FD	J3E-U	
	ASP32	MFA Islamabad	PAK	FX	J3E F1B-ST	
	OMZ	MFA Praha	TCH	FX	F1A F1B-75-425	
16373	MSU	MIL London	G	FX	F1B-50-600L	
16377	RCV	RuNY Moskva	URS	FC	A1A	
16380	8WD4	MFA New Delhi	IND	FX	F1B-50-170L	
		IndEmb Moskva	URS	FX	F1B-50-170L	IND
	8WB1	IndEmb Beograd	YUG	FX	F1B-50-170L	IND
16382		MFA Roma	I	FX	J3E-U F1B-50-170L	
	RIW	RuNY Khiva	URS	FC	A1A	
16384	XVN43	VNA Hanoi	VTN	PX	F1B-50-425L	

16385		PAREP Lagos	NIG	FX	F1B-ST	PAK
	ASP32	MFA Islamabad	PAK	FX	J3E-U F1B-ST	
16392	D3M93	RuNY Luanda	AGL	FC	A1A	
16395	OMZ	MFA Praha	TCH	FX	F1A F1B-75-425	
16397	YKW107	PTE Damascus	SYR	FX	J3E-U	DDR
16397.5	FTQ39	MFA/DIPLO Paris	F	PX	F1B-50-425H	
16400	HGX21	MFA Budapest	HNG	FX	F1B-50-425L	
		MFA Jakarta	INS	FX	J3E-U F1B-50	
	OLF	PTT Praha	TCH	FX	F1B-50-425L	CHN
16403	Y2V57	ADN Berlin	DDR	PX	F1B-50-425H	
16405	CLP1	MFA Habana	CUB	FX	A1A	
	9KT341	PTT Kuwait	KWT	FX	J3E	
16407	OZU25	MFA Koebenhavn	DNK	FX	F1B-ST	
16410	NAM	USN Norfolk VA	USA	MX	F1C-120	
16411.2	TTZ64	STIT N'djamena	TCD	FX	B9W	F
16415	FTQ41	FTN Paris	F	FX	B9W	MTN
	8WB4	IndEmb Tehran	IRN	FX	F1B-50-170L	IND
16417	Y2V26	ADN Berlin	DDR	PX	F1B-50-425H	
16420		MFA Ankara	TUR	FX	F1B-100	
16425	ZRP	Sanae BASE	ANT	FX	J3E-U	AFS
16431	GXQ	RN London	G	FX	B9W	CYP
16435	BDF2	METEO Shanghai	CHN	MX	F1C	
	FUB3	FNY Paris	F	FC	F1B-50-850H	FAAZ
16440	HGX58	HE Nairobi	KEN	FX	F1B-50-425	HNG
		PTE Damascus	SYR	FX	R3E-U	URS
	WBR70	METEO Miami FL	USA	MX	F1B-75-850H	
16446	HGX44	HE Baghdad	IRQ	FX	F1B-50-425	HNG
16448	AJE	USAF Barford	G	FX	B9W	AZR
16450	CLP45	EMBACUBA Luanda	AGL	FX	F1B-50-425	CUB
	HGX21	MFA Budapest	HNG	FX	A1A F1B-50-425L	
16452		ITALDIPL Baghdad	IRQ	FX	F1B-ST	I
16455	HGX56	HE Cairo	EGY	FX	F1B-50/100	HNG
16457.5	KRH50	USE London	G	FX	A1A	
	NMO	USCG Honolulu	HWA	FC	A1A	NUKO
16460..16587.1 kHz		Schiffe	AAA	MS	J3E (41 Kanäle)	
16587.1		Schiffe u. Küstenfkst.	AAA	FC/MS	J3E	
16590.2		Schiffe u. Küstenfkst.	AAA	FC/MS	J3E	
16593.3		Schiffe u. Küstenfkst.	AAA	FC/MS	J3E	
16596.4..16636.4		Schiffe	AAA	MS	Breitband-Telegrafie, ...	
16635	7RQ20	MFA Alger	ALG	FX	A1A	
16636.5..16640 kHz		Oceanographic Data	AAA	OD/OE		
16640....16660 kHz		Schiffe	AAA	MS	Breitband-Telegrafie, ...	
16660....16694.7		Schiffe	AAA	MS	F1B gepaart (69 Kanäle)	
16694.7..16705.8		Schiffe	AAA	MS	F1B ungepaart	
16707.0..16719.8		Schiffe	AAA	MS	A1A Arbeitsfrequenzen	
16719.8..16748.8		Schiffe	AAA	MS	A1A Anrufkanäle	
16748.8..16752 kHz		Schiffe	AAA	MS	J2D Selektivruf	
16752.0..16859.4		Schiffe	AAA	MS	A1A Arbeitsfrequenzen	
16860.8	HZG	Dammam R.	ARS	FC	A1A	
16861.5	5OW17	Lagos R.	NIG	FC	A1A	
16861.7	PKB	Belawan R.	INS	FC	A1A	
	PKD	Surabaja R.	INS	FC	A1A	
	PKX	Jakarta R.	INS	FC	A1A	
	SPE82	Szczecin R.	POL	FC	A1A	
	WNU35	Slidell R. LA	USA	FC	A1A	
16862.5	XSV	Tianjin R.	CHN	FC	A1A	
16863.3	HEB	Bern R.	SUI	FC	A1A	
16865	UJY	Kaliningrad R.	URS	FC	A1A	

16866	LZL6	Bourgas R.	BUL	FC	A1A	
16867.5	UXN	Arkhangelsk R.	URS	FC	A1A	
16868	A4M	Muscat R.	OMA	FC	A1A	
16868.5	9VG53	Singapore R.	SNG	FC	A1A	
16869	HPP	Panama R.	PNR	FC	A1A	
16870	UJY	Kaliningrad R.	URS	FC	F1B-50-170H	
16870.5	DZJ	Manila R.	PHL	FC	A1A	
16871	GYA	RN London	G	FC	F1B-75-850	
16871.3	CWA	Cerrito R.	URG	FC	A1A	
	KLC	Galveston R. TX	USA	FC	A1A	
16873	TIM	Limon R.	CTR	FC	A1A	
16874.5	ZLO6	RNZN Irirangi	NZL	FC	A1A	
16876.1	FUG3	FNY La Regine	F	FC	A1A	FAAL
16877.5	JDB	Nagasaki R.	J	FC	A1A	
16878	URB2	Klaipeda R.	URS	FC	A1A	
	URB2	Klaipeda R.	URS	FC	F1B-50-170H	
16879	ICB	Genova R.	I	FC	A1A	
16880	YIR	Basrah R.	IRQ	FC	A1A	
	A7D	Doha R.	QAT	FC	A1A	
16880.9	NMC	USCG S.Francisco CA	USA	FC	A1A	
16881	ICB	Genova R.	I	FC	A1A	
16882.5	GKS6	Portishead R.	G	FC	A1A F1B-ST	QSX 16695 kHz
16883	JOU	Nagasaki R.	J	FC	A1A	
16884.5	XSQ7	Guangzhou R.	CHN	FC	A1A	
16885	5BA	Cyprus R. Nicosia	CYP	FC	A1A	
16886.5	UJY	Kaliningrad R.	URS	FC	F1B-50-170H	
16887.5	SPH81	Gdynia R.	POL	FC	A1A	
16890.5	UFN	Novorossijsk R.	URS	FC	A1A	
16890.8	ZSC39	Capetown R.	AFS	FC	A1A	
16892.9	Y5M	Ruegen R.	DDR	FC	A1A	
16895.3	IAR7	Roma R.	I	FC	A1A	
16897.5	OXZ82	Lyngby R.	DNK	FC	A1A	
16902	XSC	Fangshan R.	CHN	FC	A1A	
	PCH60	Scheveningen R.	HOL	FC	A1A	
16902.5	DYP	Cebu R.	PHL	FC	A1A	
16903	SVM6	Athinai R.	GRC	FC	A1A	
16904.9	FUV	FNY Djibouti	DJI	FC	A1A	FAAO
16906	YIR	Basrah R.	IRQ	FC	A1A	
16907.3	Y5M	Ruegen R.	DDR	FC	A1A	
16907.5	JFA	Matsudo R.	J	FC	F1C	
16909.7	TFA	Reykjavik R.	ISL	FC	A1A	
	UJO5	Izmail R.	URS	FC	A1A	
16910	HLJ	Seoul R.	KOR	FC	A1A	
16911.5	JNA	Tokyo R.	J	FC	A1A	
16912	UKA	Vladivostok R.	URS	FC	A1A	
16914.5	XDA	Mexico R.	MEX	FC	A1A	
	SPH84	Gdynia R.	POL	FC	A1A	
16915	SUH5	Alexandria R.	EGY	FC	A1A	
	FUX	FNY St.Denis	REU	FC	A1A	
16916.5	XSG8	Shanghai R.	CHN	FC	A1A	
	WSC	Tuckerton R. NJ	USA	FC	A1A	
16918	PPJ	Juncao R.	B	FC	A1A	
16918.8	VHP6	RAN Canberra	AUS	FC	A1A	A13B
	VIS	Sydney R.	AUS	FC	A1A	
	VIX6	RAN Canberra	AUS	FC	A1A	
	LZW6	Varna R.	BUL	FC	A1A	
	GKJ6	Portishead R.	G	FC	A1A	
16920	OXZ81	Lyngby R.	DNK	FC	A1A	

16922	VTG	IN Bombay	IND	FC	F1B-50-850H
	UQA4	Murmansk R.	URS	FC	A1A
16923.6	OFJ7	Helsinki R.	FNL	FC	A1A
16925.6	L2C	Buenos Aires R.	ARG	FC	A1A
16926.5	CFH	CF Halifax	CAN	FC	A1A
16927	UJY	Kaliningrad R.	URS	FC	A1A F1B-50-170H
16927.5	XFE	Ensenada R.	MEX	FC	A1A
16928.4	LFX	Rogaland R.	NOR	FC	A1A
16930	DYP	Cebu R.	PHL	FC	A1A
16930.4	5RS	Tamatave R.	MDG	FC	A1A
16930.8	ELZ	Cape Palmas R.	LBR	FC	A1A
16932	7TA10	Alger R.	ALG	FC	A1A
16933.2	JOS	Nagasaki R.	J	FC	A1A
	WCC	Chatham R. MA	USA	FC	A1A
16935	D4A8	S.Vicente R.	CPV	FC	A1A
	A7D	Doha R.	QAT	FC	A1A
16935.2	XFA	Acapulco R.	MEX	FC	A1A
16937.2	GYA	RN London	G	FC	A1A
16938	VTG8	IN Bombay	IND	FC	A1A
16938.8	GYA61	RN London/Northwood	G	MX	F1C-120
16939.7	KLC	Galveston R. TX	USA	FC	A1A
16940	XSW	Kaohsiung R.	TWN	FC	A1A
16941	LST	YPF Buenos Aires R.	ARG	FC	A1A
16942.5	XDA	Mexico R.	MEX	FC	A1A
16942.8	YUR7	Rijeka R.	YUG	FC	A1A
16944	LZL6	Bourgas R.	BUL	FC	A1A
16947	UFB	Odessa R.	URS	FC	A1A
16947.6	VIP5	Perth R.	AUS	FC	A1A
	VRT	Bermuda R.	BER	FC	A1A
	8PO	Barbados R.	BRB	FC	A1A
	TUA9	Abidjan R.	CTI	FC	A1A
	FFT8	Saint Lys R.	F	FC	A1A
	8RB	Demerara R.	GUY	FC	A1A
	6YI	Kingston R.	JMC	FC	A1A
	6VA	Dakar R.	SEN	FC	A1A
16948	HCG	Guayaquil R.	EQA	FC	A1A
16948.5	VCS	Halifax R.	CAN	FC	A1A
16950	XSQ4	Guangzhou R.	CHN	FC	A1A
	9MB6	NAVY Penang	MLA	FC	A1A
	XVG11	Haiphong R.	VTN	FC	A1A
16951	YKI	Tartous R.	SYR	FC	A1A
16951.5	6WW	FNY Dakar	SEN	FC	A1A
16952.4	LFT	Rogaland R.	NOR	FC	A1A
16953	HZG	Dammam R.	ARS	FC	A1A
16954.4	GKC6	Portishead R.	G	FC	A1A
16956	CBV	Valparaiso R.	CHL	FC	A1A
	PZN26	Paramaribo R.	SUR	FC	A1A
16958	FUJ	FNY Noumea	NCL	FC	A1A
16959	HML	Nampho R.	KRE	FC	A1A
16959.2	CUB	Madeira R. Funchal	MDR	FC	A1A
	CUL22	Lisboa R.	POR	FC	A1A
16960	HZY	Ras Tanura R.	ARS	FC	A1A
	UMV	Murmansk R.	URS	FC	A1A
16961	CLA40	Habana R.	CUB	FC	A1A
16961.5	FUF	FNY Ft.de France	MRT	FC	A1A
16962.5	DXF	Davao R.	PHL	FC	A1A
16963	5AL	Tobruk R.	LBY	FC	A1A
	UJY	Kaliningrad R.	URS	FC	F1B-50/75

16964.2	ZRH6	SAN Capetown	AFS	FC	A1A	
16965	ZRH6	SAN Capetown	AFS	FC	F1B-75-170L	S32S
	Y5M	Ruegen R.	DDR	FC	A1A	
16965.8	ZRQ6	SAN Capetown	AFS	FC	A1A	
16966	SVI6	Athinai R.	GRC	FC	A1A	
	S9M	Sao Tome R.	STP	FC	A1A	
16966.5	9VG58	Singapore R.	SNG	FC	A1A	
16967	YKM5	Baniyas R.	SYR	FC	A1A	
16968.5	WLO	Mobile R. AL	USA	FC	A1A	
16968.8	XSJ	Zhanjiang R.	CHN	FC	A1A	
	NMF	USCG Boston MA	USA	FC	F1B-ST	
16970	OBQ5	Iquitos R.	PRU	FC	A1A	
	UQB	Kholmsk R.	URS	FC	A1A	
	URD	Leningrad R.	URS	FC	F1B-50-170H	
16971	JJC	Tokyo/Kemigawa R.	J	MX	F1C-60/120	
16972	WCC	Chatham R. MA	USA	FC	A1A	
16974	SPE81	Szczecin R.	POL	FC	A1A	
16974.6	GKD6	Portishead R.	G	FC	A1A	
16975	VWM	Madras R.	IND	FC	A1A	
16976	NMN	USCG Portsmouth VA	USA	FC	A1A	
16977	OMP6	Praha R.	TCH	FC	A1A	
16978	WKM	West Haven R. CT	USA	FC	A1A	
16978.4	3BM6	METEO Bigara	MAU	MX	A1A	
16980	UFN	Novorossijsk R.	URS	FC	A1A	
	UNQ	Novorossijsk R.	URS	FC	A1A	
16980.4	DAM	Norddeich R.	D	FC	A1A	
16981.5	SVG6	Athinai R.	GRC	FC	A1A	
16983	ELC	Monrovia R.	LBR	FC	A1A	
16983.2	EQI	Abbas R.	IRN	FC	A1A	
	NMR	USCG San Juan	PTR	FC	A1A	
16984	PPR	Rio de Janeiro R.	B	FC	A1A	
	UFB	Odessa R.	URS	FC	A1A	
16986	PPL	Belem R.	B	FC	A1A	
	CTP97	RN Palhais	POR	FC	A1A	
16987	VPS79	C.d'Aguilar R.	HKG	FC	A1A	
16987.2	GYU	RN Gibraltar	GIB	FC	A1A	
16990	HLO	Seoul R.	KOR	FC	A1A	
16992.8	UAT	Moskva R.	URS	FC	A1A	
16993.5	UBN	Jdanov R.	URS	FC	A1A F1B-50-170H	
16995	SVF6	Athinai R.	GRC	FC	A1A	
	9KK22	Kuwait R.	KWT	FC	A1A	
16997	UDH	Riga R.	URS	FC	A1A	
16997.6	WLO	Mobile R. AL	USA	FC	A1A	
16998.5	JDC	Choshi R.	J	FC	A1A	
17000	Y5M	Ruegen R.	DDR	FC	A1A F1B-50-170 F1C	
17002	XSG29	Shanghai R.	CHN	FC	A1A	
17002.4	NMA	USCG Miami FL	USA	FC	F1B-75-170L	
17004	HKB	Barranquilla R.	CLM	FC	A1A	
17005	IAR37	Roma R.	I	FC	A1A	
17007.2	PCH61	Scheveningen R.	HOL	FC	A1A	
	KLB	Seattle R. WA	USA	FC	A1A	
17008.5	TAH	Istanbul R.	TUR	FC	A1A	
17010	URD	Leningrad R.	URS	FC	A1A	
17011	XSX	Keelung R.	TWN	FC	A1A	
17015	OBF4	Mollendo R.	PRU	FC	A1A	
	UJQ	Kiev R.	URS	FC	A1A	
17016	SPH82	Gdynia R.	POL	FC	A1A	
17016.5	KPH	S.Francisco R.	USA	FC	A1A	

17017.1	OST6	Oostende R.	BEL	FC	A1A	
17018	ZSC44	Capetown R.	AFS	FC	A1A	
	EBA	SNY Madrid	E	FC	A1A F1B-75	
17020	UDK2	Murmansk R.	URS	FC	A1A	
17021.6	TAH	Istanbul R.	TUR	FC	A1A	
	WLO	Mobile R. AL	USA	FC	A1A	
17024	SAB83	Goeteborg R.	S	FC	F1B-ST	QSX 16700.5 kHz
	OMP61	Praha R.	TCH	FC	A1A	
17025	UPB	Providenia Bukhta R.	URS	FC	A1A	
17026	KFS	Palo Alto R. CA	USA	FC	A1A	
17027	FFL8	Saint Lys R.	F	FC	A1A	
17027.5	HPP	Panama R.	PNR	FC	A1A	
17029	JMC6	METEO Tokyo	J	MX	A1A	
17030	XSG	Shanghai R.	CHN	FC	A1A	
17030.4	GYC6	RN London	G	FC	A1A	NAWS B13A
17033	UKW3	Korsakov R.	URS	FC	A1A	
17034	VWB	Bombay R.	IND	FC	A1A	
17035	XSW	Kaohsiung R.	TWN	FC	A1A	
17036	UXN	Arkhangelsk R.	URS	FC	F1B-50-170H	
17037	YQI6	Constantza R.	ROU	FC	A1A	
17038.5	URL	Sevastopol R.	URS	FC	F1B-50-170H	
17040.8	FFS8	Saint Lys R.	F	FC	A1A	
	FJA26	Mahina R.	OCE	FC	A1A	
17043.2	JCU	Choshi R.	J	FC	A1A	
17045	ROT	Moskva R.	URS	FC	A1A	
17045.6	LPD46	Gen.Pacheco R.	ARG	FC	A1A	
	HKC/2	Buenaventura R.	CLM	FC	A1A	
	YUR8	Rijeka R.	YUG	FC	A1A	
17048	DAF	Norddeich R.	D	FC	A1A	
	DZW	Manila R.	PHL	FC	A1A	
17050	ASK	Karachi R.	PAK	FC	A1A	
	URB2	Klaipeda R.	URS	FC	A1A	
17050.4	4XZ	IsNY Haifa	ISR	FC	A1A	
17052.5	JNA	Tokyo R.	J	FC	A1A	
17053	XSX	Keelung R.	TWN	FC	A1A	
17053.7	CTV7	PNY Monsanto	POR	FC	A1A	
17055	LZW62	Varna R.	BUL	FC	A1A	
17055.6	D4A8	S.Vicente R.	CPV	FC	A1A	
17056.7	CTV7	PNY Monsanto	POR	FC	F1B-75-850H	
17057.2	SAB8	Goeteborg R.	S	FC	A1A	
17058.1	CTV7	PNY Monsanto	POR	MX	F1C-120	
17060	NWC	USN Exmouth	AUS	MX	F1C-120	
	4XO	Haifa R.	ISR	FC	A1A	
	UKK3	Nakhodka R.	URS	FC	A1A	
17062	HZG	Dammam R.	ARS	FC	A1A	
17063	UFB	Odessa R.	URS	FC	A1A	
17063.4	FUX	FNY St.Denis	REU	FC	A1A	
17064	SPH83	Gdynia R.	POL	FC	A1A	
17064.8	EDZ6	Aranjuez R.	E	FC	A1A	
17066	UAT	Moskva R.	URS	FC	A1A F1B-50-170	
17068.4	OXZ8	Lyngby R.	DNK	FC	A1A	
17069.6	JJC	Tokyo/Kemigawa R.	J	FC	F3C-60/120	
	XFK2	PEMEX La Paz R.	MEX	FC	A1A	
	XFY2	PEMEX Guaymas R.	MEX	FC	A1A	
17070	SPE83	Szczecin R.	POL	FC	A1A	
17072	GKG6	Portishead R.	G	FC	A1A	
17074.4	PNK	Jayapura R.	INS	FC	A1A	
	LGX	Rogaland R.	NOR	FC	A1A	

17075	ZSD47	Durban R.	AFS	FC	A1A	
17075.5	XFF2	PEMEX Pajaritos R.	MEX	FC	A1A	
17077	UAH	Tallin R.	URS	FC	A1A	
17079	HLF	Seoul R.	KOR	FC	A1A	
17079.4	SAG8	Goeteborg R.	S	FC	A1A	
17080	XSQ	Guangzhou R.	CHN	FC	A1A	
17081.6	JFA	Matsudo R.	J	FC	A1A	
17082	DAB	Norddeich R.	D	FC	A1A	
	DGR28	DPA Hamburg	D	PX	A1A	
17084	IQX	Trieste R.	I	FC	A1A	
17085	UBN	Jdanov R.	URS	FC	A1A	
17088.8	KPH	S.Francisco R.	USA	FC	A1A	
17090	DZF	Manila R.	PHL	FC	A1A	
	UAI3	Nakhodka R.	URS	FC	A1A	
17092	GKH6	Portishead R.	G	FC	A1A	
17093.6	JOR	Nagasaki R.	J	FC	A1A	
	AQP7	PN Karachi	PAK	FC	A1A	
	WMH	Baltimore R. MD	USA	FC	A1A	
17094.8	SVA6	Athinai R.	GRC	FC	A1A	
17095	58JDQ	SNY Madrid	E	FC	F1B-75-850L	56UAZ 12RG
17096	VPS80	C.d'Aguilar R.	HKG	FC	A1A	
17098.4	GKA6	Portishead R.	G	FC	A1A	
17100	Y5M	Ruegen R.	DDR	FC	A1A	
17101.5	JFA	Matsudo R.	J	FC	A1A	
17103.2	XSG	Shanghai R.	CHN	FC	A1A	
17104.2	PCH62	Scheveningen R.	HOL	FC	A1A	
17105	IRM9	CIRM Roma	I	FC	A1A	
17106.5	WSC	Tuckerton R. NJ	USA	FC	A1A	
17107	UTA	Tallin R.	URS	FC	A1A	
17108	FUF	FNY Ft.de France	MRT	FC	A1A F1B-75-850H FAAN	
	ARL6	PN Karachi	PAK	FC	A1A	
17110	UFL	Vladivostok R.	URS	FC	A1A	
17112	DZP	Manila/Novaliches R.	PHL	FC	A1A	
17112.6	JCS	Choshi R.	J	FC	A1A	
17113	GKB6	Portishead R.	G	FC	A1A	
17115	URD	Leningrad R.	URS	FC	A1A	
17115.5	XFL	Mazatlan R.	MEX	FC	A1A	
17117.6	PBC317	RNN Goeree	HOL	FC	F1B-75-850L	
	WNU45	Slidell R. LA	USA	FC	A1A	
17118	HLG	Seoul R.	KOR	FC	A1A	
17119	UAT	Moskva R.	URS	FC	A1A	
17120	PPO	Olinda R.	B	FC	A1A	
17120.5	XDA	Mexico R.	MEX	FC	A1A	
17122.4	PWZ33	BN Rio de Janeiro	B	FC	F1B-50-850L	
	FUG	FNY La Regine	F	FC	F1B-75-850L	
17126	XSZ	Dalian R.	CHN	FC	A1A	
17127.6	ZLP6	RNZN Irirangi	NZL	FC	A1A	
17128	DZE	Mandaluyong R.	PHL	FC	A1A	
17128.2	CTW7	PNY Monsanto	POR	FC	A1A	P13G
17128.5	HPN60	Canal R.	PNR	FC	A1A	
17130	HAR	Budapest R.	HNG	FC	A1A	
	HLW	Seoul R.	KOR	FC	A1A	
	UJQ7	Kiev R.	URS	FC	A1A	
17131	BAC7	PTT Beijing	CHN	FX	F1B-50-425H	BUL
17132	ZSJ6	SAN Capetown	AFS	FC	A1A	
	XSV	Tianjin R.	CHN	FC	A1A	
17134	XFN	Progreso R.	MEX	FC	A1A	
	UNM2	Klaipeda R.	URS	FC	A1A F1B-50-170H	

17135	UJQ	Kiev R.	URS	FC	A1A F1B-50-170H
17135.7	GKN6	Portishead R.	G	FC	A1A F1C
17136	DZR	Manila R.	PHL	FC	A1A
17136.8	GKM6	Portishead R.	G	FC	A1A
17137	UHK	Batumi R.	URS	FC	A1A
17137.7	GKO6	Portishead R.	G	FC	A1A
17138	URB2	Klaipeda R.	URS	FC	A1A
17138.4	VIS62	Sydney R.	AUS	FC	A1A
17140	PWZ	BN Rio de Janeiro	B	MX	F3C-120
	XDA	Mexico R.	MEX	FC	A1A
	UMV	Murmansk R.	URS	FC	A1A
17141	UFN	Novorossijsk R.	URS	FC	A1A F1B-50-170H
17141.6	JGC	Yokohama R.	J	FC	A1A
	UBN	Jdanov R.	URS	FC	A1A F1B-50-170H
	YVG	La Guaira R.	VEN	FC	A1A
17143.6	DAN	Norddeich R.	D	FC	A1A
	DZD	Antipolo R.	PHL	FC	A1A
17145	LZW63	Varna R.	BUL	FC	A1A
17146.4	CBV	Valparaiso R.	CHL	FC	A1A F1C-120
	NRV	USCG Guam	GUM	FC	A1A
	4XO	Haifa R.	ISR	FC	A1A
	ELC	Monrovia R.	LBR	FC	A1A
17147.2	SVJ6	Athinai R.	GRC	FC	A1A
	URL	Sevastopol R.	URS	FC	A1A
17147.9	5RS	Tamatave R.	MDG	FC	A1A
17149	TIM	Limon R.	CTR	FC	A1A
17151.2	GKI6	Portishead R.	G	FC	A1A
	NMC	USCG S.Francisco CA	USA	FC	A1A F1C-120
17152	DZZ	Manila R.	PHL	FC	A1A
	UJY	Kaliningrad R.	URS	FC	A1A
17153	URL	Sevastopol R.	URS	FC	A1A
17155	ROT	Moskva R.	URS	FC	A1A
	UFB	Odessa R.	URS	FC	A1A F1B-50-170H
17156	ASK	Karachi R.	PAK	FC	A1A
17169.5	WOE	Lantana R. FL	USA	FC	A1A
17160	PWZ33	BN Rio de Janeiro	B	FC	A1A
	DZO	Manila R.	PHL	FC	A1A
	OBC3	Callao R.	PRU	FC	A1A
17160.8	LSA6	Boca R.	ARG	FC	A1A
	IAR27	Roma R.	I	FC	A1A
17161.5	VIS6	Sydney R.	AUS	FC	A1A
17162	PPO	Olinda R.	B	FC	A1A
17163	RNO	Moskva R.	URS	FC	A1A F1B-50/75
17164.75	ZSC7	Capetown R.	AFS	FC	A1A
17165.6	CLA41	Habana R.	CUB	FC	A1A
	3CA6	Banapa R.	GNE	FC	A1A
	LFF	Rogaland R.	NOR	FC	A1A
17166.45	JCT	Choshi R.	J	FC	A1A
17167.5	GKK6	Portishead R.	G	FC	A1A
17168	DZN	Navotas R.	PHL	FC	A1A
17169	A9M	Bahrain R.	BHR	FC	A1A
17170	PPL	Belem R.	B	FC	A1A
	UDK2	Murmansk R.	URS	FC	A1A
17170.4	PJC	Curacao R.	ATN	FC	A1A
	CNP	Casablanca R.	MRC	FC	A1A
	ZLB6	Awarua R.	NZL	FC	A1A
17171.5	WPD	Tampa R. FL	USA	FC	A1A
17172	UFN	Novorossijsk R.	URS	FC	A1A F1B-50

17172.4	9MG11	Penang R.	MLA	FC	A1A	
	WLO	Mobile R. AL	USA	FC	A1A	
17173	ZAD2	Durres R.	ALB	FC	A1A	
	UHK	Batumi R.	URS	FC	A1A	
17175.2	A9M	Bahrain R.	BHR	FC	A1A	
	VAI	Vancouver R.	CAN	FC	A1A	
	CLS	Habana F R.	CUB	FC	A1A	
	EDG5	Aranjuez R.	E	FC	A1A	
	5ZF4	Mombasa R.	KEN	FC	A1A	
	9LL	Freetown R.	SRL	FC	A1A	
	70A	Aden R.	YMS	FC	A1A	
17176	DZG	Manila/LP R.	PHL	FC	A1A	
17177.6	DAL	Norddeich R.	D	FC	A1A	
17180	HWN	FNY Paris	F	FC	A1A	
17181	UDH	Riga R.	URS	FC	A1A	
17182	LZL6	Bourgas R.	BUL	FC	A1A	
	ICB	Genova R.	I	FC	A1A	
17183	Y5M	Ruegen R.	DDR	FC	A1A	
17184	DZK	Manila R.	PHL	FC	A1A	
17184.8	EAD5	Aranjuez R.	E	FC	A1A	
	PKA	Sabang R.	INS	FC	A1A	
	PKE	Amboina R.	INS	FC	A1A	
	PKP	Dumai R.	INS	FC	A1A	
	9YL	North Post R.	TRD	FC	A1A	
	KFS	Palo Alto R. CA	USA	FC	A1A	
	9PA	Banana R.	ZAI	FC	A1A	
17187.2	OST62	Oostende R.	BEL	FC	A1A	
17188	SVD6	Athinai R.	GRC	FC	A1A	
17189.6	D3E71	Luanda R.	AGL	FC	A1A	
	XYR9	Rangoon R.	BRM	FC	A1A	
17190.5	UHK	Batumi R.	URS	FC	A1A F1B-50-170H	
17192	VRN80	C.d'Aguilar R.	HKG	FC	A1A	
17194	C2N	Nauru R.	NRU	FC	A1A	
17194.4	SVB6	Athinai R.	GRC	FC	A1A	
17196.5	LPD25	Gen.Pacheco R.	ARG	FC	A1A	
17197.5	DCN	Norddeich R.	D	FC	F1B-ST	QSX 16660.5 kHz
	9VG82	Singapore R.	SNG	FC	A1A F1B-ST	
	S9M	Sao Tome R.	STP	FC	F1B	
17198.0	GKE6	Portishead R.	G	FC	A1A F1B-ST	QSX 16661.0 kHz
	ZLW	Wellington R.	NZL	FC	F1B-ST	
	WNU	Slidell R. LA	USA	FC	F1B-ST	
17198.5	OST66	Oostende R.	BEL	FC	F1B-ST	QSX 16661.5 kHz
	SPA85	Gdynia R.	POL	FC	F1B	
	KFS	Palo Alto R. CA	USA	FC	F1B-ST	
17199.0	ZLW	Wellington R.	NZL	FC	F1B-ST	QSX 16662.0 kHz
17199.5	LGX2	Rogaland R.	NOR	FC	A1A F1B-ST	QSX 16662.5 kHz
	WLO	Mobile R. AL	USA	FC	F1B-ST	
17200.0	VIP35	Perth R.	AUS	FC	A1A F1B-ST	QSX 16663.0 kHz
	EDJ6	Aranjuez R.	E	FC	A1A F1B-ST	
17200.5	HPP	Panama R.	PNR	FC	F1B	
17201.0	FFT81	Saint Lys R.	F	FC	A1A F1B-ST	QSX 16664.0 kHz
17201.5	HZG	Dammam R.	ARS	FC	F1B-ST	QSX 16664.5 kHz
	CBV	Valparaiso R.	CHL	FC	F1B	
	OFA	Helsinki R.	FNL	FC	F1B-ST	
17202.0	VIP41	Perth R.	AUS	FC	F1B-ST	QSX 16665.0 kHz
	A9M	Bahrain R.	BHR	FC	A1A F1B-ST	
	DCM	Norddeich R.	D	FC	F1B-ST	
17202.5	CBV	Valparaiso R.	CHL	FC	F1B	QSX 16665.5 kHz

17202.5	JNA	Tokyo R.	J	FC	F1B-ST	
	3AC	Monaco R.	MCO	FC	F1B-ST	
17203.0	OST67	Oostende R.	BEL	FC	F1B-ST	QSX 16666.0 kHz
	NRV	USCG Guam	GUM	FC	F1B-ST	
		Seoul R.	KOR	FC	F1B-ST	
	NMF	USCG Boston MA	USA	FC	F1B-ST	
17203.5	KPH	S.Francisco R.	USA	FC	F1B-ST	QSX 16666.5 kHz
17204.0	VIS69	Sydney R.	AUS	FC	A1A F1B-ST	QSX 16667.0 kHz
17204.5	WLO	Mobile R. AL	USA	FC	A1A F1B-ST	QSX 16667.5 kHz
17205.0	HEC17	Bern R.	SUI	FC	A1A F1B-ST	QSX 16668.0 kHz
	UPB	Providenia Bukhta R.	URS	FC	F1B	
17205.5	9VG83	Singapore R.	SNG	FC	A1A F1B-ST	QSX 16668.5 kHz
17206.0	OXZ	Lyngby R.	DNK	FC	F1B-ST	QSX 16669.0 kHz
	WPD	Tampa R. FL	USA	FC	F1B-ST	
17206.5	ZSC64	Capetown R.	AFS	FC	A1A F1B-ST	QSX 16669.5 kHz
	UDH	Riga R.	URS	FC	F1B-ST	
	WNU	Slidell R. LA	USA	FC	F1B-ST	
17207.0	A7D	Doha R.	QAT	FC	F1B	QSX 16670.0 kHz
	NMC	USCG S.Francisco CA	USA	FC	F1B-ST	
17207.5	WCC	Chatham R. MA	USA	FC	F1B-ST	QSX 16670.5 kHz
17208.0	ZSD62	Durban R.	AFS	FC	F1B-ST	QSX 16671.0 kHz
	3AC	Monaco R.	MCO	FC	F1B-ST	
	UBE2	Petropavlovsk/Kam R.	URS	FC	F1B	
17208.5	SVT6	Athinai R.	GRC	FC	A1A F1B-ST	QSX 16671.5 kHz
17209.0	XSX	Keelung R.	TWN	FC	F1B	QSX 16672.0 kHz
17209.5	9VG96	Singapore R.	SNG	FC	F1B-ST	QSX 16672.5 kHz
	WLO	Mobile R. AL	USA	FC	A1A F1B-ST	
17210.0	CLA	Habana R.	CUB	FC	F1B	QSX 16673.0 kHz
	EAD	Aranjuez R.	E	FC	F1B-ST	
17210.5	NMO	USCG Honolulu	HWA	FC	F1B-ST	QSX 16673.5 kHz
	NMN	USCG Portsmouth VA	USA	FC	F1B-ST	
17211.0	IAR	Roma R.	I	FC	A1A F1B-ST	QSX 16674.0 kHz
17211.5	WLO	Mobile R. AL	USA	FC	F1B-ST	QSX 16674.5 kHz
17212.0	FFT82	Saint Lys R.	F	FC	A1A F1B-ST	QSX 16675.0 kHz
	VPS82	C.d'Aguilar R.	HKG	FC	F1B-ST	
17212.5	VCS	Halifax R.	CAN	FC	F1B-ST	QSX 16675.5 kHz
	OXZ	Lyngby R.	DNK	FC	A1A F1B-ST	
17213.0	3AC	Monaco R.	MCO	FC	F1B-ST	QSX 16676.0 kHz
17213.5	HPP	Panama R.	PNR	FC	F1B	QSX 16676.5 kHz
17214	BZP58	XNA Beijing	CHN	PX	F1B-50-425L	
17215.0	CLA	Habana R.	CUB	FC	F1B	QSX 16678.0 kHz
	GKP6	Portishead R.	G	FC	A1A F1B-ST	
	WPD	Tampa R. FL	USA	FC	F1B-ST	
17216.0	OFA	Helsinki R.	FNL	FC	F1B-ST	QSX 16679.0 kHz
	WCC	Chatham R. MA	USA	FC	A1A F1B-ST	
17216.5	UQB	Kholmsk R.	URS	FC	F1B	QSX 16679.5 kHz
17217.0	EAD	Aranjuez R.	E	FC	F1B-ST	QSX 16680.0 kHz
	UAH	Tallin R.	URS	FC	A1A F1B	
17217.5	PCH65	Scheveningen R.	HOL	FC	A1A F1B-ST	QSX 16680.5 kHz
17218.0	GKY6	Portishead R.	G	FC	A1A F1B-ST	QSX 16681.0 kHz
	UMV	Murmansk R.	URS	FC	F1B-50	
17218.5	HEC37	Bern R.	SUI	FC	F1B-ST	QSX 16681.5 kHz
	UFB	Odessa R.	URS	FC	A1A F1B	
17219.5	DCL	Norddeich R.	D	FC	F1B-ST	QSX 16682.5 kHz
	UBN	Jdanov R.	URS	FC	F1B	
17220.5	UXN	Arkhangelsk R.	URS	FC	F1B	QSX 16683.5
	KFS	Palo Alto R. CA	USA	FC	F1B-ST	
17221.0	HEC27	Bern R.	SUI	FC	A1A F1B-ST	QSX 16684.0 kHz

17221.5	SVU6	Athinai R.	GRC	FC	A1A F1B-ST	QSX 16684.5 kHz
17222.0	VPS83	C.d'Aguilar R.	HKG	FC	F1B-ST	QSX 16685.0 kHz
17222.5	FFT83	Saint Lys R.	F	FC	A1A F1B-ST	QSX 16685.5 kHz
17223.0	LGX3	Rogaland R.	NOR	FC	A1A F1B-ST	QSX 16686.0 kHz
	WNU	Slidell R. LA	USA	FC	F1B-ST	
17224.0	WLO	Mobile R. AL	USA	FC	F1B-ST	QSX 16687.0 kHz
17225.0	CUL	Lisboa R.	POR	FC	F1B	QSX 16688.0 kHz
17225.5	OXZ	Lyngby R.	DNK	FC	F1B-ST	QSX 16688.5 kHz
	WNU	Slidell R. LA	USA	FC	F1B-ST	
17226.0	UFN	Novorossijsk R.	URS	FC	A1A F1B-ST	QSX 16689.0 kHz
17227.0	DCF	Norddeich R.	D	FC	F1B-ST	QSX 16690.0 kHz
17227.5	UFB	Odessa R.	URS	FC	F1B	QSX 16690.5 kHz
	UFN	Novorossijsk R.	URS	FC	F1B	
17228.0	LZW	Varna R.	BUL	FC	F1B	QSX 16691.0 kHz
	3AC	Monaco R.	MCO	FC	F1B-ST	
	UAT	Moskva R.	URS	FC	A1A F1B-ST	
17229.0	SAB864	Goeteborg R.	S	FC	F1B-ST	QSX 16692.0 kHz
17230.0	PCH66	Scheveningen R.	HOL	FC	F1B-ST	QSX 16693.0 kHz
	SPA86	Gdynia R.	POL	FC	F1B	
17230.5	ICB	Genova R.	I	FC	F1B-ST	QSX 16693.5 kHz
17231.0	GKQ6	Portishead R.	G	FC	A1A F1B-ST	QSX 16694.0 kHz
	URD	Leningrad R.	URS	FC	F1B	
17232.0/17232.5		Küstenfunkstellen	AAA	FC	J2D	Selektivruf
17232.9	LPL5	Gen.Pacheco R.	ARG	FC	J3E	QSX 16460.0 kHz
	OXZ	Lyngby R.	DNK	FC	J3E	
	LFN2	Rogaland R.	NOR	FC	J3E	
	S7Q	Seychelles R.	SEY	FC	J3E	
	UFN	Novorossijsk R.	URS	FC	J3E	
	UNM2	Klaipeda R.	URS	FC	J3E	
	WOM	Miami HighSeas R.	USA	FC	J3E	
17236.0	HZG	Dammam R.	ARS	FC	J3E	QSX 16463.1 kHz
	VIS	Sydney R.	AUS	FC	J3E	
	GKT62	Portishead R.	G	FC	J3E	
	KMI	Dixon R. CA	USA	FC	J3E	
	WAH	St.Thomas R.	VIR	FC	J3E	
17239.1	S3D	Chittagong R.	BGD	FC	J3E	QSX 16466.2 kHz
	5BA62	Cyprus R. Nicosia	CYP	FC	J3E	
	OXZ	Lyngby R.	DNK	FC	J3E	
	IAR	Roma R.	I	FC	J3E	
	LFN3	Rogaland R.	NOR	FC	J3E	
	KMI	Dixon R. CA	USA	FC	J3E	
	WAH	St.Thomas R.	VIR	FC	J3E	
17242.2	VIP	Perth R.	AUS	FC	J3E	QSX 16469.3 kHz
	VCS	Halifax R.	CAN	FC	J3E	
	FFL83	Saint Lys R.	F	FC	J3E	
	JBO	Tokyo R.	J	FC	J3E	
	XDA	Mexico R.	MEX	FC	J3E	
	XFA	Acapulco R.	MEX	FC	J3E	
	XFK	La Paz R.	MEX	FC	J3E	
	XFM	Manzanillo R.	MEX	FC	J3E	
	XFP	Chetumal R.	MEX	FC	R3E	
	LFN4	Rogaland R.	NOR	FC	J3E	
17245.3	OXZ	Lyngby R.	DNK	FC	J3E	QSX 16472.4 kHz
	EQA	Abadan R.	IRN	FC	J3E	
	LFN5	Rogaland R.	NOR	FC	J3E	
	FJA	Mahina R.	OCE	FC	J3E	
	SAG	Goeteborg R.	S	FC	J3E	
	URD	Leningrad R.	URS	FC	J3E	

17245.3	WOO	OceanGate R. NJ	USA	FC	J3E	
17248.4	PPO	Olinda R.	B	FC	J3E	QSX 16475.5 kHz
	S3E	Khulna R.	BGD	FC	J3E	
	OHG2	Helsinki R.	FNL	FC	J3E	
	GKT66	Portishead R.	G	FC	J3E	
	IAR	Roma R.	I	FC	J3E	
	TFA	Reykjavik R.	ISL	FC	J3E	
	JBO	Tokyo R.	J	FC	J3E	
	ZLW	Wellington R.	NZL	FC	J3E	
	TAN6	Samsun R.	TUR	FC	J3E	
	UAT	Moskva R.	URS	FC	J3E	
17251.5	PJC	Curacao R.	ATN	FC	J3E	QSX 16478.6 kHz
	SVN6	Athinai R.	GRC	FC	R3E	
	3AC16	Monaco R.	MCO	FC	J3E	
	LFN6	Rogaland R.	NOR	FC	J3E	
	SPC81	Gdynia R.	POL	FC	J3E	
	ZJU	Funafuti R.	TUV	FC	J3E	
	UFL	Vladivostok R.	URS	FC	J3E	
	WLO	Mobile R. AL	USA	FC	J3E	
17254.6	ZSC28	Capetown R.	AFS	FC	J3E	QSX 16481.7 kHz
	VAI	Vancouver R.	CAN	FC	J3E	
	ICB	Genova R.	I	FC	J3E	
	ZSV29	Walvis Bay R.	NMB	FC	J3E	
	OBC3	Callao R.	PRU	FC	J3E	
	SAG	Goeteborg R.	S	FC	J3E	
	PZN	Paramaribo R.	SUR	FC	J3E	
	TAH	Istanbul R.	TUR	FC	J3E	
17257.7	HZG	Dammam R.	ARS	FC	J3E	QSX 16484.8 kHz
	OSU64	Oostende R.	BEL	FC	J3E	
	SVN62	Athinai R.	GRC	FC	J3E	
	4XO	Haifa R.	ISR	FC	J3E	
	JBO	Tokyo R.	J	FC	J3E	
	WOM	Miami HighSeas R.	USA	FC	J3E	
17260.8	VIS	Sydney R.	AUS	FC	J3E	QSX 16487.9 kHz
	DAP	Norddeich R.	D	FC	J3E	
	SUH	Alexandria R.	EGY	FC	J3E	
	LFN8	Rogaland R.	NOR	FC	J3E	
	CWF	Punta Carretas R.	URG	FC	J3E	
	WOM	Miami HighSeas R.	USA	FC	J3E	
17263.9	PPR	Rio de Janeiro R.	B	FC	J3E	QSX 16491.0 kHz
	OHG2	Helsinki R.	FNL	FC	J3E	
	GKU61	Portishead R.	G	FC	J3E	
	5AT	Tripoli R.	LBY	FC	J3E	
	HEB17	Bern R.	SUI	FC	J3E	
	TAM5	Mersin R.	TUR	FC	J3E	
	WOM	Miami HighSeas R.	USA	FC	J3E	
	YUR	Rijeka R.	YUG	FC	J3E	
17267.0	UAT	Moskva R.	URS	FC	J3E	QSX 16494.1 kHz
17270.1	PPR	Rio de Janeiro R.	B	FC	J3E	QSX 16497.2 kHz
	OSU63	Oostende R.	BEL	FC	J3E	
	4XO	Haifa R.	ISR	FC	J3E	
	LFN9	Rogaland R.	NOR	FC	J3E	
	9VG68	Singapore R.	SNG	FC	J3E	
	UKK3	Nakhodka R.	URS	FC	J3E	
17273.2	OXZ	Lyngby R.	DNK	FC	J3E	QSX 16500.3 kHz
	OHG2	Helsinki R.	FNL	FC	J3E	
	ICB	Genova R.	I	FC	J3E	
	XDA	Mexico R.	MEX	FC	J3E	

17273.2	XFC	Cozumel R.	MEX	FC	J3E	
	LFN20	Rogaland R.	NOR	FC	J3E	
	SAG	Goeteborg R.	S	FC	J3E	
17276.3	D3E	Luanda R.	AGL	FC	J3E	QSX 16503.4 kHz
	HKB	Barranquilla R.	CLM	FC	J3E	
	HKC	Buenaventura R.	CLM	FC	J3E	
	OHG2	Helsinki R.	FNL	FC	J3E	
	GKU65	Portishead R.	G	FC	J3E	
	J5M	Bissau R.	GNB	FC	J3E	
	PKT	Dili R.	INS	FC	J3E	
	TFA	Reykjavik R.	ISL	FC	J3E	
	HPP	Panama R.	PNR	FC	J3E	
	CUL	Lisboa R.	POR	FC	J3E	
	HEB27	Bern R.	SUI	FC	J3E	
	UBE2	Petropavlovsk/Kam R.	URS	FC	J3E	
17279.4	DAJ	Norddeich R.	D	FC	J3E	QSX 16506.5 kHz
	IAR	Roma R.	I	FC	J3E	
	WOM	Miami HighSeas R.	USA	FC	J3E	
17282.5	PPJ	Juncao R.	B	FC	J3E	QSX 16509.6 kHz
	OXZ	Lyngby R.	DNK	FC	J3E	
	EPW1	Abbas R.	IRN	FC	A1A J3E	
	4XO	Haifa R.	ISR	FC	J3E	
	XFN	Progreso R.	MEX	FC	J3E	
	LFN21	Rogaland R.	NOR	FC	J3E	
17285.6	LPL	Gen.Pacheco R.	ARG	FC	J3E	QSX 16512.7 kHz
	VRT	Bermuda R.	BER	FC	J3E	
	A9M	Bahrain R.	BHR	FC	J3E	
	OXZ	Lyngby R.	DNK	FC	J3E	
	GKU68	Portishead R.	G	FC	J3E	
	S9M	Sao Tome R.	STP	FC	J3E	
	TAN2	Izmir R.	TUR	FC	J3E	
	BVA	Taipei R.	TWN	FC	J3E	
17288.7	FFL84	Saint Lys R.	F	FC	J3E	QSX 16515.8 kHz
	9KK21	Kuwait R.	KWT	FC	J3E	
	3BB	Pt.Louis HARBOUR	MAU	FC	J3E	
	LFN23	Rogaland R.	NOR	FC	J3E	
	OBF4	Mollendo R.	PRU	FC	J3E	
17291.8	5AB	Benghazi R.	LBY	FC	J3E	QSX 16518.9 kHz
	LFN24	Rogaland R.	NOR	FC	J3E	
	TAM6	Antalya R.	TUR	FC	J3E	
	WOO	OceanGate R. NJ	USA	FC	J3E	
17294.9		ANRUFFREQUENZ	AAA	FC	J3E	QSX 16522.0 kHz
17298.0	OXZ	Lyngby R.	DNK	FC	J3E	QSX 16525.1 kHz
	9KK22	Kuwait R.	KWT	FC	J3E	
	HPP	Panama R.	PNR	FC	J3E	
	HEB47	Bern R.	SUI	FC	J3E	
17301.1	D4A	S.Vicente R.	CPV	FC	J3E	QSX 16528.2 kHz
	D4D	Praia R.	CPV	FC	J3E	
	OHG2	Helsinki R.	FNL	FC	J3E	
	GKV63	Portishead R.	G	FC	J3E	
	PCG63	Scheveningen R.	HOL	FC	J3E	
	UFB	Odessa R.	URS	FC	J3E	
17304.2	DAK	Norddeich R.	D	FC	J3E	QSX 16531.3 kHz
	IAR	Roma R.	I	FC	J3E	
	DZF	Manila R.	PHL	FC	J3E	
	5WA	Apia R.	SMO	FC	J3E	
	KMI	Dixon R. CA	USA	FC	J3E	
17307.3	NOJ	USCG Kodiak	ALS	FC	J3E	QSX 16534.4 kHz

17307.3	OSU61	Oostende R.	BEL	FC	J3E	
	SVN63	Athinai R.	GRC	FC	J3E	
	NMO	USCG Honolulu	HWA	FC	J3E	
	EQK	Khoramshahr R.	IRN	FC	J3E	
	TFA	Reykjavik R.	ISL	FC	J3E	
	SPO81	Szczecin R.	POL	FC	J3E	
	NMC	USCG S.Francisco CA	USA	FC	J3E	
	NMN	USCG Portsmouth VA	USA	FC	J3E	
17310.4	CLA72	Habana R.	CUB	FC	J3E	QSX 16537.5 kHz
	SVN64	Athinai R.	GRC	FC	J3E	
	VPS	C.d'Aguilar R.	HKG	FC	R3E	
	YIR	Basrah R.	IRQ	FC	J3E	
	A7D	Doha R.	QAT	FC	J3E	
	UQB	Kholmsk R.	URS	FC	J3E	
	UXN	Arkhangelsk R.	URS	FC	J3E	
	WOO	OceanGate R. NJ	USA	FC	J3E	
17313.5	OSU62	Oostende R.	BEL	FC	J3E	QSX 16540.6 kHz
	SVN6	Athinai R.	GRC	FC	R3E	
	LFN26	Rogaland R.	NOR	FC	J3E	
	YUR	Rijeka R.	YUG	FC	J3E	
17316.6	CLA75	Habana R.	CUB	FC	J3E	QSX 16543.7 kHz
	FFL81	Saint Lys R.	F	FC	J3E	
	YIR	Basrah R.	IRQ	FC	J3E	
	4XO	Haifa R.	ISR	FC	J3E	
17319.7	7TA28	Alger R.	ALG	FC	J3E	QSX 16546.8 kHz
	Y5P	Ruegen R.	DDR	FC	J3E	
	SVN6	Athinai R.	GRC	FC	R3E	
	EQM	Bushehr R.	IRN	FC	J3E	
	LFN27	Rogaland R.	NOR	FC	J3E	
	6VA	Dakar R.	SEN	FC	J3E	
17322.8	OSU67	Oostende R.	BEL	FC	J3E	QSX 16549.9 kHz
	EHY	Pozuelo-del-Rey R.	E	FC	J3E	
	TFA	Reykjavik R.	ISL	FC	J3E	
	UDH	Riga R.	URS	FC	J3E	
	UHK	Batumi R.	URS	FC	J3E	
17325.9	7TA29	Alger R.	ALG	FC	J3E	QSX 16553.0 kHz
	CBV	Valparaiso R.	CHL	FC	J3E	
	YIR	Basrah R.	IRQ	FC	J3E	
	SPC82	Gdynia R.	POL	FC	J3E	
	HEB37	Bern R.	SUI	FC	J3E	
	BVA	Taipei R.	TWN	FC	J3E	
	WOO	OceanGate R. NJ	USA	FC	J3E	
17329.0	CUG	S.Miguel R.	AZR	FC	J3E	QSX 16556.1 kHz
	5BA64	Cyprus R. Nicosia	CYP	FC	J3E	
	GKW62	Portishead R.	G	FC	J3E	
	JBO	Tokyo R.	J	FC	J3E	
	CUB	Madeira R. Funchal	MDR	FC	J3E	
	CUL	Lisboa R.	POR	FC	J3E	
	WLO	Mobile R. AL	USA	FC	J3E	
17332.1	ZSD41	Durban R.	AFS	FC	J3E	QSX 16559.2 kHz
	PPL	Belem R.	B	FC	J3E	
	Y5P	Ruegen R.	DDR	FC	J3E	
	FFL82	Saint Lys R.	F	FC	J3E	
	SPC83	Gdynia R.	POL	FC	J3E	
17335.2	TUA	Abidjan R.	CTI	FC	J3E	QSX 16562.3 kHz
	DAI	Norddeich R.	D	FC	J3E	
	EHY	Pozuelo-del-Rey R.	E	FC	J3E	
	SVN6	Athinai R.	GRC	FC	R3E	

17335.2	YIR	Basrah R.	IRQ	FC	J3E	
	HLS	Seoul R.	KOR	FC	J3E	
17338.3	OXZ	Lyngby R.	DNK	FC	J3E	QSX 16565.4 kHz
	J5M	Bissau R.	GNB	FC	J3E	
	CTV	PNY Monsanto	POR	FC	J3E	
17341.4	7TA30	Alger R.	ALG	FC	J3E	QSX 16568.5 kHz
	OHG2	Helsinki R.	FNL	FC	J3E	
	PCG61	Scheveningen R.	HOL	FC	J3E	
17344.5	EHY	Pozuelo-del-Rey R.	E	FC	J3E	QSX 16571.6 kHz
	GKW67	Portishead R.	G	FC	J3E	
	VPS	C.d'Aguilar R.	HKG	FC	R3E	
	HLS	Seoul R.	KOR	FC	J3E	
	5RS	Tamatave R.	MDG	FC	J3E	
	ZLW	Wellington R.	NZL	FC	J3E	
17347.6	LZW	Varna R.	BUL	FC	J3E	QSX 16574.7 kHz
	OHG2	Helsinki R.	FNL	FC	J3E	
	CNP	Casablanca R.	MRC	FC	J3E	
	SPO82	Szczecin R.	POL	FC	J3E	
	KUQ	Pago-Pago R.	SMA	FC	J3E	
	S9M	Sao Tome R.	STP	FC	J3E	
17350.7	ZAD	Durres R.	ALB	FC	J3E	QSX 16577.8 kHz
	DAH	Norddeich R.	D	FC	J3E	
	EHY	Pozuelo-del-Rey R.	E	FC	J3E	
	PCG62	Scheveningen R.	HOL	FC	J3E	
	9PA	Banana R.	ZAI	FC	J3E	
17353.8	8PO	Barbados R.	BRB	FC	J3E	QSX 16580.9 kHz
	CBV	Valparaiso R.	CHL	FC	J3E	
	GKW60	Portishead R.	G	FC	J3E	
	SVN68	Athinai R.	GRC	FC	J3E	
17356.9	7TA31	Alger R.	ALG	FC	J3E	QSX 16584.0 kHz
	OXZ	Lyngby R.	DNK	FC	J3E	
	YIR	Basrah R.	IRQ	FC	J3E	
	SAG	Goeteborg R.	S	FC	J3E	
	9VG69	Singapore R.	SNG	FC	J3E	
	UBN	Jdanov R.	URS	FC	J3E	
	WLO	Mobile R. AL	USA	FC	J3E	
17360	RCF41	TASS Moskva	URS	PX	F1B-50-425L	
17363	5YE3	METEO Nairobi	KEN	MX	F1B-75-850H	
17365	5YE3	METEO Nairobi	KEN	MX	A1A	
17367	5YE3	METEO Nairobi	KEN	MX	F1C-120	
	Y7G34	DDR-Emb Hanoi	VTN	FX	F1A F1B	DDR
17368	FDX	FAF Paris	F	FX	A1A	DJI
17370	RBI73	APN Moskva	URS	PX	F1B-75-425L	
17372.5	9HA	AIR Luqa	MLT	AX	F1B-50-425L	
17376		ITALDIPL Mogadishu	SOM	FX	F1B-ST	I
17380	FUM	FNY Papeete	OCE	FC	A1A	
	ASF	PTT Karachi	PAK	FX	B9W	URS
17384	YWM	VNY Maracaibo	VEN	FX	F1B-75-850	
17385	5BC84	Nicosia R.	CYP	FC	J3E-U	
17386		ITALDIPL Khartoum	SDN	FX	F1B-ST	I
17390	3VA74	TAP Tunis	TUN	PX	F1B-50-850L	
17395	Y7D87	DDR-Emb Accra	GHA	FX	F1B-50-425L	DDR
17397	HMY47	PTT Pyongyang	KRE	FX	F1B-50-600H	DDR
17400	BBE52	PTT Shanghai	CHN	FX	F1B-50-425H	CUB
	5ST83	METEO Antananarivo	MDG	MX	F1B-50-425H	
	OMZ	MFA Praha	TCH	FX	F1B-75-425	
17402.5	BAL32	PTT Beijing	CHN	FX	F1B-50-425H	DDR
17404	KKN44	USE Monrovia	LBR	FX	A1A	

17405		Portishead R.	G	FD	J3E-U	

17410...17550 kHz FESTER FUNKDIENST

17410	WWD	SCRIPPS La Jolla CA	USA	MX	J3E-U F1C-120	
		MFA Beograd	YUG	FX	F1B-75-600H	
17411	SPP325	PE New Delhi	IND	FX	F1B-75-300	POL
17414	GHH	METEO St.Helena	SHN	MX	F1B-50-425H	
17415	OFJ72	Helsinki R.	FNL	FC	A1A	
	HEK66	Berna R.	SUI	FD	J3E-U	
17420	EAE220	MFA Madrid	E	FX	J3E-U F1B-ST	
		ASFRJ Damascus	SYR	FX	F1B-75	YUG
17427	SAM57	SUD Dhaka	BGD	FX	F1B-75	
	OFD47	Helsinki R.	FNL	FC	F1B-ST	
17430	Y7K35	MFA Berlin	DDR	FX	F1B-50-425H	
	9VF209	JIJI Singapore	SNG	PX	F1B-50-850L	
17435	Y2V37	ADN Berlin	DDR	PX	F3C	
17440	9UB83	PTT Bujumbura	BDI	FX	B8E	BEL
		BulgEmb Tehran	IRN	FX	F1B-75-600H	BUL
	ASE5	PTT Karachi	PAK	FX	F1B-50-850L	BRM
17445		RFE Holzkirchen FDR	D	FX	B8E	POR
17460	VMA	ARMY Melbourne	AUS	FX	F1B-75-850	
	Y7G59	DDR-Emb New Delhi	IND	FX	A1A F1B	DDR
17468	GYU	RN Gibraltar	GIB	FX	B9W	G
	HGO24	MTI Budapest	HNG	PX	F1B-50-425	
17470		CE Kabul	AFG	FX	F1B-75-425	TCH/OMZ
17473	IRP34	ANSA Roma	I	PX	F1B-50-425H	
17480	4QQ74	DW Trincomalee	SLK	FX	F1B-50-850H	D
17492	D6B80	PTT Moroni	COM	FX	B9W	F
	SOR249	PAP Warszawa	POL	PX	F1B-50-425L	
17496	MSU	MIL London	G	FX	F1B-50-600L	
17500	RFLIA	FAR Ft.de France	MRT	FX	F1B-50-850L	GUF
17502		CE Beijing	CHN	FX	F1B-75-425	TCH
		EgyEmb London	G	FX	F1B-ST	EGY
17510	OXT	METEO Koebenhavn	DNK	MX	A1A F1C-120	
	RFD53	TASS Moskva	URS	PX	F1B-50-425L	
17518	DMK	MFA Bonn	D	FX	F1A F1B-ARQ96	
17520	PWZ33	BN Rio de Janeiro	B	FX	F1B-75-850	CLM
	HSW61	METEO Bangkok	THA	MX	F1B-50 F1C-60	
	REM55	APN Moskva	URS	PX	F1B-75-425L	
17525	7RX90	AMBALG Yaounde	CME	FX	A1A	ALG
	OLV3	CTK Praha	TCH	PX	F1B-50-425H	
17530	EBA	SNY Madrid	E	FX	F1B-75-850	ARG
17534	NMN	USCG Portsmouth VA	USA	FX	F1B-75-850	
17535	MKD	RAF Akrotiri	CYP	FX	B9W	G
17538.5	ORI27	PTT Brussels	BEL	FX	J3E-U	
17541	HZN	METEO Jeddah	ARS	MX	F1B-50-850H	

17550...17900 kHz RUNDFUNKDIENST

17550	LQC20	IGMA Buenos Aires/MG	ARG	FX	A1A	
17552	KWL90	USE Manila	PHL	FX	A1A	
17553	9DM27	METEO Tehran	IRN	MX	F1B-50-425L	
17555	LOL	AN Buenos Aires	ARG	FX	F1B-75-850	EQA
17570	RBX42	TASS Moskva	URS	PX	F1B-50-425L	
	KNY26	HE Washington DC	USA	FX	F1B-50-425L	HNG

17573		NigEmb Rabat	MRC	FX	F1B-FEC96	NIG
17580		R.Moskva FDR	URS	FX	R3E	
17585	AOK	USN Rota	E	MX	F1C-120	
17587		MFA Roma	I	FX	F1B-ST	
17590	HZN49	METEO Jeddah	ARS	MX	F1B-100-425H	
17596	ZPK	NAVY Asuncion	PRG	FX	F1B-75-850	
17597.5	JAQ57	KYODO Tokyo	J	PX	F1B-50-850L	
17600	RTU46	TASS Moskva	URS	PX	F1B-50-425L	
17602		PE Baghdad	IRQ	FX	F1B-75	POL
17613	CLN573	PTT Habana	CUB	FX	A1A	URS
17620	Y3H2	PTT Berlin	DDR	FX	R3E-U	
17623	9KT344	KUNA Kuwait	KWT	PX	F1B-50-425H	
17627	9KT344	KUNA Kuwait	KWT	PX	F1B-50-425L	
17653	RFFA	MOD Paris	F	FX	F1B-ARQ96	REU
17655	FUJ	FNY Noumea	NCL	FC	A1A	FAAG
17658	5YE11	METEO Nairobi	KEN	MX	F1B-50-850H	
17660	RUZU	SAAB Molodezhnaya	ANT	MX	F1C-120	
17662	5YE	METEO Nairobi	KEN	MX	F1C-120	
17680	MKD	RAF Akrotiri	CYP	FX	J7B	
17685	BAC25	PTT Beijing	CHN	FX	F1B-50-425H	TCH

<u>17900...17970 kHz</u> <u>BEWEGLICHER FLUGFUNKDIENST (R)</u>

17901		RDARA 12			J3E	
17904		CEP CWP NP SP 4			J3E	
		Anchorage, Cold Bay	ALS	FD	J3E	NP
		Sydney	AUS	FD	J3E	SP
		Tokyo	J	FD	J3E	CWP NP
		Auckland	NZL	FD	J3E	SP
		Manila	PHL	FD	J3E	CWP
		Honolulu	HWA	FD	J3E	CEP CWP
		S.Francisco CA	USA	FD	J3E	CEP
17907		CAR EA SAM SEA			J3E	
		Darwin, Perth	AUS	FD	J3E	SEA
		Rio de Janeiro	B	FD	J3E	SAM
		Jakarta	INS	FD	J3E	EA SEA
		San Juan	PTR	FD	J3E	CAR
		Montevideo	URG	FD	J3E	SAM
		New York NY	USA	FD	J3E	CAR
17910		RDARA 10			J3E	
17913		RDARA 6G 13			J3E	
17916		W 1/3			J3E	
		Paris R.	F	FD	J3E	
		STA Stockholm R.	S	FD	J3E	
17919		W 2/4			J3E	
17922		W 1/3			J3E	
		SPEEDBIRD London	G	FD	J3E	
17925		W 2/5			J3E	
17928		W 3/4			J3E	
17931		W 1/5			J3E	
		LTU Duesseldorf	D	FD	J3E	
17934		W 2/3			J3E	
17936	COL	Habana	CUB	FD	A1A	
	RFNV	Moskva/Kupavna	URS	FD	A1A	
17937		W 4/5			J3E	
17940		W 2/3			J3E	
		IBERIA Madrid	E	FD	J3E	

17940		PAKISTAN Karachi	PAK	FD	J3E	
17943		RDARA 6			J3E	
17946		NAT 14			J3E	
		Gander	CAN	FD	J3E	NAT
		Shanwick	IRL	FD	J3E	NAT
		New York NY	USA	FD	J3E	NAT
17949		RDARA 5			J3E	
17952		RDARA 3			J3E	
17955		SAT 6B			J3E	
		Canarias	CNR	FD	J3E	SAT
		Dakar	SEN	FD	J3E	SAT
17958		NCA			J3E	
17961		AFI EUR INO MID			J3E	
		Perth	AUS	FD	J3E	INO
		Addis Ababa	ETH	FD	J3E	AFI INO
		Cocos I	ICO	FD	J3E	INO
17964		2 11B			J3E	
17967		5 13A 13B 13E 13F			J3E	

17970...18030 kHz BEWEGLICHER FLUGFUNKDIENST (OR)

17970		AF Kuwait	KWT	FG	J3E	
17972	AJE	USAF Croughton	G	FG	J3E	
17975	SKYKING	USAF SAC GS	USA	FG	J3E	
17993.5	DHM91	GAF Muenster	D	FG	J3E	
18001		EgyEmb Nairobi	KEN	FX	F1B-ST	EGY
18002	ONY77	BAF Brussels	BEL	FG	J3E	
	AIE2	USAF Andersen	GUM	FG	J3E	
	AGA2	USAF Hickam	HWA	FG	J3E	
	AIF2	USAF Yokota	J	FG	J3E	
	AFL2	USAF Loring ME	USA	FG	J3E	
	AFI2	USAF McClellan CA	USA	FG	J3E	
18018		RAF Akrotiri	CYP	FG	J3E	
	ARCHIT.	RAF 'ARCHITECT'	G	FG	J3E	h+00 h+30
18019		USAF Ascension	ASC	FG	J3E	
	AJE	USAF Croughton	G	FG	J3E	
	AHF2	USAF Albrook	PNR	FG	J3E	
	AFE8	USAF McDill FL	USA	FG	J3E	
18023		Berna R.	SUI	FD	J3E	
	AFI2	USAF McClellan CA	USA	FG	J3E	
18025	AXF	RAAF Sydney	AUS	FG	J3E	
	AXI	RAAF Darwin	AUS	FG	J3E	
18027	AFA3	USAF Andrews MD	USA	FG	J3E	

18030...18068 kHz FESTER FUNKDIENST

18035	ZRH84	SAN Capetown	AFS	FX	F1B-50-850L	CHL
18040	ZRH94	SAN Capetown	AFS	FX	F1B-75-850L	
	TCY4	AA Ankara	TUR	PX	F1B-50-850L	
	MGYA	ASFRJ Khartoum	SDN	FX	F1B-75-425H	
18045	MKD	RAF Akrotiri	CYP	FX	B9W	G
	PMY5	IndonEmb Cairo	EGY	FX	A1A	
	RED30	TASS Moskva	URS	PX	F1B-50-425L	
	YZI	TANJUG Beograd	YUG	PX	F1B-50-425L	
18051	VNA31	VNA Hanoi	VTN	PX	F3C	
18060	AXI36	METEO Darwin	AUS	MX	F1C-120	

18060	MKK	RAF London	G	FX	J7B	
	HGX21	MFA Budapest	HNG	FX	F1B-50-425L	
18061.5		ITALDIPL Beirut	LBN	FX	F1B-ST	I
18065	CLP1	MFA Habana	CUB	FX	A1A	

18068...18168 kHz AMATEURFUNKDIENST

18080	PPN9	METEO Brasilia	B	MX	J3C-120	14
18087	4PL21	IP Colombo	SLK	FX	A1A	J
	JPA24	IP Tokyo	J	FX	A1A	
18090		PE Beijing	CHN	FX	F1B-75-300	POL
18093	LRO84	METEO Buenos Aires	ARG	MX	F1B-50-850L	F1C-120
18103	SUU9	METEO Cairo	EGY	MX	F1B-50-170H	
18111.7		MFA Cairo	EGY	FX	F1B-ST	URS
18115	SPP325	PE New Delhi	IND	FX	F1B-75-170H	POL
	STK	AIR Khartoum	SDN	AX	F1B-50-425L	
18120	MKK	RAF London	G	FX	B9W	CYP
18124	3ZL301	ANTARCTIC Wiorkiewicz	ANT	FX	A1A F1B-50	POL
	3ZB201	ANTARCTIC Warszawa	POL	FX	A1A F1B-50	ANT
18125		PTT Pyongyang	KRE	FX	R3E-U	
	RND70	TASS Moskva	URS	PX	F1B-50-425L	
18130		EgyEmb Madrid	E	FX	F1B-ST	EGY
	JMJ5	METEO Tokyo	J	MX	F1C-120	
18143	CCM	CN Magallanes	CHL	FX	F1B-50-850	AFS
18145	7RQ30	AMBALG Beijing	CHN	FX	A1A	ALG
	7RW20	AMBALG Cairo	EGY	FX	A1A	ALG
	7RX60	AMBALG Khartoum	SDN	FX	A1A	ALG
	7RV20	AMBALG Moskva	URS	FX	A1A	ALG
18160	GYA	RN London	G	FX	F1B-75-850L	
	RTU47	TASS Moskva	URS	PX	F1B-50-425L	
18166	STK	AIR Khartoum	SDN	AX	F1B-50-425L	MLT

18168...18780 kHz FESTER FUNKDIENST

18169		EgyEmb Rabat	MRC	FX	F1B-ST	EGY
18170	RIF33	APN Moskva	URS	PX	F1B-75-425L	
18187	SDQ7	MARPRESS Stockholm	S	PX	A1A	SAX
18190	FSB59	IP Paris	F	FX	F1B-50-170HST	
	8UF75	IP New Delhi	IND	FX	F1B-50-170H	
	EP5X	IP Tehran	IRN	FX	A1A	
	TCC2	IP Ankara	TUR	FX	F1B-50-170H	
18193.5	CLN603	PL Habana	CUB	PX	F1B-50-425L	
18195	RCI73	APN Moskva	URS	PX	F1B-75-425L	
	RCI73	R.Moskva FDR	URS	FX	R3E-U	
18200		APN Moskva	URS	PX	F1B-75-425L	
18210	LZP	PTT Sofia	BUL	FX	F1B-50-425H	CHN
	5LA18	VOA Monrovia	LBR	FX	2xF1B-75-85	BOT
18212	SPP313	PE Alger	ALG	FX	F1B-75-425	POL
	LBL1	NORBATT Ebel-el-Saqi	LBN	FX	F1B-ST	NOR
	9XK79	DW Kigali	RRW	FX	F1B-50-425L	D
18220	JMH5	METEO Tokyo	J	MX	F1C-120	
18220.9	CNM76X9	MAP Rabat/Tanger	MRC	PX	F1B-50-425L	
18225	ATU38	METEO New Delhi	IND	MX	F1C-120	
18227	CUW	USAF Lajes	AZR	FX	B9W	G
18230	GFL25	METEO Bracknell	G	MX	F1B-50-425H	
18236.9	BAF33	METEO Beijing	CHN	MX	F1C-120	

18238	ZRO4	METEO Pretoria	AFS	MX	F1C-120	
18241	GXQ	RN London	G	FX	B9W	GIB
18242	ZRO4	METEO Pretoria	AFS	MX	F1B-75-425H	
18245		APN Moskva	URS	PX	F1B-75-425L	
18252	SUU20	METEO Cairo	EGY	MX	F1B-50-850H	
18255	ATB68	INDINFO New Delhi	IND	PX	F1B-50-425H	
18256	XVN48	VNA Hanoi	VTN	PX	F1B-50-425L	
18260.5	9KT346	KUNA Kuwait	KWT	PX	F1B-50-425H	
18261	GFE24	METEO Bracknell	G	MX	F1C-120	
18264.5	9KT346	KUNA Kuwait	KWT	PX	F1B-50-425H	
18265		VOA Kavala	GRC	FX	2XF1B-75-85	USA
	CNM78	MAP Rabat/Tanger	MRC	PX	F1B-50-425L	
18270	HBD41	SwissEmb Pretoria	AFS	FX	F1B-ST	SUI
	HBD32	SwissEmb Brasilia	B	FX	F1B-ST	SUI
	HBD39	SwissEmb Nairobi	KEN	FX	F1B-ST	SUI
	HBD20	MFA Bern	SUI	FX	A1A	HBD..
	KNY27	SwissEmb Washington	USA	FX	F1B-ST	SUI
18278	9KT351	KUNA Kuwait	KWT	PX	F1B-50-425H	
18282	9KT351	KUNA Kuwait	KWT	PX	F1B-50-425H	
18287	ASP32	MFA Islamabad	PAK	FX	F1B-ST	
18293	9KT352	KUNA Kuwait	KWT	PX	F1B-50-425H	
18295	SDN10	STA Stockholm	S	FX	F1B-ARQ96	VTN
18297	9KT352	KUNA Kuwait	KWT	PX	F1B-50-425H	
18300	OMZ3	CE New Delhi	IND	FX	A1A F1B-75	TCH
18303	OLD	PTT Praha	TCH	FX	F1B-50-425H	CHN
18306	P6Z	MFA Paris	F	FX	A1A	
18307	9KT349	KUNA Kuwait	KWT	PX	F1B-50-425H	
18311	9KT349	KUNA Kuwait	KWT	PX	F1B-50-425H	
18315	BCU24	PTT Shanghai	CHN	FX	F1B-50-425L	BEL
18320		CE Beijing	CHN	FX	F1B-75-425H	TCH
	2D6	CE Tehran	IRN	FX	F1B-75-425H	TCH
	OMZ	MFA Praha	TCH	FX	F1B-75-425H	
18337		MFA Roma	I	FX	F1B-ST	SOM
18352	KWS78	USE Athinai	GRC	FX	A1A	
18355	9MY63	METEO Kuala Lumpur	MLA	MX	F1B-50-850H	
18365	6WW	FNY Dakar	SEN	FC	A1A F1B-75	FAAA
18367	9PL	AIR Kinshasa	ZAI	AX	B9W	SDN
18380	TUW	IP Abidjan	CTI	FX	A1A F1B-ST	IP
	6WZ35	IP Dakar	SEN	FX	F1B-ST	IP
18381	JMI4	METEO Tokyo	J	MX	F1B-50-850L	
18385	RRQ20	TASS Moskva	URS	PX	F1B-50-425L	
18390	SOT239	PTT Warszawa	POL	FX	F1B-50-425L	CHN
18393		MFA Ankara	TUR	FX	F1B-100	
18400	HGX53	HE Accra	GHA	FX	F1B-50-425	HNG
	HGX54	HE Conakry	GUI	FX	F1B-50-425	HNG
	OMZ	MFA Praha	TCH	FX	A1A F1B-75-425H	
18402		APN Moskva	URS	PX	F3C-60	
18405		PE Luanda	AGL	FX	F1B-75	
	RCT57	R.Moskva FDR	URS	FX	R3E-L	
	RCT57	TASS Moskva	URS	PX	F1B-50-425L	
18420	HGX21	MFA Budapest	HNG	FX	F1B-50-425	
18421	LQB54	TELAM Buenos Aires	ARG	PX	F1B-50-850H	
18421.5		ITALDIPL Addis Ababa	ETH	FX	F1B-ST	I
18433	LRO83	TELAM Buenos Aires	ARG	PX	F3C-60	
18440	RIF32	APN Moskva	URS	PX	F1B-75/100-425L	
18442	LJA22	NORAMB Nairobi	KEN	FX	F1B-ST	NOR
18445	CLP5	EMBACUBA Alger	ALG	FX	A1A F1B-50	CUB
18455	6MK67	YONHAP Seoul	KOR	PX	F1B-50	

18455	RWN71	APN Moskva	URS	PX	F1B-100-425H	
18456	CLN	PTT Habana	CUB	FX	F1B-50	
18458	PCW1	MFA Sgravenhaage	HOL	FX	F1B-ST	
18460	RRG29	TASS Moskva	URS	PX	F1B-50-425L	
18465		EMBACUBA New Delhi	IND	FX	F1B-50	
18488	LJA20	MFA Oslo	NOR	FX	F1B-ST	
18490	RUZU	SAAB Molodezhnaya	ANT	MX	F1C-120	
		IndonEmb Lagos	NIG	FX	F1B-ST	INS
	ULV	ANTARCTIC Moskva	URS	FX	F1B-50-600H	ANT
18496.1	CNM80	MAP Rabat/Tanger	MRC	PX	F1B-50-425L	
18499	PCW1	MFA Sgravenhaage	HOL	FX	F1B-ST	PCW..
		NE Khartoum	SDN	FX	F1B-ST	HOL
18506	GYU	RN Gibraltar	GIB	FX	B9W	G
18507		EgyEmb Islamabad	PAK	FX	F1B-ST	EGY
18509	WFK38	UPI New York NY	USA	PX	F1A F3C-60	
18512		CE Jakarta	INS	FX	F1B-75-425H	TCH
18515	FTS51	FTN Paris	F	FX	J3E-U	AFG
	5LA28	VOA Monrovia	LBR	FX	2xF1B-75-85H	USA
18520	RRG28	APN Moskva	URS	PX	F1B-75-425L	
18525	KKN50	DOS Washington DC	USA	FX	A1A	
18535	MKD	RAF Akrotiri	CYP	FX	B9W	G
18542.5	WFK48	USIA New York NY	USA	PX	F1B-75-425H	
18545.5	STK	AIR Khartoum	SDN	AX	F1B-50-425H	ZAI
18547	Y3I3	PTT Berlin	DDR	FX	F1B-50-425H	CHN
18550	NBA	USN Farfan	PNR	FX	F1B-75-850H	PRG
18555	SFA	MFA Ankara	TUR	FX	F1B-100	
18560	EPJ	IRNA Tehran	IRN	PX	F1B-50-425L	
18572	SPP316	PE Baghdad	IRQ	FX	A1A F1B-75-425H	POL
18586	5HF88	ETC Dar es Salaam	TZA	FX	J3E-U	MOZ
18590	OEY32	AuAR Salzburg	AUT	FX	J3E-U F1B	OEY33
	PCW50	MFO Sinai	EGY	FX	J3E-U	HOL
	PCW25	DUTCHBATT Harris	LBN	FX	J3E-U	HOL
18600	RWN72	PL Moskva	URS	PX	F1B-50-425H	
18605		VOA Greenville	USA	FX	B9W 2xF1B-75-86	
18630	IRQ26	ITALCABLE Roma	I	FX	J3E-U	
18640	YAK	PTT Kabul	AFG	FX	B9W %A4	F
18640.5	9KT356	KUNA Kuwait	KWT	PX	F1B-50-425H	
18644.5	9KT356	KUNA Kuwait	KWT	PX	F1B-50-425H	
18647	PCW1	MFA Sgravenhaage	HOL	FX	F1B-ST	
18648.5	SOT265B	Warszawa R.	POL	FC	F1B-FEC	SPMH
18650	CLP1	MFA Habana	CUB	FX	A1A	
	SOT265	PAP Warszawa	POL	PX	F1B-50-425L	
18651.5	SOT265A	Warszawa R.	POL	FC	F1B-50-425L	SPMH
18664	ISX86	ANSA Roma	I	PX	F3C-60	
18668	OMZ24	MongEmb Praha	TCH	FX	F1B-50-425H	MNG
18669.3	FTS67H1	AFP Paris	F	PX	F1B-50-425H	
18670.7	FTS67H3	AFP Paris	F	PX	F1B-50-425H	
18686	SAM89	SUD Luanda	AGL	FX	F1B-75	S
	SAM75	SUD Nairobi	KEN	FX	F1B-75	S
	SAM55	SUD Bangkok	THA	FX	F1B	S
	SAM78	SUD Tunis	TUN	FX	F1B	S
18697.6	DFS90L3	DPA Frankfurt	D	PX	F1B-50-425H	
18700.6	DFS70H1	DPA Frankfurt	D	PX	F1B-50-850H	
18702.4	DFS70H3	INFO-BRD Frankfurt	D	PX	F1B-FEC96	
18704.2	DFS70H5	INFO-BRD Frankfurt	D	PX	F1B-FEC96	
18710	PCW5	NE Cairo	EGY	FX	F1B-ST	HOL
	PCW1	MFA Sgravenhaage	HOL	FX	F1B-ST	PCW..
	PCW9	NE Lagos	NIG	FX	F1B-ST	HOL

18712		METEO Moskva	URS	MX	F1C-90/120	
18720		CE Tokyo	J	FX	F1B-75-425H	TCH/OMZ
18738	5TN244	PTT Nouakchott	MTN	FX	B9W	F
18756	8UF75	IP New Delhi	IND	FX	A1A	J
18757	P6Z	MFA Paris	F	FX	A1A F1B-75/FEC	
	SAM	MFA Stockholm	S	FX	F1B-75-425	
18761	OHU20	MFA Helsinki	FNL	FX	J3E-U F1B-50	OHU..
	OHU38	FinEmb Tripoli	LBY	FX	J3E-U	FNL
	OHU33	FinEmb Hanoi	VTN	FX	J3E-U	FNL
18765	WBR70	METEO Miami FL	USA	MX	F1B-75-850H	
18770	0	MIL Dublin	IRL	FX	J3E-U	LBN
	37	IRISHBATT Harris	LBN	FX	J3E-U	IRL
	GXQ	RN London	G	FX	B7B	CYP

18780...18900 kHz BEWEGLICHER SEEFUNKDIENST

18782.5		VOA Greenville	USA	FX	B8E F1B-75	
18785	FTS78	MFA/DIPLO Paris	F	PX	F1B-50-425H	
18788		SUNA Khartoum	SDN	PX	F1B-50-425L	
18795	JOF38	KDD Choshi	J	FX	A1A J3E-U	ANT
18801.7		MFA Cairo	EGY	FX	F1B-ST	
18808	SAM	MFA Stockholm	S	FX	J3E-U F1B-75-425	
18810	RIW	RuNY Khiva	URS	FC	A1A	
18823	Y2V38	ADN Berlin	DDR	PX	F1B-50-425H	
18830		R.Moskva FDR	URS	FX	B8E	
18835	RWN74	TASS Moskva	URS	PX	F7B-50-425/850L	
18850		CE Luanda	AGL	FX	F1B-75-425H	TCH
18864		MFA Roma	I	FX	F1B-ST	
18872	BZR68	XNA Beijing	CHN	PX	F1B-50-425L	
18875	FTS87	FTN Paris	F	FX	B9W	MTN
18884		MFA Roma	I	FX	F1B-ST	

18900...19680 kHz FESTER FUNKDIENST

18900		CE Beijing	CHN	FX	F1B-75-425H	TCH
18905	GXQ	RN London	G	FX	B9W	CYP
18920	P6Z	MFA Paris	F	FX	A1A	
18934	XVR94	PTT HoChiMinh-V.	VTN	FX	F1B-ARQ96	S
18940	BDF	METEO Shanghai	CHN	MX	F1C-120	
18945	SAM61	SUD New Delhi	IND	FX	J3E F1B-75	S
	SAM58	SUD Jakarta	INS	FX	J3E F1B-75	S
	SAM51	SUD Tehran	IRN	FX	J3E F1B-75	S
	SAM82	SUD Maputo	MOZ	FX	J3E F1B-75	S
	SAM60	SUD Islamabad	PAK	FX	J3E F1B-75	S
	SAM	MFA Stockholm	S	FX	J3E-U F1B-75-425L	
18950		SANA Damascus	SYR	PX	F1B-50-850L	
18954		EgyEmb Beijing	CHN	FX	F1B-ST	EGY
18962.5	A2D645	VOA Selebi Phikwe	BOT	FX	F1B-75-85	LBR
18967	CYS22	PE Ottawa	CAN	FX	F1B-75-425	POL
18970	LUN3	ASFRJ Conakry	GUI	FX	F1B-75-600L	YUG
18978	5TN30	PTT Nouakchott	MTN	FX	B9W	F
18980	7CB	NAVY Belawan	INS	FC	A1A	
18985	OLD2	CTK Praha	TCH	PX	F1B-50-425H	
18987.5	LHP2	NRP Oslo	NOR	FX	F1C-240	
18988	JAX78	KDD Tokyo	J	FX	F1B-50-425L	
18990	LOL	AN Buenos Aires	ARG	FX	J3E-U	

18990	PWZ	BN Rio de Janeiro	B	FX	J3E-U	
	HDN	AE Quito	EQA	FX	J3E-U	
	NBA	USN Farfan	PNR	FX	J3E-U	
	ZPK	NAVY Asuncion	PRG	FX	J3E-U	
	OBC	NAVY Callao	PRU	FX	J3E-U	
	CXR	UrNY Montevideo	URG	FX	J3E-U	
	YWM	VNY Maracaibo	VEN	FX	J3E-U	
18993	SOT299B	Warszawa R.	POL	FC	F1B-FEC	SPMH
18993.5	SPW	Warszawa R.	POL	FC	A1A F1B-ST	QSX 16698 kHz
18995	ASE63	PAREP Paris	F	FX	J3E-U F1B-50	PAK
		PAREP Amman	JOR	FX	J3E-U F1B-50	PAK
		PAREP Tripoli	LBY	FX	J3E-U F1B-50	PAK
	ASP32	MFA Islamabad	PAK	FX	J3E-U F1B-ST	
	SOT299	Warszawa R.	POL	FC	J3E-U	
19001.7		MFA Cairo	EGY	FX	F1B-ST	
19015	PWZ33	BN Rio de Janeiro	B	FX	F1B-50-850	POR
19017		Paris R.	F	FX	J3E-U	
19027	FUF	FNY Ft.de France	MRT	FC	A1A	
19047	FUG	FNY La Regine	F	FC	F1A	
19051		MFA Cairo	EGY	FX	F1B-ST	
19056	OBC	NAVY Callao	PRU	FX	F1B-75-850	
	YWM1	VNY Maracaibo	VEN	FX	F1B-75-850	B
19060	RMC20	TASS Moskva	URS	PX	F1B-50-425L	
19065	FDZ2	FAF N'djamena	TCD	FX	F1B-ST	F
19068.4	CNM83X9	MAP Rabat/Tanger	MRC	PX	F1B-50-425L	
19070	C8N32	CPRM Maputo	MOZ	FX	B9W	TZA
	RRG25	PTT Moskva	URS	FX	B8E	
19075		VOA Tanger	MRC	FX	2xF1B-75-85	USA
19077	BZM40	XNA Beijing	CHN	PX	F1B-50-1000L	
19090	TTZ90	STIT N'djamena	TCD	FX	B9W	F
19098	RCV	RuNY Moskva	URS	FC	A1A	
19100	S2M33	BSS Dhaka	BGD	PX	F1B-50-850H	
19110	DMA	MFA Jakarta	INS	FX	J3E-U F1B-50/ST	
19120	4UT	UNO Bangkok	THA	FX	F1B-75-425	
19125	PCW4	NE Jakarta	INS	FX	F1B-ST	HOL
19126	AFE86	USAF/NASA Antigua	ATG	FX	B9W	ASC
19127	RMC21	APN Moskva	URS	PX	F1B-75-425L	
19143	AFE86	USAF/NASA Antigua	ATG	FX	B9W	ASC
19154	EHY78	CTNE Madrid	E	FX	B9W	GNE
19171.1	CNM85X11	MAP Rabat/Tanger	MRC	PX	F1B-50-425L	
19172.5	FPT7	FTN Paris	F	FX	B8E	OCE
19178	IRR31	IINA Roma	I	PX	F1B-50-425H	
19181.5	ZUD	ITS Pretoria	AFS	FX	J3E-U	
19200	ORI29	PTT Brussels	BEL	FX	J3E	
		IRNA Tehran	IRN	PX	F1B-50-425L	
19203	FUF	FNY Ft.de France	MRT	FX	F1B-ARQ96	F
19210	RCC79	TASS Moskva	URS	PX	F1B-50-425L	
19216	SAM73	SUD Lagos	NIG	FX	F1B-75-425L	S
19225	FDY	FAF Orleans	F	FX	F1B-50-425	
19226		MFA Cairo	EGY	FX	F1B-ST	
19240	Y7D99	DDR-Emb Maputo	MOZ	FX	A1A	DDR
	Z2F13	DDR-Emb Harare	ZWE	FX	A1A	DDR
19245	CLP33	EMBACUBA Addis Ababa	ETH	FX	F1B-50-600	
19250	MKK	RAF London	G	FX	B9W	
19262		VOA Bethany OH FDR	USA	FX	B8E	
19265	ZEN91	C&W Hong Kong	HKG	FX	R3E	
19266		EgyEmb Muscat	OMA	FX	F1B-ST	EGY
19275	RXO74	METEO Khabarovsk	URS	MX	F1C-60/120	

19280	4UV	UNO Nairobi	KEN	FX	F1B-75-425H	SUI
19296.5	NRV	USCG Guam	GUM	FX	F1B-75	J
19305	PCW8	NE Tripoli	LBY	FX	F1B-ST	HOL
19313	4UF	UNO Addis Ababa	ETH	FX	F1B-75-425H	SUI
19325	FZS93	FTN St.Denis	REU	FX	R3E-U	F
19356		NigEmb Cairo	EGY	FX	F1B-FEC96	NIG
19358	BAZ34	PTT Beijing	CHN	FX	J3E-U	
19360	TUW	IP Abidjan	CTI	FX	A1A	
	FSB62	IP Paris	F	FX	A1A	
	8UF75	IP New Delhi	IND	FX	A1A	
	EP5X	IP Tehran	IRN	FX	A1A	
	5OP25	IP Lagos	NIG	FX	A1A	
19385	FKO	FAF Djibouti	DJI	FX	A1A F1B-ARQ96	F
19392	Y7A76	MFA Berlin	DDR	FX	F1B-50-425H	
	ETQ37	DDR-Emb Addis Ababa	ETH	FX	F1B-100-425	DDR
	Y7D35	DDR-Emb Conakry	GUI	FX	A1A F1B-50	DDR
	Y7D61	DDR-Emb Lagos	NIG	FX	A1A F1B-100	
19396	GIW39A	GNA London	G	PX	F1B-50-425L	GHA
	GIW39A	JIJI London	G	PX	F1B-50-425L	NIG
19400	VVD69	METEO New Delhi	IND	MX	F1B-50-425H	
19403	HGX54	HE Conakry	GUI	FX	F1B-50-425L	HNG
19405	HKVO	IP Bogota	CLM	FX	F1B-ST	
	FSB63	IP Paris	F	FX	F1B-ST	
	5YG	IP Nairobi	KEN	FX	F1B-ST	
	OAV87	IP Lima	PRU	FX	F1B-ST	
19430	MKD	RAF Akrotiri	CYP	FX	B9W	G
19438.5	LOR	AN Belgrano	ARG	FC	F1B-50-850L	
19438	9RE395	PTT Lubumbashi	ZAI	FX	B9W	BEL
19441.5	LOL	AN Buenos Aires	ARG	FX	F1B-75-850L	
19443	Y7A77	MFA Berlin	DDR	FX	F1A F1B-50/100	
	8EH23	DDR-Emb Jakarta	INS	FX	A1A	
19450	VTK..	IN Tuticorin	IND	FC	A1A	
19451.7		MFA Cairo	EGY	FX	F1B-ST	
		EgyEmb Mogadishu	SOM	FX	F1B-ST	EGY
19455	GWC	BBC Daventry FDR	G	FX	B8E	
19463		SUNA Khartoum	SDN	PX	F1B-50-425H	
19475	IED22	ITALAIR Naqoura	LBN	FX	J3E-U	I
19477	AJO	USAF Adana	TUR	FX	B9W	D
19478	9XK78	PTT Kigali	RRW	FX	R3E-L	BEL
19480		VOA Bethany OH FDR	USA	FX	B8E	
19488	ZLX31	METEO Wellington	NZL	MX	A1A	
19500	Y7G59	DDR-Emb New Delhi	IND	FX	A1A F1B-50	DDR
19505	RDZ36	PL Moskva	URS	PX	F1B-50-425H	
		VOA Greenville FDR	USA	FX	B8E	
19510	HGX39	HE New Delhi	IND	FX	F1B-50	HNG
19518		MFA Roma	I	FX	F1B-ST	
19525	OLD4	CTK Praha	TCH	PX	F1B-50-425H	
19529	JMG5	METEO Tokyo	J	MX	F1B-50-850L	
19532	FJY2	FTN Kerguelen	KER	FX	J3E F1B-50/ARQ	F
19532.5	AEM1USA	USA/MARS Sembach	D	FX	F1B-45/75-170	USA
19551		PTT Moroni	COM	FX	J3E-L	F
19557	RFD51	APN Moskva	URS	PX	F1B-75-425L	
19577.5	ORI49	PTT Brussels	BEL	FX	B9W	ZAI
19607		PE Nairobi	KEN	FX	F1B-75-425	POL
19610		FTN Paris	F	FX	B9W	MTN
19616.5	NBA	USN Farfan	PNR	FX	F1B-75-850L	
19674	MSU	MIL London	G	FX	F1B-50/75-600L	
19676	SPP341	PE Lagos	NIG	FX	F1B-75-425H	POL

19679	70B93	YTC Aden	YMS	FX	B9W	URS

19680...19800 kHz BEWEGLICHER SEEFUNKDIENST

19680	3MA23	CNA Taipei	TWN	PX	A1A F3C	
19690	AXM37	METEO Canberra	AUS	MX	F1B-50 F1C-120	
19700	Y7A78	MFA Berlin	DDR	FX	F1A F1B-50-425	
	IED21	ItAR Roma	I	FX	J3E-U	LBN
	IED22	ITALAIR Naqoura	LBN	FX	J3E-U	I
	VRQ	MFA Hanoi	VTN	FX	A1A	
19705		PE Islamabad	PAK	FX	F1B-75-425H	POL
19730	4UA	UNO Rawalpindi	PAK	FX	F1B-75-600L	THA
19732	PCW1	MFA Sgravenhaage	HOL	FX	F1B-ST	
19734	4UA	UNO Rawalpindi	PAK	FX	F1B-75-600L	SUI
19742	4UN	UNO Jerusalem	ISR	FX	F1B-75-425H	SUI
19747.5	6VU79	METEO Dakar	SEN	MX	F1B-50-600L	
19750	6VU79	METEO Dakar	SEN	MX	F1C-120	
19770	0	MIL-HQ Dublin	IRL	FX	J3E-U F1B-50	LBN
	37	IRISHBATT Harris	LBN	FX	J3E-U	IRL
19792.5		VOA Poro	PHL	PX	F1B-75	

19800...19990 kHz FESTER FUNKDIENST

19800	8EH39	HE Jakarta	INS	FX	F1B-100-425	HNG
19801		MFA Cairo	EGY	FX	F1B-ST	
19815		ITALDIPL Mogadishu	SOM	FX	F1B-50/ST	I
19820		UNO Khartoum	SDN	FX	J3E-U F1B-ST	SUI
19850	WFK39	AP New York NY	USA	PX	F1A F3C-60	
19860	LOL	AN Buenos Aires	ARG	FX	F1B-75-850	
	FTT86	FTN Paris	F	FX	J3E-L F1B-50-425L	KER
	NPN	USN Guam	GUM	MX	F1C-120	
19865	RKE20	TASS Moskva	URS	PX	F1B-50-425L	
19865.5	YZJ4	TANJUG Beograd	YUG	PX	F1B-50/75-425L	
19870	4UNQ	UNIFIL Naqoura	LBN	FX	F1B-75-425	SUI
19879.5	4US	UNO Nicosia	CYP	FX	F1B-75-425	SUI
19885	Y7A79	MFA Berlin	DDR	FX	F1A F1B-50-425H	
19890		ASFRJ Lagos	NIG	FX	F1B-75	YUG
19905		Moskva	URS	FD	J3E-U	
19907	PAA21	MOD Sgravenhaage	HOL	FX	J3E-U	
19915		VOA Tanger	MRC	PX	F1B-75-425H	
19922.5	4UZ39	UNO Geneva	SUI	FX	F1B-75	
19932	KNY32	BulgEmb Washington	USA	FX	F1B-75-600H	BUL
19941	5BC94	Nicosia R.	CYP	FC	J3E-U	
19942		MFA Lusaka	ZMB	FX	A1A	
19953		COSMOS-1686	URS	EC	F1B	
19960	VMA	ARMY Melbourne	AUS	FX	F1B-75-850	
	9HA	AIR Luqa	MLT	AX	F1B-50-425L	SDN
19961	AFE83	USAF/NASA Ascension	ASC	FX	B9W	USA
19978	SPP342	PE Luanda	AGL	FX	F1B-75-425H	POL
19980	EPJ2	IRNA Tehran	IRN	PX	F1B-50-425L	
19984	9JA71	PANA Lusaka	ZMB	PX	F1B-50-425	

19990...20010 kHz NORMALFREQUENZFUNKDIENST

19993		Weltraum-Rettungsfrequenz				
20000	WWVH	NBS Kekaha	HWA	SS	A2A A3E	
	WWV	NBS Ft.Collins	USA	SS	A2A A3E	
20002		MFA Cairo	EGY	FX	F1B-50/ST	

20010...21000 kHz FESTER FUNKDIENST

20011	HGX21	MFA Budapest	HNG	FX	F1B-50-425L	
20015	NAM	USN Norfolk VA	USA	MX	F1C-120	
20020	Y7A80	MFA Berlin	DDR	FX	A1A F1B-50-425L	
20035	CLP45	EMBACUBA Luanda	AGL	FX	A1A F1B	CUB
20051		ITALDIPL Nairobi	KEN	FX	F1B-ST	I
20060	CLP5	EMBACUBA Alger	ALG	FX	F1B-50	CUB
		VOA Greenville	USA	FX	B8E 2xF1B-75	
20069	4UZ	UNO Geneva	SUI	FX	F1B-75-425L	
20078	FTU8B	MFA/DIPLO Paris	F	PX	F1B-50-425H	
20085	ISX20	ANSA Roma	I	PX	F1B-50-425H	
20101.7		MFA Cairo	EGY	FX	F1B-ST	
		EgyEmb Lagos	NIG	FX	F1B-ST	EGY
	FJY2	FTN Kerguelen	KER	FX	J3E-L F1B-50	F
20125	MKD	RAF Akrotiri	CYP	FX	J7B	
20148	EBA	SNY Madrid	E	FX	F1B-75-850L	ARG
20150	7RQ20	MFA Alger	ALG	FX	A1A	
20152		MFA Cairo	EGY	FX	F1B-ST	
20155	3VA34	TAP Tunis	TUN	PX	F1B-50	
20160		ITALDIPL Kinshasa	ZAI	FX	J3E-U F1B-50	I
20178	RFFA	MOD Paris	F	FX	F1B-ARQ96	REU
20187	IRS41	IINA Roma	I	PX	F1B-50-425H	
20192	AFE71	USAF/NASA Cape FL	USA	FX	B9W	ASC
20204	YZJ	TANJUG Beograd	YUG	PX	F1B-50/75-600L	
20206	3CA67	PTT Malabo	GNE	FX	B9W	E
20215		RFE Holzkirchen FDR	D	FX	B8E	POR
20225	NAM	USN Norfolk VA	USA	FC	A1A	NUKO LCMP
20241	5TA21	PTT Nouadhibou	MTN	FX	B9W	F
20262	OHU20	MFA Helsinki	FNL	FX	J3E-U F1B-50-425L	
	OHU34	FinEmb Lusaka	ZMB	FX	J3E-U F1B-50	FNL
20270	FUG3	FNY La Regine	F	FC	F1B-75-850	
20272	AFE83	USAF/NASA Ascension	ASC	FX	B9W	USA
20300	NKW	USN Diego Garcia	BIO	MX	F1C-120	
20311.8	FTU31B	AFP Paris	F	PX	F1B-50-425H	
20313.2	FTU31B	AFP Paris	F	PX	F1B-50-425H	
20315	FTU31	MFA/DIPLO Paris	F	PX	F1B-50-425H	
20327.3	6VK221	PANA Dakar	SEN	PX	F1B-50-425L	
20330	MKD	RAF Akrotiri	CYP	FX	B9W	G
20338	D6B403	PTT Moroni	COM	FX	B9W	F
20350	NBA	USN Farfan	PNR	FX	F1B-75-850L	
20355	CCM	CN Magallanes	CHL	FX	F1B-50-850	AFS
20400	PCW50	MFO Sinai	EGY	FX	J3E	HOL
	HGX21	MFA Budapest	HNG	FX	F1B-50-425L	
20415	CLP45	EMBACUBA Luanda	AGL	FX	F1B-75	
20430	IRS24	ANSA Roma	I	PX	F1B-50-425H	
20455	GWC	BBC Daventry FDR	G	FX	B8E	
20470	AOK	USN Rota	E	MX	F1C-120	
	CXR	UrNY Montevideo	URG	FX	F1B-75-850L	PRU

20475	GYU	RN Gibraltar	GIB	FX	F1B-75-850	
	SPP325	PE New Delhi	IND	FX	A1A F1B-75-425	POL
20482.5		VOA Poro	PHL	PX	F1B-75-425H	
20495		PTT HoChiMinh-V.	VTN	FX	J3E-U	URS
20510	Y7G59	DDR-Emb New Delhi	IND	FX	F1B-100-425	DDR
20518.5	LOL	AN Buenos Aires	ARG	FX	F1B-75-850	
20540	MKD	RAF Akrotiri	CYP	FX	A1A J3E-U	
20545		RFE Holzkirchen FDR	D	FX	B8E	POR
20560	5AQ88	JANA Tripoli	LBY	PX	F1B-50-425L	
20595	HBD20	MFA Bern	SUI	FX	F7B-50-850	
20610		MENA Cairo	EGY	PX	F1B-50-425L	
20619	OMZ	MFA Praha	TCH	FX	A1A F1B-75-425H	
20625	5KM	C1N Cartagena	CLM	FX	F1B-75-850L	
20680	AJO	USAF Adana	TUR	FX	J7B	D
20698.5	ZRH	SAN Capetown	AFS	FX	F1B-75-850	E
20712	3DV31	MIL Suva	FJI	FX	J3E-U	LBN
20720	PPX	Rio de Janeiro R.	B	FC	J3E-U	
20734	4UWG	UNHCR Geneva	SUI	FX	A1A J3E-U	
	4UC	UNHCR Kinshasa	ZAI	FX	A1A J3E-U	
	4UC90	UNHCR Lubumbashi	ZAI	FX	A1A	
	4UWC	UNHCR Aru	ZAI	FX	A1A	
20736		DyN Buenos Aires	ARG	PX	F1C-60	
20750		CE Luanda	AGL	FX	F1B-75-425H	TCH
20753	ETC88	ICRC Addis Ababa	ETH	FX	A1A J3E-U	
	JYL88	ICRC Amman	JOR	FX	A1A J3E-U	
	5ZR88	ICRC Nairobi	KEN	FX	A1A J3E-U	
	C8Z650	ICRC Maputo	MOZ	FX	A1A J3E-U	
	6TR88	ICRC Khartoum	SDN	FX	A1A J3E-U	
	HUCRS	ICRC San Salvador	SLV	FX	A1A J3E-U	
	HBC88	ICRC Geneva	SUI	FX	A1A J3E-U	
	TTR88	ICRC N'djamena	TCD	FX	A1A J3E-U	
	9T020	ICRC Kinshasa	ZAI	FX	A1A J3E-U	
20760	1R7	CE Nairobi	KEN	FX	A1A F1B-75-425	TCH
20765	CUA88	CPRM Lisboa	POR	FX	R3E-U	STP
20770	SDJ	STA Stockholm R.	S	FD	J3E-U	
20785.9	CNM92X9	MAP Rabat/Tanger	MRC	PX	F1B-50-425L	
20790	PWZ33	BN Rio de Janeiro	B	FX	F1B-50-850	POR
	2C6	CE Cairo	EGY	FX	A1A F1B-75-425	TCH
20800	ODR88	ICRC Beirut	LBN	FX	J3E-U	
	6TR88	ICRC Khartoum	SDN	FX	F1B-ST	
	CLP33	EMBACUBA Addis Ababa	ETH	FX	F1B-50	
20818	D6B408	PTT Moroni	COM	FX	B8E	F
20832	TTZ8	STIT N'djamena	TCD	FX	B9W	F
20840	Y7D42	DDR-Emb Luanda	AGL	FX	F1B-100-425	DDR
	Y7A82	MFA Berlin	DDR	FX	A1A F1B-50-425H	
	ETQ37	DDR-Emb Addis Ababa	ETH	FX	F1B-100-425	DDR
20845	FDX	FAF Paris	F	FX	A1A	
20850	NBA	USN Farfan	PNR	FX	F1B-75-850L	
20854		IRNA Tehran	IRN	PX	F1B-50-425	
20860	FTU86	FTN Paris	F	FX	B9W	COM
20870	HET77	Berna R.	SUI	FD	J3E	
	CLP1	MFA Habana	CUB	FX	F1B-50-850	
20885	CPP67	USMILGP La Paz	BOL	FX	J3E-L	
	AHF4	USAF Albrook	PNR	FX	J3E-L	
	ZPM261	ODC Asuncion	PRG	FX	J3E-L	
	OAE21	USMAAG Lima	PRU	FX	J3E-L	
	CXC20	USMILGP Montevideo	URG	FX	J3E-L	
20900	6C2	CE Lagos	NIG	FX	A1A F1B-75	TCH

20932	SOV293B	Warszawa R.	POL	FC	F1B-FEC	SPMH
20936.5	SOV293A	Warszawa R.	POL	FC	F1B-50-600L	SPMH
20942	ETC88	ICRC Addis Ababa	ETH	FX	J3E-U	
	HBC88	ICRC Geneva	SUI	FX	J3E-U	
20946	OEY622	AUSCON Famagusta	CYP	FX	J3E-U	AUT
20950	OO	MFA Accra	GHA	FX	A1A J3E-L	
20957	Z2F1	ASFRJ Harare	ZWE	FX	F1B-75-425	YUG
20958	SAM	MFA Stockholm	S	FX	J3E-U F1B-75-425L	
	SAM..	Schwedische Botschaften		FX	J3E-U F1B-75-425L	S
20960	9VF233	KYODO Singapore	SNG	PX	F1B-50-850H	
20970	DOR	MFA Sofia	BUL	FX	A1A	
20983	CLP15	EMBACUBA Cotonu	BEN	FX	A1A	
20985	SAM75	SUD Nairobi	KEN	FX	F1B-75-425L	S
20990	OMZ5	CE Luanda	AGL	FX	A1A F1B-75	TCH
20995	ZOE	Tristan da Cunha	TRC	FX	J3E R3E	
20997	NNNO...	USN/MARS	USA	FX	J3E-U	
20998	HGX21	MFA Budapest	HNG	FX	F1B-50-425L	

21000...21450 kHz AMATEURFUNKDIENST

21450...21850 kHz RUNDFUNKDIENST

21757	HGX21	MFA Budapest	HNG	FX	F1B-50-425L	
21760	NRV	USCG Guam	GUM	FC	A1A	NUKO GCMP
21784	HGX21	MFA Budapest	HNG	FX	F1B-50-425L	
21807.5	YOV28	AGERPRES Bucuresti	ROU	PX	F1B-50-425L	
21830	FTV83	FTN Paris	F	FX	B8E	COM
21837	NPM	USN Pearl Harbor	HWA	MX	F1C-120	
21839		MFA Cairo	EGY	FX	F1B-ST	

21850...21870 kHz FESTER FUNKDIENST

21855		MFA Cotonu	BEN	FX	A1A J3E-U	

21870...21924 kHz FESTER FLUGFUNKDIENST

21870	ASP32	MFA Islamabad	PAK	FX	J3E-U F1B-50	

21924...22000 kHz BEWEGLICHER FLUGFUNKDIENST (R)

21925		W			J3E
21928		W			J3E
21931		W			J3E
21934		W			J3E
21937		W			J3E
21940		W 1			J3E
21943		W 5			J3E
21943		Paris R.	F	FD	J3E
21946		W 1			J3E
		SPEEDBIRD London	G	FD	J3E
21949		W 3			J3E
		Paris R.	F	FD	J3E
21952		W 1			J3E

21955		W 4			J3E
21958		W 1			J3E
21961		W 5			J3E
21964		W 2			J3E
21967		W 1			J3E
21970		W 3			J3E
21973		W 1			J3E
21976		W 4			J3E
21979		W 1			J3E
	DLH	LH Frankfurt	D	FD	J3E
21982		W 5			J3E
21985		W 2			J3E
21988		W 1			J3E
	HEE92	Berna R.	SUI	FD	J3E
21991		W 4			J3E
21993		SYRIANAIR Damascus	SYR	FD	J3E
21994		W 5			J3E
		SAUDIA Jeddah	ARS	FD	J3E
21997		W 1			J3E
		Stockholm R.	S	FD	J3E

<u>22000...22855 kHz</u> <u>BEWEGLICHER SEEFUNKDIENST</u>

22000.0..22124.0		Schiffe	AAA	MS	J3E (40 Kanäle)
22068	CCS	CN Santiago	CHL	FC	F1B-50-850H
22070	CCS	CN Santiago	CHL	MX	F1C-120
22072	CCS	CN Santiago	CHL	FC	A1A
22124.0		Schiffe u. Küstenfkst.	AAA	FC/MS	J3E
22127.1		Schiffe u. Küstenfkst.	AAA	FC/MS	J3E
22130.2		Schiffe u. Küstenfkst.	AAA	FC/MS	J3E
22133.3		Schiffe u. Küstenfkst.	AAA	FC/MS	J3E
22136.4		Schiffe u. Küstenfkst.	AAA	FC/MS	J3E
22139.5..22160.5		Schiffe	AAA	MS	Breitband-Telegrafie,...
22160.5..22164 kHz		Ozeanografische Daten	AAA	OD/OE	
22166....22192 kHz		Schiffe	AAA	MS	SpecMod
22192....22225.7		Schiffe	AAA	MS	F1B gepaart (67 Kanäle)
22225.7..22227 kHz		Schiffe	AAA	MS	F1B ungepaart
22227....22247 kHz		Schiffe	AAA	MS	A1A Anrufkanäle
22247....22250 kHz		Schiffe	AAA	MS	J2D Selektivruf
22250....22310.5		Schiffe	AAA	MS	A1A Arbeitsfrequenzen
22310.5	5OW22	Lagos R.	NIG	FC	A1A
22312	A9M	Bahrain R.	BHR	FC	A1A
22312.5	XSG	Shanghai R.	CHN	FC	A1A
	CWA	Cerrito R.	URG	FC	A1A
22315	UJY	Kaliningrad R.	URS	FC	A1A
22315.5	VIP6	Perth R.	AUS	FC	A1A
22318.5	XSV	Tianjin R.	CHN	FC	A1A
	FFS9	Saint Lys R.	F	FC	A1A
22320	WLO	Mobile R. AL	USA	FC	A1A
22322	A9M	Bahrain R.	BHR	FC	A1A
22322.5	UHK	Batumi R.	URS	FC	A1A
22323.5	DZJ	Manila R.	PHL	FC	A1A
22324.5	PCH70	Scheveningen R.	HOL	FC	A1A
22326	JNA	Tokyo R.	J	FC	A1A
22327.5	SVG7	Athinai R.	GRC	FC	A1A
22330	4XZ	IsNY Haifa	ISR	FC	A1A
22330.5	D3E81	Luanda R.	AGL	FC	A1A

22330.5	PBC322	RNN Goeree	HOL	FC	F1B-75-850H	
22333	URB2	Klaipeda R.	URS	FC	A1A	
22336	TIM	Limon R.	CTR	FC	A1A	
	XSW	Kaohsiung R.	TWN	FC	A1A	
22338	5RS	Tamatave R.	MDG	FC	A1A	
	KLC	Galveston R. TX	USA	FC	A1A	
22338.2	HZG	Dammam R.	ARS	FC	A1A	
22340	LZL7	Bourgas R.	BUL	FC	A1A	
	YIR	Basrah R.	IRQ	FC	A1A	
22340.3	DAL	Norddeich R.	D	FC	A1A	
22344	LZW7	Varna R.	BUL	FC	A1A	
	S9M	Sao Tome R.	STP	FC	A1A	
22345.4	CLS	Habana F R.	CUB	FC	A1A	
22346.5	SVI7	Athinai R.	GRC	FC	A1A	
22347.5	ZSC20	Capetown R.	AFS	FC	A1A	
22348.5	JFC	Misaki R.	J	FC	A1A	
22349.5	UFN	Novorossijsk R.	URS	FC	A1A	
22350	UFL	Vladivostok R.	URS	FC	A1A	
22351.5	OST72	Oostende R.	BEL	FC	A1A	
	XSQ	Guangzhou R.	CHN	FC	A1A	
22352.5	PPR	Rio de Janeiro R.	B	FC	A1A	
22356.8	SAB93	Goeteborg R.	S	FC	F1B-ST	QSX 22226 kHz
22357.5	CLA51	Habana R.	CUB	FC	A1A	
22362.5	HEB	Bern R.	SUI	FC	A1A	
22363	XSG	Shanghai R.	CHN	FC	A1A	
22365.5	UBN	Jdanov R.	URS	FC	A1A	
22366.5	JGC	Yokohama R.	J	FC	A1A	
22368	VAI	Vancouver R.	CAN	FC	A1A	
22371	URL	Sevastopol R.	URS	FC	F1B-50-170H	
22372.5	IAR22	Roma R.	I	FC	A1A	
22373	URL	Sevastopol R.	URS	FC	A1A F1B-50-170H	
22374	LZW72	Varna R.	BUL	FC	A1A	
22375	XYR24	Rangoon R.	BRM	FC	A1A	
22376	IAR2	Roma R.	I	FC	A1A	
22376.4	ZLO	RNZN Irirangi	NZL	FC	A1A	
22378	IAR32	Roma R.	I	FC	A1A	
	VTG9	IN Bombay	IND	FC	A1A	
22385	XDA	Mexico R.	MEX	FC	A1A	
22386	JCT	Choshi R.	J	FC	A1A	
22387	VCS	Halifax R.	CAN	FC	A1A	
	ESF	Tallin R.	URS	FC	A1A	
22387.5	GKS7	Portishead R.	G	FC	F1B-ST	QSX 22226 kHz
22390	XSJ	Zhanjiang R.	CHN	FC	A1A	
	FUF	FNY Ft.de France	MRT	FC	A1A	
22393	Y5M	Ruegen R.	DDR	FC	A1A F1B-50-170 F1C	
22394.5	HLF	Seoul R.	KOR	FC	A1A	
22395	OFJ22	Helsinki R.	FNL	FC	A1A	
	UAT	Moskva R.	URS	FC	A1A	
22396	CLA50	Habana R.	CUB	FC	A1A	
	JOS	Nagasaki R.	J	FC	A1A	
	LFL	Rogaland R.	NOR	FC	A1A	
22397.5	CFH	CF Halifax	CAN	FC	A1A	
22398	JNA	Tokyo R.	J	FC	A1A	
22399	SPH92	Gdynia R.	POL	FC	A1A	
22400	XDA	Mexico R.	MEX	FC	A1A	
22401	XSG	Shanghai R.	CHN	FC	A1A	
	Y5M	Ruegen R.	DDR	FC	A1A	
22403	UJY	Kaliningrad R.	URS	FC	A1A F1B-50-170H	

22404	OXZ92	Lyngby R.	DNK	FC	A1A		
22406	URD	Leningrad R.	URS	FC	A1A		
22407	ZLP7	RNZN Irirangi	NZL	FC	A1A		
	SPH93	Gdynia R.	POL	FC	A1A		
	WKM	West Haven R. CT	USA	FC	A1A		
22407.3	GKC7	Portishead R.	G	FC	A1A		
22409	JOR	Nagasaki R.	J	FC	A1A		
22410.9	SVB7	Athinai R.	GRC	FC	A1A		
22412	HPN60	Canal R.	PNR	FC	A1A		
22413	SAG9	Goeteborg R.	S	FC	A1A		
22415	LZL7	Bourgas R.	BUL	FC	A1A		
	DAF	Norddeich R.	D	FC	A1A		
22416	ELZ	Cape Palmas R.	LBR	FC	A1A		
22417	SVA7	Athinai R.	GRC	FC	A1A		
22418	WSC	Tuckerton R. NJ	USA	FC	A1A		
22419	LPD91	Gen.Pacheco R.	ARG	FC	A1A		
	OXZ9	Lyngby R.	DNK	FC	A1A		
	JCS	Choshi R.	J	FC	A1A		
22420	PPR2	Rio de Janeiro R.	B	FC	A1A		
	UDH	Riga R.	URS	FC	A1A		
22422	Y5M	Ruegen R.	DDR	FC	A1A		
22423	UAT	Moskva R.	URS	FC	A1A	F1B-50-170H	
22425	AQP8	PN Karachi	PAK	FC	A1A		
	KFS	Palo Alto R. CA	USA	FC	A1A		
22425.5	LGG	Rogaland R.	NOR	FC	A1A		
22427	HZG	Dammam R.	ARS	FC	A1A		
22428	CLS	Habana F R.	CUB	FC	A1A		
	9VG59	Singapore R.	SNG	FC	A1A		
22431	PKX	Jakarta R.	INS	FC	A1A		
	WNU36	Slidell R. LA	USA	FC	A1A		
	9PA	Banana R.	ZAI	FC	A1A		
22432	NKW	USN Diego Garcia	BIO	FX	F1B-75		MAU
	GKD7	Portishead R.	G	FC	A1A		
22435	UFL	Vladivostok R.	URS	FC	A1A		
22437	Y5M	Ruegen R.	DDR	FC	A1A		
22438	DZW	Manila R.	PHL	FC	A1A		
22440	JOU	Nagasaki R.	J	FC	A1A		
	UJQ7	Kiev R.	URS	FC	A1A		
22443	EQK	Khoramshahr R.	IRN	FC	A1A		
	YUR9	Rijeka R.	YUG	FC	A1A		
22445.5	JFA	Matsudo R.	J	FC	F1C		
22446	EAD6	Aranjuez R.	E	FC	A1A		
22447	CBV	Valparaiso R.	CHL	FC	A1A		
	FUV	FNY Djibouti	DJI	FC	A1A		
22448	YQI7	Constantza R.	ROU	FC	A1A		
22448.7	GKB7	Portishead R.	G	FC	A1A		
22450	ROT	Moskva R.	URS	FC	A1A		
22452	XSQ7	Guangzhou R.	CHN	FC	A1A		
22454	HPP	Panama R.	PNR	FC	A1A		
22454.2	GYC7	RN London	G	FC	A1A		NAWS B13A
22455	ZSC40	Capetown R.	AFS	FC	A1A		
	PWZ33	BN Rio de Janeiro	B	FC	F1B-50		
22458	WNU46	Slidell R. LA	USA	FC	A1A		
22459	OXZ93	Lyngby R.	DNK	FC	A1A		
	XSX	Keelung R.	TWN	FC	A1A		
22460	OMP7	Praha R.	TCH	FC	A1A		
22461	FUJ	FNY Noumea	NCL	FC	A1A		
22463	JCU	Choshi R.	J	FC	A1A		

22464	UFB	Odessa R.	URS	FC	A1A F1B-50-170H	
22465	XFA	Acapulco R.	MEX	FC	A1A	
	9MG12	Penang R.	MLA	FC	A1A	
22467	GKA7	Portishead R.	G	FC	A1A	
	KLC	Galveston R. TX	USA	FC	A1A	
22471	XDA	Mexico R.	MEX	FC	A1A	
22471.5	SVD7	Athinai R.	GRC	FC	A1A	
22472	NMO	USCG Honolulu	HWA	FC	A1A	
22473	CBV	Valparaiso R.	CHL	FC	A1A	
	LFG	Rogaland R.	NOR	FC	A1A	
22474	VIS42	Sydney R.	AUS	FC	A1A	
22475	URD	Leningrad R.	URS	FC	A1A	
22476	DAM	Norddeich R.	D	FC	A1A	
22477	XFU	Veracruz R.	MEX	FC	A1A	
22477.5	KPH	S.Francisco R.	USA	FC	A1A	
22478	CBV	Valparaiso R.	CHL	FC	A1A	
22479	CUG	S.Miguel R.	AZR	FC	A1A	
	CUL24	Lisboa R.	POR	FC	A1A	
	9VG27	Singapore R.	SNG	FC	A1A	
22481	Y5M	Ruegen R.	DDR	FC	A1A	
22482	HLG	Seoul R.	KOR	FC	A1A	
	DZR	Manila R.	PHL	FC	A1A	
22484	HZG	Dammam R.	ARS	FC	A1A	
22485	VHP7	RAN Canberra	AUS	FC	A1A	
	VIS	Sydney R.	AUS	FC	A1A	
	VIX7	RAN Canberra	AUS	FC	A1A	
	UBF2	Leningrad R.	URS	FC	A1A	
	WLO	Mobile R. AL	USA	FC	A1A	
22486	LZW73	Varna R.	BUL	FC	A1A	
22487	XSV	Tianjin R.	CHN	FC	A1A	
22490	5RS	Tamatave R.	MDG	FC	A1A	
	DZZ	Manila R.	PHL	FC	A1A	
22491	4XO	Haifa R.	ISR	FC	A1A	
	ELC	Monrovia R.	LBR	FC	A1A	
22494	GKK7	Portishead R.	G	FC	A1A	
22495	VIS43	Sydney R.	AUS	FC	A1A	
	SPH91	Gdynia R.	POL	FC	A1A	
22497	UDK2	Murmansk R.	URS	FC	A1A	
22499	HPP	Panama R.	PNR	FC	A1A	
22500	SVF7	Athinai R.	GRC	FC	A1A	
	FUX	FNY St.Denis	REU	FC	A1A	
22501	UFN	Novorossijsk R.	URS	FC	A1A F1B-50-170H	
22502	DZG	Manila/LP R.	PHL	FC	A1A	
22503	GKG7	Portishead R.	G	FC	A1A	
	WOE	Lantana R. FL	USA	FC	A1A	
22504	9KK23	Kuwait R.	KWT	FC	A1A	
22505	SPE91	Szczecin R.	POL	FC	A1A	
22506	DZI	Manila/Bacoor R.	PHL	FC	A1A	
22509	FFL9	Saint Lys R.	F	FC	A1A	
22511	XFN	Progreso R.	MEX	FC	A1A	
22512	UAT	Moskva R.	URS	FC	A1A	
22513.5	LPD28	Gen.Pacheco R.	ARG	FC	A1A	
22515	DAN	Norddeich R.	D	FC	A1A	
	KFS	Palo Alto R. CA	USA	FC	A1A	
22516	XDA	Mexico R.	MEX	FC	A1A	
22518	WCC	Chatham R. MA	USA	FC	A1A	
22520	LZL7	Bourgas R.	BUL	FC	A1A	
22523	FUB3	FNY Paris	F	FC	F1B-50/75-850	FAAA/FAAC

22524	JFA	Matsudo R.	J	FC	A1A	
22525	XSQ	Guangzhou R.	CHN	FC	A1A	
	IRM10	CIRM Roma	I	FC	A1A	
22525.5	GKH7	Portishead R.	G	FC	A1A	
22525.9	GKN7	Portishead R.	G	FC	A1A F1C	
22527	GKM7	Portishead R.	G	FC	A1A	
	NRV	USCG Guam	GUM	FC	A1A	
22527.9	GKO7	Portishead R.	G	FC	A1A	
22528.5	GKI7	Portishead R.	G	FC	A1A	
22530	PWZ33	BN Rio de Janeiro	B	FC	A1A	
	URL	Sevastopol R.	URS	FC	A1A	
22533	OST7	Oostende R.	BEL	FC	A1A	
	EDZ7	Aranjuez R.	E	FC	A1A	
	ZLB7	Awarua R.	NZL	FC	A1A	
22536	VPS22	C.d'Aguilar R.	HKG	FC	A1A	
22538	DZN	Navotas R.	PHL	FC	A1A	
22539	PCH71	Scheveningen R.	HOL	FC	A1A	
	KLB	Seattle R. WA	USA	FC	A1A	
22542	JJC	Tokyo/Kemigawa R.	J	MX	F1C-60/120	
22543	7TA12	Alger R.	ALG	FC	A1A	
22545	GKJ7	Portishead R.	G	FC	A1A	
	FUM	FNY Papeete	OCE	FC	A1A	
22546	TIM	Limon R.	CTR	FC	A1A	
22547	NMN	USCG Portsmouth VA	USA	FC	A1A	
22550	Y5M	Ruegen R.	DDR	FC	A1A	
	HSA23	Bangkok R.	THA	FC	A1A	
22551	VWB	Bombay R.	IND	FC	A1A	
	SPE92	Szczecin R.	POL	FC	A1A	
	CTV2	PNY Monsanto	POR	FC	A1A	
22555	OBQ5	Iquitos R.	PRU	FC	A1A	
	UFB	Odessa R.	URS	FC	A1A	
22557	KPH	S.Francisco R.	USA	FC	A1A	
22561.5	DCN	Norddeich R.	D	FC	F1B-ST	QSX 22192.5 kHz
22562.0	GKE7	Portishead R.	G	FC	A1A F1B-ST	QSX 22193.0 kHz
	ZLW	Wellington R.	NZL	FC	F1B-ST	
22562.5	OST76	Oostende R.	BEL	FC	F1B-ST	QSX 22193.5 kHz
	SPA95	Gdynia R.	POL	FC	F1B	
	KFS	Palo Alto R. CA	USA	FC	F1B-ST	
22563.0	FFT91	Saint Lys R.	F	FC	A1A F1B-ST	QSX 22194.0 kHz
	ZLW	Wellington R.	NZL	FC	F1B-ST	
22563.5	LGG2	Rogaland R.	NOR	FC	A1A F1B-ST	QSX 22194.5 kHz
	WLO	Mobile R. AL	USA	FC	F1B-ST	
22564.0	VIP36	Perth R.	AUS	FC	F1B-ST	QSX 22195.0 kHz
	LZW	Varna R.	BUL	FC	F1B	
	EAD	Aranjuez R.	E	FC	F1B-ST	
	VPS97	C.d'Aguilar R.	HKG	FC	F1B-ST	
22564.5	SAB907	Goeteborg R.	S	FC	F1B-ST	QSX 22195.5 kHz
22565.0	PCH75	Scheveningen R.	HOL	FC	A1A F1B-ST	QSX 22196.0 kHz
22565.5	CBV	Valparaiso R.	CHL	FC	F1B	QSX 22196.5 kHz
	OFA	Helsinki R.	FNL	FC	F1B-ST	
22566.0	VIP42	Perth R.	AUS	FC	F1B-ST	QSX 22197.0 kHz
	9VG84	Singapore R.	SNG	FC	F1B-ST	
	S9M	Sao Tome R.	STP	FC	F1B	
22566.5	CBV	Valparaiso R.	CHL	FC	F1B	QSX 22197.5 kHz
	HEC52	Bern R.	SUI	FC	A1A F1B-ST	
22567.0	OST77	Oostende R.	BEL	FC	F1B-ST	QSX 22198.0 kHz
	NRV	USCG Guam	GUM	FC	F1B-ST	
		Seoul R.	KOR	FC	F1B-ST	

22567.0	UAT	Moskva R.	URS	FC	A1A F1B-ST	
	NMF	USCG Boston MA	USA	FC	F1B-ST	
22567.5	FFT92	Saint Lys R.	F	FC	F1B-ST	QSX 22198.5 kHz
	KPH	S.Francisco R.	USA	FC	A1A F1B-ST	
22568.0	VIS71	Sydney R.	AUS	FC	F1B-ST	QSX 22199.0 kHz
22568.5	DCM	Norddeich R.	D	FC	F1B-ST	QSX 22199.5 kHz
	WLO	Mobile R. AL	USA	FC	F1B-ST	
22569.0	UPB	Providenia Bukhta R.	URS	FC	F1B	QSX 22200.0 kHz
22570.0	OXZ	Lyngby R.	DNK	FC	A1A F1B-ST	QSX 22201.0 kHz
	WPD	Tampa R. FL	USA	FC	F1B-ST	
22570.5	WNU	Slidell R. LA	USA	FC	F1B-ST	QSX 22201.5 kHz
22571.0	HZG	Dammam R.	ARS	FC	F1B-ST	QSX 22202.0 kHz
	EAD	Aranjuez R.	E	FC	F1B-ST	
	NMC	USCG S.Francisco CA	USA	FC	F1B-ST	
22571.5	WCC	Chatham R. MA	USA	FC	A1A F1B-ST	QSX 22202.5 kHz
22572.0	3AC	Monaco R.	MCO	FC	F1B-ST	QSX 22203.0 kHz
22572.5	SVT7	Athinai R.	GRC	FC	F1B-ST	QSX 22203.5 kHz
22573.5	FFT93	Saint Lys R.	F	FC	F1B-ST	QSX 22204.5 kHz
	UJY	Kaliningrad R.	URS	FC	F1B-50	
	WLO	Mobile R. AL	USA	FC	F1B-ST	
22574.0	CLA	Habana R.	CUB	FC	F1B	QSX 22205.0 kHz
22574.5	NMO	USCG Honolulu	HWA	FC	F1B-ST	QSX 22205.5 kHz
	NMN	USCG Portsmouth VA	USA	FC	F1B-ST	
22575.5	FFT	Saint Lys R.	F	FC	F1B-ST	QSX 22206.5 kHz
22576.0	DCL	Norddeich R.	D	FC	F1B-ST	QSX 22207.0 kHz
22576.5	HPP	Panama R.	PNR	FC	F1B	QSX 22207.5 kHz
22577.0	SAB932	Goeteborg R.	S	FC	F1B-ST	QSX 22208.0 kHz
22578.0	GKP7	Portishead R.	G	FC	A1A F1B-ST	QSX 22209.0 kHz
	UQB	Kholmsk R.	URS	FC	F1B	
22578.5	UFB	Odessa R.	URS	FC	F1B	QSX 22209.5 kHz
22579.0	CLA	Habana R.	CUB	FC	F1B-ST	QSX 22210.0 kHz
	OXZ	Lyngby R.	DNK	FC	F1B-ST	
	WPD	Tampa R. FL	USA	FC	F1B-ST	
22580.0	OFA	Helsinki R.	FNL	FC	F1B-ST	QSX 22211.0 kHz
	UBN	Jdanov R.	URS	FC	F1B-ST	
	UJQ	Kiev R.	URS	FC	A1A F1B-50	
22581.0	EAD	Aranjuez R.	E	FC	F1B-ST	QSX 22212.0 kHz
22582.0	UFB	Odessa R.	URS	FC	A1A F1B	QSX 22213.0 kHz
22582.5	HPP	Panama R.	PNR	FC	F1B-ST	QSX 22213.5 kHz
22583.0	IAR	Roma R.	I	FC	F1B-ST	QSX 22214.0 kHz
	UBE2	Petropavlovsk/Kam R.	URS	FC	F1B	
22584.0	A9M	Bahrain R.	BHR	FC	A1A F1B-ST	QSX 22215.0 kHz
22585.5	SVU7	Athinai R.	GRC	FC	A1A F1B-ST	QSX 22216.5 kHz
22586.0	HEC62	Bern R.	SUI	FC	F1B-ST	QSX 22217.0 kHz
22587.0	LGG3	Rogaland R.	NOR	FC	A1A F1B-ST	QSX 22218.0 kHz
22588.0	WLO	Mobile R. AL	USA	FC	A1A F1B-ST	QSX 22219.0 kHz
22588.5	HEC72	Bern R.	SUI	FC	F1B-ST	QSX 22219.5 kHz
22589.5	DCF	Norddeich R.	D	FC	F1B-ST	QSX 22220.5 kHz
22590.0	VCS	Halifax R.	CAN	FC	F1B-ST	QSX 22221.0 kHz
	GKY7	Portishead R.	G	FC	F1B-ST	
22590.5	OXZ	Lyngby R.	DNK	FC	F1B-ST	QSX 22221.5 kHz
	UFB	Odessa R.	URS	FC	F1B-50	
22591.5	CUL	Lisboa R.	POR	FC	F1B-ST	QSX 22222.5 kHz
22592.0	ZUD86	Durban R.	AFS	FC	A1A F1B-ST	QSX 22223.0 kHz
	ICB	Genova R.	I	FC	F1B-ST	
22593.0	ZSC65	Capetown R.	AFS	FC	F1B-ST	QSX 22224.0 kHz
22594.0	GKQ7	Portishead R.	G	FC	A1A F1B-ST	QSX 22225.0 kHz
	SPA96	Gdynia R.	POL	FC	F1B-ST	

22595.0/22595.5		Küstenfunkstellen	AAA	FC	J2D	Selektivruf
22596.0	EHY	Pozuelo-del-Rey R.	E	FC	J3E	QSX 22000.0 kHz
	UHO	Arkhangelsk R.	URS	FC	J3E	
	WOO	OceanGate R. NJ	USA	FC	J3E	
22599.1	S3D	Chittagong R.	BGD	FC	J3E	QSX 22003.1 kHz
	IAR	Roma R.	I	FC	J3E	
	LFN30	Rogaland R.	NOR	FC	J3E	
	UFB	Odessa R.	URS	FC	J3E	
	UFL	Vladivostok R.	URS	FC	J3E	
22602.2	VIS	Sydney R.	AUS	FC	J3E	QSX 22006.2 kHz
	LZW	Varna R.	BUL	FC	J3E	
	OXZ	Lyngby R.	DNK	FC	J3E	
	EQM	Bushehr R.	IRN	FC	J3E	
	HPP	Panama R.	PNR	FC	J3E	
	SAG	Goeteborg R.	S	FC	J3E	
22605.3	ZSC29	Capetown R.	AFS	FC	J3E	QSX 22009.3 kHz
	LPL21	Gen.Pacheco R.	ARG	FC	J3E	
	FFL92	Saint Lys R.	F	FC	J3E	
	OHG2	Helsinki R.	FNL	FC	J3E	
	4XO	Haifa R.	ISR	FC	J3E	
	9KK24	Kuwait R.	KWT	FC	J3E	
	YUR	Rijeka R.	YUG	FC	J3E	
22608.4	7TA32	Alger R.	ALG	FC	J3E	QSX 22012.4 kHz
	PCG71	Scheveningen R.	HOL	FC	J3E	
	EQK	Khoramshahr R.	IRN	FC	J3E	
	WOO	OceanGate R. NJ	USA	FC	J3E	
22611.5	ZSD42	Durban R.	AFS	FC	J3E	QSX 22015.5 kHz
	A9M	Bahrain R.	BHR	FC	J3E	
	GKT76	Portishead R.	G	FC	J3E	
	NMO	USCG Honolulu	HWA	FC	J3E	
	SPC93	Gdynia R.	POL	FC	J3E	
	OBC3	Callao R.	PRU	FC	J3E	
	YUR	Rijeka R.	YUG	FC	J3E	
22614.6	D3E	Luanda R.	AGL	FC	J3E	QSX 22018.6 kHz
	DAJ	Norddeich R.	D	FC	J3E	
	4XO	Haifa R.	ISR	FC	J3E	
	CUL	Lisboa R.	POR	FC	J3E	
	UAT	Moskva R.	URS	FC	J3E	
22617.7	OXZ	Lyngby R.	DNK	FC	J3E	QSX 22021.7 kHz
	JBO	Tokyo R.	J	FC	J3E	
	LFN32	Rogaland R.	NOR	FC	J3E	
	HPP	Panama R.	PNR	FC	J3E	
22620.8	OSU74	Oostende R.	BEL	FC	J3E	QSX 22024.8 kHz
	SVN7	Athinai R.	GRC	FC	J3E	
	4XO	Haifa R.	ISR	FC	J3E	
	HLS	Seoul R.	KOR	FC	J3E	
	SPC94	Gdynia R.	POL	FC	J3E	
	S9M	Sao Tome R.	STP	FC	J3E	
22623.9	OHG2	Helsinki R.	FNL	FC	J3E	QSX 22027.9 kHz
	WOO	OceanGate R. NJ	USA	FC	J3E	
22627.0	OXZ	Lyngby R.	DNK	FC	J3E	QSX 22031.0 kHz
	IAR	Roma R.	I	FC	J3E	
	LFN33	Rogaland R.	NOR	FC	J3E	
	SAG	Goeteborg R.	S	FC	J3E	
	BVA	Taipei R.	TWN	FC	J3E	
22630.1	VIP	Perth R.	AUS	FC	J3E	QSX 22034.1 kHz
	5BA72	Cyprus R. Nicosia	CYP	FC	J3E	
	GKU72	Portishead R.	G	FC	J3E	

22630.1	9VG70	Singapore R.	SNG	FC	J3E	
22633.2	OXZ	Lyngby R.	DNK	FC	J3E	QSX 22037.2 kHz
	YIR	Basrah R.	IRQ	FC	J3E	
	5AT	Tripoli R.	LBY	FC	J3E	
	LFN34	Rogaland R.	NOR	FC	J3E	
	ZLW	Wellington R.	NZL	FC	J3E	
	SAG	Goeteborg R.	S	FC	J3E	
	TAM5	Mersin R.	TUR	FC	J3E	
	UQB	Kholmsk R.	URS	FC	J3E	
	URD	Leningrad R.	URS	FC	J3E	
22636.3	OSU77	Oostende R.	BEL	FC	J3E	QSX 22040.3 kHz
	OHG2	Helsinki R.	FNL	FC	J3E	
	GKU74	Portishead R.	G	FC	J3E	
	HEB52	Bern R.	SUI	FC	J3E	
	TAM5	Mersin R.	TUR	FC	J3E	
	CWF	Punta Carretas R.	URG	FC	J3E	
	KMI	Dixon R. CA	USA	FC	J3E	
22639.4	YIR	Basrah R.	IRQ	FC	J3E	QSX 22043.4 kHz
	LFN35	Rogaland R.	NOR	FC	J3E	
	SPC91	Gdynia R.	POL	FC	J3E	
	WOM	Miami HighSeas R.	USA	FC	J3E	
22642.5	OXZ	Lyngby R.	DNK	FC	J3E	QSX 22046.5 kHz
	ICB	Genova R.	I	FC	J3E	
	9KK25	Kuwait R.	KWT	FC	J3E	
	WOM	Miami HighSeas R.	USA	FC	J3E	
22645.6	DAP	Norddeich R.	D	FC	J3E	QSX 22049.6 kHz
	SVN73	Athinai R.	GRC	FC	J3E	
	VPS	C.d'Aguilar R.	HKG	FC	J3E	
	4XO	Haifa R.	ISR	FC	J3E	
	OBF4	Mollendo R.	PRU	FC	J3E	
22648.7	5BA74	Cyprus R. Nicosia	CYP	FC	J3E	QSX 22052.7 kHz
	OXZ	Lyngby R.	DNK	FC	J3E	
	VPS	C.d'Aguilar R.	HKG	FC	J3E	
	S9M	Sao Tome R.	STP	FC	J3E	
	UFB	Odessa R.	URS	FC	J3E	
22651.8	OSU73	Oostende R.	BEL	FC	J3E	QSX 22055.8 kHz
	SVN7	Athinai R.	GRC	FC	R3E	
	3AC22	Monaco R.	MCO	FC	J3E	
	SPO91	Szczecin R.	POL	FC	J3E	
	5WA	Apia R.	SMO	FC	J3E	
22654.9	VAI	Vancouver R.	CAN	FC	J3E	QSX 22058.9 kHz
	GKU70	Portishead R.	G	FC	J3E	
	HEB72	Bern R.	SUI	FC	J3E	
22658.0		ANRUFFREQUENZ	AAA	FC	J3E	QSX 22062.0 kHz
22661.1	HZG	Dammam R.	ARS	FC	J3E	QSX 22065.1 kHz
	CUG	S.Miguel R.	AZR	FC	J3E	
	DAH	Norddeich R.	D	FC	J3E	
	OHG2	Helsinki R.	FNL	FC	J3E	
	HLS	Seoul R.	KOR	FC	J3E	
	CUB	Madeira R. Funchal	MDR	FC	J3E	
	WOM	Miami HighSeas R.	USA	FC	J3E	
22664.2	VIS	Sydney R.	AUS	FC	J3E	QSX 22068.2 kHz
	DAI	Norddeich R.	D	FC	J3E	
	IAR	Roma R.	I	FC	J3E	
	TAM4	Iskenderun R.	TUR	FC	J3E	
	KMI	Dixon R. CA	USA	FC	J3E	
	WAH	St.Thomas R.	VIR	FC	J3E	
22667.3	EHY	Pozuelo-del-Rey R.	E	FC	J3E	QSX 22071.3 kHz

22667.3	SVN75	Athinai R.	GRC	FC	J3E	
	YIR	Basrah R.	IRQ	FC	J3E	
	3BB	Pt.Louis HARBOUR	MAU	FC	J3E	
22670.4	7TA33	Alger R.	ALG	FC	J3E	QSX 22074.4 kHz
	OSU71	Oostende R.	BEL	FC	J3E	
	CBV	Valparaiso R.	CHL	FC	J3E	
	TUA	Abidjan R.	CTI	FC	J3E	
	TFA	Reykjavik R.	ISL	FC	J3E	
	XDA	Mexico R.	MEX	FC	J3E	
	XFA	Acapulco R.	MEX	FC	J3E	
22673.5	ZAD	Durres R.	ALB	FC	J3E	QSX 22077.5 kHz
	SUH	Alexandria R.	EGY	FC	J3E	
	FFL91	Saint Lys R.	F	FC	J3E	
	TFA	Reykjavik R.	ISL	FC	J3E	
22676.6	7TA34	Alger R.	ALG	FC	J3E	QSX 22080.6 kHz
	GKV77	Portishead R.	G	FC	J3E	
	JBO	Tokyo R.	J	FC	J3E	
	WLO	Mobile R. AL	USA	FC	J3E	
22679.7	OXZ	Lyngby R.	DNK	FC	J3E	QSX 22083.7 kHz
	LFN38	Rogaland R.	NOR	FC	J3E	
	SAG	Goeteborg R.	S	FC	J3E	
	KMI	Dixon R. CA	USA	FC	J3E	
22682.8	EHY	Pozuelo-del-Rey R.	E	FC	J3E	QSX 22086.8 kHz
	GKV79	Portishead R.	G	FC	J3E	
22685.9	Y5P	Ruegen R.	DDR	FC	J3E	QSX 22089.9 kHz
	SAG	Goeteborg R.	S	FC	J3E	
	TAH	Istanbul R.	TUR	FC	J3E	
22689.0	HZG	Dammam R.	ARS	FC	J3E	QSX 22093.0 kHz
	FFL94	Saint Lys R.	F	FC	J3E	
	OHG2	Helsinki R.	FNL	FC	J3E	
	SVN76	Athinai R.	GRC	FC	J3E	
	YIR	Basrah R.	IRQ	FC	J3E	
	UFN	Novorossijsk R.	URS	FC	J3E	
	WLO	Mobile R. AL	USA	FC	J3E	
22692.1	CLA76	Habana R.	CUB	FC	J3E	QSX 22096.1 kHz
	PCG72	Scheveningen R.	HOL	FC	J3E	
	YIR	Basrah R.	IRQ	FC	J3E	
	SPC92	Gdynia R.	POL	FC	J3E	
	HEB62	Bern R.	SUI	FC	J3E	
22695.2	EQN	Khomeini R.	IRN	FC	J3E	QSX 22099.2 kHz
	LFN40	Rogaland R.	NOR	FC	J3E	
22698.3	OXZ	Lyngby R.	DNK	FC	J3E	QSX 22102.3 kHz
	5AB	Benghazi R.	LBY	FC	J3E	
	XDA	Mexico R.	MEX	FC	J3E	
	XFK	La Paz R.	MEX	FC	J3E	
	LFN41	Rogaland R.	NOR	FC	J3E	
	BVA	Taipei R.	TWN	FC	J3E	
22701.4	FFL93	Saint Lys R.	F	FC	J3E	QSX 22105.4 kHz
	SVN7	Athinai R.	GRC	FC	J3E	
	A7D	Doha R.	QAT	FC	J3E	
22704.5	OXZ	Lyngby R.	DNK	FC	J3E	QSX 22108.5 kHz
	YIR	Basrah R.	IRQ	FC	J3E	
	JBO	Tokyo R.	J	FC	J3E	
	ZLW	Wellington R.	NZL	FC	J3E	
	KMI	Dixon R. CA	USA	FC	J3E	
	WOO	OceanGate R. NJ	USA	FC	J3E	
22707.6	IAR	Roma R.	I	FC	J3E	QSX 22111.6 kHz
	CUB	Madeira R. Funchal	MDR	FC	J3E	

22707.6	LFN43	Rogaland R.	NOR	FC	J3E	
	CTV	PNY Monsanto	POR	FC	J3E	
	WLO	Mobile R. AL	USA	FC	J3E	
22710.7	7TA35	Alger R.	ALG	FC	J3E	QSX 22114.7 kHz
	PPR	Rio de Janeiro R.	B	FC	J3E	
	DAK	Norddeich R.	D	FC	J3E	
	YIR	Basrah R.	IRQ	FC	J3E	
22713.8	OSU72	Oostende R.	BEL	FC	J3E	QSX 22117.8 kHz
	LFN44	Rogaland R.	NOR	FC	J3E	
	YUR	Rijeka R.	YUG	FC	J3E	
22716.9	CBV	Valparaiso R.	CHL	FC	J3E	QSX 22120.9 kHz
	GKX70	Portishead R.	G	FC	J3E	
	JBO	Tokyo R.	J	FC	J3E	
	5RS	Tamatave R.	MDG	FC	J3E	
	LFN45	Rogaland R.	NOR	FC	J3E	
22728	JMG6	METEO Tokyo	J	MX	F1B-50-850H	
22770	JMH6	METEO Tokyo	J	MX	F1C-120	
22777	JJC	Tokyo/Kemigawa R.	J	MX	F1C-60/120	
22777.5	GHH	METEO St.Helena	SHN	MX	F1B-50-425H	
22784	9JA87	PANA Lusaka	ZMB	PX	F1B-50	
22800		RN London/Northwood	G	MX	F1C-120	
22845	D2J36	ANGOP Luanda	AGL	PX	F1B-50-170L	

22855...23000 kHz FESTER FUNKDIENST

22862	ZRH	SAN Capetown	AFS	FX	F1B-50-850	CHL
22865	NPO	USN S.Miguel	PHL	MX	F1C-120	
22866	5YE	METEO Nairobi	KEN	MX	F1B-50-425L	
22870	5YE3	METEO Nairobi	KEN	MX	F1C-120	
22910	NPN	USN Guam	GUM	MX	F1C-120	
22915	FTW91	MFA/DIPLO Paris	F	PX	F1B-50-425H	
22925	HGX21	MFA Budapest	HNG	FX	F1B-50-425L	

23000...23200 kHz FESTER FUNKDIENST, Beweglicher Funkdienst

23064	NPN	USN Guam	GUM	MS	F1C-120
23075	WFN23	AP New York NY	USA	PX	F1A F3C-60
23095	GYU	RN Gibraltar	GIB	FX	F1B-50-850

23200...23350 kHz FESTER FLUGFUNKDIENST, BEWEGLICHER FLUGFUNKDIENST (OR)

23210	SDJ	STA Stockholm R.	S	FD	J3E
23265	AFA3	USAF Andrews MD	USA	FG	J3E
23275	ONY77	BAF Brussels	BEL	FG	J3E
23285	HEE91	Berna R.	SUI	FD	J3E
23307		SAUDIA Jeddah	ARS	FD	J3E

23350...24000 kHz FESTER FUNKDIENST, BEWEGLICHER FUNKDIENST ausser Beweglicher Flugfunkdienst

23351	ZRH96	SAN Capetown	AFS	FX	F1B-75-850	
23370	HZN50	METEO Jeddah	ARS	MX	F1B-100-425H	
23391.5	LOL	AN Buenos Aires	ARG	FX	F1B-75-850L	PNR
23405	SOY240B	Warszawa R.	POL	FC	F1B-FEC	SPMH

23408	SOY240A	Warszawa R.	POL	FC	A1A	SPMH
23413	AFE83	USAF/NASA Ascension	ASC	FX	B9W	ATG
23425	KKN44	USE Monrovia	LBR	FX	A1A	
23529	SAM	MFA Stockholm	S	FX	J3E-U F1B-75-425L	
23642	KWS78	USE Athinai	GRC	FX	A1A	
23682	AOK	USN Rota	E	MX	F1C-120	
23690	4UT	UNO Bangkok	THA	FX	F1B-75-850H	PAK

24000...24890 kHz FESTER FUNKDIENST, BEWEGLICHER LANDFUNKDIENST

24110	HKVO	IP Bogota	CLM	FX	F1B-ST	
24855	MKD	RAF Akrotiri	CYP	FX	B9W	G

24890...24990 kHz AMATEURFUNKDIENST

24990...25010 kHz NORMALFREQUENZFUNDKDIENST

25000	WWV	NBS Ft.Collins	USA	SS	A2A A3E

25010...25070 kHz FESTER FUNKDIENST, BEWEGLICHER FUNKDIENST ausser Beweglicher Flugfunkdienst

25010....25070 kHz		Schiffe	AAA	MS	J3E (19 Kanäle)
25027	ZRH97	SAN Capetown	AFS	FX	F1B-50-850
25035	SDJ	STA Stockholm R.	S	FD	J3E-U
25045	OBC3	Callao R.	PRU	FC	A1A
25060	5OW	Lagos R.	NIG	FC	A1A
25065	OFJ25	Helsinki R.	FNL	FC	A1A
	OBF4	Mollendo R.	PRU	FC	A1A

25070...25210 kHz BEWEGLICHER SEEFUNKDIENST

25071		Schiffe	AAA	MS	A1A 3 Anrufkanäle: A
25073		Schiffe	AAA	MS	A1A B
25075		Schiffe	AAA	MS	A1A C
25076....25090.1		Schiffe	AAA	MS	F1B ungepaart (28 Kanäle)
25090.1..25110 kHz		Schiffe	AAA	MS	A1A Arbeitsfrequenzen
25110	OBQ5	Iquitos R.	PRU	FC	A1A
25127	UJY	Kaliningrad R.	URS	FC	F1B-50-170H
25130	LPD34	Gen.Pacheco R.	ARG	FC	A1A
25135	OST8	Oostende R.	BEL	FC	A1A
25175	ROT	Moskva R.	URS	FC	A1A
25195	LSA8	Boca R.	ARG	FC	A1A
25196	DAM	Norddeich R.	D	FC	A1A

25210...25550 kHz FESTER FUNKDIENST, BEWEGLICHER FUNKDIENST (ausser Beweglicher Flugfunkdienst)

25262	OXZ95	Lyngby R.	DNK	FC	A1A	
25308	LFR	Rogaland R.	NOR	FC	A1A	
25350		RFE Holzkirchen FDR	D	FX	B8E	POR
25380.0	NMC	USCG S.Francisco CA	USA	FC	F1B-ST	QSX 25085.8 kHz

25382.5	LFZ	Rogaland R.	NOR	FC	A1A		
25401	SVA8	Athinai R.	GRC	FC	A1A		
25415.5	SAB25	Goeteborg R.	S	FC	A1A		
25440.5	OXZ	Lyngby R.	DNK	FC	J3E		
25444	OXZ	Lyngby R.	DNK	FC	J3E		
25461	SAG25	Goeteborg R.	S	FC	A1A		
25497.0	DAJ	Norddeich R.	D	FC	J3E	QSX 25032 kHz	
25535	SVD8	Athinai R.	GRC	FC	A1A		

25550...25670 kHz RADIOASTRONOMIEFUNKDIENST

25590	NAR	USN Key West FL	USA	FC	A1A	NUKO (LCMP)	3456

25670...26100 kHz RUNDFUNKDIENST

26100...26175 kHz BEWEGLICHER SEEFUNKDIENST

26108	DAN	Norddeich R.	D	FC	A1A	
26122.7	SAG	Goeteborg R.	S	FC	J3E	
26144.4	SAG	Goeteborg R.	S	FC	J3E	
26150.6	SAG	Goeteborg R.	S	FC	J3E	
26163.3	LFZ2	Rogaland R.	NOR	FC	F1B-ST	QSX 25079.3 kHz
26172.8	LFZ3	Rogaland R.	NOR	FC	F1B-ST	QSX 25088.8 kHz

26175...27500 kHz FESTER FUNKDIENST, BEWEGLICHER FUNKDIENST (ausser Beweglicher Flugfunkdienst)

26227.5	DAF	Norddeich R.	D	FC	A1A F1B-ST
26340	DAL	Norddeich R.	D	FC	A1A
26455	Y5M	Ruegen R.	DDR	FC	A1A F1B
27017	OST82	Oostende R.	BEL	FC	A1A

27500...28000 kHz FESTER FUNKDIENST, WETTERHINFENFUNKDIENST, BEWEGLICHER FUNKDIENST

28000...29700 kHz AMATEURFUNKDIENST

29700...30005 kHz FESTER FUNKDIENST, BEWEGLICHER FUNKDIENST

Presseagenturen im Überblick

Die Presseagenturen in aller Welt versorgen ihre dafür zahlenden Kunden, hauptsächlich Zeitungsredaktionen, Rundfunk und Fernsehen, mit aktuellen Nachrichten. Es gibt eine ganze Reihe bekannter Agenturen, beispielsweise AP, UPI, REUTER, AFP, DPA, deren Medlungen und Berichte oft in den Tageszeitungen zu sehen sind.

Die Meldungen der Nachrichtenagenturen werden den einzelnen Abnehmern zumeist über feste Verbindungen zugeleitet, wobei sich teils normaler Telexleitungen, in immer größerem Maße jedoch moderner Datenfernübertragungsleitungen bedient wird. Bei größeren Entfernungen laufen diese Verbindungen zunehmend über die verschiedenen Nachrichtensatelliten.

Mit Zunahme der modernen Übertragungstechniken spielen die Aussendungen als Funkfernschreiben auf Kurzwelle vor allem bei den Agenturen der hochentwickelten westlichen Länder eine immer geringere Rolle. Aus der Anzahl der verwendeten Kurzwellenfrequenzen und der Länge der Sendezeit auf KW kann daher nicht automatisch auf die Größe und Bedeutung einer Agentur geschlossen werden. REUTER, eine der größten und bedeutendsten Agenturen der Welt, unterhält beispielsweise gar keinen Kurzwellendienst mehr.

Eine Presse-Funkfernschreibmeldung läßt sich leicht an ihrem Inhalt als solche erkennen. Die Identifikation ist meist recht einfach, weil die jeweilige Agentur mindestens zu Beginn einer Meldung ihre Namensabkürzung und weitere Daten angibt. Presse-Funkfernschreibmeldungen unterliegen dem Copyright der aussendenden Agentur!

Nachfolgend werden einzelnen Nachrichtenagenturen mit den wichtigsten Angaben vorgestellt (nach Ländern geordnet). Eine ausführliche Darstellung beinhaltet unser Buch "**Presseagenturen auf Kurzwelle (RTTY)** - Frequenzen - Sendepläne - Informationen" (siehe Leserservice am Ende dieses Buches).

ÄGYPTEN : Middle East News Agency (MENA)

P.O.Box 1165, Cairo, Egypt.

Frequenzen: 3571, 5220, 7610, 7756, 10150, 13653, 15845, 15935, 20610 kHz

Sendungen in arabisch auf 3571, 5220, 10150, 15845 kHz
englisch und französisch auf 7610, 7756, 13653, 15935, 20610 kHz

ALBANIEN : Agence Telegraphique Albanaise (ATA)

Boulevard Marcel Cachin 23, Tirana, Albanien.

Frequenzen: 7850, 9133, 9430, 10435 kHz

Sendungen in englisch 0730, 0900, 1100, 1500, 1700 UTC
französisch 0730, 0900, 1100, 1500, 1900 UTC
auf je einer Frequenz pro Sprachdienst und Zeit.

ALGERIEN : Algerie Presse Service (APS)

7 Boulevard Che Guevara, Alger, Algerien.

Frequenzen: 14932, 15480 kHz

Sendungen in arabisch um 0800-1000, 1400-1600 UTC auf 14932 kHz
englisch ab 1000 UTC auf 15480 kHz

ANGOLA : Agencia Angola Press (ANGOP)

Caixa Postal 2181, Luanda, Angola

Frequenzen: 11000, 16164, 22845 kHz

Sendungen in französisch um 1200 UTC auf 11000 kHz

ARGENTINIEN : Diarios y Noticias (DyN)

Frequenzen: 2749.5, 4549.5, 7954, 11013 kHz RTTY; 20736 kHz FAX

Sendungen in spanisch 2000-0300 UTC

ARGENTINIEN : Agencia EFE (EFE)

Guido 1770, 1016 Buenos Aires, Argentina.

Frequenzen: 7626 kHz

Sendungen in spanisch um 2200 auf 7626 kHz

ARGENTINIEN : Noticias Argentinas (NA)

Florida 835, Buenos Aires, Argentina.

Frequenzen: 3840, 7456, 10805 kHz

Sendungen in spanisch um 2000-0300

ARGENTINIEN : Agencia de Noticias TELAM (TELAM)

Bolivar 531, Buenos Aires, Argentina.

Frequenzen: 4004.5, 7306, 7428.5, 10345, 13515, 13540, 18421 kHz RTTY;
18433 kHz FAX

Sendungen in spanisch um 1100-0500

BAHRAIN : Gulf News Agency (GNA)

P.O.Box 301, Manama, Bahrain.

Frequenzen: 4042, 9197.5, 14764, 19396 kHz

Sendungen in arabisch um 0500-2100 UTC,
englisch um 1500 auf 4042 kHz

BANGLADESH : Bangladesh Sangbad Sangstha (BSS)

P.O.Box 84, Dhaka, Bangladesh.

Frequenzen: 19100 kHz

Sendungen in englisch um 0600, 0900, 1100 UTC

BULGARIEN : Bulgarian Telegraphic Agency (BTA)

49 Boulevard Lenin, 1504 Sofia, Bulgarien.

Frequenzen: 4525, 6960, 7460, 11110, 11502, 13400, 15555 kHz

Sendungen in englisch um 0800, 1300, 1430, 1830 UTC
französisch um 1300 UTC auf 11110 kHz

CHINA : Xinhua News Agency (XNA)

30 Hsuanwumen Hsi Chieh, Beijing, China.

Frequenzen: 6915, 7520, 7625, 7650, 7887, 9417, 9491, 11133, 11680, 12265,
14367, 14376, 14760, 14922, 15700, 16136, 17214, 18872, 19077 kHz

Sendungen in arabisch um 0900 UTC auf 19077 kHz
englisch um 0100, 0700, 1200, 1500, 1830 UTC
französisch um 1445, 1730 UTC auf 11133, 14922 kHz
russisch um 0815 UTC auf 14376 kHz

BUNDESREPUBLIK DEUTSCHLAND : Deutsche Presse-Agentur (DPA)

Mittelweg 38, D-2000 Hamburg 13.

Frequenzen: 110.6 kHz 200 Baud ASCII
139 kHz FAX
11124.5, 13482, 15996.1, 18697.6, 18700.6 kHz RTTY
6418.5, 8439, 12953, 13364, 17082 kHz A1A

Sendungen in englisch um 1000-1900 für Südostasien (RTTY);
deutsch für Seefahrer um 0118, 0818, 1616 UTC in Telegraphie (A1A)

BUNDESREPUBLIK DEUTSCHLAND : Presse- und Informationsamt der Bundesregierung

Frequenzen: 7490.6, 7917, 10131.4, 13438, 13622, 18702.4, 18704.2 kHz
96 Baud FEC (Frankfurt);
14815 kHz 96 Baud FEC (Singapore)

BUNDESREPUBLIK DEUTSCHLAND:

Vereinigte Wirtschaftsdienste (VWD)

Börsenplatz 6, 6000 Frankfurt 1.

Frequenz: 55.3 kHz 75 Baud RTTY

Sonstige Agenturen auf Langwelle:

EPD - Evangelischer Pressedienst
KNA - Katholische Nachrichtenagentur
SID - Sportinformationsdienst

Frequenz: 140 kHz 200 Baud ASCII

DEUTSCHE DEMOKRATISCHE REP. : Allgem. Deutscher Nachrichtendienst (ADN)

Postfach 1219, DDR-1020 Berlin, DDR.

Frequenzen: 5195, 5859, 7307, 7425, 7555, 7950, 8067.5, 9053, 9967, 10543, 10785, 10920, 12251, 13735, 13895, 14665, 14800, 14825, 16325, 16403, 16417, 18823 kHz RTTY
17435 kHz FAX

Sendungen in englisch jeweils 2 Stunden lang auf 2...3 Frequenzen:
um 0600, 1000, 1400, 1600, 1800 UTC für Afrika;
0700, 0900, 1100, 1300, 1500, 1700, 1900, 2100 UTC für Asien;
französisch um 1000, 1800 UTC für Afrika
arabisch um 0800, 1200 UTC auf 13895 16325 kHz
1600, 2000 UTC auf 7555 7950 kHz
spanisch/portugiesisch für Südamerika

FRANKREICH : Agence France Presse (AFP)

11 Place de la Bourse, F-75002 Paris, France.

Frequenzen: gepaarte Frequenzen bei 5840, 8023, 9397, 10559, 13729, 14795, 15978, 18670, 20312 kHz RTTY (Paris);
7542.5 kHz RTTY (Hong Kong)
10562.5 kHz A1A

Sendungen in englisch und französisch für Afrika auf folgenden Frequenzen (jede angegebene Frequenz besteht aus 2 Kanälen, die 1.4 kHz auseinander liegen): 9397, 13729, 15978, 18670, 20312 kHz;
in arabisch und französisch für Nahost auf folgenden Frequenzen (bestehend aus zwei 1.4 kHz auseinanderliegenden Kanälen): 8022, 14795 kHz
in englisch für Südostasien auf 7542.5 kHz

FRANKREICH : Service de Presse Diplomatique (DIPLO)

Ministere des Relations Exterieures, Sous-Direction de la Presse,
37 Quai d'Orsay, F-75000 Paris.

Frequenzen: 4059.5, 9788, 13998, 16106, 16397.5, 18785, 20078, 20315, 22915 kHz

Sendungen in französischer Sprache für französische Botschaften im Ausland um 0900-1500 UTC.
Gelegentlich auch in anderen Sprachen als französisch.

INDIEN : Indian Informations Agency (INDINFO)

Frequenzen : 7773, 14785, 18255 kHz

Sendungen in englisch um 0930, 1430 UTC

INDIEN : Press Trust of India (PTI)

4 Parliament Street, New Delhi 110001, India.

Frequenzen: 10655 kHz

Sendungen in englisch um 0500, 1500 UTC

IRAQ : Iraqi News Agency (INA)

P.O.Box 3084, Baghdad, Iraq.

Frequenzen: 5867, 7565, 9867, 13524, 14373, 14699 kHz

Sendungen in arabisch um 0600-2000;
englisch um 1200-1700 auf 13524, 14373 kHz

IRAN : Islamic Republic News Agency (IRNA)

873 Vali-e-Asr Avenue, Tehran, Iran.

Frequenzen: 7400, 7800, 7960, 8050, 9451, 16090, 18560, 19200, 19980, 20854 kHz

Sendungen in englisch um 0900-1100 auf 19980 kHz
1000-1200 auf 19200 kHz
1500-1730 und 1900-2030 auf 7800, 7960 kHz
arabisch um 1100-1500 auf 18560 kHz
1730-1900 auf 7400, 8050 kHz

ITALIEN : Agenzia Nazionale Stampa Associata (ANSA)

Via delle Mercede, I-00187 Roma, Italia.

Frequenzen: 4804, 8030, 8062, 9052.5, 9402.5, 10815, 11416, 12108, 13487.5,
14630.5, 15693.5, 17473, 20085, 20430 kHz RTTY (Roma);
10408, 16265 kHz RTTY (Singapore)
18664 kHz FAX

Sendungen in englisch um 0800-0900
1500-1600
1700-1850 via Singapore
1900-2000
französisch um 0900-1000
1600-1700
1800-1900
2000-2100 jeweils auf bis zu 8 Frequenzen

JAPAN : Jiji Press (JIJI)

P.O.Box 1007, Tokyo Central P.O., Japan.

Frequenzen: 7327.5, 8175 kHz RTTY;
19396 kHz RTTY (London);
16150, 17430 kHz RTTY (Singapore);
8175, 16230 kHz FAX

Sendungen in englisch auf den genannten Frequenzen.
um 1330 via Singapore

JAPAN : Kyodo News Service (KYODO)

2 Akasa Aoicho, Tokyo, Japan.

Frequenzen: 5097.5, 10795, 12070, 12275, 14547.5, 14719, 17597.5 kHz RTTY;
20960 kHz RTTY (Singapore);
6820 kHz (FAX)

Sendungen in englisch um 0000-0100 auf 8175 kHz
0240-0410 auf 8175 kHz
0430-0600 auf 12275, 20960 kHz
0720-0820 auf 10795 kHz
0830-1000 auf 5097.5 kHz
1000-1100 auf 14547.5, 20960 kHz
1220-1250 auf 8175 kHz

JORDANIEN : Jordan News Agency (PETRA)

P.O.Box 6845, Amman, Jordan.

Frequenzen: 5055, 6530, 9463, 10185.7, 14560 kHz

Sendungen in arabisch um 0900-1100 auf 9463, 10185, 14560 kHz
1500-1700 auf 9473 kHz
englisch um 0800-0900 auf 9463 kHz
1700-1800 auf 5055, 6530, 9463 kHz

JUGOSLAWIEN : Telegrafska Agencija Nova Jugoslavija (TANJUG)

P.O.Box 439, YU-11000 Beograd, Jugoslavija.

Frequenzen: 5112, 5240, 5450, 7592, 7658, 7806, 7996, 10278.5, 12048, 12212.5, 13440, 14632, 15705, 16065, 16343, 18050, 19865.5, 20204 kHz

Sendungen in englisch um 0000-2400 auf bis zu 5 Frequenzen;
französisch um 0900, 1100, 1500, 1700, 1900 UTC;
serbocroatisch um 0800, 1100, 1400, 1600, 2000 auf 5112, 5450 kHz

KAMPUCHEA : Service de Presse Kampucheenne (SPK)

Frequenzen: 9254, 9828 kHz

Sendungen in englisch um 1400.

KOREA (Süd) : Yonhap News Agency (YONHAP)

P.O.Box Kwanghwamoon 1039, Seoul, Korea.

Frequenzen: 11602.5, 18455 kHz

Sendungen in englisch um 0730 UTC.

KOREA (Nord) : Korean Central News Agency (KCNA)

Pyongyang, Democratic People's Republic of Korea.

Frequenzen: 8020, 8153, 9395, 9415, 10525, 10580, 11230, 11430, 11475, 11536, 12175, 13580, 13780, 14350, 14568, 14925, 15456, 15633 kHz RTTY;
11430, 11475 kHz FAX

Sendungen in englisch um 0400, 0830, 1030, 1500, 1800, 2130 UTC
französisch um 1200, 1800, 2130 UTC
russisch um 1245 UTC auf 11430, 13730 kHz
spanisch um 0730 UTC

KUBA : Prensa Latina (PL)

Calle 23 No. 201, Venado, Habana, Cuba.

Frequenzen: 8140, 11070, 14901, 14928, 16348, 18193.5 kHz (Habana);
18600, 19505 kHz (Moskva);
10710 kHz (Tokyo)

Sendungen in englisch um 0800-1000, 1800-2000, 2200-2400 UTC via Habana,
englisch um 1130-1230 UTC via Tokyo,
englisch/französisch/spanisch/portugiesisch um 0700-1430 via Moskva

KUWAIT : Kuwait News Agency (KUNA)

P.O.Box 24063, Safat, Kuwait.

Frequenzen: 5025, 6860, 7601, 7699, 7913, 9229, 10155, 11495, 11576, 14420, 14833, 15645, 17625, 18262.5, 18270, 18295, 18309, 18642.5 kHz

Sendungen in arabisch um 0700-2000 UTC,
englisch um 1000-1900 UTC.

Die angegebenen Frequenzen werden paarweise eingesetzt: auf 2 kHz unterhalb der angegebenen Mittenfrequenz läuft der englische Dienst, 2 kHz oberhalb der arabische Dienst.

LAOS : Khao San Pathet Lao (KPL)

Frequenz: 14640 kHz

Sendungen in englisch um 0900-1000 UTC.

LIBYEN : Jamahiriyah Arab News Agency (JANA)

P.O.Box 2303, Tripoli, Libyia.

Frequenzen: 10518, 12186, 14573, 15462, 20560 kHz

Sendungen in arabisch um 0700-2000 UTC auf 10518, 14573 kHz
englisch um 0800, 1400, 1615, 1730 UTC

MAROKKO : Maghreb Arabe Presse

B.P. 1049, Rabat, Morrocco.

Frequenzen: 7708.5, 7842.4, 10213, 10475.2, 10497.5, 13585.6, 14574.4, 14760, 15999.9, 16134.1, 18220.9, 18265, 18496.1, 19068.4, 19171.1, 20785.9 kHz

Sendungen in arabisch um 0900-1030 UTC, 1530-1700 UTC
englisch um 1200-1400 UTC
französisch um 1000-1130, 1530-1700 UTC,
jeweils auf bis zu 9 Frequenzen

MONGOLEI : Mongolian Telegraphic Agency (MONTSAME)

Sukhe-Bator Square, Shubaataryn Yalbay 9, Ulan Bator, Mongolia.

Frequenz: 10335 kHz

Sendungen in englisch um 1700 UTC

NIGERIA : News Agency of Nigeria (NAN)

National Theatre, IGANMU, P.M.G. 12756, Lagos, Nigeria.

Frequenz: 10602.5 kHz

Sendungen in englisch um 0700 und 1500 UTC

POLEN : Polska Agencja Prasowa (PAP)

P.O.Box 898, Warszawa 00-950, Poland.

Frequenzen: 4623, 6805, 6848, 7725, 7845, 8133, 8192.5, 9391, 9873, 10245, 11497, 13635, 13785, 14500, 15508.5, 16210, 17492, 18650 kHz

Sendungen in englisch um 0000 UTC auf 7725 kHz
0600 UTC auf 9391 kHz
1100 UTC auf 11494, 14362 kHz
1400 UTC auf 11497 kHz
1500 UTC auf 13785, 16210 kHz
1600 UTC auf 8192 kHz
1700 UTC auf 7845, 10245 kHz
2000 UTC auf 4623 kHz
2100 UTC auf 6805 kHz
französisch um 1700 UTC auf 15508, 18650 kHz
1900 UTC auf 6848 kHz

RUMÄNIEN : Agentia Romina de Presa (AGERPRES)

Piata Scinteii 1, Bucuresti, Romania.

Frequenzen: 6972, 9797, 11158, 12110, 21807.5 kHz

Sendungen in englisch um 0730-0830 UTC auf 12110 kHz
0900-1000 UTC auf 9797 kHz
1100-1200 UTC auf 21807 kHz
1830-1930 UTC auf 6972 kHz
französisch um 1000-1100 UTC auf 9797 kHz
1700-1800 UTC auf 6972 kHz

SAUDI ARABIEN : International Islamic News Agency (IINA)

P.O.Box 5054, Jeddah, Saudi Arabia.

Frequenzen: 9443, 11027, 19178, 20187 kHz RTTY (Roma, I)

Sendungen in arabisch um 1200-1400 UTC auf 20187 kHz
1400-1600 UTC auf 11027 kHz
1600-1900 UTC auf 9443 kHz
englisch um 0800-1500 UTC auf 19187 kHz

SENEGAL : Pan African News Agency (PANA)

B.P. 4056, Dakar, Senegal.

Frequenzen: 16117.4, 20327.3 kHz

Sendungen in englisch/französisch um 0900-1200, 1300-1800

SUDAN : Sudanese National News Agency (SUNA)

P.O.Box 1506, Khartoum, Sudan.

Frequenzen: 15731, 18788, 19463 kHz

Sendungen in arabisch um 1000-1600 UTC auf 15731 kHz
englisch um 0930-1030 UTC auf 18788 kHz
1700-1800 UTC auf 18788 kHz
französisch um 0900-1000 UTC auf 19463 kHz
1600-1700 UTC auf 19463 kHz

SYRIEN : Syrian Arab News Agency (SANA)

Baramkeh, Damascus, Syrien.

Frequenzen: 3560, 5810, 11080, 15020, 18950 kHz

Sendungen in arabisch um 0700-2100 UTC

TAIWAN : Central News Agency (CNA)

137 Nangking East Road, Taipei, Taiwan.

Frequenzen: 7695, 10960, 13563, 16224 kHz RTTY;
9430, 13766, 14685, 15878, 19680 kHz FAX

Sendungen in englisch um 0230-0330, 0930-1030, 1330-1500 UTC
auf jeweils 3 Frequenzen

TSCHECHOSLOWAKEI : Ceskoslovenska Tiskova Kancelar (CTK/CETEKA)

Opletalova 5-7, CS-11144 Praha 1, CSSR.

Frequenzen: 7577.5, 8142.5, 9353, 13597.5, 13647.5, 15897.5, 17525, 18985, 19525 kHz

Sendungen in englisch um 0600 UTC auf 13597 kHz
0800, 0900, 1100, 1200 UTC auf 18985 kHz
1500 UTC auf 15897 kHz
1600 UTC auf 9353, 18985 kHz
1800, 1900 UTC auf 7577, 9353 kHz
2100 UTC auf 9353 kHz
französisch um 0800, 1200, 1500 UTC auf 13647 kHz
1900 UTC auf 8142 kHz

TUNESIEN : Tunis Afrique Press (TAP)

25 Avenue Habib Bourgiba, Tunis, Tunisia.

Frequenzen: 13610, 17390, 20155 kHz

Sendungen in französisch und arabisch 1200-1700 UTC

TÜRKEI : Anadolu Ajansi (AA)

P.K. 450, Ankara, Turkiye.

Frequenzen: 4815, 18040 kHz

Sendungen in englisch, französisch und türkisch, 0700-1500 UTC

UdSSR : Agenstwo Petschati Novosti (APN)

Zubovsky Bulvar 4, Moskva 119021, USSR.

Frequenzen: 10740, 10865, 11575, 12222.5, 12285, 13410, 13430, 13937.5,
RTTY 14545, 14625, 14690, 15630, 15640, 16010, 16030, 16040, 16060, 16085, 16135, 16145, 16150, 16175, 16220, 16250, 16300, 17370, 18170, 18195, 18200, 18245, 18440, 18455, 18520, 19127, 19557 kHz

Verschiedene Dienste, hauptsächlich in russisch, englisch, französisch, daneben auch arabisch, portugiesisch und deutsch. Hauptsendezeiten zwischen 0800 und 1400 UTC.

UdSSR : Telegrafnoie Agenstvo Sovietsavo Sojusa (TASS)

Tverskoi Bulvar 10-12, Moskva, USSR

Frequenzen: 5830, 6870, 6950, 7525, 7535, 7560, 7595, 7615, 7695, 7787, 7875, 7970, 8030, 8060, 8140, 8590, 9110, 9140, 9145, 9315, 9420, 9850, 10105, 10120, 10145, 10160, 10240, 10258, 10265, 10675, 10790, 10865, 10880, 10985, 11470, 11495, 11670, 12085, 12250, 12285, 12315, 12325, 13410, 13490, 13920, 14470, 14490, 14510, 14700, 14720, 14880, 14940, 15575, 15580, 15590, 15710, 15780, 15865, 15890, 15930, 16050, 16140, 16190, 16260, 16350, 17360, 17510, 17570, 17600, 18050, 18125, 18160, 18385, 18405, 18460, 18835, 19060, 19210, 19465, 19865 kHz RTTY (Moskva);
7560, 10165, 15925 kHz RTTY (Tashkent);
14901 kHz RTTY (Habana)

Sendungen in englisch : TASS betreibt 3 verschiedene englische Dienste, 0600-1900 bzw. 0600-2200 UTC, auf jeweils 3...4 Frequenzen;
in französisch und arabisch zusammem auf einem F7B-Kanal, 0600-2200 UTC auf 4 Frequenzen;
in französisch (unabhängig vom kombinierten arabisch/französischen Dienst 0600-1900 UTC auf 5...6 Frequenzen;
nochmals in französisch über Sender in Tashkent;
in portugiesisch um 0600-1900 UTC auf 2 Frequenzen.

Die Zuordnung der jeweiligen Frequenzen zu den einzelnen Diensten wechselt häufig. Bei allen Diensten wird nachmittags von den jeweiligen Tagesfrequenzen auf die entsprechende Anzahl Abendfrequenzen umgeschaltet.

UNGARN : Magyar Tavirati Iroda (MTI)

P.O.Box 3, H-1426 Budapest, Ungarn.

Frequenzen: 9114, 10911, 15670, 17468 kHz

Sendungen in englisch um 0610 UTC auf 17468 kHz
1010 UTC auf 9114 kHz
1700 UTC auf 9114 kHz
französisch um 1610 UTC auf 10911 kHz

USA : The Associsted Press (AP)

50 Rockefeller Plaza, New York, NY 10020, USA.

Frequenzen: 7855.5, 10340, 15823.5, 19850, 23075 kHz FAX

USA : United Press International (UPI)

220 East 42nd Street, New York, NY 10017, USA.

Frequenzen: 15785, 18509 kHz FAX (New York);
10725 kHz FAX (Brussels)

USA : US Information Agency (USIA)

Washington, DC 20547, USA.

Frequenzen: 14638, 18542.5 kHz

Sendungen in englisch und spanisch um 1515-2215 UTC

USA : Voice of America (VOA)

Washington, DC 20547, USA.

Frequenzen: 6942, 10410 kHz RTTY (Kavala, GRC)
7442.5, 7478, 10880, 13995, 15875 kHz (Monrovia, LBR)
19792.5, 20482.5 kHz (Poro, PHL)
5460, 9855, 10972, 12223.5, 13770, 19915 kHz (Tanger, MRC)

Sendungen in englisch und anderen Sprachen:
0600 UTC via Poro
0800-1300 UTC via Tanger
2200-0500 UTC via Tanger
2300-0300 UTC via Poro
2300-0400 UTC via Monrovia
2300-0600 UTC via Kavala

VIETNAM : Vietnam News Agency (VNA)

5 ly Thuong Kiet, Hanoi, Vietnam.

Frequenzen: 7900, 8136, 9062, 10600, 11420, 13462, 15744, 16384,
18256 kHz RTTY (Hanoi)
9363 kHz RTTY (Danang)
11420, 18051 kHz FAX (Hanoi)

Sendungen in englisch um	0230-0330 UTC	auf	10600, 13462 kHz
	0700-0900 UTC	auf	15744, 16384, 18256 kHz
	1445-1630 UTC	auf	10600, 13462, 16384 kHz
französisch um	0500-0700 UTC	auf	16384, 18256 kHz
	1200-1430 UTC	auf	15744, 16384 kHz
	1630-1815 UTC	auf	10600, 13462 kHz

YEMEN : Aden News Agency (ANA)

P.O.Box 1070,Aden, People's Democratic Republic of Yemen.

Frequenz: 9072 kHz

Sendungen in arabsisch um 1630 UTC.

ZAIRE : Agence Zaire-Press (AZAP)

B.P. 1595, Kinshasa, Zaire.

Frequenzen: 10640 kHz (Kinshasa)

Sendungen in französisch um 1600-2000

Wetterfunk für Einsteiger

Die Wetterzentren in aller Welt verarbeiten eine Vielzahl von einzelnen Wetterbeobachtungen, um aus deren Gesamtheit Schlüsse auf die weitere Entwicklung des Wetters zu ziehen und entsprechende Vorhersagen zu verbreiten.
Diese vielen Einzelmeldungen sind freilich nur dann mit grösstmöglichem Nutzen verwertbar, wenn die jeweils zu meldenden Wetterphänomene in derselben Art und Weise beschrieben sind, und zur Übermittlung der Daten ein einheitliches Meldungsformat verwendet wird. Wenn sich jede beteiligte Stelle an ein solches festes Meldungsformat hält, können die einzelnen Messwerte der einzelnen Meldungen ohne zusätzliche wortreiche Erklärungen übermittelt werden.
Beispiel: statt einen langen Text wie "Bodenwind aus 180 Grad mit einer mittleren Geschwindigkeit von 14 Knoten" zu übermitteln, bietet es sich an, diese Informationen auch kürzer und sprachunabhängig einfach als Ziffergruppe "18014" zu senden, wenn vereinbart ist, dass diese Gruppe stets an einer bestimmten Stelle in der Meldung auftaucht.

Für eine Vielzahl von Meldungsarten für verschiedene Zwecke (Situationsmeldungen von Landstationen und Schiffen, Ballonsondenaufstiege, Vorhersagen für verschiedene Zwecke, Analysen, usw.) sind von der World Meteorological Organization (WMO) weltweit gültige Code-Formate definiert, zu denen regionale und nationale Abweichungen und Zusätze möglich sind.
Die einzelnen Meldungen in ihren unterschiedlichen Codierungen werden von den Wetterzentren gesammelt und in Form von standardisierten Bulletins verbreitet.

Wer die herausgegebenen Vorhersagen anschliessend mit dem tatsächlich stattfindenden Wetter vergleicht, wird feststellen, dass das Berechnen von Wettervorhersagen aus einigen vorliegenden Situationsmeldungen keineswegs einfach ist!

<u>Bulletinstruktur:</u>

Jedes ausgegebene Bulletin hat folgende Grundform (die einzelnen Buchstaben sind Platzhalter für die aktuell einzusetzenden Werte):

ZCZC nnn (cLLLL)	1. Anfangszeile
TTAAii CCCC YYGGgg (BBB)	2. abgekürzte Kennzeichnung
Text der Meldung ...	3. Inhalt:
.....	eigentliche Wettermeldung(en)
NNNN	4. Ende

Erklärungen:

ZCZC Anfangssignal "ZCZC"

nnn laufende Nummer

cLLLL verschlüsselte Kennzeichnung des Bulletins

TT Art der im Bulletin enthaltenen Wetterdaten:
- A. Analysen,
- F. Vorhersagen: z.B.
  - FC Flugplatzwettervorhersagen (TAF), bis zu 12 Stunden Gültigkeit
  - FT TAF, länger als 12 Stunden Gültigkeit

S. Situationsmeldungen: z.B.
  SA Flugplatzwetter
  SI synoptische Meldungen (SHIP, SYNOP), Messwerte von den synoptischen Zwischenbeobachtungszeiten um 0300/0900/1500/2100 UTC
  SM synoptische Meldungen, Messwerte von den synoptischen Hauptbeobachtungszeiten um 0000/0600/1200/1800 UTC
  SN synoptische Meldungen, sonstige Zeiten

T. Satellitendaten

U. atmosphärische Daten: z.B.
  UG Höhenwinde (PILOT, Teil B)
  UK Druck/Temperatur/Feuchte/Wind in höheren Luftschichten (TEMP, Teil B)
  UP PILOT, Teil A
  US TEMP, Teil A

W. Wetterwarnungen

AA geographisches Gebiet: z.B.

AU	Australien	JP	Japan	RW	RWanda
BX	Belgien, Luxembg	KN	Kenya	SA	Südafrika
BZ	Brasilien	LY	Libyen	SD	Saudi Arabien
CA	Karibik	MM	Mittelmeer	SG	Senegal
CI	China	MZ	Mozambique	SN	Schweden
CN	Kanada	NA	Nord-Amerika	SP	Spanien
DD	DDR	NI	Nigeria	SW	Schweiz
DL	BR Deutschland	NL	Niederlande	SY	Syrien
DK	Dänemark	NO	Norwegen	TU	Türkei
EN	Nord-Europa	NT	Nord-Atlantik	UK	Grossbritannien
EU	Europa	OS	Österreich	US	USA
FR	Frankreich	PL	Polen	VF	Schiffe (Europa)
GR	Griechenland	PO	Portugal	VX	Schiffe
HU	Ungarn	RA	UdSSR (Asien)	XN	nördl.Hemisphäre
IS	Israel	RO	Rumänien	YG	Jugoslawien
IY	Italien	RS	UdSSR (Europa)	ZA	Südafrika

ii Bulletin-Unterscheidungsnummer

CCCC internationaler Code (ICAO) für die Bezeichnung des Wetterzentrums, welches das Bulletin herausgibt

YYGGgg Datum (Tag des Monats) und Uhrzeit (in UTC)

BBB Zusatz- und Berichtigungs-Anzeige:
  AMD Zusätze (Amendments)
  CCA,COR Berichtigungen (CCA/CCB/CCC/...)
  RRA,RTD verspätete Meldungen (RRA/RRB/...)

Meldung, eingeleitet durch eine gängige Code-Bezeichnung:
  ARP Aircraft report (AIREP)
  IAC International Analysis Code
  METAR Aviation routine weather report
  TAF Aerodrome forecast
  AAXX synoptische Meldungen von Landstationen (SYNOP)
  BBXX synoptische Meldungen von Schiffen (SHIP)
  PPAA...PPDD Höhenwinde (PILOT, Teile A...D)
  QQAA...QQDD PILOT, von Schiffen, Teile A...D
  TTAA...TTDD Druck/Temperatur/Feuchte/Wind in höheren Luftschichten (TEMP A...D)
  UUAA...UUDD TEMP, von Schiffen, Teile A...D
  VV.. Satellitendaten (SATEM)

NNNN Ende-Signal "NNNN"

Wettercode-Beschreibungen:

Im folgenden werden kurz die am leichtesten lesbaren und deshalb für den Amateur am einfachsten auszuwertenden und somit interessantesten Wettercodes erklärt: METAR und TAF.
METAR und TAF sind Wettermeldungscodes für die Luftfahrt. Sie sind derart aufgebaut, dass mit etwas Übung die Meldungen ohne langwierige Decodierungsbemühungen direkt vom Fernschreibausdruck abgelesen werden können.

METAR: Flugplatzwetter-Situationsmeldung.

Beispiel:

```
ZCZC 123 28139
SADL33 EDZW 171420
METAR
EDBB 19012 9999 63RA 2CU020 7SC035 09/07 1000 NOSIG=
EDDF 23012 9000 21RERA 1CU025 3SC030 7SC047 09/07 1005 NOSIG=
EDDH 24009 7000 10BR 1SC015 3SC040 6AC120 11/09 999 NOSIG=
EDDK 23005/15 CAVOK 12/01 1006 NOSIG=
EDDL NIL=
...
NNNN
```

Die allgemeine Grundstruktur einer METAR-Meldung:

METAR CCCC (GGgg) dddff/$f_m f_m$ VVVV w'w' $N_s CC h_s h_s h_s$
$TT/T_d T_d$ $P_H P_H P_H P_H$ TTTTT ... =

TAF: Flugplatzwetter-Vorhersage.

Beispiel:

```
ZCZC 456 58124
FCDL33 EDZW 300900
EDBB 1019 12010 5000 05HZ 3SC040 7AC120 GRADU 1013 9999
     3CU030 4AC120=
EDDF 1019 23008 9999 4CU025 5SC040 TEMPO 1218 26015 8000
     80RASH 7CU020=
EDDH 1019 12005 7000 10BR 3SC045 5AC100 GRADU 1012 9999
     TEMPO 6000 61RA 5SC025=
...
NNNN
```

Die allgemeine Grundstruktur eines TAFs:

TAF CCCC $G_1 G_1 G_2 G_2$ dddff/$f_m f_m$ VVVV w'w' $N_s CC h_s h_s h_s$
PROB $C_2 C_2$ TTTTT $GGG_e G_e$ ... =

Erklärung der einzelnen Codegruppen:

CCCC Ortskennung des Flugplatzes (Location Indicator) nach ICAO (Internationale Zivilluftfahrt-Organisation).

EDBB	Berlin/Tempelh.	EDHI	Hamburg/Fink.	EBBR	Brussels
EDBT	Berlin/Tegel	EDLG	Münster/Osn.	EFHK	Helsinki
EDDF	Frankfurt	EDMA	Augsburg	EGLL	London/Heath.
EDDH	Hamburg	EDQD	Bayreuth	ETBS	Berlin/Schönef.
EDDK	Köln-Bonn	EDQM	Hof	FAJS	Johannesburg
EDDL	Düsseldorf	EDRS	Saarbrücken	GMMC	Casablanca
EDDM	München	EDTY	Friedrichshfn	HKNA	Nairobi
EDDN	Nürnberg	EDVV	Hannover	KJFK	New York JFK
EDDS	Stuttgart	EDXW	Westerland/St	LFPG	Paris CDG
EDDW	Bremen	EDAR	USAF Ramstein	LOWW	Wien
EDSF	Fürstenfeldbr.	EDAM	Zweibrückenn	LSZH	Zürich

GGgg Angabe der tatsächlichen Beobachtungszeit, wenn sie um mehr als 10 Minuten von der im Meldungskopf genannten Beobachtungszeit abweicht

$G_1G_1G_2G_2$ Gültigkeitsdauer der Vorhersage von G_1G_1 bis G_2G_2

dddff/f_mf_m mittlere Bodenwindrichtung in Grad (ddd) und Geschwindigkeit in Knoten (ff). Kein Wind: 00000. Wind aus variablen Richtungen: VRB. Böenspitzen /f_mf_m.

VVVV Bodensicht, bis 5000 m in 100-m-Schritten, über 5000 m in 1000-m-Schritten. Sichten über 10 km: 9999.

w'w' signifinkante Wettererscheinungen. 2 Ziffern, gefolgt von 2, 4 oder 6 Buchstaben. Verschiedene Zahlen bei gleicher Erscheinung zeigen aufsteigend eine zunehmende Stärke der Wettererscheinung an.

04FU	Industrierauch	
05-06HZ	Staubtrübung	
07SA	Sandsturm	
08PO	Staubwirbel	
10BR	Dunst	
11-12MIFG	flacher Nebel	
17TS	Gewitter	
18SQ	markante Böe	
19FC	Grosstrombe	
20REDZ	Sprühregen	)
21RERA	Regen	)
22RESN	Schneefall	) in der letzten Stunde,
23RERASN	Schneeregen	) aber nicht zur Beobach-
24REFZRA	gefrierender Regen	) tungszeit
25RESH	Schauer	) (nicht in TAFs)
26RESNSH	Schneeschauer	) ..RE..= Recent ...
27REGR	Hagel	)
29RETS	Gewitter	)
30-32SA	Staub-Sandsturm	
33-35XXSA	schwerer Staub-/Sandsturm	
36-37DRSN	niedriges Schneefegen	
38-39BLSN	Schneetreiben	
40-41BCFG	Nebelschwaden	
42-47FG	Nebel	
48-49FZFG	gefrierender Nebel	
50-53DZ	Sprühregen	
54-55XXDZ	starker Sprühregen	
56FZDZ	gefrierender Sprühregen	
57XXFZDZ	starker gefrierender Sprühregen	
58-63RA	Regen	

64–65XXRA	starker Regen
66FZRA	gefrierender Regen
67XXFZRA	starker gefrierender Regen
68RASN	Schneeregen
69XXRASN	starker Schneeregen
70–73SN	Schneefall
74–75XXSN	starker Schneefall
77SG	Schneegriesel
79PE	Eiskörner
80RASH	Schauer
81–82XXSH	starke Schauer
83RASN	Schneeregenschauer
84XXRASN	starke Schneeregenschauer
85SNSH	Schneeschauer
86XXSNSH	starke Schneeschauer
87–88GR	Graupel
89GR	Hagel
90XXGR	starker Hagel
91RA	Regen)
92XXRA	starker Regen) nicht in TAFs
93GR	Hagel)
94XXGR	starker Hagel)
95TS	Gewitter
96TSGR	Gewitter mit Hagel
97XXTS	starkes Gewitter
98TSSA	Gewitter mit Sand-/Staubsturm
99XXTSGR	starkes Gewitter mit Hagel

$N_sCCh_sh_sh_s$ eine oder mehrere Gruppen. N_s Bedeckung des Himmels mit Wolken in Achtel (9 = Himmel nicht erkennbar).

CC = Wolkenart:

CI Cirrus	SC Stratocumulus
CC Cirrocumulus	ST Stratus
CS Cirrostratus	CU Cumulus
AC Altocumulus	CB Cumulonimbus
AS Altostratus	// Himmel nicht erkennbar
NS Nimbostratus	

$h_sh_sh_s$ = Höhe der Wolken über Grund (in x 100 Fuss)
(Beispiel: 008 = 800 ft, 240 = 24000 ft)

CAVOK der Ausdruck CAVOK (Ceiling and Visibility OK) ersetzt die Gruppen VVVV, w'w', $N_sCCh_sh_sh_s$, wenn die Sicht 10 km oder mehr beträgt, keine Wolken niedriger als 5000 ft hoch sind und keine Niederschläge oder Nebel herrschen

TT/T_dT_d Temperatur und Taupunkt in Grad Celsius (M= Minus)

$P_HP_HP_HP_H$ Luftdruck (QNH) in hPa (HektoPascal)

PROB Wahrscheinlichkeit des Auftretens des soeben beschriebenen Wetterelements in C_2C_2 Prozent, gefolgt von einem Alternativwert, oder Wahrscheinlichkeit des Eintreffens der in nachfolgender Änderungsgruppe (TTTTT) beschriebenen Elemente.

TTTTT vorhergesagte Änderungen in der Zeit GG bis G_eG_e.
- GRADU allmähliche Änderung
- RAPID schnelle Änderung
- TEMPO zeitweise
- INTER zwischenzeitlich (öfters als TEMPO)

(bei METAR: kurzfristiger TREND. NOSIG = no significant change)

Mit diesen Angaben lassen sich jetzt sehr einfach die obigen Beispielsmeldungen entschlüsseln:

Situationsmeldungsbulletin SADL33 vom 17. um 1420, herausgegeben von EDZW/Offenbach:
METAR für EDBB/Berlin-Tempelhof: Wind aus 190 Grad mit 12 Knoten, horizontale Bodensicht besser als 10 km, Regen, Wolken: 2/8 Cumulus in 2000 Fuss und 7/8 Stratocumulus in 3500 Fuss, Temperatur 9 Grad Celsius, Taupunkt bei 7 Grad, Luftdruck 1000 hPa, keine wesentlichen Änderungen.

Vorhersagebulletin FCDL33 vom 30. um 0900 UTC:
TAF für EDDH/Hamburg: Vorhersage für die Zeit 1000-1900, Wind aus 120 Grad mit 5 Knoten, Sicht 7 km, Dunst, 3/8 Stratocumulus in 4500 Ft, 5/8 Altocumulus in 10000 Ft, allmählich zwischen 1000 und 1200 Sichtverbesserung auf über 10 km, zeitweise jedoch Sichtrückgang auf 6 km, verbunden mit Regen und 5/8 Stratocumulus in 2500 Ft.

SYNOP/SHIP:

Weniger übersichtlich und nahezu unlesbar sind die sonstigen synoptischen Codes. Ein normales synoptisches Bulletin sieht so aus:

```
ZCZC 789 28100
SMDL22 EDZW 211200
AAXX 21124
10313 11660 71606 10139 20017 40097 57001 60201 70262 878//
  333 85833 86645=
10438 42686 71611 10133 20014 40100 53001 81118
  333 81845 85465 87268=
10513 NIL=
...
NNNN
```

Kurze beispielhafte Übersetzung der Meldung von 10313:

10313	Ort:	Münster (10... = Deutschland)
11660	1	Niederschlagsgruppe (im Beispiel 60201) enthalten
	1	bemannte Wetterstation, Wettergruppe (im Beispiel 70262) enthalten
	6	niedrigste Wolkenschicht 1000-1500 m über Grund
	60	horizontale Bodensichtweite 10 km
71606	7	Bedeckungsgrad des Himmels 7/8
	1606	Bodenwind aus 160 Grad mit 06 Knoten
10139	1	es folgen Lufttemperaturdaten:
	0	plus-Werte (1 = minus-Werte)
	139	13.9 Grad Celsius
20017	2	es folgen Daten über den Taupunkt:
	0017	(0) plus-Werte, (017) 1.7 Grad
40097	4	Luftdruck, bezogen auf Meereshöhe:
	0097	1009.7 hPa
57001	5	Luftdrucktendenz in den letzten 3 Stunden:
	7001	(7) sinkend, (001) 0.1 hPa Druckänderung
60201	6	gefallener Niederschlag:
	0201	(020) 20 mm, (1) in den letzten 1x6 Stunden
70262	7	derzeitiges und vorheriges Wetter:
	02	derzeitiges Wetter: Himmelszustand unverändert
	62	vorheriges Wetter: Regen, Himmel mehr als halb bedeckt
878//	8	Wolken:
	7	Bedeckungsgrad: 7/8
	8	niedere Wolken: Cumulus, Stratocumulus
	//	keine mittleren und höheren Wolken
333	333	Beginn des Abschnitts mit regionalen Daten:

85833 8 Wolkendaten:
58 (5) Bedeckung 5/8, (8) Cumulus
33 Höhe 1000 m
86645 8 Wolkendaten:
66 (6) Bedeckung 6/8, (6) Stratocumulus
45 Höhe 1350 m

METEO-Stationen auf Kurzwelle

Im folgenden sind die wichtigsten Wetterzentren der Welt aufgeführt, die auf Kurzwelle senden. (In Klammern jeweils die internationale Ortskennung CCCC, die mit einem Sternchen (*) versehenen Kennungen sind keine ICAO-Ortskennungen).

Es ist wichtig zu wissen, dass die genannten Fernschreibdienste nur einen Bruchteil des Kommunikationsaufkommens der Wetterdienste darstellen. Gerade in Europa und Nordamerika spielt sich der Datenaustausch der Wetterzentren hauptsächlich bzw. ausschliesslich über Landleitungen ab.

Nicht alle Stationen arbeiten ununterbrochen und auf sämtlichen aufgeführten Frequenzen. Die meisten dieser nicht ständig sendenden Stationen sind aber zumindest zu den synoptischen Beobachtungsterminen aktiv.
Die Sendefrequenzen sind in kHz angegeben.

ÄGYPTEN : METEO Cairo

3955, 5555, 7317, 11015, 14738.5, 18103, 18252 kHz RTTY
4526, 10123 kHz FAX

AFGHANISTAN : METEO Kabul

9052 kHz RTTY

ALASKA : USCG Kodiak

4298, 8459 kHz FAX

ALASKA : USN Adak

8494.1 kHz FAX

ALGERIEN : METEO Alger

6983, 11595 kHz RTTY

ANTARKTIS : METEO Pres.Montalva

5302.5, 11662.5, 15470 kHz CW RTTY FAX
11157.5 kHz RTTY

ANTARKTIS : SAAB Molodezhnaya

6783, 15830 kHz RTTY
15830, 17660, 18490 kHz FAX

ARGENTINIEN : METEO Buenos Aires

5185, 10720, 18093 kHz RTTY FAX

AUSTRALIEN : METEO Canberra

5100, 11030, 13920, 19690 kHz RTTY FAX

AUSTRALIEN : METEO Darwin

5755, 7535, 10555, 15615, 18060 kHz FAX

AUSTRALIEN : USN Exmouth

9498.5, 12673.5, 17060 kHz FAX

BRASILIEN : BN Rio de Janeiro

12025, 17140 kHz FAX

BRASILIEN : METEO Brasilia

18080 kHz FAX

BRITISH INDIAN OCEAN : USN Diego Garcia

4763, 7442, 9210 kHz RTTY
4235, 8506, 10290, 12804, 15564, 20300 kHz FAX

BURMA : METEO Rangoon

9150, 11170 kHz CW

BULGARIEN : METEO Sofia

3253, 4813, 5455, 6795, 11063 kHz RTTY
5093 kHz FAX

CANADA : CF Halifax

6330, 10536, 13510 kHz RTTY FAX

CANADA : METEO Frobisher

3253, 7710 kHz FAX

CANADA : METEO Resolute

3253, 7710 kHz FAX

CHILE : CN Santiago

6418, 8682, 13525, 22070 kHz FAX

CHINA : METEO Beijing

5181, 7350, 9194, 14340 kHz RTTY
5526.9, 8121.9, 10116.9, 14366.9, 16025, 18236.9 kHz FAX

CHINA : METEO Chengdu

4794, 8190, 10470 kHz RTTY

CHINA : METEO Hangzhou

4482, 4890, 5315, 6950, 7863, 10650 kHz RTTY

CHINA : METEO Lanzhou

6985, 13361 kHz RTTY

CHINA : METEO Shanghai

16435, 18940 kHz FAX

CHINA : METEO Urumqi

3780, 4470, 5190, 8040, 11570 kHz RTTY

CONGO : METEO Brazzaville

10137 kHz RTTY

B.R.DEUTSCHLAND : METEO Grengel

1747, 2691, 3030, 3035.5, 3165, 7951, 9318, 13527 kHz RTTY
2822, 3043.5, 3073.5, 3078, 4785.5, 4903, 4963.5 kHz RTTY
1747, 2342, 3043.4, 3078, 4570, 4963.5 kHz FAX

B.R.DEUTSCHLAND : METEO Offenbach

117.4, 134.2 kHz FAX

B.R.DEUTSCHLAND : METEO Quickborn

147.3, 11039 kHz CW
4583, 7646, 11638 kHz RTTY
3855, 7880, 13882.5 kHz FAX

D.D.R. : METEO Potsdam

3211, 7980 kHz RTTY

DÄNEMARK : METEO Koebenhavn

5850, 9360, 13855, 17510 kHz FAX

FINNLAND : METEO Helsinki

3171, 5362 kHz CW
83.1, 8018 kHz FAX

FRANKREICH : METEO Paris

131.8, 4047.5, 8185, 12305 kHz FAX

GRIECHENLAND : USN Nea Makri

4053.5, 5206, 7453, 12759 kHz FAX

GROSSBRITANNIEN : METEO Bracknell

4489, 6835, 9886.5, 14356, 18230 kHz RTTY
2618.5, 3289.5, 4610, 4782, 8040, 9203, 11086.5, 14436, 14582.5, 18261 kHz FAX

GROSSBRITANNIEN : RN London/Northwood

6436.3, 8334, 12741.8, 16115, 16938.8,
22800 kHz FAX

GROSSBRITANNIEN : USN Thurso

8000 kHz FAX

GUAM : USN Guam

4975, 7894, 10255, 15990, 19860, 22910 kHz FAX

HAWAII : USN Pearl Harbor

4855, 7995, 9396, 14826, 21837 kHz FAX

INDIEN : METEO New Delhi

4060, 7405, 7580, 12075, 14837.5,
19400 kHz RTTY
4993.5, 7405, 10105, 14842,
18225 kHz FAX

INDONESIEN : METEO Jakarta

11500 kHz CW RTTY

IRAN : AIR Tehran

8715 kHz FAX

IRAN : METEO Tehran

5343.5, 10686, 17553 kHz RTTY

ISRAEL : METEO Bet Dagan

3835, 7340, 13447.5 kHz RTTY

ITALIEN : METEO Roma

3172.5, 5887.5, 11453 kHz RTTY
4777.5, 8146.6, 13597 kHz FAX

JAPAN : METEO Tokyo

3218, 4298, 6397, 7515, 8526, 12840,
14605, 17029 kHz CW
3670, 4532.5, 5102.5, 7376, 7402.5,
13963, 14880, 18381, 19529, 22728 RTTY
3365, 4902, 5405, 7305, 9438, 9970,
13597, 14692.5, 14692.5, 18130, 18220,
22770 kHz FAX

JAPAN : Tokyo/Kemigawa R.

16971, 22542, 22777 kHz FAX

JAPAN : USN Yokosuka

12777 kHz FAX

JORDANIEN : METEO Amman

3762.5, 10965 kHz RTTY

JUGOSLAWIEN : METEO Beograd

3520, 5800 kHz FAX

KENYA : METEO Nairobi

9043, 17365 kHz CW
6952, 9041, 10111, 10383, 11123.5,
12313, 17363, 17658, 22866 kHz RTTY
6956, 9045, 10115, 10387, 11127.5,
12317, 17367, 17662, 22870 kHz FAX

KOREA : METEO Seoul

5810, 11620 kHz CW
5912.7, 11645 kHz RTTY

KUBA : METEO Casa Blanca

3560, 6995 kHz CW

MADAGASCAR : METEO Antananarivo

7552, 17400 kHz CW RTTY

MAURITIUS : METEO Bigara

6351.5, 12988.5, 16978.4 kHz CW
3188, 7693, 15955 kHz RTTY

MALAYSIA : METEO Kuala Lumpur

18355 kHz RTTY

MARTINIQUE : METEO Fort de France

5013, 14520.5 kHz FAX

MEXICO : METEO Ixtapalapa

13043 kHz CW

MEXICO : METEO Tacubaya

6976.7 kHz CW SSB

NEW ZEALAND : METEO Auckland

5805, 9459, 13550, 16220 kHz CW FAX

NEW ZEALAND : METEO Wellington

5915, 7600, 11130, 14850, 19488 kHzCW

NIGERIA : METEO Kano

12190, 16201.5 kHz RTTY

ÖSTERREICH : METEO Wien

7584, 7808.35, 10118.5, 10526.5,
13628.5, 14893.8, 15601.7 kHz RTTY

PAKISTAN : METEO Karachi

5290, 11510 kHz RTTY

PHILIPPINEN : USN S.Miguel

3377.5, 10966, 13395, 22865 kHz FAX

POLEN : METEO Warszawa

4497, 7997 kHz RTTY

PORTUGAL : PNY Mosanto

8527.9, 13003.9, 17058.1 kHz FAX

REUNION : METEO Saint Denis

4440, 8176, 16335 kHz RTTY FAX

RUMÄNIEN : METEO Bucuresti

4045, 5882 kHz CW
3809, 4002, 4124, 5731, 6775.5 kHz RTTY

RWANDA : METEO Kigali

9199 kHz RTTY

SAINT HELENA : METEO St.Helena

6824, 9044, 17414, 22777.5 kHz RTTY

SAUDI ARABIEN : METEO Jeddah

4570, 7625, 10215, 17590, 23370 kHz RTTY
5740, 12246, 17541 kHz RTTY

SCHWEDEN : METEO Norrkoeping

119.85, 4037.5, 6901, 8077.5 kHz FAX

SCHWEDEN : SwAF Stockholm

2122, 2962, 4772, 5703, 6542 kHz RTTY
125.2 kHz FAX

SENEGAL : METEO Dakar

7585, 13665, 19747.5 kHz RTTY
7589.4, 13669.4, 19750 kHz FAX

SPANIEN : METEO Madrid

3650, 6918.5, 10250 kHz FAX

SPANIEN : SNY Madrid

3790, 6408.5, 6930, 14641 kHz CW

SPANIEN : USN Rota

4704, 5785, 7669.5, 8506, 17585,
20470, 23682 kHz FAX

SÜDAFRIKA : METEO Pretoria

4018, 7512, 13777, 18242 kHz RTTY
4014, 7508, 13773, 18238 kHz FAX

SYRIEN : METEO Damascus

3690, 10818 kHz RTTY

TAIWAN : METEO Taipei

3641, 5909, 8116, 13560 kHz CW

THAILAND : METEO Bangkok

7395, 10169, 10298, 17520 kHz RTTY
6765, 7395, 17520 kHz FAX
6765 kHz SSB

TSCHECHOSLOWAKEI : METEO Praha

3196, 4336 kHz RTTY
111.8 kHz FAX

TÜRKEI : METEO Ankara

3550, 10425 kHz RTTY
3377, 6790 kHz FAX

TÜRKEI : METEO Bandirma

478, 3636, 6965 kHz CW
4560 kHz RTTY

TÜRKEI : METEO Samsun

478, 3636, 6965 kHz CW
3636, 6965 kHz SSB

UdSSR : METEO Alma Ata

5325,10570 kHz RTTY
5325, 6950, 7910, 9927.5, 13707.5 kHz FAX

UdSSR : METEO Amderma

6380, 8463 kHz FAX

UdSSR : METEO Arkhangelsk

3655, 4545, 5345, 7760 kHz RTTY FAX

UdSSR : METEO Irkutsk

4560 kHz RTTY

UdSSR : METEO Khabarovsk

8085, 11520, 13803 kHz RTTY
5110, 7530, 10220, 14610, 19275 kHz FAX
4516.7, 7475, 9230, 14737 kHz FAX

UdSSR : METEO Kiev

3290, 4442, 6920 kHz RTTY
3360 kHz FAX

UdSSR : METEO Kuibyshev

3710, 5420 kHz RTTY FAX

UdSSR : METEO Leningrad

3995, 4900 kHz RTTY
3300, 7480, 13780 kHz FAX

UdSSR : METEO Minsk

3235, 3810, 4005, 7575, 7630 kHz CW RTTY FAX

UdSSR : METEO Moskva

3330, 5020, 5140, 7685, 7855, 9190, 11450, 13530 kHz RTTY
2815, 4202.5, 5325, 6910, 11525 kHz FAX
4345, 4550, 8010 kHz FAX
5355, 7750, 10980, 12165, 15950 kHz FAX
5150, 7670, 10300 kHz FAX
3875, 6880, 10230, 13470, 18712 kHz FAX

UdSSR : METEO Murmansk

4055, 4850, 6965, 10130, 10520 kHz FAX

UdSSR : METEO Mys Chelyuskina

3230 kHz FAX

UdSSR : METEO Novosibirsk

3590, 4530, 7715, 7890, 15566 kHz RTTY
4445, 5335, 5765, 9220, 12320 kHz FAX
4475, 5210, 9060, 12230 kHz FAX

UdSSR : METEO Rostov

5280, 7630 kHz FAX

UdSSR : METEO Sverdlovsk

9290 kHz RTTY

UdSSR : METEO Tashkent

3750, 4415, 5430, 7315, 8083, 10130,
13947 kHz RTTY
3690, 4365, 5285, 5890, 7570, 9150,
9340, 14982.5 kHz FAX

UdSSR : METEO Tbilisi

5335 kHz RTTY
7495 kHz FAX

UdSSR : METEO Vladivostok

14890 kHz RTTY

UdSSR : METEO Yakutsk

7900 kHz FAX

USA : METEO Miami

3235, 4061.5, 5925, 8105, 8140, 10950, 13624, 14853, 16440, 18765 kHz RTTY

USA : METEO Mobile

6852, 9157.5, 11145 kHz FAX

USA : METEO New York

8130 kHz RTTY

USA : USCG Boston

3242, 7530 kHz FAX

USA : USN Norfolk VA

3357, 8080, 10865, 16410, 20015 kHz

VIETNAM : METEO Hanoi

7512, 7972, 12096, 14824 kHz RTTY

ITU-Landesabkürzungen

In diesem Buch werden die einzelnen Länder durch Abkürzungen gekennzeichnet, die auch in ITU-Veröfentlichungen Verwendung finden.

AAA Weltweit
AAB Mehrere Länder
ADL Adelie-Land
AFG Afghanistan
AFS Rep. of South Africa
AGL Angola
ALB Albanien
ALG Algerien
ALS Alaska, USA
AMS St.Paul & Amsterdam I.
AND Andorra
ANT Antarktis
AOE Spanish Sahara (MRC)
ARG Argentinien
ARS Saudi Arabien
ASC Ascension I.
ATG Antigua & Barbuda
ATL Ozean-Wetterschiffe, Atlantik
ATN Niederländ. Antillen
AUS Australien
AUT Österreich
AZR Azoren, POR

B Brasilien
BAH Bahamas
BDI Burundi
BEL Belgien
BEN Benin
BER Bermuda
BFA Bourkina Faso
BGD Bangladesh
BHR Bahrain
BIO Britisches Gebiet, Indischer Ozean
BLR Byelorussland
BLZ Belize
BOL Bolivien
BOT Botswana
BRB Barbados
BRM Burma
BRU Brunei
BUL Bulgarien

CAF Zentralafrikanische Republik
CAN Canada
CAR Caroline I.
CBG Kampuchea
CHL Chile
CHN China (Volksrep.)
CHR Christmas I., Ind. Ozean
CKH Cook I.
CKN Cook I., Nord-Gruppe
CLM Kolumbien
CLN Sri Lanka
CME Kamerun
CNR Kanarische Inseln
COG Congo
COM Comoros
CPV Cape Verde I.
CRO Crozet Archipelago
CTI Elfenbeinküste
CTR Costa Rica
CUB Cuba
CVA Vatican
CYP Zypern

D Bundesrep. Deutschland
DDR Deutsche Dem. Rep.
DJI Djibouti
DMA Dominica
DNK Dänemark
DOM Dominikanische Rep.

E Spainien
EGY Ägypten
EQA Ecuador
ETH Äthiopien

F Frankeich
FJI Fiji
FLK Falkland I.
FNL Finnland

G Vereinigtes Königreich Grossbritannien u. Nordirland
GAB Gabun
GCA Britische Territorien in Region 1
GCB Britische Territorien in Region 2
GCC Britische Territorien in Region 3

GDL	Gouadeloupe, F
GHA	Ghana
GIB	Gibraltar, G
GMB	Gambia
GNB	Guinea-Bissau
GNE	Equatorienl Guinea
GRC	Griechenland
GRD	Grenada
GRL	Grönland
GTM	Guatemala
GUF	Guyana
GUI	Guinea
GUY	Guyana
GUM	Guam
HKG	Hong Kong
HND	Honduras
HNG	Ungarn
HOL	Niederlande
HTI	Haiti
HWA	Hawaii, USA
HWL	Howland I.
I	Italien
ICO	Cocos Keeling I.
IND	Indien
INS	Indonesien
IOB	British West-Indien
IRL	Irland
IRN	Iran
IRQ	Iraq
ISL	Island
ISR	Israel
J	Japan
JAR	Jarvis I.
JMC	Jamaica
JON	Johnston I.
JOR	Jordanien
KEN	Kenia
KER	Kerguelen I., F
KIR	Kiribati
KOR	Korea (Rep.)
KRE	Korea (dem.Volksrep.)
KWT	Kuwait
LAO	Laos
LBN	Libanon
LBR	Liberia
LBY	Libyen
LCA	Saint Lucia
LIE	Liechtenstein
LSO	Lesotho
LUX	Luxembourg
MAC	Macao
MAU	Mauritius
MCO	Monaco
MDG	Madagascar
MDR	Madeira
MDW	Midway I.
MEX	Mexico
MLA	Malaysia
MLD	Malediven
MLI	Mali
MLT	Malta
MNG	Mongolei
MOZ	Mozambique
MRA	Mariana I.
MRC	Marokko
MRL	Marshall I.
MRN	Marion I.
MRT	Martinique, F
MTN	Mauretanien
MWI	Malawi
MYT	Mayotte I.
NCG	Nicaragua
NCL	Neu-Kaledonien, F
NGR	Niger
NIG	Nigeria
NIU	Niue I.
NMB	Namibia
NOR	Norwegen
NPL	Nepal
NRU	Nauru
NZL	New Zealand
OCE	Franz. Polynesien, F
OMA	Oman
ONC	U.N.MOGIP (PAK)
ONJ	U.N.TSO (ISR)
PAK	Pakistan
PAQ	Oster I., CHL
PHL	Philippinen
PHX	Phoenix I.
PLM	Palmyra I.
PNG	Papua New Guinea
PNR	Panama
POL	Polen
POR	Portugal
PRG	Paraguay
PRU	Peru
PTC	Pitcairn I.
PTR	Puerto Rico, USA
QAT	Qatar
REU	Reunion, F
ROD	Rodriguez
ROU	Rumänien
RRW	Rwanda
S	Schweden

SDN	Sudan
SEN	Senegal
SEY	Seychellen
SHN	St.Helena I.
SLK	Sri Lanka
SLM	Solomon I.
SLV	El Salvador
SMA	Amerikanisch Samoa
SMO	West Samoa
SMR	San Marino
SNG	Singapore
SOM	Somalia
SPM	St.Pierre & Miquelon
SRL	Sierra Leone
STP	Sao Tome & Principe
SUI	Schweiz
SUR	Surinam
SWN	Swan I.
SWZ	Swaziland
SYR	Syrien
TCD	Tchad
TCH	Tschechoslovakei
TGO	Togo
THA	Thailand
TKL	Tokelau I.
TMP	Portugies. Timor
TON	Tonga
TRC	Tristan da Cunha
TRD	Trinidad & Tobago
TUN	Tunisien
TUR	Turkei
TUV	Tuvalu
TWN	Taiwan
TZA	Tanzania
UAE	Vereinigte Arabische Emirate
UGA	Uganda
UKR	Ukraine
URG	Uruguay
URS	UdSSR
USA	U.S.A.
VCT	S.Vincent & Grenad.
VEN	Venezuela
VIR	US Virgin I.
VTN	Viet-Nam
VUT	Vanuatu
WAK	Wake I.
WAL	Wallis & Futuna I.
YEM	Yemen
YMS	Yemen (Dem.Volksrep.)
YUG	Jugoslavien
ZAI	Zaire
ZMB	Zambia
ZWE	Zimbabwe

ITU-Rufzeichenplan

Funkstellen haben Rufzeichen, die aus einer Kombination von Buchstaben und Ziffern bestehen und verschieden lang sein können.
Die Rufzeichen werden den einzelnen Funkstellen von der für sie zuständigen nationalen Fernmeldeverwaltung nach den Richtlinien der ITU (Internationale Fernmeldeunion) zugeteilt.

Den einzelnen Ländern sind die folgenden Rufzeichenreihen zugewiesen:

AAA – ALZ	USA
AMA – AOZ	Spanien
APA – ASZ	Pakistan
ATA – AWZ	Indien
AXA – AXZ	Australien
AYA – AYZ	Argentinien
A2A – A2Z	Botswana
A3A – A3Z	Tonga
A4A – A4Z	Oman
A5A – A5Z	Bhutan
A6A – A6Z	Ver. Arab. Emirate
A7A – A7Z	Qatar
A8A – A8Z	Liberia
A9A – A9Z	Bahrain
BAA – BZZ	China
CAA – CEZ	Chile
CFA – CKZ	Kanada
CLA – CMZ	Kuba
CNA – CNZ	Marokko
COA – COZ	Kuba
CPA – CPZ	Bolivien
CQA – CUZ	Portugal
CVA – CXZ	Uruguay
CYA – CZZ	Kanada
C2A – C2Z	Nauru
C3A – C3Z	Andorra
C4A – C4Z	Zypern
C5A – C5Z	Gambia
C6A – C6Z	Bahama I.
C7A – C7Z	WMO (World METEO Org.)
C8A – C9Z	Mozambique
DAA – DRZ	Bundesrep. Deutschland
DSA – DTZ	Republik Korea
DUA – DZZ	Philippinen
D2A – D3Z	Angola
D4A – D4Z	Kapverdische I.
D5A – D5Z	Liberia
D6A – D6Z	Komoren
D7A – D9Z	Republik Korea
EAA – EHZ	Spanien
EIA – EJZ	Irland
EKA – EKZ	UdSSR
ELA – ELZ	Liberia
EMA – EOZ	UdSSR
EPA – EQZ	Iran
ERA – ESZ	UdSSR
ETA – ETZ	Äthiopien
EUA – EWZ	Byeloruss. Sowjet-Rep.
EXA – EZZ	UdSSR
FAA – FZZ	Frankreich
GAA – GZZ	Grossbritannien
HAA – HAZ	Ungarn
HBA – HBZ	Schweiz
HCA – HDZ	Ecuador
HEA – HEZ	Schweiz
HFA – HFZ	Polen
HGA – HGZ	Ungarn
HHA – HHZ	Haiti
HIA – HIZ	Dominikanische Rep.
HJA – HKZ	Kolumbien
HLA – HLZ	Republik Korea
HMA – HMZ	Dem. Rep. Korea
HNA – HNZ	Iraq
HOA – HPZ	Panama
HQA – HRZ	Honduras
HSA – HSZ	Thailand
HTA – HTZ	Nicaragua
HUA – HUZ	El Salvador
HVA – HVZ	Vatican
HWA – HYZ	Frankreich
HZA – HZZ	Saudi Arabien
H2A – H2Z	Zypern
H3A – H3Z	Panama
H4A – H4Z	Solomon I.
H6A – H7Z	Nicaragua
H8A – H9Z	Panama
IAA – IZZ	Italien

JAA – JSZ	Japan
JTA – JVZ	Mongolei
JWA – JXZ	Norwegen
JYA – JYZ	Jordanien
JZA – JZZ	Indonesien
J2A – J2Z	Djibouti
J3A – J3Z	Grenada
J4A – J4Z	Griechenland
J5A – J5Z	Guinea-Bissau
J6A – J6Z	Saint Lucia
J7A – J7Z	Dominica
J8A – J8Z	St.Vincent & Grenadines
J9A – J9Z	Anguilla
KAA – KZZ	USA
LAA – LNZ	Norwegen
LOA – LWZ	Argentinien
LXA – LXZ	Luxembourg
LYA – LYZ	UdSSR
LZA – LZZ	Bulgarien
L2A – L9Z	Argentinien
MAA – MZZ	Grossbritannien
NAA – NZZ	USA
OAA – OCZ	Peru
ODA – ODZ	Libanon
OEA – OEZ	Österreich
OFA – OJZ	Finnland
OKA – OMZ	Tschechoslovakei
ONA – OTZ	Belgien
OUA – OZZ	Dänemark
PAA – PIZ	Niederlande
PJA – PJZ	Niederländ. Antillen
PKA – POZ	Indonesien
PPA – PYZ	Brasilien
PZA – PZZ	Surinam
P2A – P2Z	Papua New Guinea
P3A – P3Z	Zypern
P4A – P4Z	Niederländ. Antillen
P5A – P9Z	Dem. Volksrep. Korea
RAA – RZZ	UdSSR
SAA – SMZ	Schweden
SNA – SRZ	Polen
SSA – SSM	Ägypten
SSN – STZ	Sudan
SUA – SUZ	Ägypten
SVA – SZZ	Griechenland
S2A – S3Z	Bangladesh
S6A – S6Z	Singapore
S7A – S7Z	Seychellen
S8A – S8Z	Mayotte I
S9A – S9Z	Sao Tome & Principe

TAA – TCZ	Türkei
TDA – TDZ	Guatemala
TEA – TEZ	Costa Rica
TFA – TFZ	Island
TGA – TGZ	Guatemala
THA – THZ	Frankreich
TIA – TIZ	Costa Rica
TJA – TJZ	Kamerun
TKA – TKZ	Frankreich
TLA – TLZ	Zentralafrikan. Rep.
TMA – TMZ	Frankreich
TNA – TNZ	Congo
TOA – TQZ	Frankreich
TRA – TRZ	Gabun
TSA – TSZ	Tunesien
TTA – TTZ	Tschad
TUA – TUZ	Elfenbeinküste
TVA – TXZ	Frankreich
TYA – TYZ	Benin
TZA – TZZ	Mali
T2A – T2Z	Tuvalu
T3A – T3Z	Kiribati
T4A – T4Z	Kuba
T5A – T5Z	Somalia
T6A – T6Z	Afghinistan
T7A – T7Z	San Marino
T8A – T8Z	Virgin I. (Britisch)
UAA – UQZ	UdSSR
URA – UTZ	Ukraine
UUA – UZZ	UdSSR
VAA – VGZ	Kanada
VHA – VNZ	Australien
VOA – VOZ	Kanada
VPA – VSZ	Grossbritannien
VTA – VWZ	Indien
VXA – VYZ	Kanada
VZA – VZZ	Australien
V2A – V2Z	Antigua & Barbuda
V3A – V3Z	Belize
V4A – V4Z	St.Christopher & Nevis
V8A – V8Z	Brunei
WAA – WZZ	USA
XAA – XIZ	Mexico
XJA – XOZ	Kanada
XPA – XPZ	Dänemark
XQA – XRZ	Chile
XSA – XSZ	China
XTA – XTZ	Bourkina Faso
XUA – XUZ	Kampuchea
XVA – XVZ	Vietnam
XWA – XWZ	Laos
XXA – XXZ	Portugal
XYA – XZZ	Burma

Y2A – YAZ	Afghanistan
YBA – YHZ	Indonesien
YIA – YIZ	Iraq
YJA – YJZ	Vanuatu
YKA – YKZ	Syrien
YLA – YLZ	UdSSR
YMA – YMZ	Türkei
YNA – YNZ	Nicaragua
YOA – YRZ	Rumänien
YSA – YSZ	El Salvador
YTA – YUZ	Jugoslawien
YVA – YYZ	Venezuela
YZA – YZZ	Jugoslawien
Y2A – Y9Z	Deutsche Dem. Rep.
ZAA – ZAZ	Albanien
ZBA – ZJZ	Grossbritannien
ZKA – ZMZ	New Zealand
ZNA – ZOZ	Grossbritannien
ZPA – ZPZ	Paraguay
ZRA – ZUZ	Rep. Süd Afrika
ZVA – ZZZ	Brasilien
2AA – 2ZZ	Grossbritannien
3AA – 3AZ	Monaco
3BA – 3BZ	Mauritius
3CA – 3CZ	Äquatorial Guinea
3DA – 3DM	Swaziland
3DN – 3DZ	Fiji I.
3EA – 3FZ	Panama
3GA – 3GZ	Chile
3HA – 3UZ	China
3VA – 3VZ	Tunesien
3WA – 3WZ	Vietnam
3XA – 3XZ	Guinea
3YA – 3YZ	Norwegen
3ZA – 3ZZ	Polen
4AA – 4CZ	Mexico
4DA – 4IZ	Philippinen
4JA – 4LZ	UdSSR
4MA – 4MZ	Venezuela
4NA – 4OZ	Jugoslawien
4PA – 4SZ	Sri Lanka
4TA – 4TZ	Peru
4UA – 4UZ	UNO
4VA – 4VZ	Haiti
4WA – 4WZ	Yemen Arab. Rep.
4XA – 4XZ	Israel
4YA – 4YZ	ICAO
4ZA – 4ZZ	Israel
5AA – 5AZ	Libyen
5BA – 5BZ	Zypern
5CA – 5GZ	Marokko
5HA – 5IZ	Tanzania
5JA – 5KZ	Kolumbien
5LA – 5MZ	Liberia
5NA – 5OZ	Nigeria
5PA – 5QZ	Dänemark
5RA – 5SZ	Madagascar
5TA – 5TZ	Mauretanien
5UA – 5UZ	Niger
5VA – 5VZ	Togo
5WA – 5WZ	West Samoa
5XA – 5XZ	Uganda
5YA – 5ZZ	Kenya
6AA – 6BZ	Ägypten
6CA – 6CZ	Syrien
6DA – 6JZ	Mexico
6KA – 6NZ	Republik Korea
6OA – 6OZ	Somalia
6PA – 6SZ	Pakistan
6TA – 6UZ	Sudan
6VA – 6WZ	Senegal
6XA – 6XZ	Madagascar
6YA – 6YZ	Jamaica
6ZA – 6ZZ	Liberia
7AA – 7IZ	Indonesien
7JA – 7NZ	Japan
7OA – 7OZ	Yemen (Dem. Rep.)
7PA – 7PZ	Lesotho
7RA – 7RZ	Algerien
7SA – 7SZ	Schweden
7TA – 7YZ	Algerien
7ZA – 7ZZ	Saudi Arabien
8AA – 8IZ	Indonesien
8JA – 8NZ	Japan
8OA – 8OZ	Botswana
8PA – 8PZ	Barbados
8QA – 8QZ	Malediven
8RA – 8RZ	Guyana
8SA – 8SZ	Schweden
8TA – 8YZ	Indien
8ZA – 8ZZ	Saudi Arabien
9AA – 9AZ	San Marino
9BA – 9DZ	Iran
9EA – 9FZ	Äthiopien
9GA – 9GZ	Ghana
9HA – 9HZ	Malta
9IA – 9JZ	Zambia
9KA – 9KZ	Kuwait
9LA – 9LZ	Sierra Leone
9MA – 9MZ	Malaysia
9NA – 9NZ	Nepal
9OA – 9TZ	Zaire
9UA – 9UZ	Burundi
9VA – 9VZ	Singapore
9WA – 9WZ	Malaysia
9XA – 9XZ	Rwanda
9YA – 9ZZ	Trinidad & Tobago

Rufzeichenliste

Die nachfolgende Rufzeichenliste enthält sämtliche Rufzeichen der in der Frequenzliste aufgeführten Stationen.

Aufgeführt sind: Rufzeichen, Station mit Betriebsgesellschaft, Landesabkürzung.

Erwarten Sie in dieser Liste, wie auch schon in der Frequenzliste, keine deutsche Schreibweise der einzelnen Ortsnamen. Im internationalen Fernmeldeverkehr wird z.B. Moskva, Moscow oder Moscou geschrieben, nicht aber Moskau. Entsprechendes gilt für Beograd = Belgrade = Belgrad, Warsaw = Warszawa = Varsovie = Warschau, Rome = Roma = Rom, Athinai = Athens = Athen, um nur einige Beisipele zu nennen.

Sofern sich den genannten Zeichenfolgen einzelner Rufzeichen beliebige weitere Ziffern oder Buchstaben anschliessen können, so ist dies mit Punkten (...) kenntlich gemacht.

AAC32	USA Carlisle Bks, USA
AAR2USA	USA/MARS Ft.Dix, USA
AAR3USA	USA/MARS Ft.Belvoir, USA
AAR3USC	USA/MARS Tobyhanna, USA
AAR3USD	USA/MARS Carlisle Bks USA
AAR3USG	USA/MARS Ft.Story, USA
AAR4USB	USA/MARS Ft.Benning, USA
AAR4USC	USA/MARS Ft.Bragg, USA
AAR4USD	USA/MARS Ft.Jackson, USA
AAR4USG	USA/MARS Ft.Knox KY, USA
AAR4USH	USA/MARS Ft.Campbell, USA
AAT4USA	USA/MARS Ft.Gordon, USA
AAT6USE	USA/MARS Ft.Hood, USA
ABM6USA	USA/MARS Hawaii, HWA
AEA	USA Heidelbg/Pirmas., D
AEM1..	USA/MARS, D
AEM1AC	USA/MARS Wuerzburg, D
AEM1AGG	USA/MARS Ansbach, D
AEM1BPM	USA/MARS Baumholder, D
AEM1DR	USA/MARS Stuttgart, D
AEM1IR	USA/MARS Neu-Ulm, D
AEM1KFD	USA/MARS Darmstadt, D
AEM1KO	USA/MARS Nellingen, D
AEM1KP	USA/MARS Karlsruhe, D
AEM1LLK	USA/MARS Stuttgart, D
AEM1OV	USA/MARS Pirmasens, D
AEM1QF	USA/MARS Berlin, D
AEM1UF	USA/MARS Boeblingen, D
AEM1UFB	USA/MARS Bamberg, D
AEM1US	USA/MARS Heidelberg, D
AEM1USA	USA/MARS Sembach, D
AFA/3	USAF Andrews MD, USA
AFE8	USAF McDill FL, USA
AFE71	USAF/NASA Cape FL, USA
AFE83	USAF/NASA Ascension, ASC
AFE86	USAF/NASA Antigua, ATG
AFG9	USAF Scott IL, USA
AFI2	USAF McClellan CA, USA
AFL2	USAF Loring ME, USA
AGA0HO	USAF/MARS Howard, PNR
AGA0PE	USAF/MARS Lima, PRU
AGA0QU	USAF/MARS Quito, EQA
AGA0TE	USAF/MARS Tegucigalp. HND
AGA2	USAF Hickam, HWA
AGA4RA	USAF/MARS RandolphTX, USA
AGA7BI	USAF/MARS Bitburg, D
AGA7HA	USAF/MARS Hahn, D
AGA7KA	USAF/MARS Kalkar, D
AGA7LI	USAF/MARS Wiesbaden, D
AGA7RM	USAF/MARS Frankfurt, D
AGA7ZW	USAF/MARS Zweibrueck. D,
AHF2/4	USAF Albrook, PNR
AIC2	USAF Clark, PHL
AIE2	USAF Andersen, GUM
AIF2	USAF Yokota, J
AIR	USAF/MARS Washington, USA
AJE	USAF Barford, G
AJE	USAF Croughton, G
AJO	USAF Adana, TUR
AJO	USAF Incirlik, TUR
AKA5	USAF Elmendorf, ALS
AND20	DDR-Emb Madrid, E
AND3	AMBAFRANCE Madrid, E

AND5	SUD Madrid, E
AND6	PE Madrid, E
AOB50	LORAN Estartit, E
AOK	USN Rota, E
AOS9	USN Rota, E
AQP2-8	PN Karachi, PAK
ARA	AIR Karachi, PAK
ARA	METEO Karachi, PAK
ARB	AIR Lahore, PAK
ARCHIT.	RAF 'ARCHITECT', G
ARL3-6	PN Karachi, PAK
ARMOR	FNY Brest/Loperhet, F
ASB83	PAREP Beograd, YUG
ASE5	PTT Karachi, PAK
ASE63	PAREP Paris, F
ASF	PTT Karachi, PAK
ASK	Karachi R., PAK
ASP32	MFA Islamabad, PAK
ASR23	PAREP Rangoon, BRM
AST51	PAREP Tehran, IRN
ATA	NPL New Delhi, IND
ATA55	METEO New Delhi, IND
ATB68	INDINFO New Delhi, IND
ATE60	METEO New Delhi, IND
ATK61	PTI New Delhi, IND
ATL61	OCS Calcutta, IND
ATP57	METEO New Delhi, IND
ATP65	INDINFO New Delhi, IND
ATS61	OCS New Delhi, IND
ATU38	METEO New Delhi, IND
ATU58	INDINFO New Delhi, IND
ATV65	METEO New Delhi, IND
AWC	AIR Calcutta, IND
AWD	AIR Delhi, IND
AXF	RAAF Sydney, AUS
AXH	RAAF Townsville, AUS
AXI	RAAF Darwin, AUS
AXI32-36	METEO Darwin, AUS
AXM..	METEO Canberra, AUS
AXN	RAAF Amberly, AUS
AXT	RAAF Edinburgh, AUS
AYA23/25	POL Buenos Aires, ARG
AYA..	IP Buenos Aires, ARG
AYO355	BANK Com.Rivadavia, ARG
AYX278	BANK Buenos Aires, ARG
A2D645	VOA Selebi Phikwe, BOT
A4C	AIR Seeb, OMA
A4M	Muscat R., OMA
A7D	Doha R., QAT
A7S	Doha R., QAT

A9C	AMBAFRANCE Bucuresti, ROU
A9M	Bahrain R., BHR
A9M..	GNA Bahrain, BHR
BAA..	METEO Beijing, CHN
BAC..	PTT Beijing, CHN
BAF..	METEO Beijing, CHN
BAL..	PTT Beijing, CHN
BAO21	PTT Beijing, CHN
BAP44/46	XNA Beijing, CHN
BAS51/55	PTT Beijing, CHN
BAT93	XNA Beijing, CHN
BAZ34	PTT Beijing, CHN
BBA45	PTT Shanghai, CHN
BBE52	PTT Shanghai, CHN
BCA95	PTT Shanghai, CHN
BCC22	PTT Shanghai, CHN
BCH30	PTT Shanghai, CHN
BCL21	PTT Shanghai, CHN
BCO25	PTT Shanghai, CHN
BCP21	PTT Shanghai, CHN
BCQ21	PTT Shanghai, CHN
BCU24	PTT Shanghai, CHN
BCW21	PTT Shanghai, CHN
BCX22	PTT Shanghai, CHN
BDF/2	METEO Shanghai, CHN
BEHOLD	USAF Upper Heyford, G
BJZ..	METEO Hangzhou, CHN
BLM..	METEO Chengdu, CHN
BMB	METEO Taipei, TWN
BPM	SAO Xian/Lintong, CHN
BSB29/35	METEO Lanzhou, CHN
BSF	TS Taipei, TWN
BVA	Taipei R., TWN
BZC75	METEO Urumqi, CHN
BZG..	XNA Beijing, CHN
BZM40	XNA Beijing, CHN
BZP..	XNA Beijing, CHN
BZR..	XNA Beijing, CHN
BZS27	XNA Beijing, CHN
BZT34	XNA Beijing, CHN
C8N32	CPRM Maputo, MOZ
C8Z650	ICRC Maputo, MOZ
C9C..	NAVY Maputo, MOZ
C9E2	AIR Maputo, MOZ
C9E3	AIR Beira, MOZ
C9L2	Maputo R., MOZ
C9L6	Mocambique R., MOZ
CAI7E	AIR Easter I, PAQ
CAK	AIR Santiago, CHL
CAN6D	METEO Pres.Montalva, ANT
CBM	Magallanes R., CHL
CBO	Pta.Corona R., CHL
CBP2	Pto.Montt R., CHL
CBV	Valparaiso R., CHL
CCM	CN Magallanes, CHL

CCP	CN Pto.Montt, CHL
CCS	CN Santiago, CHL
CCV	CN Valparaiso, CHL
CDH	BulgEmb Alger, ALG
CEF203	BASE O'Higgins, ANT
CEF2A	TELCO Santiago, CHL
CFH	CF Halifax, CAN
CGR	CF Vancouver, CAN
CHR	CF Trenton, CAN
CHU	NRCC Ottawa, CAN
CIC9	CFARS Calgary, CAN
CIP9	CFARS Kingston, CAN
CIS9	CFARS Petawawa ONT, CAN
CIW91	CFARS Lahr, D
CIW92	CFARS Soellingen, D
CJX	CF St.Johns, CAN
CKN	CF Vancouver, CAN
CLA/..	Habana R., CUB
CLN	PTT Habana, CUB
CLN219	PL Habana, CUB
CLN320	PL Habana, CUB
CLN320	PTT Habana, CUB
CLN405	PTT Habana, CUB
CLN447	PTT Habana, CUB
CLN451	PL Habana, CUB
CLN451	TASS Habana, CUB
CLN452	PL Habana, CUB
CLN484	PTT Habana, CUB
CLN530	PL Habana, CUB
CLN573	PTT Habana, CUB
CLN603	PL Habana, CUB
CLN78	PTT Habana, CUB
CLP1	MFA Habana, CUB
CLP2	EMBACUBA Panama, PNR
CLP5	EMBACUBA Alger, ALG
CLP6	EMBACUBA Damascus, SYR
CLP15	EMBACUBA Cotonu, BEN
CLP23	EMBACUBA Lagos, NIG
CLP33	EMBACUBA Addis Ababa, ETH
CLP45	EMBACUBA Luanda, AGL
CLP67	EMBACUBA Baghdad, IRQ
CLQ	Cojimar R., CUB
CLS	Habana F R., CUB
CLX	METEO Casa Blanca, CUB
CML5/28	PTT Habana, CUB
CMU967	RuNY Habana, CUB
CNA7	VOA Tanger, MRC
CND	Agadir R., MRC
CND3	Safi R., MRC
CNM..	MAP Rabat/Tanger, MRC
CNP	Casablanca R., MRC
CNP6	Kenitra Harbour, MRC
CNR80	PTT Rabat, MRC
CNW	Tanger R., MRC

COL	Habana, CUB
CPP67	USMILGP La Paz, BOL
CSE	PAF Monsanto, POR
CSE4	PAF Lajes, AZR
CSI50	POL Lisboa, POR
CSJ26	IP Lisboa, POR
CSU2	AIR Pto.Santo, MDR
CSY/..	AIR Sta.Maria, AZR
CSZ/..	AIR Lisboa, POR
CTC	PNY Cascais, POR
CTD..	PNY Pnt.Delgada, AZR
CTH/..	PNY Horta, AZR
CTI25	PNY Leixoes, POR
CTN/37	PNY Apulia, POR
CTP/..	NATO Palhais, POR
CTP/..	RN Palhais, POR
CTQ	PNY Pto.Santo, MDR
CTQ46	PNY Funchal, MDR
CTS/23	PNY Sagres, POR
CTU/..	PNY Monsanto, POR
CTV/..	PNY Monsanto, POR
CTW..	PNY Monsanto, POR
CTX81	PNY Pnt.Delgada, AZR
CUA..	CPRM Lisboa, POR
CUB	Madeira R. Funchal, MDR
CUD31	GAF Beja, POR
CUF55	FAF Flores, AZR
CUG/..	S.Miguel R., AZR
CUJ494	BulgEmb Lisboa, POR
CUL/..	Lisboa R., POR
CUV	ASFRJ Lisboa, POR
CUV523	DDR-Emb Lisboa, POR
CUW/2	USAF Lajes, AZR
CUW20	AIR Lajes, AZR
CUW20	USAF/MARS Lajes, AZR
CWA	Cerrito R., URG
CWF	Punta Carretas R., URG
CXC20	USMILGP Montevideo, URG
CXK	AIR Montevideo, URG
CXR	UrNY Montevideo, URG
CYS22	PE Ottawa, CAN
CZW	CF Halifax, CAN
C2N	Nauru R., NRU
C5G	Banjul R., GMB
C6N	Nassau R., BAH
DAB	Norddeich R., D
DAF	Norddeich R., D
DAH	Norddeich R., D
DAI	Norddeich R., D
DAJ	Norddeich R., D

DAK	Norddeich R., D
DAL	Norddeich R., D
DAM	Norddeich R., D
DAN	Norddeich R., D
DAO	Kiel R., D
DAP	Norddeich R., D
DB9020	IPF G.Neumayer, ANT
DCF	Norddeich R., D
DCF30	DPA Frankfurt, D
DCF37	METEO Offenbach, D
DCF39	DPA Frankfurt, D
DCF54	METEO Offenbach, D
DCF55	VWD Frankfurt, D
DCF60	EPD/KNA/SID Frankfurt, D
DCF77	PTB Braunschweig, D
DCL	Norddeich R., D
DCM	Norddeich R., D
DCN	Norddeich R., D
DDH..	METEO Quickborn, D
DDH6	METEO Pinneberg, D
DDK..	METEO Quickborn, D
DEB	IP Wiesbaden, D
DEK23	DRK Berlin, D
DEK26	DRK Duesseldorf, D
DEK27	DRK Hannover, D
DEK30	DRK Quickborn, D
DEK32	DRK Moers, D
DEK88	DRK Bonn, D
DEL..	BGS, D
DFC37	DBP Frankfurt, D
DFD21	DBP Frankfurt, D
DFD89	DW Frankfurt, D
DFE25	DW Frankfurt FDR, D
DFF41	DPA Frankfurt, D
DFF97	DW Frankfurt FDR, D
DFG49	DW Frankfurt FDR, D
DFG49H1	INFO-BRD Frankfurt, D
DFG76	DW Frankfurt FDR, D
DFG91	INFO-BRD Frankfurt, D
DFG91	DW Frankfurt FDR, D
DFH23L2	DW Frankfurt, D
DFK25H4	INFO-BRD Frankfurt, D
DFK25L1	DW Frankfurt, D
DFK92	DW Frankfurt FDR, D
DFL21	DW Frankfurt FDR, D
DFL26	DPA Frankfurt, D
DFN43	INFO-BRD Frankfurt, D
DFN48	DPA Frankfurt, D
DFN51	DW Frankfurt FDR, D
DFN62	INFO-BRD Frankfurt, D
DFP92H1	DW Frankfurt, D
DFP99H1	DPA Frankfurt, D
DFS70H1	DPA Frankfurt, D
DFS70H3	INFO-BRD Frankfurt, D
DFS70H5	INFO-BRD Frankfurt, D
DFS90L3	DPA Frankfurt, D
DFZG	MFA Beograd, YUG
DGH43	DPA Hamburg, D
DGM95	DPA Hamburg, D
DGN36	DPA Hamburg, D
DGR28	DPA Hamburg, D
DHJ48	NATO Kindsbach, D
DHJ49	MOD Bonn, D
DHJ51	METEO Grengel, D
DHJ58	GNY Flensburg, D
DHJ59	GNY Wilhelmshaven, D
DHJ85	METEO Grengel, D
DHM42	RCC Gluecksburg, D
DHM44	METEO Grengel, D
DHM72	METEO Grengel, D
DHM91	GAF Muenster, D
DHM95	CF Lahr, D
DHN37	METEO Grengel, D
DHN66	NATO Geilenkirchen, D
DJR	AIR Djibouti, DJI
DLH	LH Frankfurt, D
DMA	MFA Jakarta, INS
DMK	MFA Bonn, D
DML	LORAN Sylt, D
DOK	BulgEmb Paris, F
DOR	MFA Sofia, BUL
DXF	Davao R., PHL
DXR	Davao R., PHL
DXR	Manila R., PHL
DYH	Cebu R., PHL
DYM	Cebu R., PHL
DYP	Cebu R., PHL
DYV	Iloilo R., PHL
DZA	Mandaluyong R., PHL
DZD	Antipolo R., PHL
DZE	Mandaluyong R., PHL
DZF	Manila R., PHL
DZG	Manila/LasPinas R., PHL
DZH	Manila R., PHL
DZI	Manila/Bacoor R., PHL
DZJ	Manila R., PHL
DZK	Manila R., PHL
DZM	Manila/Bulacan R., PHL
DZN	Navotas R., PHL
DZO	Manila R., PHL
DZP	Manila/Novaliches R., PHL
DZR	Manila R., PHL
DZU	Pasig R., PHL
DZW	Manila R., PHL
DZZ	Manila R., PHL
D2J..	ANGOP Luanda, AGL
D2U1/3	AIR Luanda, AGL
D3E/..	Luanda R., AGL
D3M93	RuNY Luanda, AGL
D4A/5-8	S.Vicente R., CPV
D4B/44	AIR Sal, CPV
D4D	Praia R., CPV

D6B...	PTT Moroni, COM
D9	EE Nouakchott, MTN
EAB	Bagur R., E
EAC	Tarifa R., E
EAD/..	Aranjuez R., E
EAE220	MFA Madrid, E
EAF	Cabo Finisterre R., E
EAL	Las Palmas R., CNR
EAR	La Coruna R., E
EAS	Cabo Penas R., E
EAT	Tenerife R., CNR
EAV	Cabo de la Nao R., E
EBA	SNY Madrid, E
EBB	SNY Ferrol Caudillo, E
EBC	SNY Cadiz, E
EBD	SNY Cartagena, E
ECA6	RCC Madrid, E
ECA7	METEO Madrid, E
ECT6	RCC Palma, E
ECY6	RCC Canarias, CNR
EDF	Aranjuez R., E
EDG2/5	Aranjuez R., E
EDJ6	Aranjuez R., E
EDK5	Aranjuez R., E
EDZ/..	Aranjuez R., E
EEQ	IP/POL Madrid, E
EGC	MFA Madrid, E
EHD	GC Madrid, E
EHD3	GC Santander, E
EHG7	GC Palma, E
EHJ2	GC Valladolid, E
EHK	GC Madrid, E
EHL	GC Leon, E
EHL5	GC Las Palmas, CNR
EHM	GC Logrono, E
EHM7	GC Alicante, E
EHM8	GC Almeria, E
EHP	GC Barcelona, E
EHY	Pozuelo-del-Rey R., E
EHY78	CTNE Madrid, E
EIP	AIR Shannon, IRL
EJK	Valentia R., IRL
EJM	Malin Head R., IRL
ELC	Monrovia R., LBR
ELE25	USLR Harbel, LBR
ELH	Harbel R., LBR
ELRB	AIR Monrovia, LBR
ELZ	Cape Palmas R., LBR
EP5X	IP Tehran, IRN
EPD/58	AIR Tehran, IRN
EPJ/2	IRNA Tehran, IRN
EPW1	Abbas R., IRN
EPX8-9	IRNA Tehran, IRN
EQA	Abadan R., IRN
EQG	Ghosbeh R., IRN
EQI/..	Abbas R., IRN
EQK	Khoramshahr R., IRN
EQM	Bushehr R., IRN
EQN	Khomeini R., IRN
EQQ	Khark I R., IRN
EQR	Lavan R., IRN
ESF	Tallin R., URS
ETC/2	Assab R., ETH
ETC88	ICRC Addis Ababa, ETH
ETD3	AIR Addis Ababa, ETH
ETK47	PE Addis Ababa, ETH
ETQ37	DDR-Emb Addis Ababa, ETH
FAB20	FAR Bordeaux, F
FAB24	FAR Toulouse, F
FAC20	FAR Metz, F
FAC80	FAR Dijon, F
FAD20	FAR Paris-les-Loges, F
FAL20/21	FAR Lille, F
FAQ20	FAR Lyon, F
FAQ22	FAR Marseille, F
FAV22	FAR Paris, F
FDC	FAF Metz, F
FDC21	FAF Drachenbronn, F
FDC3	FAF Dijon, F
FDE	FAF Villacoublay, F
FDE4	FAF Avord, F
FDG	FAF Bordeaux, F
FDG2	FAF Mt.de Marsan, F
FDG21	FAF Cognac, F
FDG37	FAF Marsan, F
FDG6	FAF Cazaux, F
FDI	FAF Aix-les-Milles, F
FDX	FAF Paris, F
FDY	FAF Orleans, F
FDZ	FAF Paris, F
FDZ2	FAF N'djamena, TCD
FFB	Boulogne-sur-Mer R., F
FFC	Bordeaux-Arcachon R., F
FFH	CNET Issy, F
FFL..	Saint Lys R., F
FFM	Marseille R., F
FFO	St.Nazaire R., F
FFP	METEO Ft.de France, MRT
FFP	Ft.de France R., MRT
FFS..	Saint Lys R., F
FFT..	Saint Lys R., F
FFU	Brest-le-Conquet R., F
FGB55	FAF Biscarrosse, F
FGZ	BulgEmb Rabat, MRC
FHA50	FAR Baden-Baden, D
FHA51	FAR Trier, D
FIS221	CRS Dijon, F
FIS231	CRS Toulouse, F

FIS235	CRS Rennes, F
FIS257	CRS Metz, F
FIS259	CRS Lille, F
FIS278	CRS Paris, F
FIS359	CRS Lille, F
FIS369	CRS Lyon, F
FIT75	MOI Paris, F
FIT513	PFT Marseille, F
FIT521	PFT Dijon, F
FIT535	PFT Rennes, F
FIT557	PFT Metz, F
FIT559	PFT Lille, F
FIT569	PFT Lyon, F
FIT576	PFT Rouen, F
FJA/..	Mahina R., OCE
FJP/..	Noumea R., NCL
FJY2	FTN Kerguelen, KER
FJY2	METEO Kerguelen, KER
FJY3	TAAF Terre Adelie, ADL
FJY4	St.Paul R., AMS
FJY4	METEO Martin-Vivies, AMS
FKO	FAF Djibouti, DJI
FLR20	MOD Paris, F
FLR28	FAR Baden-Baden, D
FMA	FAF Taverny, F
FMD	FAF Cinq-Mars, F
FME	FAF Lyon, F
FPI8B	METEO Paris, F
FPK5	FTN Paris, F
FPM4	FTN Paris, F
FPN72	AFP Paris, F
FPO74	FTN Paris, F
FPP97	AFP Paris, F
FPQ	MFA/DIPLO Paris, F
FPT7	FTN Paris, F
FSB/..	IP Paris, F
FTA91	BIH Paris, F
FTE4	METEO Paris, F
FTF84B	AFP Paris, F
FTF88	FTN Paris, F
FTH42	BIH Paris, F
FTI2	AFP Paris, F
FTI5	FTN Paris, F
FTJ39	AFP Paris, F
FTJ78	MFA/DIPLO Paris, F
FTK32	FTN Paris, F
FTK56	AFP Paris, F
FTK56A	AFP Paris, F
FTK64/76	FTN Paris, F
FTK77	BIH Paris, F
FTM25	FTN Paris, F
FTM30	METEO Paris, F
FTN..	FTN Paris, F
FTN87	BIH Paris, F
FTN99	MFA/DIPLO Paris, F
FTO35	FTN Paris, F
FTO77	FTN Paris, F
FTO79A	AFP Paris, F
FTO88	FTN Paris, F
FTP88	FTN Paris, F
FTQ39	MFA/DIPLO Paris, F
FTQ41	FTN Paris, F
FTS51	FTN Paris, F
FTS67	AFP Paris, F
FTS78	MFA/DIPLO Paris, F
FTS87	FTN Paris, F
FTT86	FTN Paris, F
FTU31	MFA/DIPLO Paris, F
FTU31B	AFP Paris, F
FTU86	FTN Paris, F
FTU8B	MFA/DIPLO Paris, F
FTV83	FTN Paris, F
FTW91	MFA/DIPLO Paris, F
FUB/3	FNY Paris, F
FUC	FNY Cherbourg, F
FUE/3	FNY Brest, F
FUF	FNY Ft.de France, MRT
FUG/3	FNY La Regine, F
FUJ/2	FNY Noumea, NCL
FUM	FNY Papeete, OCE
FUN	FNY Lorient, F
FUO	FNY Toulon, F
FUV	FNY Djibouti, DJI
FUX	FNY St.Denis, REU
FVA20	GEND Lille, F
FVA30	GEND Rennes, F
FVA50	GEND Lyon, F
FVA60	GEND Metz, F
FVA80	GEND Rosny-s-Bois, F
FVA90	GEND Paris, F
FVB90	GEND Paris, F
FVC20	GEND Orleans, F
FVE20	GEND Lille, F
FVF20	GEND Amiens, F
FVG20	GEND Rouen, F
FVH90	GEND Rennes, F
FVI20	GEND Caen, F
FVJ20	GEND St.Herblain, F
FVJ900	GEND Nantes, F
FVK20/90	GEND Bordeaux, F
FVL20	GEND Limoges, F
FVM20	GEND Toulouse, F
FVN20	GEND Poitiers, F
FVO20/90	GEND Lyon, F
FVP20	GEND Clermont-Ferrand F
FVQ20	GEND Metz, F
FVQ910	GEND Revigny, F
FVR20	GEND Strasbourg, F
FVS20	GEND Chalons, F
FVT20	GEND Dijon, F
FVU20	GEND Besancon, F
FVV23	GEND Gap, F
FVV78	GEND Grasse, F
FVW20	GEND Montpellier, F
FVW24	GEND Nimes, F
FVX20	GEND Ajaccio, F

FVZ99	GEND St.Pierre & Miq. SPM
FWV	FNY Nimes, F
FYA31	METEO Paris, F
FYE5	MFA/DIPLO Paris, F
FZR44/81	METEO St.Denis, REU
FZS63	METEO St.Denis, REU
FZS93	FTN St.Denis, REU
GBR	RGO Rugby, G
GCC/1	Cullercoats R., G
GFA21-25	METEO Bracknell, G
GFE21-25	METEO Bracknell, G
GFH	RAF Hong Kong, HKG
GFL22-26	METEO Bracknell, G
GFO	RCC Plymouth, G
GFT	METEO Bracknell, G
GFW	RAF Akrotiri, CYP
GHD/2	Hebrides R., G
GHH	METEO St.Helena, SHN
GIW39A	GNA London, G
GIW39A	JIJI London, G
GKA2-7	Portishead R., G
GKB2-7	Portishead R., G
GKC2-7	Portishead R., G
GKD2-7	Portishead R., G
GKE2-7	Portishead R., G
GKG2-7	Portishead R., G
GKH2-7	Portishead R., G
GKI2-7	Portishead R., G
GKJ2-7	Portishead R., G
GKK2-7	Portishead R., G
GKM2-7	Portishead R., G
GKN2-7	Portishead R., G
GKO2-7	Portishead R., G
GKP2-7	Portishead R., G
GKQ2-7	Portishead R., G
GKR/1	Wick R., G
GKS2-7	Portishead R., G
GKT..	Portishead R., G
GKU..	Portishead R., G
GKV..	Portishead R., G
GKW..	Portishead R., G
GKX..	Portishead R., G
GKY2-7	Portishead R., G
GKZ	Humber R., G
GLD/3	Landsend R., G
GLO20	RN London, G
GMP	IP We.Wickham, G
GND/1	Stonehaven R., G
GNF/1	Northforeland R., G
GNI	Niton R., G
GNK1	Shetland R., G
GPK	Portpatrick R., G
GPX5	VNA HoChiMinh-V., VTN
GUD	Jersey R., G
GWC	BBC Daventry FDR, G
GXH	USN Thurso, G
GXQ	RN London, G
GXW	RN Portland, G
GYA	RN London, G
GYA61	RN London/Northwood, G
GYC2-7	RN London, G
GYI	RN London, G
GYJ3	RN London/Northwood, G
GYU	RN Gibraltar, GIB
GZU	RN Petersfield, G
GZZ..	RN London, G
G8T	AMBAFRANCE Beograd, YUG
HAM	AIR Budapest, HNG
HAR	Budapest R., HNG
HBC88	ICRC Geneva, SUI
HBC88	ICRC Versoix, SUI
HBD20	MFA Bern, SUI
HBD22	SwissEmb New Delhi, IND
HBD25	SwissEmb Tel Aviv, ISR
HBD30	SwissEmb Lagos, NIG
HBD32	SwissEmb Brasilia, B
HBD39	SwissEmb Nairobi, KEN
HBD41	SwissEmb Pretoria, AFS
HBD44	SwissEmb Stockholm, S
HBD47	SwissEmb Lisboa, POR
HBD51	SwissEmb Alger, ALG
HBD56	SwissEmb Warszawa, POL
HBD58	SwissEmb Moskva, URS
HBD59	SwissEmb Ankara, TUR
HBD60	SwissEmb Paris, F
HBD61	SwissEmb Cairo, EGY
HBE34	UNR Geneva, SUI
HBE53	Berna R., SUI
HBG	OBSERV Neuchatel, SUI
HBO34	Berna R., SUI
HCG	Guayaquil R., EQA
HD2IOA	IOA Guayaquil, EQA
HDN	AE Quito, EQA
HEB/..	Bern R., SUI
HEC..	Bern R., SUI
HEE..	Berna R., SUI
HEK66	Berna R., SUI
HEP72	IP Zuerich, SUI
HET5	PTT Bern, SUI
HET77	Berna R., SUI
HGB25	METEO Budapest, HNG
HGD37	PTT Budapest, HNG
HGG21	PTT Budapest, HNG
HGG31	MTI Budapest, HNG
HGH29	MTI Budapest, HNG
HGK26	PTT Budapest, HNG
HGM36	MTI Budapest, HNG
HGO24	MTI Budapest, HNG
HGX21	MFA Budapest, HNG

HGX22	HE Athinai, GRC
HGX23	HE Roma, I
HGX28	HE London, G
HGX39	HE New Delhi, IND
HGX41	HE Damascus, SYR
HGX42	HE Tehran, IRN
HGX44	HE Baghdad, IRQ
HGX45	HE Islamabad, PAK
HGX53	HE Accra, GHA
HGX54	HE Conakry, GUI
HGX55	HE Alger, ALG
HGX56	HE Cairo, EGY
HGX58	HE Nairobi, KEN
HIA	Sto.Domingo PILOT, DOM
HIW7	Boca Chica PILOT, DOM
HIW8	Pto.Plata PILOT, DOM
HKB	Barranquilla R., CLM
HKC/2	Buenaventura R., CLM
HKVO	IP Bogota, CLM
HLF	Seoul R., KOR
HLG	Seoul R., KOR
HLJ	Seoul R., KOR
HLK	Gangreung R., KOR
HLL2-4	METEO Seoul, KOR
HLO	Seoul R., KOR
HLP	Busan R., KOR
HLS	Seoul R., KOR
HLW/2-3	Seoul R., KOR
HLX	Seoul R., KOR
HMF..	KCNA Pyongyang, KRE
HML	Nampho R., KRE
HMM41	PTT Pyongyang, KRE
HMU94	PTT Pyongyang, KRE
HMV48	PTT Pyongyang, KRE
HMY47	PTT Pyongyang, KRE
HMY56	PTT Pyongyang, KRE
HNT	BASPECTO Basrah R., IRQ
HOLLOWAY	EtAL Asmara, ETH
HOLLOWAY	EtAL Addis Ababa, ETH
HPN60	Canal R., PNR
HPP	Panama R., PNR
HR1MM	USMILGP Tegucigalpa, HND
HSA..	Bangkok R., THA
HSC62	Bangkok PORT, THA
HSD..	AIR Bangkok, THA
HSF212BNN	THAIDUTO Bonn, D
HSF212BKK	MFA Bangkok, THA
HSJ31	PTT Bangkok, THA
HSW..	METEO Bangkok, THA
HSZ	NAVY Bangkok, THA
HTCR88	ICRC Managua, NCG
HUCRS	ICRC San Salvador, SLV
HVD	PTT Vatican, CVA
HVH	PTT Vatican, CVA
HVN	PTT Vatican, CVA
HVQ7/20	VNA Hanoi, VTN
HWN	FNY Paris, F
HWU	FNY Le Blanc, F
HZG	Dammam R., ARS
HZJ	AIR Jeddah, ARS
HZN	METEO Jeddah, ARS
HZN46-50	METEO Jeddah, ARS
HZY	Ras Tanura R., ARS
HZY3	AF Dhahran, ARS
H4H29	Honiara R., SLM
H6A21	DDR-Emb Managua, NCG
H6L	AMBAFRANCE Alger, ALG
IAM	TS Roma, I
IAR/..	Roma R., I
IBA	NATO Napoli, I
IBB	NATO Verona, I
IBF	IEN Torino, I
IBH	NATO Vicenza, I
ICB	Genova R., I
ICH	ItNY La Maddalena, I
ICP	Trapani R., I
ICS	ItNY La Spezia, I
IDC	Cagliari R., I
IDF	Messina R., I
IDP	ItNY Cagliari, I
IDQ/2-5	ItNY Roma, I
IDR/..	ItNY Roma, I
IEA20	CC Roma, I
IEA21	CC Torino, I
IEA23	CC Genova, I
IEA24	CC Milano, I
IEA26	CC Padova, I
IEA55	CC Alessandria, I
IEA64	CC Milano, I
IEA69	CC Brescia, I
IEA77	CC Verona, I
IEA78	CC Vicenza, I
IEA83	CC Bolzano, I
IEA91	CC Trieste, I
IED21	ItAR Roma, I
IED22	ITALAIR Naqoura, LBN
IER20	GUARFI Roma, I
IET33	CC Parma, I
IET35	CC Livorno, I

IET36	CC Perugia, I
IET37	CC Roma, I
IET38	CC Roma, I
IET380	CC Roma, I
IET56	CC Ancona, I
IET66	CC Firenze, I
IET87	CC Cagliari, I
IEU45	CC Chieti, I
IEU54	CC Caserta, I
IEU57	CC Cosenza, I
IEU59	CC Salerno, I
IEU76	CC Pescara, I
IEY21	ItAR Roma, I
IGA	ItNY Trapani, I
IGJ	ItNY Augusta, I
IHD44	POL Ancona, I
IHK31	POL Milano, I
IJV3	GAF Decimomannu, I
IKQ	RSC Roma, I
IKT2	Milano, I
IMB..	METEO Roma, I
IOG	RCC Martinafranca, I
IPA	Ancona R., I
IPB	Bari R., I
IPD	Civitavecchia R., I
IPL	Livorno R., I
IPP	Palermo R., I
IPR70	PROVOPER Trieste, I
IQA	Augusta R., I
IQH	Napoli R., I
IQX	Trieste R., I
IRC48	ITALCABLE Roma, I
IRD39	ITALCABLE Roma, I
IRE33	ITALCABLE Roma, I
IRF50/80	ANSA Roma, I
IRH35/47	ITALCABLE Roma, I
IRH58	ANSA Roma, I
IRI20	IINA Roma, I
IRI24	ANSA Roma, I
IRJ21	ANSA Roma, I
IRM..	CIRM Roma, I
IRP34	ANSA Roma, I
IRQ26	ITALCABLE Roma, I
IRR31	IINA Roma, I
IRS24	ANSA Roma, I
IRS41	IINA Roma, I
ISX..	ANSA Roma, I
ISY90/94	ANSA Roma, I
ISY95	IINA Roma, I
ISZ48	ANSA Roma, I
IUU..	POL Roma, I
IUV81	IP Roma, I
IZN	Portotorres R., I

JAB35	KYODO Tokyo, J
JAE27/58	JIJI Tokyo, J
JAG30	PL Tokyo, J
JAG50	KYODO Tokyo, J
JAL..	KYODO Tokyo, J
JAM33	KDD Tokyo, J
JAN24	KYODO Tokyo, J
JAQ57	KYODO Tokyo, J
JAX78	KDD Tokyo, J
JBF40/60	KDD Tokyo, J
JBO	Tokyo R., J
JBQ36	JIJI Tokyo, J
JCK	Kobe R., J
JCS	Choshi R., J
JCT	Choshi R., J
JCU	Choshi R., J
JCX	Naha R. RKI, J
JDB	Nagasaki R., J
JDC	Choshi R., J
JFA	Matsudo R., J
JFC	Misaki R., J
JFM	Muroto R., J
JFR	Nagasaki F R., J
JFS	Hachinohe R., J
JFW	Iwaki R., J
JGC	Yokohama R., J
JHC	Choshi F R., J
JHD	Hakodate R., J
JHH	Owase R., J
JJC	Tokyo/Kemigawa R., J
JJD/2	PTT Tokyo, J
JJF	JSDF Tokyo, J
JJJ	JSDF Maizuru, J
JJY	PTT Sanwa, J
JKA2	KYODO Tokyo, J
JMB/2-4	METEO Tokyo, J
JMC2-6	METEO Tokyo, J
JMG/2-6	METEO Tokyo, J
JMH/2-6	METEO Tokyo, J
JMI/2-4	METEO Tokyo, J
JMJ/2-5	METEO Tokyo, J
JNA	Tokyo R., J
JOF38	KDD Choshi, J
JOR	Nagasaki R., J
JOS	Nagasaki R., J
JOU	Nagasaki R., J
JPA24	IP Tokyo, J

JTC26	PTT Ulan Bator, MNG
JTD29	MONTSAME Ulan Bator, MNG
JTF23	MFA Ulan Bator, MNG

JWT	RNoN Stavanger, NOR
JXA	RNoAR Oslo, NOR
JXL	LORAN Boevesteraalen, NOR
JXP	LORAN Jan Mayen, NOR
JXU/7	RNoN Bodoe, NOR
JXU/JWG	RNoN Bodoe, NOR
JXZ	NATO Oslo, NOR

JYF2-3/6	PETRA Amman, JOR
JYL88	ICRC Amman, JOR

JYN39/41	METEO Amman, JOR
JYO	Aqaba R., JOR
J2A/..	Djibouti R., DJI
J5G	AIR Bissau, GNB
J5M	Bissau R., GNB
J5W	AMBAFRANCE Rabat, MRC
KARIM	MOI Alger, ALG
KFS	Palo Alto R. CA, USA
KGA57	AIR Guam, GUM
KHW	Pensacole R. FL, USA
KJY74	NOAA Miami FL, USA
KKN44	USE Monrovia, LBR
KKN50	DOS Washington DC, USA
KLB	Seattle R. WA, USA
KLC	Galveston R. TX, USA
KLW61	VOA Greenville FDR, USA
KMI	Dixon R. CA, USA
KMJ29	VOA Ismaning FDR, D
KNY21	ASFRJ Washington DC, USA
KNY23	CE Washington DC, USA
KNY24	ThaiEmb Washington, USA
KNY26	HE Washington DC, USA
KNY27	SwissEmb Washington, USA
KNY32	BulgEmb Washington, USA
KPH	S.Francisco R., USA
KPL	KPL Vientiane, LAO
KPX	VNA Danang, VTN
KRH50-51	USE London, G
KUQ	Pago-Pago R., SMA
KWH66	AIR Ponape, CAR
KWL90	USE Manila, PHL
KWS78	USE Athinai, GRC
KWY93	USE N'djamena, TCD
K4X	AMBAFRANCE Tunis, TUN
LBA..	RNoN Stavanger, NOR
LBJ	RNoN Harstad, NOR
LBL1	NORBATT Ebel-el-Saqi, LBN
LCB	PTT Oslo, NOR
LCJ	NRP Oslo, NOR
LCJ	Rogaland R., NOR
LCN	NRP Oslo, NOR
LCN2	PTT Oslo, NOR
LDN	PTT Oslo, NOR
LDP	PTT Svalbard, NOR
LFB2	Rogaland R., NOR
LFC	Rogaland R., NOR
LFD	Rogaland R., NOR
LFF	Rogaland R., NOR
LFG	Rogaland R., NOR
LFI	Rogaland R., NOR
LFL/..	Rogaland R., NOR
LFN/..	Rogaland R., NOR
LFO	Oerlandet R., NOR
LFR	Rogaland R., NOR
LFT	Rogaland R., NOR
LFU	Rogaland R., NOR
LFW	Rogaland R., NOR
LFX	Rogaland R., NOR
LFZ/2-3	Rogaland R., NOR
LGA	Alesund R., NOR
LGB/2-3	Rogaland R., NOR
LGC2	Rogaland R., NOR
LGD	Roervik R., NOR
LGE	Harstad R., NOR
LGF/2-3	Rogaland R., NOR
LGG/2-3	Rogaland R., NOR
LGH	Harstad R., NOR
LGI	Hammerfest R., NOR
LGJ/2-4	Rogaland R., NOR
LGL	Floroe R., NOR
LGN/..	Bergen R., NOR
LGP	Bodoe R., NOR
LGQ	Rogaland R., NOR
LGS	Svalbard R., NOR
LGT	Tjoeme R., NOR
LGT	Tjoeme/Oslo R., NOR
LGU/2-3	Rogaland R., NOR
LGV	Vardoe R., NOR
LGW/2-3	Rogaland R., NOR
LGX/2-3	Rogaland R., NOR
LGZ	Farsund R., NOR
LHB	Rogaland R., NOR
LHG	Rogaland R., NOR
LHP2	NRP Oslo, NOR
LJA20	MFA Oslo, NOR
LJA22	NORAMB Nairobi, KEN
LJA28	NORAMB Ankara, TUR
LJB	Bjoernoeya R., NOR
LJN	Ny Aalesund R., NOR
LJN23/25	PTT Svalbard, NOR
LJP	IP Oslo, NOR
LMJ	Jan Mayen R., NOR
LOK	AN Orcadas, ARG
LOL	AN Buenos Aires, ARG
LOR	AN Belgrano, ARG
LPA44	Rio Grande R., ARG
LPB5/9	Corrientes R., ARG
LPC..	Ushuaia R., ARG
LPD..	Gen.Pacheco R., ARG
LPG44/87	Rio Gallegos R., ARG
LPL/..	Gen.Pacheco R., ARG
LPM..	Mar del Plata R., ARG
LPO44/87	Pto.Deseado R., ARG
LPW..	Bahia Blanca R., ARG
LPX27	Com.Rivadavia R., ARG
LPY44	Pto.San Julian R., ARG
LPZ..	Trelew R., ARG
LQB54	TELAM Buenos Aires, ARG
LQB9	IGMA Buenos Aires/MG, ARG
LQC20	IGMA Buenos Aires/MG, ARG
LRB34	TELAM Buenos Aires, ARG

LRB6	R.Rivadavia, ARG
LRB72	METEO Buenos Aires, ARG
LRB89	ENTEL Buenos Aires, ARG
LRB91	R.Rivadavia, ARG
LRN22	TELAM Buenos Aires, ARG
LRN83	EFE Buenos Aires, ARG
LRN85	DyN Buenos Aires, ARG
LRO2	TELAM Buenos Aires, ARG
LRO23	NA Buenos Aires, ARG
LRO36	TELAM Buenos Aires, ARG
LRO42	NA Buenos Aires, ARG
LRO69	METEO Buenos Aires, ARG
LRO72	NA Buenos Aires, ARG
LRO81/83	TELAM Buenos Aires, ARG
LRO84	METEO Buenos Aires, ARG
LRO9	DyN Buenos Aires, ARG
LSA..	Boca R., ARG
LST/9	YPF Buenos Aires R., ARG
LUN3	ASFRJ Conakry, GUI
LZA2	PTT Sofia, BUL
LZA8	METEO Sofia, BUL
LZB	BTA Sofia, BUL
LZB6	BulgEmb Kabul, AFG
LZF5/9	METEO Sofia, BUL
LZG2/3	BTA Sofia, BUL
LZG7	BulgEmb Madrid, E
LZH4	BTA Sofia, BUL
LZI	BTA Sofia, BUL
LZI3/28	PTT Sofia, BUL
LZJ2	METEO Sofia, BUL
LZL/2-7	Bourgas R., BUL
LZM7	METEO Sofia, BUL
LZN3	BTA Sofia, BUL
LZN3/28	PTT Sofia, BUL
LZP	PTT Sofia, BUL
LZP2	BTA Sofia, BUL
LZU2	METEO Sofia, BUL
LZW/..	Varna R., BUL
LZX	Sofia, BUL
L2C	Buenos Aires R., ARG
L2Q	Mar del Plata R., ARG
L2X	Com.Rivadavia R., ARG
L3V3	Recalada Rio Plata R. ARG
MAN	RN Portland, G
MEG	RAF Rheindahlen, D
MGJ	RN Faslane, G
MGU	BulgEmb Helsinki, FNL
MGYA	ASFRJ Khartoum, SDN
MKA	RAF London, G
MKD	RAF Akrotiri, CYP
MKH	RAF Finningley, G
MKK	RAF London, G
MKL	RN Pitreavie, G
MLU	RAF Gibraltar, GIB
MRX	RAAF Butterworth, MLA
MSF	NPL Teddington, G
MSS	RAF Belize, BLZ
MSU	MIL London, G
MTI	RN Plymouth, G
MTO	RN Rosyth, G
MUQ	MIL Dharan, NPL
MUY	RAR Moenchengladbach, D
MVU	RAF West Drayton, G
NAM	USN Norfolk VA, USA
NAR	USN Key West FL, USA
NAU	USN San Juan, PTR
NBA	USN Farfan, PNR
NCI	LORAN Sellia Marina, I
NCI3	LORAN Lampedusa, I
NCI4	LORAN Kargabarun, TUR
NCS	BulgEmb Moskva, URS
NDT	USN Yokosuka, J
NGD	USN McMurdo, ANT
NGR	USN Nea Makri, GRC
NHG	USARP Palmer, ANT
NIK	USCG Boston MA, USA
NKW	USN Diego Garcia, BIO
NMA	USCG Miami FL, USA
NMC	USCG S.Francisco CA, USA
NMF	USCG Boston MA, USA
NMG	USCG New Orleans LA, USA
NMG8	USCG New Orleans LA, USA
NMN	USCG Portsmouth VA, USA
NMO	USCG Honolulu, HWA
NMR	USCG San Juan, PTR
NNNO...	USN/MARS Stationen, USA
NNNOAAJ	USN/MARS Alexandria, USA
NNNOFMN	USN/MARS Omaha, USA
NNNOICE	USN/MARS McMurdo, ANT
NNNOMCL	USM/MARS CampLejeune, USA
NNNOMCP	USM/MARS Cherry Pnt, USA
NNNOMET	USM/MARS El Toro CA, USA
NNNONHX	USN/MARS Norfolk VA, USA
NNNONIM	USN/MARS Gulfport MS, USA
NNNONRD	USN/MARS CampMoscrip, PTR
NNNONRO	USN/MARS Rota, E
NNNOYPD	USN/MARS Lutherville, USA
NOJ	USCG Kodiak, ALS
NOQ	USCG Mobile AL, USA
NOY8	USCG Corp.Christi, USA
NPG	USN S.Francisco CA, USA
NPM	USN Pearl Harbor, HWA
NPN	USN Guam, GUM
NPO	USN S.Miguel, PHL
NPUO	ASFRJ Alger, ALG
NPX	USARP South Pole, ANT
NQU	USARP Siple, ANT
NRK	USN Keflavik, ISL
NRT	LORAN Yokota, J
NRT9	LORAN Hokkaido, J
NRV	USCGGuam, GUM
NRV	LORAN Guam, GUM

NUD	USN Adak, ALS
NWC	USN Exmouth, AUS
OAE21	USMIL Lima, PRU
OAG2	AIR Lima, PRU
OAV87	IP Lima, PRU
OBC	NAVY Callao, PRU
OBC/3	Callao R., PRU
OBF4	Mollendo R., PRU
OBQ5	Iquitos R., PRU
OBR3	Salaverry R., PRU
OBT2	Talara R., PRU
OBY2	Paita R., PRU
ODR..	Beirut R., LBN
ODR88	ICRC Beirut, LBN
OEC20	MFA Wien, AUT
OEC72	OeEmb Lisboa, POR
OEM..	METEO Wien, AUT
OEQ39	IP Wien, AUT
OEY31	AUSCON Famagusta, CYP
OEY32	AuAR Salzburg, AUT
OEY622	AUSCON Famagusta, CYP
OFA	Helsinki R., FNL
OFA83	METEO Helsinki, FNL
OFB28/35	METEO Helsinki, FNL
OFB38	Helsinki R., FNL
OFB43	METEO Helsinki, FNL
OFD24/47	Helsinki R., FNL
OFH	Mariehamn R., FNL
OFI	Hanko R., FNL
OFJ..	Helsinki R., FNL
OFU	Kotka R., FNL
OFW	Vaasa R., FNL
OGX	IP Helsinki, FNL
OH..	Eisbrecher, FNL
OHC	Helsinki R., FNL
OHG/2	Helsinki R., FNL
OHM	Mariehamn R., FNL
OHU20	MFA Helsinki, FNL
OHU33	FinEmb Hanoi, VTN
OHU34	FinEmb Lusaka, ZMB
OHU35	FinEmb Tehran, IRN
OHU38	FinEmb Tripoli, LBY
OHX	Vaasa R., FNL
OKL	CSA Praha, TCH
OKLA	METEO Praha, TCH
OLB5	AI Praha, TCH
OLD	PTT Praha, TCH
OLD2/4	CTK Praha, TCH
OLF	PTT Praha, TCH
OLG3-4	PTT Praha, TCH
OLI2/5	CTK Praha, TCH
OLM4	PTT Praha, TCH
OLO7	PTT Praha, TCH
OLS4	CTK Praha, TCH
OLT21	METEO Praha, TCH
OLV3	CTK Praha, TCH
OLW2/5	PTT Praha, TCH
OLX2/4	PTT Praha, TCH
OLX4/5	CTK Praha, TCH
OLZ2	CTK Praha, TCH
OMA	AI Praha/Liblice, TCH
OMC	Bratislava R., TCH
OMD	MOT Praha, TCH
OMK	PTT Komarno, TCH
OMP/..	Praha R., TCH
OMV63	PTT Praha, TCH
OMZ	MFA Praha, TCH
OMZ1	CE Bonn, D
OMZ3	CE New Delhi, IND
OMZ5	CE Luanda, AGL
OMZ9	CE Warszawa, POL
OMZ10	CE Tripoli, LBY
OMZ24	MongEmb Praha, TCH
ONA20	IP Brussels, BEL
ONN29	BulgEmb Brussels, BEL
ONY27	NATO Rouveroy, BEL
ONY70	RCC Brussels, BEL
ONY77	BAF Brussels, BEL
ONZ22	RCC Koksijde, BEL
ORI27/29	PTT Brussels, BEL
ORI46	CBG Brussels, BEL
ORI49	PTT Brussels, BEL
ORI50	UPI Brussels, BEL
ORO25	PTT Brussels, BEL
OSA	Antwerpen R., BEL
OSB	BNY Bruges, BEL
OSN/..	BNY Oostende, BEL
OST/..	Oostende R., BEL
OSU/..	Oostende R., BEL
OTW	BulgEmb Ottawa, CAN
OUA/23	RDNY Stevns/Sovaern, DNK
OUJ22	NATO Aarhus, DNK
OUN	LORAN Ejde FI, DNK
OVC	RDNY Groennedal, GRL
OVG..	RDNY Frederikshavn, DNK
OVK	RDNY Aarhus, DNK
OVY	LORAN Angissoq, GRL
OWD	RDAF Vaerloese, DNK
OWE	RDAF Karup, DNK
OWS3	IP Koebenhavn, DNK
OXB	Blavand R., DNK
OXF	Qaqortoq R., GRL
OXI	Nuuk R., GRL
OXJ	Torshavn R. FI, DNK
OXP	Skagen R., DNK
OXT	METEO Koebenhavn, DNK
OXZ/..	Lyngby R., DNK
OYE	Roenne R., DNK
OYG	Mesters Vig R., GRL

OYR	Aasiaat R., GRL
OZL	Anmassalik R., GRL
OZU25	MFA Koebenhavn, DNK
PAA21	MOD Sgravenhaage, HOL
PAC27	NATO Katwijk, HOL
PBB	RNN Den Helder, HOL
PBC...	RNN Goeree, HOL
PBV/4	RNN Valkenburg, HOL
PCG..	Scheveningen R., HOL
PCH/..	Scheveningen R., HOL
PCI	Ijmuiden R., HOL
PCW1	MFA Sgravenhaage, HOL
PCW4	NE Jakarta, INS
PCW5	NE Cairo, EGY
PCW8	NE Tripoli, LBY
PCW9	NE Lagos, NIG
PCW16	NE Accra, GHA
PCW20	NE Warszawa, POL
PCW24	NE Baghdad, IRQ
PCW25	DUTCHBATT Harris, LBN
PCW50	MFO Sinai, EGY
PDB2	IP Utrecht, HOL
PGA88	NRK Heemstede, HOL
PHWR	USAF Hickam AWS, HWA
PJC	Curacao R., ATN
PKA	Sabang R., INS
PKB	Belawan R., INS
PKC	Palembang R., INS
PKC3	Jambi R., INS
PKD	Surabaja R., INS
PKE	Amboina R., INS
PKF	Makassar R., INS
PKG	Banjarmasin R., INS
PKI2	Jakarta R., INS
PKK	Kupang R., INS
PKM	Bitung R., INS
PKM9	Donggala R., INS
PKN	Balikpapan R., INS
PKN6	Samarinda R., INS
PKP	Dumai R., INS
PKP2	Telukbayur R., INS
PKR	Semarang R., INS
PKT	Dili R., INS
PKX	Jakarta R., INS
PKY4	Sorong R., INS
PKZ2	Cirebon R., INS
PLC	PTT Jakarta, INS
PMY5	IndonEmb Cairo, EGY
PNK	Jayapura R., INS
PPA	Salvador R., B
PPB	Sao Luis R., B
PPC	Itajai R., B
PPF	Fortaleza R., B
PPJ	Juncao R., B
PPL	Belem R., B
PPM	Manaus R., B
PPN	Natal R., B
PPN9	METEO Brasilia, B
PPO	Olinda R., B
PPR/2	Rio de Janeiro R., B
PPS	Santos R., B
PPT	Santarem R., B
PPV	Vitoria R., B
PPX	Rio de Janeiro R., B
PRC	BulgEmb Addis Ababa, ETH
PRS	VOA Poro, PHL
PVD7	Tebar Oil Tmnl, B
PWB	BN Belem, B
PWI	BN Recife, B
PWZ/33	BN Rio de Janeiro, B
PZN/..	Paramaribo R., SUR
P2M	Pt.Moresby R., PNG
P2R	Rabaul R., PNG
P6Z	MFA Paris, F
Q09Y	PROSECURDEF Paris, F
RAN	PTT Moskva, URS
RAN72/76	R.Moskva FDR, URS
RAN77	METEO Moskva, URS
RAN78	R.Moskva FDR, URS
RANGER	RAF Mt.Olympus, CYP
RAT21	METEO Moskva, URS
RAT25	R.Moskva FDR, URS
RAT29	METEO Moskva, URS
RAW71/73	TASS Moskva, URS
RAW78	METEO Moskva, URS
RBFWYS	RAF Decimomannu, I
RBI72-75	APN Moskva, URS
RBI77	METEO Moskva, URS
RBI78-79	TASS Moskva, URS
RBK72	R.Moskva FDR, URS
RBK75	METEO Moskva, URS
RBK79	TASS Moskva, URS
RBM76	R.Moskva FDR, URS
RBNF	AIR Moskva, URS
RBQ74	METEO Alma Ata, URS
RBV..	METEO Tashkent, URS
RBW43	PTT Murmansk, URS
RBW48	METEO Murmansk, URS
RBX42	TASS Moskva, URS
RBX53	TASS Moskva, URS
RBX56	TASS Moskva, URS
RBX71-73	METEO Tashkent, URS
RCB53/55	TASS Moskva, URS
RCB58	METEO Moskva, URS
RCC76	METEO Moskva, URS
RCC79	TASS Moskva, URS
RCD30	APN Moskva, URS
RCD30	R.Moskva FDR, URS

RCD33-34	R.Moskva FDR, URS
RCD52	PTT Moskva, URS
RCE54/56	TASS Moskva, URS
RCE59	APN Moskva, URS
RCF41	TASS Moskva, URS
RCF47	PTT Moskva, URS
RCG75	PTT Moskva, URS
RCG77	TASS Moskva, URS
RCG79	APN Moskva, URS
RCH	TS Tashkent, URS
RCH72-73	METEO Tashkent, URS
RCI72	METEO Moskva, URS
RCI73	R.Moskva FDR, URS
RCI73	APN Moskva, URS
RCR77-79	METEO Khabarovsk, URS
RCT..	TASS Moskva, URS
RCT57	R.Moskva FDR, URS
RCU71/73	METEO Novosibirsk, URS
RCV	RuNY Moskva, URS
RCV26/29	TASS Moskva, URS
RCW79	METEO Alma Ata, URS
RDD72	TASS Moskva, URS
RDD77-78	METEO Moskva, URS
RDG23	METEO Tashkent, URS
RDI58	PTT Moskva, URS
RDK23	METEO Tbilisi, URS
RDK87	Copyright, AAA
RDM78	METEO Tbilisi, URS
RDW76	METEO Khabarovsk, URS
RDZ36	PL Moskva, URS
RDZ71/74	TASS Moskva, URS
RDZ75	METEO Moskva, URS
RDZ76	TASS Moskva, URS
RDZ76	R.Moskva FDR, URS
RDZ77	TASS Moskva, URS
RDZ79	R.Moskva FDR, URS
REB24	TASS Moskva, URS
RED30/52	TASS Moskva, URS
REE56	PTT Alma Ata, URS
REJ60	METEO Novosibirsk, URS
REM..	TASS Moskva, URS
REM55	APN Moskva, URS
REN30	TASS Moskva, URS
RETDKA	ARMY Valencia, E
RETENZA	ARMY San Sebastian, E
RFD51	APN Moskva, URS
RFD53	TASS Moskva, URS
RFFA	MOD Paris, F
RFFXL	FF Lebanon, LBN
RFLI	FF Ft.de France, MRT
RFLIA	FAR Ft.de France, MRT
RFLIG	FAR Cayenne, GUF
RFNV	Moskva/Kupavna, URS
RFQP	FF Djibouti, DJI
RFTJ	FNY Dakar, SEN
RFVI	FNY St.Denis, REU
RGC70/72	METEO Kiev, URS
RGD22	R.Moskva FDR, URS

RGE32	PTT Moskva, URS
RGE34	TASS Moskva, URS
RGE37	PTT Moskva, URS
RGH77-78	METEO Arkhangelsk, URS
RGI23-24	TASS Moskva, URS
RGJ61	METEO Kuibyshev, URS
RGV50	TASS Moskva, URS
RGW26	TASS Moskva, URS
RGW27	APN Moskva, URS
RGW28	TASS Moskva, URS
RHA41	TASS Moskva, URS
RHA42	APN Moskva, URS
RHB70/75	METEO Khabarovsk, URS
RHD	R.Moskva FDR, URS
RHE76	PTT Riga, URS
RHH74	PTT Kuibyshev, URS
RHO72	METEO Khabarovsk, URS
RHW27	METEO Tashkent, URS
RIC71-72	TASS Moskva, URS
RIC73	APN Moskva, URS
RIC75	TASS Moskva, URS
RID	TS Irkutsk, URS
RIF32-33	APN Moskva, URS
RIF38	APN Moskva, URS
RIF38	TASS Moskva, URS
RIFAG	CC Palermo, I
RIS74	PTT Tbilisi, URS
RIW	RuNY Khiva, URS
RKA25	TASS Moskva, URS
RKA70	PTT Moskva, URS
RKA71	TASS Moskva, URS
RKA72	APN Moskva, URS
RKA74	TASS Moskva, URS
RKA75	R.Moskva FDR, URS
RKA76	PTT Moskva, URS
RKA78	METEO Moskva, URS
RKA79	TASS Moskva, URS
RKB55/58	TASS Moskva, URS
RKB78	METEO Moskva, URS
RKC25	R.Moskva FDR, URS
RKD..	PTT Moskva, URS
RKE20	TASS Moskva, URS
RKLM	Arkhangelsk R., URS
RKR74	METEO Irkutsk, URS
RKS71/78	METEO Murmansk, URS
RKST	AIR Tashkent, URS
RKU71	METEO Moskva, URS
RKU74	TASS Moskva, URS
RKU74	APN Moskva, URS
RLN74	METEO Yakutsk, URS
RMC20	TASS Moskva, URS
RMC21	APN Moskva, URS
RMD51-52	TASS Moskva, URS
RMD59	APN Moskva, URS
RME20	R.Moskva FDR, URS
RME22	APN Moskva, URS
RMP	RuNY Kaliningrad, URS
RND70	TASS Moskva, URS

RND71	APN Moskva, URS
RND76	R.Moskva FDR, URS
RND77/79	METEO Moskva, URS
RNK33/36	TASS Moskva, URS
RNK37	PTT Moskva, URS
RNK39	TASS Moskva, URS
RNN	APN Moskva, URS
RNN51-52	TASS Moskva, URS
RNO	Moskva R., URS
RNR78	METEO Rostov, URS
ROF..	METEO Novosibirsk, URS
ROK22	R.Moskva FDR, URS
ROK27	TASS Moskva, URS
ROK28	PTT Moskva, URS
ROK74	METEO Moskva, URS
ROM5	METEO Tashkent, URS
ROO70	METEO Rostov, URS
ROQ3	METEO Novosibirsk, URS
ROT	Moskva R., URS
ROW24	APN Moskva, URS
ROW26	R.Moskva FDR, URS
RPJ78	METEO Tashkent, URS
RPN71	METEO Kiev, URS
RPT30-32	TASS Moskva/Tashk., URS
RPTI	PNY Pnt.Delgada, AZR
RPTIG	PNY Lajes, AZR
RPTIH	PNY Horta, AZR
RQFAC	BAR Brussels, BEL
RQM76	METEO Khabarovsk, URS
RQP56	PTT Sverdlovsk, URS
RRC61	APN Moskva, URS
RRE31	TASS Moskva, URS
RRG25	PTT Moskva, URS
RRG28	APN Moskva, URS
RRG29	TASS Moskva, URS
RRQ20/27	TASS Moskva, URS
RSA52	PTT Moskva, URS
RSGV	Petrozavodsk R., URS
RSR..	METEO Minsk, URS
RST75-76	METEO Minsk, URS
RSW71	METEO Arkhangelsk, URS
RTA	TS Novosibirsk, URS
RTB26	METEO Novosibirsk, URS
RTC23/26	METEO Novosibirsk, URS
RTQ78	METEO Sverdlovsk, URS
RTT40	APN Moskva, URS
RTT42	PTT Moskva, URS
RTT44	R.Moskva FDR, URS
RTT44	TASS Moskva, URS
RTT47	PTT Moskva, URS
RTU46-47	TASS Moskva, URS
RTV51	PTT Moskva, URS
RTV55	TASS Moskva, URS
RUM51	METEO Novosibirsk, URS
RUTA	USE Monrovia, LBR
RUU76/78	METEO Leningrad, URS
RUZU	SAAB Molodezhnaya, ANT
RVL21	METEO Khabarovsk, URS
RVM75	METEO Tashkent, URS
RVO71	PTT Moskva, URS
RVO72	R.Moskva FDR, URS
RVO73/76	METEO Moskva, URS
RVO77	TASS Moskva, URS
RVO79	R.Moskva FDR, URS
RVO79	METEO Moskva, URS
RVW50	PTT Moskva, URS
RVW53	METEO Moskva, URS
RVW55	R.Moskva FDR, URS
RVW57	TASS Moskva, URS
RVZ73	METEO Arkhangelsk, URS
RWD52	TASS Moskva, URS
RWH79	METEO Alma Ata, URS
RWM	TS Moskva, URS
RWM71	TASS Moskva, URS
RWM72	APN Moskva, URS
RWM73/75	PTT Moskva, URS
RWM77	APN Moskva, URS
RWM79	PTT Moskva, URS
RWN71	APN Moskva, URS
RWN72	PL Moskva, URS
RWN74	TASS Moskva, URS
RWN79	PTT Moskva, URS
RWS40	METEO Novosibirsk, URS
RWV74	METEO Leningrad, URS
RWW..	METEO Moskva, URS
RWWM	Klaipeda R., URS
RWZ..	METEO Moskva, URS
RXA..	METEO Alma Ata, URS
RXO74	METEO Khabarovsk, URS
RYO76/79	METEO Novosibirsk, URS
RYP29	METEO Khabarovsk, URS
RZA24	APN Moskva, URS
RZA24	TASS Moskva, URS
RZA26	R.Moskva FDR, URS
RZA29	PTT Moskva, URS
RZB79	METEO Vladivostok, URS
RZT70	METEO Leningrad, URS

SAA	Karlskrona R., S
SAB...	Goeteborg R., S
SAE	Tingstaede R., S
SAG/..	Goeteborg R., S
SAH	Haernoesand R., S
SAM	MFA Stockholm, S
SAM25	SUD Lisboa, POR
SAM26	SUD London, G
SAM31	SUD Alger, ALG
SAM35	SUD Beograd, YUG
SAM36	SUD Budapest, HNG
SAM39	SUD Praha, TCH
SAM40	SUD Warszawa, POL
SAM41	SUD Berlin, DDR
SAM46	SUD Baghdad, IRQ
SAM50	SUD Cairo, EGY
SAM51	SUD Tehran, IRN
SAM55	SUD Bangkok, THA

SAM57	SUD Dhaka, BGD
SAM58	SUD Jakarta, INS
SAM60	SUD Islamabad, PAK
SAM61	SUD New Delhi, IND
SAM73	SUD Lagos, NIG
SAM75	SUD Nairobi, KEN
SAM78	SUD Tunis, TUN
SAM82	SUD Maputo, MOZ
SAM89	SUD Luanda, AGL
SAQ	STA Stockholm, S
SAR88	SRK Stockholm, S
SAY2	METEO Norrkoeping, S
SDG10	STA Stockholm, S
SDG83	Stockholm R., S
SDJ	Stockholm R., S
SDN10	STA Stockholm, S
SDN6	STA Stockholm, S
SDQ6	STA Stockholm, S
SDQ7	MARPRESS Stockholm, S
SFA	MFA Ankara, TUR
SGP22	STA Stockholm R., S
SHG83	STA Stockholm R., S
SHX	IP Stockholm, S
SKYKING	USAF SAC GS, USA
SLZ	SAF Kristinehamn, S
SMA4/6/8	METEO Norrkoeping, S
SNN...	MFA Warszawa, POL
SOE264	PAP Warszawa, POL
SOE349	METEO Warszawa, POL
SOG277	Warszawa R., POL
SOG280	PAP Warszawa, POL
SOG284	PAP Warszawa, POL
SOH256	Warszawa R., POL
SOH272	PAP Warszawa, POL
SOH284	PAP Warszawa, POL
SOH289	Warszawa R., POL
SOH299	METEO Warszawa, POL
SOI200	Warszawa R., POL
SOI208	Warszawa R., POL
SOI208	PTT Warszawa, POL
SOI213	PAP Warszawa, POL
SOI219	PAP Warszawa, POL
SOJ239	PAP Warszawa, POL
SOJ287	PAP Warszawa, POL
SOK227	Warszawa R., POL
SOK244	PAP Warszawa, POL
SOK249	PTT Warszawa, POL
SOK269	Warszawa R., POL
SOL242B	Warszawa R., POL
SOL249	Warszawa R., POL
SOL349	PAP Warszawa, POL
SOL353	Warszawa R., POL
SOM218	Warszawa R., POL
SON260B	Warszawa R., POL
SON261	Warszawa R., POL
SON263	PAP Warszawa, POL
SON278	PAP Warszawa, POL
SON279B	Warszawa R., POL
SOO236	Warszawa R., POL
SOO250	PAP Warszawa, POL
SOP250	PAP Warszawa, POL
SOQ220	PTT Warszawa, POL
SOQ221	PAP Warszawa, POL
SOR249	PAP Warszawa, POL
SOT239	PTT Warszawa, POL
SOT265	PAP Warszawa, POL
SOT265	Warszawa R., POL
SOT299	Warszawa R., POL
SOV293	Warszawa R., POL
SOY240	Warszawa R., POL
SPA..	Gdynia R., POL
SPC/..	Gdynia R., POL
SPE/..	Szczecin R., POL
SPH/..	Gdynia R., POL
SPK10/72	SPK Phnom Penh, CBG
SPM737	ARCTIC Hornsund, POL
SPN	Witowo R., POL
SPO/..	Szczecin R., POL
SPP313	PE Alger, ALG
SPP316	PE Baghdad, IRQ
SPP323	PE Berlin, DDR
SPP325	PE New Delhi, IND
SPP339	PE Koebenhavn, DNK
SPP341	PE Lagos, NIG
SPP342	PE Luanda, AGL
SPP353	PE Roma, I
SPP355	PE Tehran, IRN
SPP357	PE Tripoli, LBY
SPS	Witowo R., POL
SPW	Warszawa R., POL
SRZ922	ASFRJ Warszawa, POL
SRZ944	AMBAFRANCE Warszawa, POL
STK/70	AIR Khartoum, SDN
STP	Pt.Sudan R., SDN
SUA...	MENA Cairo, EGY
SUC/..	AIR Cairo, EGY
SUH/3-5	Alexandria R., EGY
SUK	Kosseir R., EGY
SUL20	AIR Luxor, EGY
SUP/4	Port Said R., EGY
SUU/..	METEO Cairo, EGY
SUZ3-5	Serapeum R., EGY
SVA/2-8	Athinai R., GRC
SVB2-7	Athinai R., GRC
SVD2-8	Athinai R., GRC
SVF2-7	Athinai R., GRC
SVG4-7	Athinai R., GRC
SVH	Iraklion R., GRC
SVI4-7	Athinai R., GRC
SVJ4/6	Athinai R., GRC
SVK	Kerkyra R., GRC
SVL	Limnos R., GRC

SVM6	Athinai R., GRC
SVN/..	Athinai R., GRC
SVR	Rhodos R., GRC
SVS2-5	Athinai R., GRC
SVT4-7	Athinai R., GRC
SVU..	Athinai R., GRC
SVX	Chios R., GRC
SWA	AIR Athinai, GRC
SXA/..	HNY Spata Attikis, GRC
SXH/2/3	HNY Kriti, GRC
SZZ	HAF Spata Attikis, GRC
S2D	AIR Dhaka, BGD
S2M33	BSS Dhaka, BGD
S3D	Chittagong R., BGD
S3E	Khulna R., BGD
S7Q	Seychelles R., SEY
S9M	Sao Tome R., STP
S9Y/2	AIR Sao Tome, STP
TAH	Istanbul R., TUR
TAM4	Iskenderun R., TUR
TAM5	Mersin R., TUR
TAM6	Antalya R., TUR
TAM7	Canakkale R., TUR
TAN	Istanbul R., TUR
TAN2	Izmir R., TUR
TAN5	Zonguldak R., TUR
TAN6	Samsun R., TUR
TAO2	Trabzon R., TUR
TBA/..	TuNY Izmir, TUR
TBB2/6	TuNY Izmir, TUR
TBH3	TuNY Golcuk, TUR
TBO/2-4	TuNY Izmir, TUR
TCC2	IP Ankara, TUR
TCR	Tophane Kulesi R., TUR
TCY/4	AA Ankara, TUR
TEC	Ocean I R., CTR
TEP	Limon R., CTR
TFA/..	Reykjavik R., ISL
TFK	USN Keflavik, ISL
TFM	Neskaupstadur R., ISL
TFR	LORAN Sandur, ISL
TFR2	LORAN Keflavik, ISL
TFT	Hornafjoerdur R., ISL
TFV	Vestmannaeyjar R., ISL
TFX	Siglufjoerdur R., ISL
TFZ	Isafjoerdur R., ISL
TIM	Limon R., CTR
TIO2	Limon R., CTR
TIR	ICEBREAKER Oden, S
TJC/7-8	Douala R., CME

TJK/51	AIR Douala, CME
TJP78	UNHCR Garoua, CME
TKM	Grasse R., F
TLO	AIR Bangui, CAF
TLQ	IP Bangui, CAF
TNA8/12	Pnt.Noire R., COG
TNL/..	AIR Brazzaville, COG
TNL97	METEO Brazzaville, COG
TNO	AIR Pnt.Noire, COG
TNS9	IP Brazzaville, COG
TRA/8	Libreville R., GAB
TRK/25	AIR Libreville, GAB
TRP8	SHELL Gamba R., GAB
TRS	IP Libreville, GAB
TTL	AIR N'djamena, TCD
TTR88	ICRC N'djamena, TCD
TTZ/..	STIT N'djamena, TCD
TUA/..	Abidjan R., CTI
TUH/55	AIR Abidjan, CTI
TUW/220	IP Abidjan, CTI
TYA3	Cotonu R., BEN
TYE/41	AIR Cotonu, BEN
TZA69	STIM Bamako, MLI
TZH/60	AIR Bamako, MLI
T3K	Tarawa R., KIR
UAH	Tallin R., URS
UAI3	Nakhodka R., URS
UAT	Moskva R., URS
UAZL	HF/DF Moskva, URS
UBE2	Petropavlovsk/Kam R., URS
UBF2	Leningrad R., URS
UBN	Jdanov R., URS
UCD9	Ialta R., URS
UCO	Ialta R., URS
UCY2	Astrakhan R., URS
UDB	Leningrad R., URS
UDC	Jdanov R., URS
UDE	Odessa R., URS
UDH	Riga R., URS
UDH	Riga ., URS
UDK2	Murmansk R., URS
UDN	Novorossijsk R., URS
UDY	SAAB Novolazarevskaya ANT
UEK	Feodosia R., URS
UFA	Batumi R., URS
UFB	Odessa R., URS
UFF	Sukhumi R., URS
UFH	Petropavlovsk R. Kam, URS
UFJ	Rostov R., URS

UFL	Vladivostok R., URS
UFM3	Nevelsk R., URS
UFN	Novorossijsk R., URS
UFR	Igarka R., URS
UGE	Arkhangelsk R., URS
UGE2	SAAB Bellingshausen, ANT
UGG9	Belomorsk R., URS
UGK2	Kaliningrad R., URS
UHK	Batumi R., URS
UHO	Arkhangelsk R., URS
UHY	ARCTIC Tiksi, URS
UHZ	Kherson R., URS
UJE	Moskva R., URS
UJO/3/5	Izmail R., URS
UJO8	PTT Izmail, URS
UJQ/7	Kiev R., URS
UJY	Kaliningrad R., URS
UKA	Vladivostok R., URS
UKB	Riga R., URS
UKJ	Astrakhan R., URS
UKK3	Nakhodka R., URS
UKS	ARCTIC Barentsburg, URS
UKS3	Magadan R., URS
UKW	Kertch R., URS
UKW3	Korsakov R., URS
ULV	ARCTIC Moskva, URS
ULV	PTT Moskva, URS
UMN	Murmansk R., URS
UMV	Murmansk R., URS
UNI	Ventspils R., URS
UNM2	Klaipeda R., URS
UNN	Vyborg R., URS
UNQ	Novorossijsk R., URS
UNS	Tallin R., URS
UON	Baku R., URS
UOP	Tuapse R., URS
UOY	Narian-Mar R., URS
UPB	Providenia Bukhta R., URS
UPM	Amderma R., URS
UPV	Dikson R., URS
UPV	ARCTIC Dikson, URS
UPW2	Liepaia R., URS
UQA4	Murmansk R., URS
UQB	Kholmsk R., URS
UQK	Riga R., URS
URB2	Klaipeda R., URS
URD	Leningrad R., URS
URL/8	Sevastopol R., URS
USW2	Kaliningrad R., URS
USZ	ARCTIC Dikson, URS
UTA	Tallin R., URS
UVD	Magadan R., URS
UVW	Tuapse R., URS
UWT	Taganrog R., URS
UXN	Arkhangelsk R., URS
UZB	Sotchi R., URS
UZI	Kandalakcha R., URS
UZS	Onega R., URS

UZT	Mezen R., URS
VAI	Vancouver R., CAN
VAP	Churchill R., CAN
VAU	Yarmouth R., CAN
VAW	Killinek R., CAN
VCO	Sydney R., CAN
VCP	St.Lawrence R., CAN
VCS	Halifax R., CAN
VDD	CF Debert, CAN
VEL	CF Lahr, D
VER	MOD Ottawa, CAN
VET9	CFARS Damascus, SYR
VEV9	CFARS Valcartier, CAN
VFA	Inuvik R., CAN
VFC	Cambridge Bay R., CAN
VFF	METEO Frobisher, CAN
VFF	Frobisher R., CAN
VFR	METEO Resolute, CAN
VFR	Resolute R., CAN
VFU	Coral Harbour R., CAN
VFU6	Coppermine R., CAN
VFZ	Goose Bay R., CAN
VHP2-7	RAN Canberra, AUS
VIA	Adelaide R., AUS
VIB	Brisbane R., AUS
VIC	Carnarvon R., AUS
VID	Darwin R., AUS
VIE	Esperance R., AUS
VIH	Hobart R., AUS
VII	Thursday I R., AUS
VIM	Melbourne R., AUS
VIO	Broome R., AUS
VIP/..	Perth R., AUS
VIR	Rockhampton R., AUS
VIS/..	Sydney R., AUS
VIT	Townsville R., AUS
VIX2-7	RAN Canberra, AUS
VJM	ANARE MacQuarie, ANT
VJP	OTC Perth, AUS
VJY	ATC Darwin, AUS
VKG	POL Sydney, AUS
VKS80	ETAORS Sydney, AUS
VLN	ANARE Mawson, ANT
VLR	RA Lyndhurst FDR, AUS
VLV	ANARE Mawson, ANT
VMA	ARMY Melbourne, AUS
VNA31/86	VNA Hanoi, VTN
VNG	ATC Lyndhurst, AUS
VNJ	ANARE Casey, ANT
VNV30	OTC Sydney, AUS
VOK	Cartwright R., CAN
VON	St.Johns R., CAN
VPS/..	C.d'Aguilar R., HKG
VRN..	C.d'Aguilar R., HKG

VRQ	MFA Hanoi, VTN
VRT	Bermuda R., BER
VSD	BAS Halley Bay, FLK
VSL1	Seria R., BRU
VSL3	Muara HARBOUR, BRU
VTG/3-9	IN Bombay, IND
VTH/..	IN Bombay, IND
VTK..	IN Tuticorin, IND
VTN	IN Cochin, IND
VTP3-7	IN Vizagapatam, IND
VVD..	METEO New Delhi, IND
VVO	IndAF New Delhi, IND
VWB	Bombay R., IND
VWC	Calcutta R., IND
VWM	Madras R., IND
VWV	Vizagapatam R., IND
VXA	CF Edmonton, CAN
VXE9	CFARS El Gorah, EGY
VXN	CF Nicosia, CYP
VXN9	CFARS Nicosia, CYP
VXN91	CFARS Ledra Palace, CYP
VXV9	CFARS Golan Hgts, SYR
WAH	St.Thomas R., VIR
WAR	USA/MARS Washington, USA
WAR46	USA Ft.Richie MD, USA
WBL	Buffalo R. NY, USA
WBR70	METEO Miami FL, USA
WCC	Chatham R. MA, USA
WFB37	ITT New York NY, USA
WFD76	ITT New York NY, USA
WFE34	ITT New York NY, USA
WFI77	AP New York NY, USA
WFK38	UPI New York NY, USA
WFK39	AP New York NY, USA
WFK48	USIA New York NY, USA
WFK50	AP New York NY, USA
WFK54	USIA New York NY, USA
WFL35	AP New York NY, USA
WFM55	UPI New York NY, USA
WFN23	AP New York NY, USA
WGK	St.Louis R. MO, USA
WKM	West Haven R. CT, USA
WLC	Rogers Cy R. MI, USA
WLO	Mobile R. AL, USA
WLO	METEO Mobile AL, USA
WMH	Baltimore R. MD, USA
WMI	Lorain R. OH, USA
WNU/..	Slidell R. LA, USA
WOE	Lantana R. FL, USA
WOM	Miami High Seas R., USA
WOO	Ocean Gate R. NJ, USA
WPD	Tampa R. FL, USA
WSC	Tuckerton R. NJ, USA
WSY70	METEO New York NY, USA
WWD	SCRIPPS La Jolla CA, USA

WWV	NBS Ft.Collins, USA
WWVH	NBS Kekaha, HWA
XBA	METEO Tacubaya, MEX
XDA	Mexico R., MEX
XDD	METEO Ixtapalapa, MEX
XDD284	PTT Mexico, MEX
XDD285	PTT Mexico, MEX
XFA	Acapulco R., MEX
XFB	Ciudad-Carmen R., MEX
XFC	Cozumel R., MEX
XFE	Ensenada R., MEX
XFF2	PEMEX Pajaritos R., MEX
XFK	La Paz R., MEX
XFK2	PEMEX La Paz R., MEX
XFL	Mazatlan R., MEX
XFM	Manzanillo R., MEX
XFN	Progreso R., MEX
XFP	Chetumal R., MEX
XFQ	Salina Cruz R., MEX
XFQ3	PEMEX Salina Cruz R., MEX
XFS/2	Tampico R., MEX
XFS3	PEMEX Tampico R., MEX
XFU	Veracruz R., MEX
XFU2	PEMEX Veracruz R., MEX
XFY	Guaymas R., MEX
XFY2	PEMEX Guaymas R., MEX
XPH5	USAF Thule, GRL
XRJ	ICEBREAKER Njord, S
XSC	Fangshan R., CHN
XSD	Yingkou R., CHN
XSE	Qinhuangdao R., CHN
XSF	Lianyungang R., CHN
XSG/..	Shanghai R., CHN
XSH	Basuo R., CHN
XSJ	Zhanjiang R., CHN
XSL	Fuzhou R., CHN
XSM	Xiamen R., CHN
XSN	Ningbo R., CHN
XSO	Wenzhou R., CHN
XSP	Shantou R., CHN
XSQ/4-9	Guangzhou R., CHN
XSR	Haikou R., CHN
XST	Qingdao R., CHN
XSU	Yantai R., CHN
XSV	Tianjin R., CHN
XSW	Kaohsiung R., TWN
XSX	Keelung R., TWN
XSY	Hualien R., TWN
XSZ	Dalian R., CHN
XTU	AIR Ouagadougou, BFA
XUK3-4	Kompong-Som-V. R., CBG

XVB31-32	PTT Hanoi, VTN
XVG..	Haiphong R., VTN
XVH67-70	METEO Hanoi, VTN
XVK	PTT Hanoi, VTN
XVN..	VNA Hanoi, VTN
XVR4	Vungtau R., VTN
XVR94	PTT HoChiMinh-V., VTN
XVS8-9	HoChiMinh-V. R., VTN
XVT5	Danang R., VTN
XVT56	PTT Hanoi, VTN
XVZ	AIR HoChiMinh-V., VTN
XYN36	PTT Rangoon, BRM
XYO54/84	PTT Rangoon, BRM
XYR..	Rangoon R., BRM
XZW	AIR Rangoon, BRM
XZW	METEO Rangoon, BRM
XZW52	AIR Rangoon, BRM
YAB6	PTT Kabul, AFG
YAD4	PTT Kabul, AFG
YAK	PTT Kabul, AFG
YAV	AIR Kabul, AFG
YAV23	METEO Kabul, AFG
YAY6	PTT Kabul, AFG
YIL..	INA Baghdad, IRQ
YIO71	INA Baghdad, IRQ
YIR	Basrah R., IRQ
YIX70/75	INA Baghdad, IRQ
YIZ74	INA Baghdad, IRQ
YJM/4	Pt.Vila R., VUT
YKI	Tartous R., SYR
YKK	SwAF Stockholm, S
YKM5	Baniyas R., SYR
YKM7	Lattaquia R., SYR
YKO	Tartous R., SYR
YKQ10/20	METEO Damascus, SYR
YKW1	SANA Damascus, SYR
YKW...	PTE Damascus, SYR
YMA..	METEO Ankara, TUR
YMB	NATO Izmir, TUR
YMH2-5	METEO Bandirma, TUR
YMY2	METEO Samsun, TUR
YO99	IP Bucuresti, ROU
YOF67	PTT Bucuresti, ROU
YOG29	PTT Bucuresti, ROU
YOG37	METEO Bucuresti, ROU
YOG39	PTT Bucuresti, ROU
YOG59	AGERPRES Bucuresti, ROU
YOH39	PTT Bucuresti, ROU
YOJ27	AGERPRES Bucuresti, ROU
YOJ41	PTT Bucuresti, ROU
YOL21	AGERPRES Bucuresti, ROU
YOM21	AGERPRES Bucuresti, ROU
YOV28	AGERPRES Bucuresti, ROU
YPI	Turnu Severin R., ROU
YPO	Giurgiu R., ROU
YQI/2-7	Constantza R., ROU
YRA	AIR Bucuresti, ROU
YRB	AIR Bucuresti/Baneasa ROU
YRR/3-6	METEO Bucuresti, ROU
YUB2	Beograd, YUG
YUR/2-9	Rijeka R., YUG
YUS	Split R., YUG
YUW	Bar R., YUG
YUX	Dubrovnik R., YUG
YVG	La Guaira R., VEN
YVM	Pto.Ordaz R., VEN
YWM/1	VNY Maracaibo, VEN
YZA9	TANJUG Beograd, YUG
YZC2	TANJUG Beograd, YUG
YZD	TANJUG Beograd, YUG
YZD6-7/9	TANJUG Beograd, YUG
YZG	TANJUG Beograd, YUG
YZI/4	TANJUG Beograd, YUG
YZJ/4-7	TANJUG Beograd, YUG
YZO7	TANJUG Beograd, YUG
YZZ1-2	METEO Beograd, YUG
Y2H7	PTT Berlin, DDR
Y2J	PTT Berlin, DDR
Y2N26	PTT Berlin, DDR
Y2V..	ADN Berlin, DDR
Y3A5	PTT Berlin, DDR
Y3D/5	PTT Berlin, DDR
Y3H2	PTT Berlin, DDR
Y3I	METEO Potsdam, DDR
Y3I3	PTT Berlin, DDR
Y3K3	METEO Potsdam, DDR
Y3S	ASMW Nauen, DDR
Y4A	IF Berlin, DDR
Y5D	Ruegen R., DDR
Y5M	Ruegen R., DDR
Y5P	Ruegen R., DDR
Y7A..	MFA Berlin, DDR
Y7B23	DDR-Emb Moskva, URS
Y7B25	DDR-Emb Bucuresti, ROU
Y7B26	DDR-Emb Sofia, BUL
Y7B27	DDR-Emb Tirana, ALB
Y7B32	DDR-Emb Beograd, YUG
Y7B33	DDR-Emb Helsinki, FNL
Y7B45	DDR-Emb Nicosia, CYP
Y7B73	DDR-Emb Roma, I
Y7B77	DDR-Emb Athinai, GRC
Y7B84	DDR-Emb Ankara, TUR
Y7C24	DDR-Emb Praha, TCH
Y7C65	DDR-Emb Wien, AUT
Y7C69	DDR-Emb Stockholm, S

Y7C71	DDR-Emb London, G
Y7C76	DDR-Emb Bonn, D
Y7C79	DDR-Emb Den Haag, HOL
Y7C81	DDR-Emb Koebenhavn, DNK
Y7D35	DDR-Emb Conakry, GUI
Y7D42	DDR-Emb Luanda, AGL
Y7D61	DDR-Emb Lagos, NIG
Y7D87	DDR-Emb Accra, GHA
Y7D99	DDR-Emb Maputo, MOZ
Y7F47	DDR-Emb Baghdad, IRQ
Y7F53	DDR-Emb Aden, YMS
Y7F54	DDR-Emb Alger, ALG
Y7F59	DDR-Emb Tripoli, LBY
Y7G34	DDR-Emb Hanoi, VTN
Y7G59	DDR-Emb New Delhi, IND
Y7G82	DDR-Emb Tehran, IRN
Y7K..	MFA Berlin, DDR
Y7L36	DDR-Emb Habana, CUB
ZAA/6	ATA Tirana, ALB
ZAC	Shengjin R., ALB
ZAD/2	Durres R., ALB
ZAF	MFA Tirana, ALB
ZAG	MFA Tirana, ALB
ZAM	MFA Tirana, ALB
ZAO2/3	PTT Tirana, ALB
ZAS	Sarande R., ALB
ZAT	AIR Tirana, ALB
ZAT	ATA Tirana, ALB
ZAV	Vlore R., ALB
ZAY	ATA Tirana, ALB
ZBH	BAS Grytvyken, FLK
ZBH22	BAS Bird I, FLK
ZBI	Ascension R., ASC
ZBI35/36	C&W Ascension, ASC
ZBP	Pitcairn, PTC
ZDK	Gibraltar R., GIB
ZEN33	AFP Hong Kong, HKG
ZEN91	C&W Hong Kong, HKG
ZEO48/66	C&W Hong Kong, HKG
ZHF33	BAS Signy I, FLK
ZHF44	BAS Faraday Base, ANT
ZHF45	BAS Rothera Base, ANT
ZHH	St.Helena R., SHN
ZHH29/50	C&W St.Helena, SHN
ZJU	Funafuti R., TUV
ZKLF	METEO Auckland, NZL
ZKR	Rarotonga R., CKH
ZKX	RNZAF Auckland, NZL
ZLB2-7	Awarua R., NZL
ZLBC4	PTT Campbell I, NZL
ZLK/..	USN Christchurch, NZL
ZLL34	PTT Wellington, NZL
ZLM32	PTT Wellington, NZL
ZLO/4-6	RNZN Irirangi, NZL
ZLP2/4-7	RNZN Irirangi, NZL
ZLW	Wellington R., NZL
ZLX5	PTT Wellington, NZL
ZLX22	METEO Wellington, NZL
ZLX31	METEO Wellington, NZL
ZLX37	METEO Wellington, NZL
ZLX59/81	PTT Wellington, NZL
ZLZ20/22	METEO Wellington, NZL
ZME3	METEO Raoul I, NZL
ZOE	Tristan da Cunha, TRC
ZPB	Asuncion R., PRG
ZPB53	R.Comuneiro FDR, PRG
ZPK	NAVY Asuncion, PRG
ZPK	Asuncion R., PRG
ZPM261	ODC Asuncion, PRG
ZRH/..	SAN Capetown, AFS
ZRO2-5	METEO Pretoria, AFS
ZRP	Sanae BASE, ANT
ZRQ/3-6	SAN Capetown, AFS
ZRS	METEO Marion I, MRN
ZRS	Marion I, MRN
ZSC..	Capetown R., AFS
ZSD..	Durban R., AFS
ZSJ2-6	SAN Capetown, AFS
ZSO	SAN Durban, AFS
ZSQ22-23	Pt.Elizabeth R., AFS
ZSV..	Walvis Bay R., NMB
ZUD/...	ITS Pretoria, AFS
ZUD72/86	Durban R., AFS
ZUN	TELECOM Windhoek, NMB
ZUO	TS Pretoria, AFS
ZVK	TASA Rio de Janeiro, B
Z2F1	ASFRJ Harare, ZWE
Z2F13	DDR-Emb Harare, ZWE
Z4D	AMBAFR. Nouakchott, MTN
0	MIL Dublin, IRL
00	MFA Accra, GHA
1R7	CE Nairobi, KEN
2C6	CE Cairo, EGY
2D6	CE Tehran, IRN
3AC/..	Monaco R., MCO
3BA4-5	Mauritius R., MAU
3BB	Pt.Louis HARBOUR, MAU
3BM3/5-6	METEO Bigara, MAU
3BT2-4	METEO Bigara, MAU
3CA4	Mbini R., GNE
3CA5/6	Banapa R., GNE

3CA67	PTT Malabo, GNE
3CA7	Banapa R., GNE
3DN	AIR Nandi, FJI
3DP/3-4	Suva R., FJI
3DV31	MIL Suva, FJI
3G5	CE Alger, ALG
3MA..	CNA Taipei, TWN
3R5	CE Beograd, YUG
3SB	Datong R., CHN
3SD	Fangshan R., CHN
3SU	METEO Zenhai, CHN
3VA	IP Tunis, TUN
3VA34/74	TAP Tunis, TUN
3VB	Bizerte R., TUN
3VF40	TAP Tunis, TUN
3VM	Mahdia R., TUN
3VP/7	TRAPSA La Skhirra R., TUN
3VS	Sfax R., TUN
3VT	Tunis R., TUN
3VW	La Goulette Harbour, TUN
3VW1	Bizerte Harbour, TUN
3VW2	Sfax Harbour, TUN
3VW3	Sousse Harbour, TUN
3VW4	Ghannouche Harbour, TUN
3XA	AIR Conakry, GUI
3XC2	Conakry R., GUI
3XO27-29	Kamsar R., GUI
3ZB201	ANTARCTIC Warszawa, POL
3ZL301	ANTARCTIC Wiorkiewicz ANT
37	IRISHBATT Harris, LBN
4NJ5	ASFRJ Bern, SUI
4NJ9	PTT Ljubljana, YUG
4NK24	PTT Malinska, YUG
4NX7	IP Beograd, YUG
4OC2-3	TANJUG Beograd, YUG
4OD	TANJUG Beograd, YUG
4PB	Colombo R., SLK
4PL21	IP Colombo, SLK
4QQ74	DW Trincomalee, SLK
4RM	AIR Ratmalana, SLK
4UA	UNO Rawalpindi, PAK
4UC	UNHCR Kinshasa, ZAI
4UC90	UNHCR Lubumbashi, ZAI
4UF	UNO Addis Ababa, ETH
4UN	UNO Jerusalem, ISR
4UNQ	UNIFIL Naqoura, LBN
4US	UNO Nicosia, CYP
4UT	UNO Bangkok, THA
4UV	UNO Nairobi, KEN
4UWC	UNHCR Aru, ZAI
4UWG	UNHCR Geneva, SUI
4UZ/..	UNO Geneva, SUI
4WD3	Hodeidah R., YEM
4XA83	PTT Tel Aviv, ISR
4XL	AIR Ben Gurion, ISR
4XM2-4	METEO Bet Dagan, ISR
4XO	Haifa R., ISR
4XQ97	PTT Tel Aviv, ISR
4XZ	IsNY Haifa, ISR
5AB	Benghazi R., LBY
5AF	AIR Tripoli, LBY
5AF	METEO Tripoli, LBY
5AH	AIR Benina, LBY
5AL	Tobruk R., LBY
5AQ..	JANA Tripoli, LBY
5AT	Tripoli R., LBY
5BA/..	Cyprus R. Nicosia, CYP
5BC..	Cyprus R., CYP
5HD/20	AIR Dar es Salaam, TZA
5HF33/88	ETC Dar es Salaam, TZA
5KM	C1N Cartagena, CLM
5KM	C1N Bogota, CLM
5LA..	VOA Monrovia, LBR
5LF10	FCR Monrovia, LBR
5NK/41	AIR Kano, NIG
5NK/31	METEO Kano, NIG
5NL	AIR Lagos, NIG
5OP25	IP Lagos, NIG
5OW/..	Lagos R., NIG
5RH	Mananjari R., MDG
5RK	Antalaha R., MDG
5RL	Diego Suarez R., MDG
5RO	Majunga R., MDG
5RS/8	Tamatave R., MDG
5ST41/83	METEO Antananarivo, MDG
5ST44/82	AIR Antananarivo, MDG
5TA	Nouadhibou R., MTN
5TA..	PTT Nouadhibou, MTN
5TN...	PTT Nouakchott, MTN
5TQ2	SNIM Nouadhibou, MTN
5TQ7	SNIM Zouerate, MTN
5TX	AIR Nouadhibou, MTN
5TY	AIR Nouakchott, MTN
5UA/..	AIR Niamey, NGR
5UFA2	IP Niamey, NGR

5VR88	ICRC Lome, TGO
5W3	CE Moskva, URS
5WA	Apia R., SMO
5YD/7/9	AIR Nairobi, KEN
5YE/..	METEO Nairobi, KEN
5YG	IP Nairobi, KEN
5ZF/2-4	Mombasa R., KEN
5ZR88	ICRC Nairobi, KEN
52FHI	SNY Cartagena, E
54HDZ	SNY Huelva, E
58FGX	SNY Las Palmas, CNR
58JDQ	SNY Madrid, E
6C2	CE Lagos, NIG
6MK64/67	YONHAP Seoul, KOR
6OK32	PTT Mogadishu, SOM
6OM	AIR Mogadishu, SOM
6TR88	ICRC Khartoum, SDN
6VA/3-6	Dakar R., SEN
6VK...	STIS Dakar, SEN
6VK221	PANA Dakar, SEN
6VK317	PANA Dakar, SEN
6VU/..	AIR Dakar, SEN
6VU73/79	METEO Dakar, SEN
6VY41	METEO Dakar, SEN
6VY50/56	AIR Dakar, SEN
6WW	FNY Dakar, SEN
6WZ35	IP Dakar, SEN
6YI	Kingston R., JMC
6YX	JDFCG Kingston, JMC
616	AMBASSENE Paris, F
654	MFA Dakar, SEN
7CB	NAVY Belawan, INS
7L1	CE Habana, CUB
7OA	Aden R., YMS
7OB..	YTC Aden, YMS
7OB31	YTC Mukalla, YMS
7OB42	ANA Aden, YMS
7OC	AIR Aden, YMS
7OR	AIR Riyan, YMS
7QZ32	AIR Lilongwe, MWI
7RA20	MOI Alger, ALG
7RC80	WIL Skikda, ALG
7RG30	WIL Ouargla, ALG
7RP30	AMBALG London, G
7RP90	AMBALG Madrid, E
7RQ20	MFA Alger, ALG
7RQ30	AMBALG Beijing, CHN
7RU70	AMBALG Lisboa, POR
7RU80	AMBALG Athinai, GRC
7RV20	AMBALG Moskva, URS
7RV40	AMBALG Praha, TCH
7RV50	AMBALG Sofia, BUL
7RV60	AMBALG Beograd, YUG
7RW20	AMBALG Cairo, EGY
7RX30	AMBALG Tunis, TUN
7RX40	AMBALG Tripoli, LBY
7RX60	AMBALG Khartoum, SDN
7RX90	AMBALG Yaounde, CME
7T1	CE Damascus, SYR
7TA/..	Alger R., ALG
7TB	Annaba R., ALG
7TO	Oran R., ALG
7UC88	PTT Ouargla, ALG
7UD77	PTT Alger, ALG
7UE55	PTT Tindouf, ALG
7UE81	PTT In Salah, ALG
7UF10	PTT Djanet, ALG
7UF18	PTT Alger, ALG
7UF5	PTT Tindouf, ALG
7UF7	PTT Aoulef, ALG
7UF9	PTT El Golea, ALG
7UG12	PTT Tamanrasset, ALG
7UH40	PTT Bechar, ALG
7UH90	PTT Ouargla, ALG
7UK22	PTT Alger, ALG
7UL36	PTT Alger, ALG
7UL53	PTT Ouargla, ALG
7UP5	PTT Alger, ALG
7XA97/98	METEO Alger, ALG
7XR23	METEO Alger, ALG
7XR86	METEO Tamanrasset, ALG
8BB	AIR Jakarta, INS
8BB35	METEO Jakarta, INS
8BN	AIR Medan, INS
8CJ	AIR Ujung Padang, INS
8EH23	DDR-Emb Jakarta, INS
8EH39	HE Jakarta, INS
8PO	Barbados R., BRB
8PX43	BET Bridgetown, BRB
8Q9	AIR Male, MLD
8RB	Demerara R., GUY
8UF61	MHA New Delhi, IND
8UF75	IP New Delhi, IND
8WB1	IndEmb Beograd, YUG
8WB4	IndEmb Tehran, IRN

8WD4	MFA New Delhi, IND
8ZA300	PHAG Riyadh, ARS
9DM..	METEO Tehran, IRN
9GA	Takoradi R., GHA
9GC/..	AIR Accra, GHA
9GX	Tema R., GHA
9HA	AIR Luqa, MLT
9HD	Malta R., MLT
9HR36	TELEMALTA St.Georges, MLT
9HY15	DW Cyclops, MLT
9JA71/87	PANA Lusaka, ZMB
9JZ6/8-9	AIR Lusaka, ZMB
9JZ27	AIR Livingstone, ZMB
9KA/2	NAVY Safat, KWT
9KK..	Kuwait R., KWT
9KT..	KUNA Kuwait, KWT
9KT29	PTT Kuwait, KWT
9KT341	PTT Kuwait, KWT
9LL	Freetown R., SRL
9MB2-6	NAVY Penang, MLA
9MG..	Penang R., MLA
9MY63	METEO Kuala Lumpur, MLA
9NK	AIR Kathmandu, NPL
9PA	Banana R., ZAI
9PL	AIR Kinshasa, ZAI
9RE395	PTT Lubumbashi, ZAI
9RL73	AZAP Kinshasa, ZAI
9RU322	AZAP Kananga, ZAI
9T020	ICRC Kinshasa, ZAI
9UA	AIR Bujumbura, BDI
9UB83	PTT Bujumbura, BDI
9VF63	ANSA Singapore, SNG
9VF69	TAS Singapore, SNG
9VF98	INFO-BRD Singapore, SNG
9VF205	JIJI Singapore, SNG
9VF206	ANSA Singapore, SNG
9VF209	JIJI Singapore, SNG
9VF233	KYODO Singapore, SNG
9VG/..	Singapore R., SNG
9WW20	Kuching R., MLA
9XK	AIR Kigali, RRW
9XK	METEO Kigali, RRW
9XK78	PTT Kigali, RRW
9XK79	DW Kigali, RRW
9YL	North Post R., TRD

Abkürzungen

Die folgende Liste erklärt die in diesem Buch verwendeten Abkürzungen der einzelnen Betriebsgesellschaften.

AA Türkische Nachrichtenagentur
ACC Area Control Centre
ADN DDR-Nachrichtenagentur
AE Ecuadorianische Marine
AF Luftwaffe
AFP Französische Nachrichtenag.
AGERPRES Rumänische Nachrichtenag.
AI Astronomisches Institut
AIR Station des Festen Flugfunkdienstes
AIRINDIA Indische Luftverkehrsges.
AIRPACIFIC Fiji Luftverkehrsgesellsch.
AlbEmb Albanische Botschaft
ALIA Jordanische Lufverkehrsges.
AMBAFRANCE Französische Botschaft
AMBALG Algerische Botschaft
AMBASSENE Senegalesische Botschaft
AN Argentinische Marine
ANA Jemenitische Nachrichtenag.
ANARE Australische Antarktis-Forschungsstation
ANGOP Angolanische Nachrichtenag.
ANSA Italienische Nachrichtenag.
ANTARCTIC Antarktis-Forschungsstation
AP Associated Press (USA)
APN Nowosti-Nachrichtenag. (URS)
APS Algerische Nachrichtenagentur
ARCTIC Arktis-Forschungsstation
ARMY Armee
ASFRJ Jugoslawische Botschaft
ASMW Amt f Standardisierung, Messwesen und Warenprüfung (DDR)
ATA Albanische Nachrichtenagentur
ATC Australische Fernmeldebehörde
ATCC Air Traffic Control Centre
AuAR Österreichisches Bundesheer
AUSCON Österreichische UNO-Truppen
AVIACO Spanische Luftverkehrsges.
AZAP Zaire-Nachrichtenagentur

BAF Belgische Luftwaffe
BANK Nationalbank
BAR Belgisches Heer
BAS Britische Antarktis-Forschungsstation
BASPECTO Iraq-Ölgesellschaft
BBC Britischer Rundfunk
BET Barbados External Telecomms
BGS Bundesgrenzschutz
BIH Bureau International de l' Heure (F)
BN Brasilianische Marine
BNY Belgische Marine
BSS Bangladesh-Nachrichtenagentur
BTA Bulgarische Nachrichtenagentur
BulgEmb Bulgarische Botschaft

C&W Cable & Wireless Ltd (G)
CBG Guinea Bauxitminengesellschaft
CC Carabinieri (I)
CE Tschechische Botschaft
CEDAR Libanesische Luftverkehrsges.
CF Kanadische Streitkräfte
CFARS Canadian Forces Affiliated Radio System
CIRM Centro Internazionale Radio Medico (Funkärztl. Beratung)
CIN Kolumbianische Marine
CN Chilenische Marine
CNA Taiwanesche Nachrichtenag.
CNET Centre National d'Etudes des Telecommunications (F)
COSMOS Russischer Satellit
CPRM Companhia Portuguesa Radio Marconi
CROSS Centre Reg. Ops. de Surveillance et de Sauvetage (F)
CRS Compagnies Republicaines de Securite (F)
CSA Tschechische Luftverkehrsges.
CTA Zypern Fernmeldegesellschaft
CTK Tschechische Nachrichtenag.
CTNE Spanische Telefongesellschaft

DB Deutsche Botschaft
DBP Deutsche Bundespost
DDR-Emb DDR-Botschaft
DOS USA Aussenministerium
DPA Deutsche Presse-Agentur
DRK Deutsches Rotes Kreuz

DUTCHBATT Niederländ. UNO-Truppen
DW Deutsche Welle
DyN Argentinische NAchrichtenag.

EE Spanische Botschaft
EFE Spanische Nachrichtenagentur
EgyEmb Ägyptische Botschaft
EMBACUBA Kubanische Botschaft
ENTEL Nationale Fernmeldegesellsch.
EPD Evangelischer Pressedienst
EtAL Äthiop. Luftverkehrsgesellsch.
ETAORS Australische Fernmeldeges.
ETC Tanzania-Fernmeldegesellsch.

FAF Französische Luftwaffe
FAR Französisches Heer
FCR France Cables & Radio (F)
FDR Rundfunk-Feeder
FF Französische Streitkräfte
FIC Flight Informations Centre
FinEmb Finnische Botschaft
FNY Französischr Marine
FTN Französische Fernmeldeges.

GAF Deutsche Luftwaffe
GC Guardia Civil (E)
GEND Gendarmerie
GNA Bahrain-Nachrichtenagentur
GNY Deutsche Marine
GUARFI Finanz-Polizei (I)

HAF Griechische Luftwaffe
HE Accra Ungarische Botschaft
HF/DF Kurzwellen-Peilanlage
HNY Griechische Marine
HQ Hauptquartier

IAL International Aeradio Ltd.
IBERIA Spanische Luftverkehrsges.
ICEBREAKER Eisbrecher
ICRC Internationales Rotes Kreuz
IEN Elektrotechnisches Inst. (I)
IF INTERFLUG (DDR)
IGMA Militärisches Geografisches Institut (ARG)
IINA Saudiarabische NAchrichtenag.
IN Indische Marine
INA Iraq-Nachrichtenagentur
IndAF Indische Luftwaffe
IndEmb Indische Botschaft
INDINFO Indischer Informationsdienst
IndonEmb Indonesische Botschaft
INFO-BRD Presse- und Informationsamt der Bundesregierung (D)
IOA Ozeanografisches Marine-institut (EQA)
IP Interpol
IPF Institut für Polarforschung (D)
IRAQI Irakische Luftverkehrsg.
IRISHBATT Irische UNO-Truppen
IRNA Iranische Nachrichtenag.
IsNY Israelische Marine
ItAF Italienische Luftwaffe
ITALAIR Italienische UNO-Truppen
ITALCABLE Italien. Fernmeldegesellsch.
ITALDIPL Italienische Botschaft
ItAR Italienische Heer
ItNY Italienische Marine
ITS Südafrikanische Fernmeldeges.
ITT International Telephone & Telegraph Co. (USA)

JANA Libysche Nachrichtenagentur
JDFCG Jamaica Küstenwache
JIJI Japanische Nachrichtenagentur
JMSA Marine Safety Agency (J)
JSDF Japanische Streitkräfte

KCNA Nordkoreanische Nachrichtenag.
KDD Japanische Fernmeldeges.
KLM Niederländ. Luftfahrtges.
KNA Katholische Nachrichtenag.
KPL Laotische Nachrichtenagentur
KUNA Kuwaitische Nachrichtenag.
KYODO Japanische Nachrichtenagentur

LH Lufthansa (D)
LORAN LOng RAnge Navigation System
LOT Polnische Luftverkehrsges.
LTU Lufttransport-Unternehmen (D)

MALEV Ungarische Luftverkehrsges.
MAP Marokkanische Nachrichtenag.
MARPRESS Pressedienst für Seefahrer
MARS Mil. Affiliated Radio System
MENA Ägyptische Nachrichtenagentur
METEO Wetterdienst
MFA Aussenministerium
MFA/DIPLO Informationsdienst des MFA
MFO UNO-Truppen auf dem Sinai
MHA Min. of Home Affairs (IND)
MIL Militär
MOD Verteidigungsministerium
MOI Innenministerium
MongEmb Mongolische Botschaft
MONTSAME Mongolische Nachrichtenag.
MOT Ministry of Transport (TCH)
MTI Ungarische Nachrichtenagentur

NA Argentinische Nachrichtenag.
NAN Nigerianische Nachrichtenag.
NASA US Weltraumbehörde
NATO Nordatlantisches Verteidigungsbündnis
NAVY Marine

NBS Nat. Bureau of Standards (US)
NE Niederländische Botschaft
NigEmb Nigerianische Botschaft
NOAA National Oceanic and Atmospheric Administration (USA)
NORAMB Norwegische Botschaft
NORBATT Norwegische UNO-Truppen
NPL National Physical Laboratory
NRCC National Research Council Canada
NRK Niederländ. Rotes Kreuz
NRP Norwegische Nachrichtenag.
NZ Neuseeländ. Luftverkehrsges.

OBSERV Observatorium
OCS Indische Fernmeldegesellsch.
ODC Office of Defence Communic.
OeEmb Österreichische Botschaft
OTC Australische Fernmeldeges.

PAF Portugiesische Luftwaffe
PAKISTAN Pakistanische Luftverkehrsg.
PANA Pan-afrikanische Nachr.Ag.
PAP Polnische Nachrichtenag.
PAREP Pakistanische Botschaft
PE Polnische Botschaft
PEMEX Mexikanische Ölgesellschaft
PERTAMINA Indonesische Ölgesellsch.
PETRA Jordanische Nachrichtenag.
PFT Präfektur
PHAG P.Holzmann AG
PL Prensa Latina
PN Pakistanische Marine
PNY Portugiesische Marine
POL Polizei
PROSECURDEF Sicherheitsdienst der französischen STreitkräfte
PTB Physikalisch-technische Bundesanstalt (D)
PTE Syrische Fernmeldegesellsch.
PTI Indische Nachrichtenagentur
PTT Fernmeldeverwaltung

QANTAS Australische Luftverkehrsg.

R. Radio
RA Australischer Rundfunk
RAAF Australische Luftwaffe
RAF Königl.-britische Luftwaffe
RAN Australische Marine
RAR Britisches Heer
RCA Radio Corp. of America (USA)
RCC Rescue Coordination Center
RDAF Dänische Luftwaffe
RDNY Dänische Marine
RESCUE RCC
RFE RFE/RL R.Freies Europa
RGO Greenwich Observatorium
RN Königlich-britische Marine
RNN Niederländische Marine
RNoAF Norwegische Luftwaffe
RNoAR Norwegisches Heer
RNoN Norwegische Marine
RNZAF Neuseeländische Luftwaffe
RNZN Neuseeländische Marine
RSC Italienisches RCC
RuNY Russische Marine

SAAB Russische Antarktis-Station
SABS Saudiarabischer Rundfunk
SAN Südafrikanische Marine
SANA Syrische Nachrichtenagentur
SAO Astronomisches Observatorium Shaanxi (CHN)
SAUDIA Saudiarabische Luftverkehrsg.
SHELL Shell Ölgesellschaft
SID Sport-Informationsdienst
SNIM Mauretanische Minengesellsch.
SNY Spanische Marine
SPK Kamptchea-Nachrichtenagentur
SPRINGBOK Südafrikan. Luftverkehrsg.
SRK Schwedisches Rotes Kreuz
STA Schwedische Fernmeldebehörde
STIM Mali-Fernmeldegesellschaft
STIS Senegalesische Fernmeldeges.
STIT Tschad-Fernmeldegesellschaft
SUD Schwedische Botschaft
SUNA Sudanesische Nachrichtenag.
SwAF Schwedische Luftwaffe
SwissEmb Schweizerische Botschaft
SYRIANAIR Syrische Luftverkehrsges.

TANJUG Jugoslawische Nachrichtenag.
TAP Tunesische Nachrichtenagentur
TAROM Rumänische Luftverkehrsges.
TAS Singapore-Fermeldegesellsch.
TASA Fester Flugfunkdienst (B)
TASS Russische Nachrichtenagentur
TELAM Argentinische Nachrichteng.
TELCO Fernmeldegesellschaft
TELECOM Fernmeldegesellschaft
TELEMALTA Maltesische Fernmeldeges-
THAIDUTO Thailändische Botschaft
TRAPSA Tunesische Ölgesellschaft
TS Zeitzeichenstation
TuNY Türkische Marine

UNHCR UN High Comm. of Refugees
UNIFIL UN Streitkräfte im Libanon
UNO Vereinte Nationen
UNR UNO-Rundfunk
UNTSO UNO-TSO (ISR/ONJ)
UPI United Press Intl. (USA)
UrNY Uruguay-Marine
URSI URSIGram-Station
USA US Army

USAF	US Air Force
USARP	US Antarktis-Forschungsstat.
USBER	US-Verwaltung in Berlin
USCG	US Coast Guard
USE	US-Botschaft
USIA	US Informations Agency
USLR	US-Liberia Radio Corp.
USM	US Marine Corps
USMAAG	US Militärberatergruppe
USMIL	US Militär
USN	US Navy
VNA	Vietnamesische Nachrichtenag.
VNY	Venezuela-Marine
VOA	Voice of America (USA)
VOLMET	Flugwetteransagedienst
VWD	Vereinigte Wirtschaftsdienste
WIL	Wilaya
XNA	Chinesische Nachrichtenag.
YEMENI	Jemenitische Luftverkehrsg.
YONHAP	Koreanische Nachrichtenag.
YPF	Argentinische Ölgesellsch.
YTC	Jemenitische Fernmeldeges.

Adressenliste

Auf den folgenden Seiten finden Sie die Adressen verschiedener Funkstellen in aller Welt. Die Liste ist nach Ländern, bzw. nach ITU-Landesabkürzungen geordnet.

Sie lesen in Spalte 1 die Landesabkürzung.

In Spalte 2 wird die Art der Station angegeben:

- PTT = Fernmeldebehörde
- AIR = Flugfunkstelle
- EMB = Botschaft/Aussenministerium
- FX = sonstige Station des Festen Funkdienstes
- MAR = Küstenfunkstelle
- MET = METEO Station
- MIL = Militärische Station allgemein
- AF = Luftwaffe
- AR = Heer
- NY = Marine
- SS = Zeitzeichenstation

Sofern erforderlich, ist in Spalte 3 das Rufzeichen angegeben, um eine Unterscheidung verschiedener ähnlicher Sender zu ermöglichen.

In Spalte 4 findet sich schliesslich die Station und deren Anschrift.

Die Anschriften der Presseagenturen finden sich im entsprechenden Kapitel.

*
* An dieser Stelle sei ausdrücklich auf folgendes hingewiesen:
* Alle in diesem Buch aufgeführten Funkstellen sind grundsätzlich nicht an
* Empfangsberichten interessiert (und erst recht nicht auf solche angewiesen).
* Wenn auch die meisten Stationen Berichte höflichkeitshalber und routinemäs-
* sig beantworten, und manchmal ein Operateur dem Berichtschreiber eine per-
* sönliche Antwort zukommen lässt, sollte man immer auch mit negativen Antwor-
* ten rechnen. Einige Stationen reagieren auf Anschreiben äussert allergisch.
*

Land	Art	Rufz.	Station und Anschrift
AFG	AIR		General Administration of Civil Aviation, General Director of ATS/COMM, P.O.Box 165, Kabul, Afghanistan
	PTT		Ministry of Communications, Telecommunications Department, ITU REIations Office, Kabul
AFS	PTT	ZUD	ITS, International Transmitting Station ZUD, Olifantsfontein, Pretoria, R.S.A.

	MAR	ZSC	Capetown R., Private Bag, Milnerton 7435, R.S.A.
	MAR	ZSD	Durban R., 79 Haygarth Rd, Kloof, Natal 3600
	MET	ZRO	South African Weather Bureau, Private Bag X447, Pretoria 0001
	NY	ZRH	South African Navy, Cape Naval Radio ZRH, Private Bag, Wynberg 7824, Cape Province
	NY	ZSJ	Naval Radio Station, Silvermine, Cape Province
	SS	ZUO	National Physics Research Laboratory, CSIR, P.O.Box 395, Pretoria 0001
AGL	AIR		Direccao Nacional de Aviacao Civil, C.P. 569, Luanda
	MAR	D3E	Luanda Radio, Servicos des Radiocomunicacoes, C.P. 1400, Luanda
ALG	EMB		Ministere des Affaires Etrangeres, 6 Rue Claude Bernard, Alger
	MAR	7TA	Alger Radio, Centre Radiomaritime, Bordj-el-Kiffan
	PTT		Ministere des Postes et des Telecommunications, Centre des Liaisons Radioelectriques PTT, Place des 7 Merveilles, Alger, Algerie
ANT	FX	3ZL301	DLA Wiorkiewicz, Polska Stacja Antarktyczna im Henryk Arctowskiego on Wyspa I., Institute of Ecology, Polish Academy of Sciences, Dept of Polar Research, Dziekanow Leany 05-150, Lomianki, Polen
	FX	RUZU	SAAB Molodezhnaya, Arctic and Antarctic Research Institute, Fontanka 34, 191104 Leningrad
	FX	NHG NQU NPX	USARP Palmer, Palmer Station Antarctica (NHG), USARP Siple, Siple Station Antarctica (NQU), USARP South Pole, South Pole Station Antarctica (NPX), Communications, FPO San Francisco, CA 96692-1000, USA
	FX	NGD	USN McMurdo, Dept. of the Navy, Naval Support Force Antarctica (NGD), FPO San Francisco, CA 96601, USA
ARG	PTT		ENTEL, Empresa Nacional de Telecomunicaciones, Talcahuano, 5th Floor, Bunos Aires, Argentina
	MAR	LPD	General Pacheco Radio, Seccion Planta Receptora Don Bosco, Lomas de Zamora 252, Don Bosco, B.A.
	MAR	LSA	Boca Radio, Subsecretaria de Marina Mercante, ELMA - Empresa Lineas Maritimas Argentinas, Corrientes 389, Buenos Aires
	NY	LOR	AN Belgrano, Estacion Principal de Comunicaciones Navales, 8111 Base Naval Puerto Belgrano (BA)

	NY	LOL	AN Buenos Aires, Servicio de Comunicaciones Navales, Departamento Operaciones, Estado Mayor de la Armada, Jefatura de Operationes, Buenos Aires
	SS	LOL	Servicio de Hidrografica Naval, Observatorio Naval, Avenida Espana 2099, 1107 Buenos Aires
	SS	LQB	Instituto Geografico Militar, IGMA, Servicio Internacional de la Hora, Calle 38 Gral Nicolas Savio No. 865, Villa Maipu, 1650 San Martin, Buenos Aires
ARS	MAR	HZG	Dammam Radio, Saudi Telecom, Ministry of PTT, P.O.Box 2624, Dammam 31461, Saudi Arabia
	MAR	HZY	Ras Tanura Radio, ARAMCO, Building 840, Box 96, Dhahran.
	AIR	HZJ	IAL Jeddah, P.O.Box 1694, Jeddah
	MET	HZN	Ministry of Defense and Aviation, Directorate of Meteorology, P.O.Box 1358, Jeddah
ASC	AF		Ascension Airways Aeradio, USAF COMPAC Ascension, c/o Patrick AFB, FL 32925, USA
ATN	MAR	PJC	Curacao Radio, P.O.Box 103, Willemstad, Curacao
AUS	AR	VMA	ARMY Melbourne, 6 Signal Regiment, Commanding Officer, Watsonia Barracks, Mac Leod, VIC 3085
	PTT		OTC Sydney, Overseas Telecommunications Commission, 32-36 Martin Place, Sydney 2000; Box 7000, Sydney 2001
	MAR	VIP	Perth Radio, OTC, Coastal Radio Station, Box 54, Hillarys, WA 6025
	AF	AXI	RAAF Darwin, ASAF COMMCEN Base Squadron, RAAF Base, Darwin, NT 5789
AUT	MET	OEM	METEO Wien, Meteorological Department, Bundesamt für Zivilluftfahrt, Schnirchgasse 11A, A-1030 Wien
AZR	AF	CUF55	FAF Flores, Station Francaise de Mesures, Ministere de la Defense, Santa Cruz, Flores
	NY	CTH	PNY Horta, Estacao Radionaval da Horta, 9900 Horta
	NY	CTD	PNY Pnt.Delgada, Estacao Radionaval de Ponta Delgada, 9500 Ponta Delgada
	AIR	CSY	Aeronautical Service, Aeropuerto do Santa Maria, Azores
	AF	CUW	USAF Lajes, 1936 Comm Sq, APO New York NY 09406, USA
B	AIR	ZYK	TASA Rio de Janeiro, Telecomunicacoes Aeronauticas S.A., C.P. 3112, Rio de Janeiro, CEP 20001
	PTT		EMBRATEL, Empresa Brasileira de Telecomunicacoes, Estrada de Matric, 2960 Guaratiba, CEP 23000 Rio de Janeiro

	MAR	PP..	Küstenfunkstellen via EMBRATEL
	NY	PWZ	Estacao Radio da MArinha, Ilha do Governador, 20000 Rio de Janeiro, Brazil
BEL	FX	ONZ22	RCC Koksijde, Luchtmacht Basis Koksijde, Fl E&T, R.Vandammestraat 100, B-8460 Koksijde
	PTT		Regie des Telegraphs et des Telephones, Departement de Transmission, Rue des Palais 42, B-1030 Bruxelles 1e
	MAR	OSA	Antwerpen Radio, Blaneefloerlaan 179, B-2050 Antwerpen
	MAR	OST	Oostende Radio, Gewest van de Radio Maritime Diensten, Aartshertsoginnenstraat 27, B-8400 Oostende, Belgien
BEN	AIR	TYE	ASECNA, B.P. 96, Cotonu, Benin
BER	MAR	VRT	Bermuda Radio, Cable & Wireless Ltd., St.Georges,Bermuda
BFA	AIR	XTU	ASECNA, B.P. 63, Ouagadougou, Bourkina Faso
BGD	AIR	S2D	Civil Aviation Authority, Office of the Chairman, Tejgaon Airport, Dhaka 15
BHR	MAR	A9M	Bahrain Radio, Bahrain Telecom. Corp., P.O.Box 14, Manama
BLZ	MIL	MSS	RAF Belize, Foreman of the signals, 633 (Caribbean) Signal Troops, BFPO 12, London, Great Britain
BRB	MAR	8PO	Barbados Radio, Barbados External Telcommunications Ltd., P.O.Box 32, Bridgetown, Barbados
BRM	PTT		Burma Government, Director General of Telegraph Department, 125 Phayre Street, Rangoon, Burma
	AIR	XZW	Department of Civil Aviation, Mingaladon Airport, Rangoon
CAF	AIR	TLO	ASECNA, Agence Centrafricaine pour la Securite de la Navigation Aerienne, B.P. 828, Bangui
CAN	MAR	VAI	Vancouver Coasr Guard Radio, Cowley Crescent, Richmond, BC, V7B 1B9, Canada
	MAR	VFF	Canadian Coast Guard Station, P.O.Box 189, Frobisher Bay, NWT XOA OHO
	MAR	VCS	Halifax Coast Guard, Ketch Harbour, NS BOJ 1XO
	MIL	CFH	Canadian Forces Radio Station CFH, Newport Corner, Ellershouse NS
	MIL	CKN	Canadian Forces Radio Station CKN, 740 Comm Squadron, Box 64, Namaimo, BC
	AIR	VFF	Frobisher Flight Service Station, Transport Canada, P.O. Box 280, Frobisher BAy, NWT XOA OHO

	AIR	VFG	Gander Aeronautocal Radio, P.O.Box 4000, Gander, NF A1V 1W8
	SS	CHU	National Research Council, Ottawa, Ontario K1A 0R6
CHL	AIR	CAK	Direccion General de Aeronautica Civil, Casilla 1295, Correo Central, Santiago 1
	PTT		ENTEL, Coordinator de Difusion y Publicidad, Casilla 4254, Santiago, Chile
	NY	CCS	Armada de Chile, Central de Telecomunicaciones Navales, Santiago
	NY	CCM	CN Magallanes, Armada de Chile, Comandancia en Jefe III Zona Naval, Centro de Telecomunicaciones Navales Magallanes, Punta Arenas
CHN	PTT		Beijing International Communications Station, Director of Government Radio Administration, Beijing, China
	PTT		Shanghai International Communications Station, Government Radio Administration, 30 Nanking East Road, Shanghai
	SS	BPM	Shaanxi Astronomical Observatory, Academia Sinica, P.O.Box 18, Lintong near Xian
CLM	MAR	HKB HKC	Barranquilla Radio, Buenaventura Radio, via ENTEL, Carrera 13 A 22-54, Bogota, Colombia
COG	AIR	TNL	ASECNA, B.P. 218, Brazzaville, Congo
	MET	TNL	METEO Brazzaville, via ASECNA
COM	PTT		Service des Postes et Telecommunications, Centre Radioelectriques, Moroni, les Comores
CPV	AIR	D4B	Central Radio, Aeroporto Internacional Amilcar Cabral, Ilha do Sal, Cabo Verde
CTI	MAR	TUA	Abidjan Radio, Capitanerie du Port, B.P. 1382, Abidjan
	AIR	TUH	ASECNA, B.P. 1365, Abidjan
CTR	MAR	TIM	Limon Radio, Radiografica Costaricense SA, Jefe Dept. Tecnico, Apartado 54, San Jose 1000, Costa Rica
CUB	PTT		Ministerio de Cimunicaciones, Placa de la Revolucion Jose Marti, Habana, Cuba
CYP	MAR	5BA	Cyprus Radio, Cyprus Telecommunications Authority, P.O.Box 1929, Nicosia, Cyprus
	MIL	MKD	RAF Radio Station, Officer-in-Charge, BFPO 52, Akrotiri

D	Funkstellen in der B.R.D. sollte man nicht anschreiben!		
DDR	MET		METEO Potsdam, Meteorologischer Dienst, Albert-Einstein-Str. 42-46, DDR-15 Potsdam
	PTT		Überseedienst der Deutschen Post, Agastrasse, DDR-119 Berlin
	MAR	Y5M	Küstenfunkstelle Rügen Radio, Funkamt Rügen, DDR-2344 Glowe
	SS	Y3S	Amt für Standardisierung, Messwesen und Warenprüfung, Fachgebiet Zeit und Frequenz, Fürstenwalder Damm 388, DDR-1162 Berlin
DJI	MAR	J2A	Djibouti Radio, Societe des Telecommunications Internationales, Centre Radioelectrique, B.P. 2031, Djibouti
	AIR		Direction Generale de l'Aeroport de Djibouti/Ambouli, B.P. 204. Djibouti
	AF	FKO	FAF Djibouti, Centre des Transmissions, Base Aerien No. 811, Djibouti
DNK	MAR	OXZ	Lyngby Radiotelegrafkontor, Bagsvaard Nolevej 7, DK-2800 Lyngby
	MAR	OXP	Skagen Radiotelegrafkontor, Jens Winters Vej 37, DJ-9990 Skagen
	MAR	OXB	Blavand Radiotekegrafkontor, Fyrvej 36, DK-6857 Blavand
	NY	OVG	Frederikshavn Flade Radio, DK-9900 Frederikshavn
	MET	OXT	Meteorological Institut, Communications Department, Lyngbyvej 100, DK-2100 Koebenhavn
E	PTT		Compania Telefonica Nacional de Espana (CTNE), Dept. de Ingineria, Apartado 753, Madrid 13, Espana
	MAR	EHY	Pozuelo del Rey Radio, CTNE Servicio Maritimo, 10-1008 Avenue Jose Antonio 28, Madrid 13
	MAR	EAD	Aranjuez Radio, Costera Radiotelegrafica, via CTNE Madrid
	NY	EBA	Estacion Radiotelegrafica Naval, Jefe, Arturo Soria 289, Madrid 16
	NY	AOB50	LORAN Estartit, Estacion de Navegacion LORAN-C, Calle la Montana s/n, Estartit (Gerona)
	NY	AOK	USN Rota, USNAVCOMMSTA, FPO New York, NY 09539, USA
EGY	AIR	SUC	Ministry of Civil Aviation, Civil Aviation Organization, COM/OPS D.G. C.A.A., Cairo Airport, Cairo
	MAR	SUH	Alexandria Radio, Manstria Square, Alexandria, Egypt

	MAR	SUP	Port Said Radio, 15 Sultan Hussein Street, Port Said
	MET	SUU	Meteorological Authority, Koubry-el-Quobba, Cairo
	FX	PCW50	MFO Sinai, Signal Advisor, Force HQ MFO (PCW50), El Gorah, Sinai; Veldpost Utrecht, Holland
EQA	NY	HDN	Armada del Ecuador, Departemento de Estado Mayor, Division de Seguridad, Quito
	SS		Instituto Oceanografico de la Armada, Casilla 5940, Guayaquil
ETH	AIR	ETD3	Civil Aviation Authority, COM/OPS Division, P.O.Box 978, Addis Ababa
	FX	4UF	United Nations Economic Commission for Africa (UNECA), ECA Cable Unit, P.O.Box 3005, Addis Ababa
	FX	ETC88	ICRC Addis Ababa, International Committee of the Red Cross, P.O.Box 5701, Addis Ababa
F	PTT		French Telecommunications Service, Direction des Telecommunications du Reseau International, Immeuble DGT, 246 Rue de Bercy, F-75584 Paris Cedex 12, France
	MAR	FFB	Boulogne-sur-Mer Radio, Centre Radiomaritime, F-62480 Le Portel
	MAR	FFC	Bordeaux-Arcachon Radio, Centre Radiomaritime, F-33311 Arcachon
	MAR	FFL	Saint Lys R., Centre Radiomaritime, 21 Cite de la Radio, F-31470 Saint Lys
	MAR	FFM	Marseille Radio, Centre Radiomaritime, Mont Rose par la Madrague de Montredon, F-13008 Marseille
	MAR	FFO	Saint Nazaire Radio, Centre Radiomaritime, F-44480 Saint Nazaire Donges
	MAR	FFU	Brest-le-Conquet Radio, Centre Maritime, F-29217 Le Conquet - Brest
	MAR	TKM	Grasse Radio, Centre Radiomaritime, F-06130 Grasse
	NY	FUE	Marine National Francaise, Escadron Arsenal Maritime, F-29240 Brest-Naval
	NY	HWN	Ministere de la Defense, Etat-Major de la Marine, Naval Radio Station, EMM/OPS/TRANS, 2 Rue Royale, F-75008 Paris
	NY	FUB	via HWN
	AF	FDX	FAF Paris, Association Sportive et Culturelle d'Air, Section Radioamateur, 26 Bd Victor, F-75996 Paris

	AF	FDY	French Air Force Station, Escadron Electrique, 1/800, Orleans/Bricy-AIR 45 (Loire)
	MET		Service Meteorologique Metropolitain, Div. Transmissic 2 av. Rapp, F-75007 Paris
	FX	FSB	INTERPOL, Radio Centre, 26 Rue Armengaud, F-92210 Saint-Cloud
FNL	PTT		Posti- ja Lennatinlaitos, Nummelan Radioasema, SF-03100 Nummela
	MAR	OFJ	Helsinki Radio, via PTT
	MAR	OFU	Kotka Radio, PL 2, SF-48221 Kotka 22, Finland
	MAR	OFW	Vaasa Radio, SF-65380 Vaasa 38, Finland
G	PTT		British Telecom, International Telecommunications, London EC1A 4JY
	PTT		Cable and Wireless Ltd., 100/124 Theobalds Road, London WC1X 8RX, Grossbritannien (Sammelanschrift für C&W-Stationen weltweit)
	MAR	GKA	Portishead R., High Bridge, Somerset, TA9 3JY
	MAR	GCC	Cullercoats Radio, Whitley Bay, N. Tyne and Wear, NE26 2PD
	MAR	GKR	Wick Radio, BT Radio Station, Wick, Caithness, Scotlan
	MAR	GKZ	Humber Radio, Trusthorpe, Mablethorpe, Lincolnshire LN12 2PH
	MAR	GLD	Landsend Radio, Shewjack, St. Levan, Pezance, Cornwall TR19 6NB
	MAR	GND	Stonehaven Radio, Dunnottar Mains Farm, Stonehaven, Kincardineshire AB3 2TL
	MAR	GNF	Northforeland Radio, Rumsfield Road, Broadstairs, Kent CT10 2PQ
	MAR	GNI	Niton Radio, Whitwell Road, Ventnor, Isle of Wright, PO38 2AB
	MAR	GPK	Portpatrick Radio, Stranrear, Wigtownshire, DG9 8TG
	FX	GFO	RCC Plymouth, RAF Station Plymouth, HQSOUMAR, Radi-room, Plymouth, Devon
	NY	GYA	RN London, Communications Center Whitehall, Old Admi-ralty Building, Spring Gardens, Whitehall, London SW1A 2BE

	NY	GXH	USN Thurso, US Naval Communications Station United Kingdom, Lybster Hill, Forss, Thurso, Caithness, Scotland KW14 7XZ
	AIR		SPEEDBIRD London, British Airways Head Office, SSB Radio Station Supervisor, Room P 309, Technical Block A, P.O. Box 10, Heathrow Airport, Honnslow TW6 2JA
	AIR		SHANWICK Air Control Center, Atlantic House, Shwerood Road, Prestwick, Ayrshire KA9 2NR, Scotland
	AF	MVU	Royal Air Force West Drayton VOLMET, National Air Traffic Service, Porters Way, West Drayton, Middlesex UB7 9AX
	MET	GFL	Bracknell Meteo Radio Station, Meteorological Office, London Road, Bracknell, Berkshire RG12 2SZ
GAB	AIR	TRK	ASECNA Libreville, B.P. 2252, Libreville
GHA	MAR	9GA	Takoradi Radio, P.O.Box 8, Takoradi, Ghana
	AIR	9GC	Director of Civil Aviation, P.O.Box 87, Kotoka Airport,
GIB	AF	MLU	RAF Gibraltar, Radio Station MLU, F.S.Comms Flt., the Air Commander, RAF Gibraltar, BFPO 52, Gibraltar
	NY	GYU	Royal Navy Communications Center, Gibraltar
	MAR	ZDK	Gibraltar Radio, C&W, Mount Pleasant 25, South Barrack Road, Gibraltar
GMB	MAR	C5G	Banjul Radio, C&W Coast Station, P.O.Box 266, Banjul
GNB	AIR	J5G	Direccao Geral Aviacao Civil, C.P. 77, Bissau;
GNE	PTT		Servicio Nacional de Telecomunicaciones, Delegacion Regional, Apt. 11, Malabo
GRC	PTT		Hellenic Telecommunications Organization, Directorate of Technical Services, RadioDept., 15 Stadion Street, Athens 124
	MAR		Küstenfunkstellen via PTT
	AIR	SWA	Ministry of Transport and Communication, Civil Aviation Authority, Director of Com. Division, P.O.Box 73751, GR-16604 Hellinikon
	NY	NGR	USN Nea Makri, US Naval Radio Station, USNAVCOMMSTA Marathon Bay, FPO New York, NY 09525, USA
GRL	NY	OVC	RDNY Groennedal, Fladeradio Groennedal, DK-3930 Groennedal
	AF		USAF Communications Station Thule Aeradio, OMS Box 187 BMEWS, APO New York NY 09023, USA
GUI	AIR	3XA	Direction Generale de l'Aviation Civilr, B.P. 95, Conakry, Guinea

GUM	NY	NRV	USCG Guam, US Department of Transport, US Coast Guard Radio Station NRV, Commanding Officer, Box 149, NCWP, FPO S.Francisco, CA 96630
	NY	NPN	US Naval Communications, WESTPAC Guam, FPO San Francisco CA 96630, USA
HKG	PTT		Cable and Wireless Ltd., G.P.O. Box 597, Hong Kong
	MAR	VPS	Cape d'Aguilar R., via C&W
	AIR		Telecommunications Unit, Technical and Planning Division, Civil Aviation Department, Hong Kong Airport, Kowloon, Hong Kong
HNG	PTT		Ministere des Communications et des Postes, Direction Generale des Postes, H-1540 Budapest
	MAR	HAR	Societe Anonyme des Navigation Hongroise (MAHART), Budapest Naval Radio Station, Budapest
	AIR	HAM	Civil Aviation Authority, Dob-U, 75/81, H-1400 Budapest
	MET		Central Institute of Meteorological Forecasting, Data Transmission Department, Tatabanya 15-18, H-1182 Budapest-Iestlerine
HOL	MIL	PAA21	MOD Sgravenhaage, Radiokamer, Verbindingscentrum GV, Frederikkazerne, v.d. Burchlaan 31, Den Haag
	MAR	PCH	Scheveningen Radio, Merwedestraat 1, NL-1972 Ijmuiden
	NY	PBC	Goeree Naval Radio Station, Noraweg 20, Noordwijkerhout
HWA	AIR		Honolulu Flight Service Station, 4204 Dimond Head Road, Honoluli, HI 06816, Hawaii
	SS	WWVH	National Bureau of Standards, NBS Radio Station WWVH, P.O.Box 417, Kekaha, Kauai, HI 96752, Hawaii
	AF		USAF Hickam AFB, 1957 Communications Gp, AFCS/DOKR, APO San Francisco, CA 96553, USA
	NY	NPM	US Naval Communications Station, Wahaiwa, Oahu, FPO San Francisco, CA 96613, USA
I	PTT		ITALCABLE, Casella Postale 2470-AD, I-00100 Roma
	MAR	IAR	Roma Radio, Reparto Radioricevente, Via delle Mercede 96, I-00100 Roma
	MAR	IRM	Centro Internazionale Radio Medico (CIRM), Stazione Radio IRM, Via dell'Architettura 41, I-00144 Roma
	MAR	IPA	Ancona Radio, Ufficio Principale Radio P.T., I-60100 Ancona

	MAR	ICB	Genova Radio, Ufficio Principale Radio P.T., Via Romana della Castagna 23, I-16148 Genova-Quartp
	MAR	IDC	Cagliari Radio, Ufficio Principale Radio P.T., I-09100 Cagliari, Sardegna
	MAR	IPD	Civitavecchia Radio, Via G.Bruno 11, Palazo PTT, I-00053 Civitavecchia, Italia
	MAR	IQH	Napoli Radio, Societa Italiana Radio Marittimo, Napoli P.T., Napoli
	MAR	IQX	Trieste Radio, Centro Radio P.T., I-34100 Trieste
	MAR	IPB	Bari Radio, Ufficio Principale Radio P.T., Strada Adriatica Sud 76/c, I-70100 Bari
	MAR	IPL	Livorno Radio,Ufficio Principale Radio P.T., I-57100 Livorno
	MAR		Venezia Radio, Ufficio Principale Radio P.T., I-30100 Venezia
	SS	IBF	Instituto Elettrotecnico Nazionale, Corso Massimo d'Azeglio 42, I-10125 Torino
	NY	NCI3	US Coast Guard LORAN-C Station, C.P. 15, I-92010 Lampedusa
	NY	NCI3	LORAN Sellia Marina, US Coast Guard Station, C.P. 167, I-88063 Catanzaro Lido
	AF		RAF Decimomannu, RAF Support Unit, BFPO 54, London, Great Britain
IND	PTT		Overseas Telecommunications Service, Ministry of Transport and Communications, 1 Parliament Street, New Delhi,
	MAR	VWB	Bombay Coastal Radio Station VWB, Bombay Telephone, Radio Service, Chief Radio Operator, Bombay, India
	MAR	VWM	Madras Radio, Telegraph Check Office, Chief Radio Operator, Madras
	NY	VTG	Bombay Naval Radio Station, Communications Centre, Shadid Singh Road, Bombay 400001, India
	AIR	AWB	Civil Aviation Department, Aeronautical Communications Station, 400057 Bombay
	AIR	AWC	Civil Aviation Department, Calcutta Airport, Calcutta 700052
	AIR	AWD	AIR Delhi, Office of the Director of Communications, Communications Officer, ACS Delhi Airport, Palam, New Delhi 110010

	MET	VVD	METEO New Delhi, Office of the Director General of Meteorology, Lodi Road, New Delhi 110003
INS	PTT		Perum Telekumunikasi, Directorate General of Posts and Telecommunications, Jl. Kebon Sirih 37, Jakarta
	MAR	PKX	Jakarta Radio, Dept. Perhubungan, Jalan Merdeka Timur 5, Jakarta
	MAR	PKB	Belawan Radio, Statsiun Radio Pantai, Belawan, Sumatera
	MAR	PKC	Palembang Radio, Statsiun Radio Pantai, Palembang
	MAR	PKD	Surabaya Radio, Statsiun Radio Perum Telekomunikasi, Jebel Ketinang 156 B, Surabaya
	AIR		Flight Service Station, Komplek Angkasa Pura, K19, Kel Kebon Kosong, RE. 0016 RW 09, Kemayoran, Jakarta Pusat
IRL	AIR	EIP	Shannon Aeronautical Station, Ballygireen, Newmarket-on-Fergus, County Clare, Ireland
	MAR	EJM	Malin Head Radio, Bally-gaman, Lifford, Donegal
	MAR	EJK	Valentia Radio, Valentia Island, County Kerry
	MIL	0	MIL-HQ Dublin, OC Army HQ Signal Coy, McKee Barracks, Dublin 7
IRN	PTT		Ministry of Posts, Telegraph and Telephone, Directorate General of Telecommunications, P.O.Box 931, Tehran, Iran
	AIR	EPD	Civil Aviation Organization, International Airport Mehrabad, P.O.Box 3227, Tehran
IRN	MET	9DM	Iranian Meteorological Organization, P.O.Box 13-461, Tehran-Mehrabad
IRQ	MAR	YIR	Basrah Radio, Iraqi Ports Administration, Basrah
	AIR		State Organization for Iraqi Civil Aviation, P.O.Box 6179, Al-Mansour, Baghdad. Iraq
ISL	MAR	TFA	Reykjavik Radio, Gufunes Telecommunications Center, P.O.Box 442, Reykjavik, Iceland
	AIR		Directorate of Civil Aviation, Reykjavik Airport, P.O.Box 350, Reykjavik
	NY	NRK	USNAVCOMMSTA Keflavik, Box 47, FPO New York NY 09571, USA
	NY	TFR2	LORAN Keflavik, Post og Simalastofnunin, LORAN Monitor Stn, Keflavik Airport; USCG LORMONSTA, P.O.Box 64, 235 Keflavik
	NY	TFR	LORAN Sandur, LORSTA Sandur, 360 Hellissandur
ISR	MAR	4XO	Haifa Coastal Radio Station, Chief Radio Operator, Haifa

	NY	4XZ	Haifa Naval Radio, Director of Naval Communications, Navy Base, Hafia, Israel
	AIR	4XL	Civil Aviation Administration, P.O.Box 8, Ben Gurion Airport
	MET	4XM	Meteorological Service, Ministry of Transport, P.O.Box 25, Bet Dagan
J	PTT		Kokusai Denshin Denwa (KDD), Japan Overseas Radio and Cable System, External Telecommunications, Kokusai Center, P.O.Box 1, 3-2 Nishi-Shinjuku, 2-chome, Shinjuku-ku, Tokyo 160, Japan
	MAR	JCS	Choshi Radio, 7-756, Obatashinmachi, Choshi City, Chiba 288
	MAR	JCK	Kobe Coastal Radio, I-28 Aicho, Ikuta-ku, Kobe 650
	MAR	JCX	Naha Radio Service, 342 Sobe, Naha, Okinawa
	MAR	JOS	Nagasaki Coastal Radio Station, 2293 Hinode-Cho, Isahaya-City, Nagasaki 854, Japan
	MAR	JFA	Matsudo Central Fishery Radio Chuo Gyogyo, 62 Futawacho, Funabashi, Chiba Pref., Japan
	MAR	JJC	Maritime Safety Agency, Kijo Hoan Cho, 2-1-3 Kasumigas-kei, Chiyoda-ku, Tokyo
	SS	JJY	PTT Sanwa, Frequency Standard Division, Radio Research Laboratories, 4-2-1 Nukiikita-Machi, Koganei-City, Tokyo 184
	AIR		Aeronautical Weather Service, New Tokyo International Airport, P.O.Box 78, Narita City, Chiba 286-11
	MET		Japan Meteorological Agency, International Communications Division, Chiyoda-ku, Otemachi 1-3-4, Tokyo 100
JMC	MAR	6YI	Kingston Radio, Jamaica International Telecommunications Ltd., P.O.Box 138, 9 East Parade, Kingston, Jamaica
	AIR		Kingston Aeradio, Norman Hanley International Airport, Palisades, Jamaica
JOR	FX	JYL88	ICRC Amman, Comite International de Croix-Rouge, Tele-communications, B.P. 9058, Amman
	AIR	JYN	Telecommunications Centre, Civil Aviation Airport, Amman, Jordan
	MET		Meteorological Department, Civil Aviation Airport, Amman
KEN	FX	5ZR88	ICRC Nairobi, International Committee of the Red Cross, Regional Delegation for Eastern Africa, P.O.Box 73226, Nairobi

	MAR	5ZF	Mombasa Radio, P.O.Box 80160, Mombasa, Kenya
	AIR	5YD	Office of the Director General of Civil Aviation, P.O.Box 30163, Nairobi
	MET	5YE	METEO Nairobi, Ministry of Transport and Communications, Kenya Meteorological Departm., Office of the Director of Meteorological Services, P.O.Box 30259, Nairobi
	PTT		Kenya Postal & Telecommunications Corporation, P.O.Box 30301, Nairobi
	FX	4UV	United Nations Environment Program (UNEP), P.O.Box 30552, Nairobi
KOR	MAR	HLF	Seoul Radio, Korean Telecom, Soul 133, Korea
KRE	PTT		Korean Central Wireless Station, Pyongyang
KWT	MAR	9KK	Kuwait Radio, Ministry of Posts, Telegaphs and Telephones, Kuwait
LBN	FX	ODR88	ICRC Beirut, Comite International de Croix-Rouge, ICRC Delegation Leban, B.P. 7188, Rue de Koweit, Imm. Makarem, Beirut
	MAR	ODR	Beirut Radio, Societe Radio Orient (OGERO), Hotel des PTT, P.O.Box 1226, Beirut, Lebanon
	MIL	37	IRISHBATT Harris, Signals Officer, IRISHBATT, UNBPO, Tel Aviv, Israel
	FX	4UNQ	UNIFIL Naqoura, P.O.Box 20, New York, NY 10163, USA
LBR	AIR	ELRB	AIR Monrovia/Robertsfield, Communications Manager, Robertsfield International Airport, P.O.Box 1, Robertsfield
	FX	ELE	US Liberia Radio Corp., Firestone Tire and Rubber Plantations Harbel Labrador, Monrovia, Liberia
	MAR	ELC	Monrovia Radio, Department of Posts, Telegraphs and Telephones, Monrovia
LBY	MAR	5AL	Tobruk Coastal Radio Station, P.O.Box 44, Tobruk
	MAR	5AT	Tripoli Radio,General Corporation of Posts and Telecommunications, Tripoli
	AIR	5AF	Civil Aviation Department, Secretariat for Communications, Director of Technical Services, International Airport, Tripoli. Libya
	AIR	5AH	Benghazi Benina Airport, P.O.Box 1, Benina, Benghazi
	MET	5AF	Meteorological Department, P.O.Box 5069, Tripoli, Libya

MAU	MET	3BT	METEO Bigara, Director of Meteorological Services, The Observatory, Vacoas
	MAR	3BA	Port Louis Maritime Radio, Director of Telecommunications, Edith Cavell Street, Port Louis, Mauritius
MCO	MAR	3AC	Monaco Radio, Direction Generale des Postes et Telecommunications, 16 Boulevard de Suisse, Monte Carlo, Monaco
MDG	AIR	5AT	ASECNA, B.P. 912, Antananarivo, Madagascar
MDR	NY	CTQ	PNY Pto.Santo, Estacao Radionaval Porto Santo, 9400 Porto Santo
	MAR	CUB	Madeira Radio, Companhia Portuguesa Radio Marconi (CPRM), Estacao do Madeira, Avenida Arriaga 7 e 9, Funchal
MEX	PTT		Direccion General des Telecomunicaciones, Subdireccion Generaldes Services Operaciones, Departemento Estaciones Radioelectricas, Oficina de Peracion y Mant., Mexico City, DF, Mexico
	MAR		Küstenfunkstellen via PTT, Oficina Estaciones Costeras
MLA	MAR	9MG	Penang Radio, Ketua Telegraf, Setesyen Penerima Radio Awam, Bayan Lepas, P.Penang, Malaysia
	MET		Malaysian Meteorological Service, Jalan Sultam Petaling Jaya, Selangor, Malaysia
MLI	PTT		Societe des Telecommunications du Mali (STIM), B.P. 273, Bamaki, Mali
	AIR	TZH	Representation de l'ASECNA, B.P. 36, Bamako
MLT	PTT		TELEMALTA St.Georges ... nicht anschreiben!!
	AIR	9HA	Civil AviationDepartment, Telecommunications Office, Luqa Airport, Malta
MNG	PTT		Ministere du Transport et des Telecommunications, 9 Place Soukbaata, Ulan Bator, Mongolia
MOZ	PTT		TELCOM Maputo, Telecomunicacoes de Mozambique, C.P. 25, Maputo
	AIR	C9E	Servicio da Aeronautica Civil, Alameda do Aeroporto, Caixa Postal 227, Maputo
MRC	MAR	CNP	Station Radiomaritime Casablanca Radio, Centre Radioelectrique, Casablanca-Bourgogne, Morrocco
	PTT		Ministere des Postes, Telegraphs et Telephones, Service des Transmssions, Rabat
	FX		VOA, Voice of America, P.O.Box 162, Tanger
MRT	NY	FUF	Marine Nationale Francaise, Fort de France

MTN	AIR	5TX	ASECNA, P.O.Box 6, Aerodrome de Nouadhibou, Nouadhibou
	AIR	5TY	ASECNA, B.P. 205, Nouakchott
	FX	5TQ2	SNIM Nouadhibou, Chef d. Ateliers Electroniques, SNIM-SEM, B.P. 42, Nouadhibou
	FX	5TQ7	SNIM Zouerate, Chef de Service Adjoint, Telecoms SNIM-SEM, Zouerate
	PTT		Office des Postes et Telecommunications de Mauritanie, Nouakchott
	PTT		PTT Nouadhibou, OFIPOSTEL, Section des Telecommunications de la Region de Dakhlet Nouadhibou, Nouadhibou
	MAR	5TA	Nouadhibou Radio, Compagnie Radio Maritime, B.P. 50, Nouadhibou
NCL	MAR	FJP	Noumea Maritime Radio Service, B.P. 229, Noumea
	NY	FUJ	Marine Nationale, Commandant de la Marine en Nouvelle Caledonie, Service Transmissions, Noumea
NGR	AIR	5UA	ASECNA, B.P. 1096, Niamey Airport, Niamey, Niger
NIG	AIR	5NL	Federal Ministry of Civil Aviation, Signal Section, Principal Technical Officer, Murtala Muhammed Airport, Ikoia, Lagos, Nigeria
	AIR	5NK	Federal Ministry of Civil Aviation, Kano Airport, Kano
	MAR	5OW	Lagos Radio, Nigerian External Telewcommunications Ltd, P.O.Box 173, Newcome House, 15 Marina Street, Lagos
NMB	NMB	ZSV	Walvis Bay Radio, P.O.Box 267, Walvis Bay, Namibia
NOR	EMB	LJA	MFA Oslo, Det Kgl. Utenriksdepartement, Sambandskontoret, Postboks 8114 Dep., Oslo 1, Norway
	PTT		Norwegian Telecomunications Administration, Radio Transmission Office, Universitetsgatan, Oslo
	MAR		Rogaland Radio, P.O.Box 367, N-4310 Ganddal
	MAR	LGA	Alesund Radio, P.O.Box 279, N-6001 Alesund
	MAR	LGP	Bodoe Radio, P.O.Box 373, N-8001 Bodoe
	MAR	LJB	Bjoernoeya Radio, N-9176 Bjoernoeya
	MAR	LGI	Hammerfest Radio, Postboks 185, N-9601 Hammerfest
	MAR	LGT	Tromsoe Radio, Sendjavn 34B, N-9000 Tromsoe
	NY	JWT	Norwegian Naval Radio Station, Navy Base, P.O.Box 308, Stavanger, Norway

	NY	LBJ	Norwegian Military Communications Station, Radiobestyren Heggenradio, Distriktskommando Nord-Norge, Divisionsgatan 3, N-9400 Harstad
NPL	MIL	MUQ	MIL Dharan, 247 Gurkha Signal Squadron (MUQ), Dharan
	AIR		Department of Cicil Aviation, Babar Mahal, Kathmandu
NZL	PTT		New Zealand Post Office, Himatangi Radio Station, Chief Technician, Private Bag, Foxton
	NY	ZLK	USN Christchurch, US Naval Support Force Antarctica, Detatchment Christchurch NZ, FPO San Francisco, CA 96690-2900, USA
	MAR	ZLB	Awarua Radio, Private Bag, Invercargill
	MAR	ZLD	Auckland Radio, New Zealand Post Office, Auckland
	MAR	ZLW	Wellington Radio, New Zealand Post Office, G.P.O., Hard Street, Wellington
	NY	ZLO	Royal New Zealand Bavy, HMNZS Irirang, Waiouru 849
	MET		New Zealand Meteorological Service, P.O.Box 722, Wellington
	AIR		Ministry of Transport, Civil Aviation Division, P.O.Box 53008, Auckland International Airport
OCE	MAR	FJA	Mahina Radio, l'Office des Postes et Telecommunications, Papeete, Tahiti
OMA	AIR	A4C	Director General of Civil Aviation, P.O.Box 204, Muscat
	MAR	A4M	Muscat Radio, General Telecommunications Organization, Muscat, Oman
PAK	AIR	ARA	Civil Aviation Authority, B-1, Karachi Airport
	MET	ARA	Director General of Meteorological Service, P.O.Box 8017, Karachi-29
	PTT		Pakistan Telegraphs and Telecommunications, Radio Telephone Terminal, Karachi 5, Pakistan
	NY	AQP	Pakistan Naval Signal Center, Naval HQ, P.N.S. Dilawarm Karachi
	FX	4UA	UNO (UNMOGIP), P.O.Box 68, Rawalpindi
PAQ	AIR	CAI7E	Fuerza Aerea de Chile, Aeropuerto de Mataveri, I. Pascua
PHL	NY	NPO	USN S.Miguel, USNAVCOMSTA Philippines, Box 2, FPO S.Francisco, CA 96656, USA
	FX		VOA USIA Poro, Philippines Relay Station, APO San Francisco, CA 96277-5000, USA

	MAR	DZR	Manila Radio, RCA Global Communications Inc., 8755 Paseo de Roxas, P.O.Box 750, Makati, Rizal D-708
	MAR	DZG	Las Pinas Radio, ITT Globe Mackay Radio Corporation, P.O.Box 770, 215 Juan Lima, Manila
PNG	MAR	P2M	Port Moresby Radio, Communications Officer, P.O.Box 56, Port Moresby, Papua New Guinea
PNR	AF	AGAOHO	USAF/MARS Howard, Howard AFB/TCE, Box 1497, APO Miami, FL 34001, USA
	NY	NBA	USN Farfan, Department of the Navy, NAVCAMS LAND DET IANTN Farfan PN, Naval Communication Area Master Station LANT Detatchment, Drawer 5016, FPO Miami, FL 34061, USA
POL	PTT		Ministerstwo Lacznosci, Pl. Stanislawa Malachowskiego 2, PL-00940 Warszawa, Poland
	MAR		Küstenfunkstellen via PTT
	FX	3ZB201	ANTARCTIC Warszawa, Polska Akademia Nauk, Instytut Ekologii, 05-150 Dziekanov Lesny k/w-wy, Warszawa
POR	AIR	CSZ	AIR Lisboa, Chefe dos Servicios de Trafego Aereo da ANA-EP, Arruamento D, Edificio 120, Aeroporto de Lisboa
	AF	CSE	PAF Lisboa, Comando Operacional da Forca Aerea Portuguesa, Centro de Comunicacoes, Monsanto, 1500 Lisboa
	PTT		Companhia Portuguesa Radio Marconi (CPRM), Apartado 2778, Praca Marques de Pombal 15-4, Lisboa 2
	MAR	CUL	Lisboa Radio, Estacao de Lisboaradio, Linda-a-Velha
	NY	CTV	Ministerio da Marinha, Estacao Radionaval do Monsanto, Central Receptora de Alger, Linda-a-Velha, Lisboa
	MIL	CTP	NATO Communications Station, Oeiras oder: Royal Navy, Chief Radio Supervisor, BFPO 6, Oeiras
PRG	NY	ZPK	NAVY Asuncion, Comando de la Armada Nacional, Direccion de Comunicaciones, Navales y Electronica, Pte.Franco y Hernandarias, Asuncion
PRU	AIR	OAG2	CPAAC - Corporacion Peruana de Aeropuertos y Aviacion Comercial, Apartado 680, Lima, Peru
PTR	MAR	NMR	US Coast Guard Radio Station, P.O.Box 1019, San Juan, PR 00903, Puerto Rico
	AIR		San Juan Aeronautical Radio Inc., International Airport, San Juan, PR 00913

REU	NY	FUX	FNY St.Denis, Marine Nationale, Commandement de la Marine a la Reunion, Unite Marine, 97420 Le Port
	MAR	FFD	Saint Denis Radio, French Telecommunications Service, Centre Radioelectrique, B.P. 318, Saint Denis
	MET	HXP	Service Meteorologique de la Reunion, B.P. 4, 97400 Saint Clotilde
ROU	MAR	YQI	Constantza Radio, MAritime Navigation Service, Direction of Radio Section, Constantza
	AIR	YRA	Department of Civil Aviation, Aeroport Bucharest-Otopeni, Bucuresti
	MET	YRR	Institul Meteorologic, Protecta Meteorologica a Navigatiei Aeriene, Bucuretsi
RRW	AIR	9XK	AIR Kigali, Ministere des Transports, Direction Generale de l'Aeronautiques, B.P. 720, Kigali
S	FX	SHX	IP Stockholm, Rikspolisstyvelsen, Interpol Radio - Sambandscentralen, Box 12198, S-10225 Stockholm
	PTT		STA Stockholm, Swedish Telecommunications, Radio Department, S-12386 Farsta
	PTT	SDJ	STA Stockholm, Stockholm Radio, P.O.Box 43022, S-10072 Stockholm 43
	AF		SwAF Stockholm, Flygstaben, Box 80004, S-10450 Stockholm
	MAR	SAG	Goeteborg Radio, S-43034 Onsala, Sweden
	MAR	SAH	Haernoesand Radio, S-87010 Alandsbro
	MAR	SAA	Karlskrona Radio, Box 7044, S-37107 Karlskrona
	MAR	SAE	Tingstaede Radio, Box 215, 62012 Visby
	MET	SMA	Meteorological Institut, P.O.Box 12108, S-10223 Stockholm 12
SDN	FX	6TR88	ICRC Khartoum, International Committee of the Red Cross, P.O.Box 1831, Khartoum
	AIR	STK	Civil Aviation Department, Telecommunications Director, P.O.Box 430, Khartoum, Sudan
SEN	NY	6WW	FNY Dakar, Le Chef des stations interarmees des transmission de Yeumbeul et de Rufisque, B.P. 3024, Dakar
	MAR	6VA	Station Radiomaritime de Dakar, B.P. 5, Thiaroye-Dakar
	PTT		TELESENEGAL, B.P. 69, Dakar, Senegal
	AIR	6VU	ASECNA, B.P. 8132, Dakar-Yoff

	MAR	S7Q	Seychelles Radio, Cable & Wireless Ltd., Mercury House P.O.Box 4, Victoria, Mahe, Seychelles
	AIR		Department of Civil Aviation, Seychelles International Airport, P.O.Box 181, Mahe
SHN	PTT		C&W St.Helena, Cable and Wireless PLC, P.O.Box 2, The Briars, St.Helena Island
	MET	GHH	Meteorological Office, St.Helena Island
SLK	AIR	4RM	AIR Ratmalana, Airport and Aviation Services (Sri Lanka Ltd.), Communication Operation Division, Colombo Airport Ratmalana
	MAR	4PB	Colombo Coastal Radio Station, Colombo 8, Sri Lanka
SNG	MAR	9VG	Singapore Radio, Telecommunications Authority of Singapore, 31 Exeter Road, Singapore 9
	AIR		Singapore Civil Aviation, Singapore Airport, Singapore 19; Singapore VOLMET voa TELECOMs Headquarters Communications Centre, 31 Exeter Road, Singapore 0923
SOM	AIR	6OM	AIR Mogadishu, Department of Civil Aviation, P.O.Box 310, Mogadishu
SRL	MAR	9LL	Freetown Radio, Sierra Leone External Telecommunications Ltd., P.O.Box 80, Freetown, Sierra Leone
STP	AIR	S9Y	Servicio da Aeronautica Civil, Caixa Postal 97, Sao Tome
SUI	FX	HBC88	ICRC Geneva, Comite International de Croix-Rouge (CICR) 7 Avenue de la Paix, Geneve
	MAR AIR	HEB	Berne Radio, Radio Suisse AG, Telecommunications Operations Center, CH-3030 Bern, Genfergasse 14
	FX	HEP	IP Zuerich, Kantonspolizei Zuerich, Interpol-Funkstelle Postfach 370, CH-8021 Zuerich
SUR	MAR	PZN	Paramaribo Radio, TELESUR, P.O.Box 1839, Paramaribo
	AIR		Department of Civil Aviation, Air Traffic Services, P.O.Box 1981, Paramaribo Zanderij
SYR	MET	YKA	METEO Damascus, Ministry of Defence, Meteorological Department, P.O.Box 4211, Damascus
	MIL	VET9	CFARS Damascus, via P.O.Box 386, Tiberias 14103, Israel
	MIL	VXV9	CFARS Golan Hgts, via P.O.Box 386, Tiberias 14103, Israel
	PTT		Posts and Telecommunications Establishment of the Arab Republic of Syria, Director General, Damascus

TCD	FX	TTR88	ICRC N'djamena, Comite International de Croix-Rouge, B.P. 815, N'djamena
	PTT	TTZ	STIT N'djamena, Societe des Telecommunications Internationales, B.P. 1132, N'djamena
	AIR	TTL	ASECMA, B.P. 70, N'djamena, Tchad
TCH	PTT		Ministry of Posts and Telecommunications, Chief Engineer of Radio and Communications Division, Olanska 5, CS-12502 Praha 3, CSSR
TGO	FX	5VR88	ICRC Lome, Comite International de Croix-Rouge, B.P. 3144, Lome
THA	MET		METEO Bangkok, Meteorological Division, Telecommunications Division, Sukumvit Road, Bangkok 10110
	PTT		PTT Bangkok, Post and Telegraph Department, Director of International Services Division, Bangkok
	AIR	HSD	Aeronautical Radio of Thailand Ltd., GPO Box 535, Bangkok 12; VOLMET via METEO Bangkok
TRD	MAR	9YL	North Post Radio, TEXTEL, Operations Manager, P.O.Box 3, Port of Spain, Trinidad
	AIR		Piarco International Caribbean Aeradio Ltd., Piarco Airport, P.O.Box 1255, Port of Spain
TUR	NY	NCI4	LORAN Kargabarun, US Coast Guard LORAN-C Station, Kargabarun TU, APO NY 09380, USA
	AF	AJO	USAF Adana/Incirlik, Dept. of the Air Force, HQ 2006th Information System Group (AFCC), APO New York, NY 09289-6345, USA
	PTT		Ankara Telephone and Telegraph Department, Telziz Basmüth, Teknik Isler, Ankara, Turkey
	MAR	TAH	Istanbul Radio via PTT
	MAR	TCR	Tophane Kulesi Radio, Denizcilik Bankasi T.A.O., Istanbul-Tophane
	MET	YMA	Turkish State Meteorological Service, P.O.Box 401, Ankara
TWN	PTT		Chinese Government Radio Administration, 114 Chung Hsiao West Road, Sectuon 1, Taipei, Taiwan
	MAR	XSX	Kaohsiung Radio, via PTT
	MAR	XSW	Keelung Radio, Maritime Radiotelegraph Station, Director of Communications, 299 Jen 1st Road, Keelung
	SS	BSF	Telecommunications Laboratories, Ministry of Communications, P.O.Box 71, Chung Li

TZA	AIR	5AH	AIR Dar es Salaam, Ministry of Communications and Transport, Office of the General of Civil Aviation, Directorate of Civil Aviation, P.O.Box 2819, Dar es Salaam
	PTT		Tanzanian Posts & Telecommunications Corp., External Division, P.O.Box 22, Dar es Salaam
URG	NY	CWM	NAVY Montevideo, Comando General de la Armada, Division Comunicaciones del E.M.G.A., Rambla 25 de Agosto de 1825 S/N, Edificio Aduana 4 piso, Montevideo
	MAR	CWA	Cerrito Radio, ANTEL, Gerente de Transmision, Casilla de Correo 989, Montevideo, Uruguay
URS	MET		METEO Moskva, Hydrometeorological Centre of the USSR, 9-13 Bolshevistskaya Street, Moskva 123376
	PTT		Moscow Radiotelephone Station, Ministry of Communications, Posts and Electricity, Director of International Communications, Public Relations Department, Rue Gorki 7, Moskva
USA			RCA Communications Inc., Operations Department, P.O.Box 1027, Rocky Point, Long Island, NY 11778, USA
			ITT World Communications Inc., Manager, Vanderbilt Park of Washington Avebue, P.O.Box 6, Brentwood, Long Island, NY 11717, USA
	EMB	KKN44	Department of State, Radio Telegraph Communications, Room 44 A 20, 21st & C Street, Washington DC 20520, USA
	MAR	WMH	Baltimore Radio, Maryland Port Authority, RCA Comms Chief, Baltimore, MD 21222
	MAR	WCC	RCA Chatham Radio, P.O.Box 397, North Chatham, MA 02650
	MAR	KMI	Dixon Radio Pt.Reyes, American Telephone & Telewgraph, KMI Receiving Station, P.O.Box 8, Inverness, CA 94937
	MAR	KLC	ITT Galveston Radio, P.O.Box 115, Arcadia, TX 77517
	MAR	WMI	Marine Radio Telephone Station, 2307 Leavitt Road, Lorain, OH 44052
	MAR	WLO	Mobile Marine Radio, 7700 Rinla Av., Mobile, AL 36601
	MAR	WOO	Ocean Gate Radio, American Telegraph and Telephone Comp, Beach Ave., P.O.Box 558, Manahawkin, NJ 08050
	MAR	WOM	ATTC Miami High Seas Radio, 1350 N.W. 40th Street, Fort Lauderdale, FL 33313
	MAR	KFS	ITT San Francisco R., P.O.Box 56, Half Moon Bay, CA 94019

	MAR	WNU	TRTC Slidell Radio, Tropical Radio Telegraph Company, P.O. Drawer E., Pearl River, LA 70542
	MAR	WPD	RCA Tampa Radio, 1330 McKay Street, Tampa, FL 33602
	MAR	NMF	US Coast Guard Radio Station Boston, 1240 South River Street, Marsfield, MA 02050, USA
	MAR	NMN	US Coast Guard Radio Station NMN, Pungo Station, Virginia Beach, VA 23456
	MAR	NMC	US Coast Guard Station NMC, P.O.Box 560, Point Reyes, CA 94956
	AR	WAR	Deputy for Operations, Department of the Army, Strategic Communications Command, 4200 Silver Hill Road, Washington DC 20315
	AR		USA/MARS, Chief Army MARS, HQ US Army Information Systems Command, ATTN: AS-OPS-CM, Fort Huachuca, AZ 85613-5000
	AF	AIR	US Air Force Communications Station, Department of the Air Force, Headquarters, 2044th Communications Group AFCS, Washington DC 20330
	AF	AFA	USAF Communications Station, 2045th Communications Group, Andrews Air Force Base, MD 20331
	AF		USAF/MARS, Chief Air Force MARS, HQ, AFCC/SIMO, Scott AFB, IL 62225-6001
	AF		USAF/NASA Cape/Malabar, Cape Radio, RCA Communications Control, Bldg 1641, MU5120, c/o P.O.Box 4308, Patrick AFB, FL 32925
	NY	NAM	USN Norfolk VA, Naval Communications Area Master Station LANT (NAVCAMSLANT), Norfolk, VA 23511
	NY	NPG	US Naval Communications Station, USNAVCOMSTA Transmitter Facility, Route 2, Box 100, Dixon, CA 95620
	NY		USN/MARS, Chief Navy-Marine Corps MARS, 4401 Massachusetts Avenue NW, Washington DC 20390-5290
	AIR		New York Flight Service Station, 5 Airway Road, Long Island, Mc Arthur Airport, Ronkonkoma, New York NY 11779
	AIR		Miami Aeradio, Federal Aviation Administration, 4715 SW 128th Road, Miami Airport, Miami FL 33196, USA
	AIR		Oakland Flight Services Station, P.O.Box 2368, Airport Station, Oakland CA 94614, USA
VEN	MAR	YVG	La Guaira Radio, Estacion Costera de Arrecifes, Jefe de Stacion, La Guaira, Venezuela

VIR	MAR	WAH	St.Thomas R., Global Communications Corporation, P.O.Box 7009, Charlotte Amalie, St.Thomas 00801, U.S. Virgin Islands
YMS	PTT		YTC Aden, Yemen Telecommunications Corporation, Radio Regulatory Division, Aden, Yemen Peop.Dem.Rep.
	MAR	70A	Aden Radio via YTC
	AIR	70C	Department of Civil Aviation, P.O.Box 424, Aden
ZAI	FX	4UC	UNHCR Kinshasa, United Nations High Commissioner on Refugees, UNHCR Regional Office, B.P. 7248, Kinshasa
	PTT		Office National des Postes et Telecomms, Direction Regionale, B.P. 1198, Lubumbashi, Zaire
	MAR	9PA	Banana Radio, Regie des Voies Maritimes, B.P. 91, Boma
ZMB	AIR	9JZ	AIR Lusaka, Deptm. of Civil Aviation, P.O.Box 50137, Lusaka

Inserentenverzeichnis

Leserservice

Als Verlag und Versandbuchhandlung ist der **Siebel Verlag** spezialisiert auf Frequenzlisten und Funk-Hobbybücher. Neben dieser "KW-Spezial-Frequenzliste" gibt es bei uns eine umfangreiche Palette an Büchern für Funkamateure, Kurzwellenhörer und DXer. Die wichtigsten Titel stellen wir Ihnen nachfolgend kurz vor. Wer sich ausführlicher informieren möchte, sollte den neuesten "**Funk-Buch-Katalog**" anfordern, den wir kostenlos und unverbindlich schicken.

Sender & Frequenzen - Jahrbuch für weltweiten Rundfunk-Empfang

Dieses Standardwerk für die deutschsprachigen Welthörer sollte neben keinem Empfänger fehlen - so urteilte die Fachzeitschrift "Radiowelt" über das **Jahrbuch "Sender & Frequenzen"**. Es enthält alle wichtigen Informationen über sämtliche hörbaren Rundfunksender aus über 170 Ländern der Erde: Sendefrequenzen, Sendezeiten, Sendepläne, wertvolle Hinweise auf die besten Empfangschancen, Adressen. Weiterhin: Hörfahrpläne und komplette Frequenzlisten der Rundfunksender auf LW/MW/KW von 150 kHz bis 30 MHz, sowie auch für Anfänger alle Grundlagen und wichtigen Informationen über die Praxis des erfolgreichen Weltempfangs. (Das Jahrbuch erscheint jeweils im November.)

Im Preis inbegriffen: Lieferung von drei Nachträgen (je 32 Seiten) mit allen up-to-date Informationen. 432 Seiten, viele Abbildungen, Fotos und Tabellen, Preis: DM 36,80 (inklusive 3 Nachträge)

Weltempfänger-Testbuch

Endlich "Durchblick" im Geräte-Dschungel. Dieses Testbuch beinhaltet die ausführlichen Vorstellungen und Beurteilungen aller Weltempfänger.

Wir sagen klipp und klar, welche Empfänger - für wen und für welchen Zweck - etwas taugen, und welche nicht. Damit ist dieses Buch ein äußerst hilfreicher Ratgeber beim Empfänger-Kauf. Verschiedene informative Kapitel mit leichtverständlichen Erläuterungen zur KW-Empfänger-Technik und mit Hinweisen zur optimalen Bedienung runden das Testbuch ab und machen es zu einem unverzichtbaren Nachschlagewerk.
176 Seiten Großformat (fast DIN A4) mit sehr vielen Fotos. Preis: DM 26,80

Antennen-Ratgeber für KW-Empfang - Außen-, Innen-, Aktiv-Antennen, Zusatzgeräte

Handfeste, praxisgerechte Informationen, wertvolle Ratschläge und Anleitungen für den Laien, der ohne große Mühe die richtige Antenne für erfolgreichen KW-Empfang einsetzen will. 120 Seiten mit zahlreichen Abbildungen. Preis: DM 15,80

Hobby Kurzwelle - Die Spezialgebiete des Weltempfangs

Unser völlig neubearbeitetes Buch "Hobby Kurzwelle" wendet sich an die fortgeschrittenen Welthörer und DXer. Es enthält umfangreiche Einführungen in verschiedene, äußerst interessante Spezialgebiete des Weltempfangs: Arabien auf Kurzwelle, Tropenband-DX, Rundfunk aus Afrika, Lateinamerika-Empfang, Fernempfang auf Mittelwelle, Morse-, Telegrafie und Funkfernschreib-Empfang (CW/RTTY), Amateurfunk, Volmet-Wetterfunk, Zeitzeichensender. 120 Seiten mit vielen Illustrationen, 3., völlig neubearbeitete Auflage. Preis: DM 19,80